Windows 2000 Server

实用教程

宋振东　任　健　主　编
邓　倩　李岩峰　副主编

图书在版编目(CIP)数据

Windows 2000 Server实用教程/宋振东,任健主编.
哈尔滨:黑龙江大学出版社,2008.10
ISBN 978-7-81129-097-4

Ⅰ.W… Ⅱ.①宋…②任… Ⅲ.服务器-操作系统(软件),Windows 2000 Server-教材 Ⅳ.TP316.86

中国版本图书馆CIP数据核字(2008)第157432号

责任编辑 袁建平
封面设计 乐然纸尚

Windows 2000 Server实用教程
WINDOWS 2000 SERVER SHIYONG JIAOCHENG
宋振东 任 健 主 编
邓 倩 李岩峰 副主编

出版发行 黑龙江大学出版社
地 址 哈尔滨市南岗区学府路74号 邮编150080
电 话 0451-86608666
经 销 新华书店
印 刷 哈尔滨市石桥印务有限公司
版 次 2008年10月 第1版
印 次 2008年10月 第1次印刷
开 本 787×1092毫米 1/16
印 张 18.25
字 数 451千
书 号 ISBN 978-7-81129-097-4/T·16

定 价 32.60元
凡购买黑龙江大学出版社图书,如有质量问题请与本社发行部联系调换

前　言

Windows 2000 是由微软公司于 2000 年发布的 Windows NT 系列的纯 32 位图形的视窗操作系统，是 Windows 网络操作系统发展的一个里程碑。Windows 2000 起初称为 Windows NT 5.0，是微软公司在 Windows NT 4.0 的基础上开发的一个应用范围非常广泛的网络操作系统，从发行开始就向一直被 Unix 系统垄断的服务器市场发起了强有力的冲击，目前 Windows 2000 一直广泛地应用于企事业单位的计算机网络中。

Windows 2000 是一个系列操作系统，由 Windows 2000 Professional，Windows 2000 Server，Windows 2000 Advanced Server 和 Windows 2000 Datacenter Server 共同组成，其中 Windows 2000 Server 是应用最广泛的网络操作系统。

本书是 Windows 2000 Server 的一本计算机专业教科书，书中详细地介绍了 Windows 2000 Server 的发展、安装和配置、活动目录、DNS、DHCP 和 WINS 服务器、Internet 服务、路由和远程访问服务以及数据存储、打印管理等内容。全书共分 15 章，第 1 章为 Windows 2000 Server 简介，第 2 章介绍了 Windows 2000 Server 的安装和配置，第 3 章讲解了基本操作和常用程序，第 4 章介绍了常用设置，第 5 章介绍了活动目录的安装和管理，第 6 章讲解了文件管理，第 7 章讲解了网络技术基础，第 8 章介绍了配置 DNS，DHCP 和 WINS 服务器，第 9 章讲解了 Internet 服务，第 10 章路由和远程访问服务，第 11 章讲解了数据存储，第 12 章讲解了高级管理，第 13 章介绍了系统安全，第 14 章介绍了打印服务器，第 15 章介绍了系统的诊断与修复。每章后面都配有练习题和上机操作题，并附有答案，以帮助读者更好地理解和掌握各章节的内容。

本书内容丰富、结构清晰、图文并茂、操作步骤详细、实用性强，凝聚了编者多年的教学经验和实践经验。本书既可以作为计算机专业大学本科、专科学生的教材，也可以作为计算机网络培训教材，以及网络管理员和网络工程师的参考用书和对网络操作系统感兴趣的广大读者自学参考用书。

本书由宋振东、任健主编。第一章、第五章、第九章和第十章由宋振东编写，第二章、第三章、第七章和第十一章由任健编写，第四章和第八章由邓倩编写，第六章、第十二章、第十三章、第十四章和第十五章由李岩峰编写。感谢黑龙江大学信息科学与技术学院的领导和老师在本书的编写过程中给予的大力支持和帮助。

由于时间仓促，加之编者水平有限，错误和不妥之处在所难免，敬请广大读者批评指正。

编　者

2008 年 8 月

目 录

第1章　Windows 2000 Server 简介

近年来，随着信息技术的飞速发展，计算机已经深入到各行各业和千家万户，计算机在给人们的工作和学习带来方便快捷的同时，也彻底地改变了人们的生活。那么计算机内部都有些什么？像人们所了解的有主板、CPU、内存、硬盘，有显示卡、声卡、网卡，还有光驱、键盘、鼠标等等，但是在计算机内部还有一个很重要的部分就是软件，而软件中最重要的就是操作系统。

1.1　操作系统概述

1.1.1　什么是操作系统

计算机系统由硬件系统和软件系统两部分组成。软件是为了供用户使用并充分发挥计算机性能和效率的各种程序和数据的统称，分为系统软件和应用软件。系统软件是所有用户使用的、为了解决用户使用计算机而编制的程序；应用软件是为解决某些特定的问题而编制的程序。系统软件中最重要的就是操作系统。

操作系统不仅是计算机的硬件与所有其他软件之间的接口，而且还是整个计算机系统的控制和管理中心。

1946 年世界上第一台计算机问世时并没有操作系统，甚至没有任何软件，人们用手工操作的方法使用计算机。20 世纪 50 年代出现了监督程序，它使作业与作业之间的过渡摆脱了人为干预，提高了计算机操作的自动化程度，监督程序成为现代操作系统的雏形。20 世纪 50 年代末 60 年代初，单道批处理取得成功。20 世纪 60 年代中期出现的多道程序设计的操作系统和分时系统是操作系统发展的第二阶段，操作系统的许多基本特征在这一阶段已充分显示出来。这一阶段的操作系统功能较强、规模较大。在该阶段，人们对操作系统理论和结构进行了研究，取得了丰硕的成果。1969 年著名的 UNIX 系统问世，开始使用高级程序设计语言编写操作系统。20 世纪 70 年代中期，操作系统进入第三个发展阶段。1975 年，UNIX 系统成为真正的多用户分时系统，与此同时还研制了网络操作系统和分布式操作系统。此外，有关操作系统理论的研究进一步深入。20 世纪 80 年代以来，网络操作系统和分布式操作系统是发展的主导方向，由此带来的计算机系统的安全问题引起了操作系统研制者的普遍关注。Carnegie Mellon 大学从 1984 年开始研制的 MACH 操作系统引入了线程（Thread）概念，在多机操作系统中最为引人注目。20 世纪 80 年代后期，随着计算机尤其是个人计算机的普及，操作系统的界面几乎全部采用了窗口技术。X-Window 是配置在 UNIX 系统中的图形用户界面，它独立于硬件厂家，既可运行在 IBM PC 机、大型机以及巨型机上，又可运行在 X 终端上。进入 20 世纪 90 年代，Microsoft 公司的 Windows 95 和 Windows NT、IBM 公司的 OS/2 的窗口界面已为大家所熟悉，特别是 IBM 的 OS/2 几乎全部采用了面向对象的设计方法,用户通过窗口操作可以相当方便地把 PC 机接入国际互联网(Internet)或接入移动通信网。窗口界面的系统采用事件驱动方式,用户对键盘或鼠标进行的操作就是一个事件(实际上是向操作系统发出一个消息),操作系统内部有一个事件驱动控制进程,它负责接收输入事件并驱动相应的事件处理程序,最后给用户提供反馈信息。后来,Linux 在 Internet 上流传开来,由于其源代码完全公开,它所提倡的自由软件精神受到计算机界的普遍关注。

1.1.2 操作系统的重要作用

操作系统的作用如下:

(1)管理系统中的各种资源。所有硬件部分称为硬件资源,而程序和数据等信息称为软件资源。

(2)为用户提供良好的界面。

1.1.3 操作系统的特征

操作系统具有如下的三个特征。

(1)并发性

并发性是指计算机系统中同时存在多个程序。宏观上看,这些程序是同时向前推进的。在单 CPU 上,这些并发执行的程序是交替运行的。程序并发性体现在两个方面:

①用户程序与用户程序之间的并发执行。

②用户程序与操作系统程序之间的并发执行。

(2)共享性

资源共享是指操作系统程序和多个用户程序共用系统中的资源。

(3)随机性

随机性是指操作系统在一个随机的环境中运行,一个设备可能在任何时间向处理器发出中断请求,系统无法知道运行着的程序会在什么时候做什么事情。

1.1.4 操作系统的功能

操作系统包含如下的几个功能。

(1)进程管理:主要是对处理机(CPU)进行处理。由于系统对处理机管理方法的不同,其提供的作业处理方式也不同:有批处理方式、分时方式和实时方式。

(2)存储管理:主要是管理内存资源。当内存不足的时候,解决内存扩充问题,就是内存和外存结合起来的管理。为用户提供一个容量比实际内存大得多的虚拟存储器,这是操作系统存储功能的重要任务。

(3)文件管理:系统中的信息资源是以文件的形式存放在外存储器上的。

(4)设备管理:设备管理是计算机系统中除了 CPU 和内存外的所有输入、输出设备的管理。

(5)提供用户和操作系统的接口。

1.1.5 操作系统的分类

通常,操作系统分成以下几类。

(1)批处理操作系统

批处理操作系统有两个特点:一是多道,二是成批。多道是系统内同时容纳多个作业,这些作业存放在外存中,组成一个后备作业序列,系统按一定的调度原则每次从后备作业中选取一个或多个作业放入内存中运行。运行作业结束并退出运行和后备作业进行运行均由系统自动实现,从而在系统中形成一个自动转接的连续的作业流;而成批是系统运行中不允许用户和它的作业发生交互关系。批处理系统追求的目标是提高系统资源利用率以及大作业吞吐量和作业流程的自动化。

(2)分时系统

分时系统允许多个用户同时连机使用计算机,操作系统采用时间片轮转的方式处理每个用户的服务请求。其特点是多路性、交互性、独立性和及时性。

通常计算机系统采用批处理和分时处理方式为用户服务,时间要求不强的作业放入后台批处理,需要频繁交互的作业在前台分时处理。

(3)实时系统

实时系统能够及时响应随机发生的外部事件,并在严格的时间范围内完成对该事件的处理,作为一个特定应用中的控制设备来使用。

(4)个人计算机操作系统

个人计算机操作系统是一个联机交互的单用户操作系统,它提供的联机交互功能与分时系统所提供的功能很相似。

(5)网络操作系统

计算机网络是通过通信设施将地理上分散的具有自治功能的多个计算机系统互连起来,实现信息交换、资源共享、互操作和协作处理的系统。网络操作系统就是在原来各自的计算机上,按照网络体系结构的各个协议标准进行开发,使计算机包括网络管理、通信、资源共享、系统安全和多种网络应用服务的操作系统。

(6)分布式操作系统

分布式计算机系统分为两类:一类是建立在多处理机上的紧密耦合分布式系统;另一类是建立在计算机网络基础之上的,称为松散耦合分布式系统。分布式操作系统是为分布式计算机系统配置的操作系统,它与网络操作系统相比更着重于任务的分布性,即把一个大任务分为若干个子任务,分派到不同的处理站点上去执行;它有强健的分布式算法和动态平衡各站点负载的能力;它是网络操作系统的更高级形式,具有强大的生命力。

1.1.6 常用操作系统

1. Unix 操作系统

Unix 操作系统是最早由美国电话电报公司(AT&T)贝尔实验室的丹尼斯·里奇和肯·汤普森开发的操作系统,它允许计算机同时处理多用户和程序。从 20 世纪 70 年代开发以来,Unix 已由许多个人和公司,特别是加利福尼亚大学的计算机科学家伯克利所增强。这种操作系统在各类计算机系统上广泛使用,并以其他形式使用:AIX 是运行在 IBM 工作站上的实现;A/UX 是在 Macintosh 计算机上运行的图形版本;Solaris 在英特尔微处理机上运行;

UnixWare 是 Unix 的 Novell 实现。

2. Linux 操作系统

简单地说，Linux 是一套免费使用和自由传播的类 Unix 操作系统，是一个基于 POSIX和 Unix 的多用户、多任务、支持多线程和多 CPU 的操作系统。它能运行主要的 UNIX 工具软件、应用程序和网络协议；它支持 32 位和 64 位硬件。Linux 继承了 Unix 以网络为核心的设计思想，是一个性能稳定的多用户网络操作系统，它主要用于基于 Intel x86 系列 CPU 的计算机上。这个系统是由全世界各地的成千上万的程序员设计和实现的，其目的是建立不受任何商品化软件的版权制约的、全世界都能自由使用的 Unix 兼容产品。

Linux 以它的高效性和灵活性著称。Linux 模块化的设计结构，使得它既能在价格昂贵的工作站上运行，也能够在廉价的 PC 机上实现全部的 Unix 特性，具有多任务、多用户的功能。Linux 是在 GNU 公共许可权限下免费获得的，是一个符合 POSIX 标准的操作系统。Linux 操作系统软件包不仅包括完整的 Linux 操作系统，而且还包括了文本编辑器、高级语言编译器等应用软件。它还包括带有多个窗口管理器的 X-Windows 图形用户界面，如同我们使用 Windows NT 一样，允许我们使用窗口、图标和菜单对系统进行操作。

Linux 具有 Unix 的优点包括：稳定、可靠、安全、有强大的网络功能。在相关软件的支持下，可实现 WWW，FTP，DNS，DHCP，E-mail 等服务，还可作为路由器使用，利用 ipchains/iptables可构建 NAT 及功能全面的防火墙。

Linux 目前有很多发行版本，较流行的有 RedHat Linux，Debian Linux，RedFlag Linux 等。

RedHat Linux 支持 Intel，Alpha 和 SPARC 平台，具有丰富的软件包。可以说，RedHat Linux 是 Linux 世界中非常容易使用的版本，它操作简单，配置快捷，独有的 RPM 模块功能使得软件的安装非常方便。

Debian Linux 基于标准 Linux 内核，包含了数百个软件包，如 GNU 软件、TeX 和 X Windows 系统等。每一个软件包均为独立的模块单元，不依赖于任何特定的系统版本，每个人都能创建自己的软件包。Debian Linux 是一套非商业化的由众多志愿者共同努力完成的 Linux 系统。

RedFlag Linux（红旗 Linux）是 Linux 的一个发展产品，是由中科红旗软件技术有限公司开发研制的、以 Intel 和 Alpha 芯片为 CPU 构成的服务器平台上第一个国产的操作系统版本，它标志着我国在发展国产操作系统的道路上迈出了坚实的一步。继服务器版 1.0、桌面版 2.0、嵌入式 Linux 之后，红旗最近又推出了新产品——红旗服务器 2.0 和红旗网络商务通等多种发行版本。目前，红旗软件已在中国市场上奠定了坚实的基础，成为了新一代的操作系统先锋。

3. Novell Netware 操作系统

Netware 是 NOVELL 公司推出的网络操作系统。Netware 最重要的特征是具有基于基本模块设计思想的开放式系统结构。Netware 是一个开放的网络服务器平台，可以方便地对其进行扩充。Netware 系统对不同的工作平台（如 DOS，OS/2，Macintosh 等）、不同的网络协议环境（如 TCP/IP）以及各种工作站操作系统提供了一致的服务。该系统内可以增加自选的扩充服务（如替补备份、数据库、电子邮件以及记账等），这些服务可以取自 Netware 本身，也可取自第三方开发者。目前常用的版本有 3.11，3.12，4.10，4.11 和 5.0 等中英文版本，但主流是 NETWARE 5.0 版本，它支持所有的重要台式操作系统（DOS，Windows，OS/2，Unix 和

Macintosh 等),为需要在多厂商产品环境下进行复杂网络计算的企事业单位提供了高性能的综合平台。

4. Windows 操作系统

Windows 操作系统是由美国微软公司开发的操作系统。目前微软公司在全世界的计算机操作系统上具有绝对的垄断地位,下面我们将进行详细的介绍。

1.2 Windows 操作系统的发展历程

提到 Windows 发展历史,必然要先了解一下微软(Microsoft)。微软公司是全球最大的电脑软件提供商,总部设在华盛顿州的雷德蒙市(Redmond)。公司于 1975 年由比尔·盖茨和保罗·艾伦创立,公司最初以"Micro-soft"的名称(意思为"微型软件")发展和销售 BASIC 解释器。

1975 年 4 月 4 日 Microsoft 成立,最初的总部在新墨西哥州的阿尔伯克基。

1979 年 1 月 1 日 Microsoft 迁移至西雅图的贝尔维尤。

1981 年 6 月 25 日 Microsoft 正式登记公司。

Microsoft Windows 是一个为个人电脑和服务器用户设计的操作系统,它有时也被称为"视窗操作系统",其第一个版本由微软公司于 1985 年发行,并最终获得了世界个人电脑操作系统软件的垄断地位。所有最近的 Windows 都是完全独立的操作系统。

1. MS-DOS

MS-DOS 是 Microsoft 在 Windows 之前开发的操作系统。

1981 年 8 月 12 日,IBM 公司推出内含 Microsoft 的 16 位元作业系统 MS-DOS 1.0 的个人电脑,标志着 MS-DOS 正式诞生。

MS-DOS 是 Microsoft Disk Operating System 的简称,意即由美国微软公司(Microsoft)提供的磁盘操作系统。在 Windows 95 以前,DOS 是 PC 兼容电脑的最基本配备,而 MS-DOS 则是最普遍使用的 PC 兼容 DOS。

最基本的 MS-DOS 系统由一个基于 MBR 的 BOOT 引导程序和三个文件模块组成。这三个模块是输入输出模块(IO. SYS)、文件管理模块(MSDOS. SYS)及命令解释模块(COMMAND. COM)。除此之外,微软还在零售的 MS-DOS 系统包中加入了若干标准的外部程序(即外部命令),使其与内部命令(即由 COMMAND. COM 解释执行的命令)一同构建起一个在磁盘操作时代相对完备的人机交互环境。

2. Windows 1.0

1985 年 11 月,Microsoft Windows 1.0 发布(如图 1 - 1 所示),最初售价也为 100 美圆。当时被人们所青睐的 GUI 电脑平台是 GEM 和 Desqview/X,因此用户对 Windows 1.0 的评价并不高。Windows 1.0 是微软公司第一次对个人电脑操作平台进行用户图形界面的尝试,它从本质上宣告了 MS-DOS 操作系统的终结。

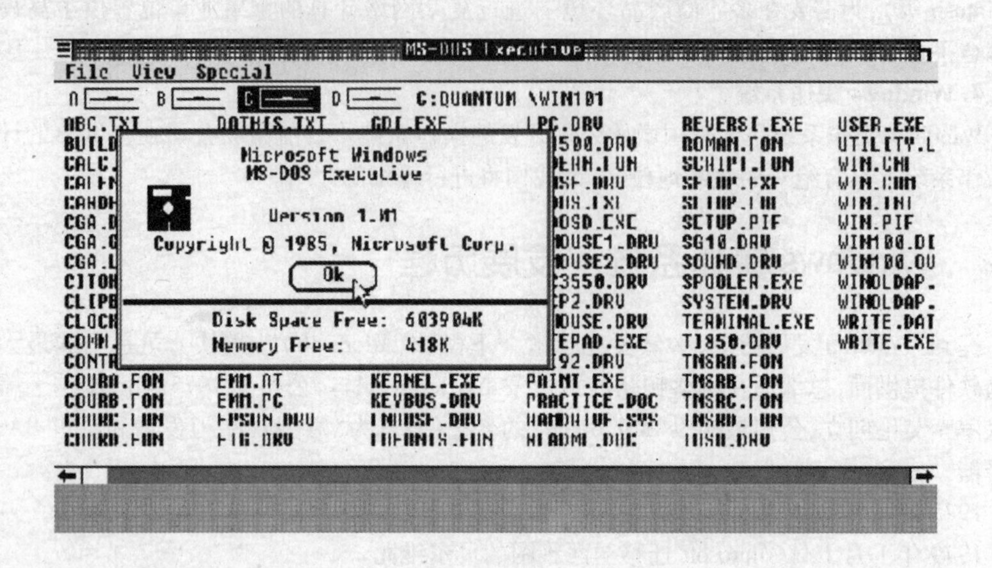

图 1-1 Windows 1.0 操作系统截图

3. Windows 2.0

1987 年 12 月 9 日，Windows 2.0 发布，最初售价为 100 美圆。这个版本的 Windows 图形界面，有不少地方借鉴了同期的 Mac OS 中的一些设计理念，但这个版本依然没有获得用户的认同。之后微软公司又推出了 Windows 386 和 Windows 286 版本，对原版本有所改进，并为之后的 Windows 3.0 的成功作好了技术铺垫。

4. Windows 3.0

1990 年 5 月 22 日，Windows 3.0 正式发布，由于在界面/人性化/内存管理多方面的巨大改进，终于获得了用户的认同。之后微软公司趁热打铁，于 1991 年 10 月发布了 Windows 3.0 的多语言版本，为 Windows 在非英语母语国家的推广起到了重大作用。1992 年 4 月，Windows 3.1 发布，在最初发布的两个月内，销售量就超过了一百万份。从此，微软公司的资本积累/研究开发进入良性循环。Windows 3.1 系统既包含了对用户界面的重要改善，也包含了对 80286 和 80386 内存管理技术的改进。为命令行式操作系统编写的 MS-DOS 下的程序可以在窗口中运行，使得程序可以在多任务基础上使用。但是这个版本只是针对家庭用户设计的，很多游戏和娱乐程序仍然要求 DOS 存取。

5. Windows 3.1

1992 年 3 月 18 日，Windows for Workgroups 3.1 发布（如图 1-2 所示），标志着微软公司吹响了进军企业服务器市场的号角。Windows 3.1 添加了对声音进行输入输出的基本多媒体的支持和一个 CD 音频播放器，以及对桌面出版很有用的 TrueType 字体。

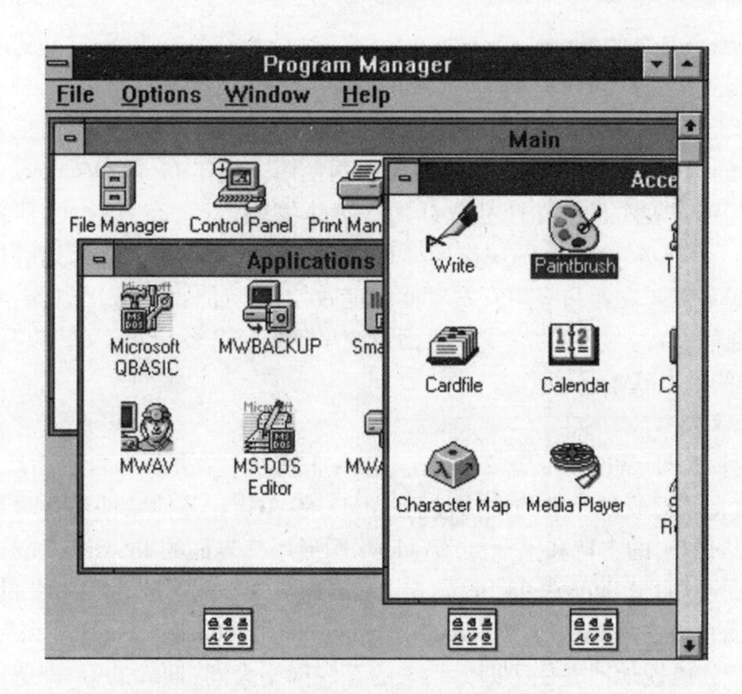

图 1-2 Windows 3.1 操作系统截图

6. Windows NT 3.1

1993 年 Windows NT 3.1 发布,它是基于 OS/2 NT 研制开发的。最初由微软公司和 IBM 公司联合研制,协作终止后,微软把该软件改为自己的版本 MS Windows NT,把主要的 API 改为 32 位。微软公司从数字设备公司(DEC)雇佣了一批人员来开发这个新系统,其中的很多元素反映了早期的带有 VMS 和 RSX-11 的 DEC 概念。由于是第一款真正对应服务器市场的产品,所以在稳定性方面比桌面操作系统更为出色。

7. Windows 3.2

1994 年,Windows 3.2 的中文版本发布,相信中国有不少 Windows 的先驱用户就是从这个版本开始接触 Windows 系统的。由于消除了语言障碍,降低了学习门槛,因此很快在中国流行起来。

8. Windows 95

计算机界 1995 年最轰动的事件,莫过于当年 8 月期间 Windows 95 的发布。当时微软 Windows 95 以强大的攻势进行发布,并推出了商业性质的 Rolling Stones 的歌曲"Start Me Up"。很多没有电脑的顾客受到宣传的影响而排队购买软件,他们甚至不知道 Windows 95 是什么。在强大的宣传攻势和 Windows 3.2 的良好口碑下,Windows 95 在短短 4 天内就卖出一百多万份。其出色的多媒体特性、人性化的操作、美观的界面令 Windows 95 获得了空前成功,业界也将 Windows 95 的推出看做是微软发展的一个重要里程碑。

Windows 95 是一个混合的 16 位/32 位 Windows 系统,其版本号为 4.0,由微软公司于 1995 年 8 月 24 日发行。Windows 95 是微软之前独立的操作系统 MS-DOS 和视窗产品的直接后续版本。Windows 95 标明了一个"开始"按钮的介绍以及个人电脑桌面上的工具条,这一直保留到 Windows 后来所有的产品中。后来的 Windows 95 版本附带了 Internet Explorer 3,然后是 Internet Explorer 4。Internet Explorer 被用来给系统的桌面提供 HTML 支持。当 Internet Explorer 4 被整合到操作系统中后,给系统带来一些新特征,同时也成了微软的反托拉斯案中的焦点，因为整合的 Internet Explorer 排挤了微软的竞争对手 Netscape 的产品。

9. Windows NT 4.0

1996 年 8 月，Windows NT 4.0 发布。它增加了许多对应管理方面的特性，稳定性也相当不错，这个版本的 Windows 软件至今仍被不少公司使用。同年 11 月，Windows CE 1.0 发布。这个版本是为各种嵌入式系统和产品设计的一种压缩的、具有高效的、可升级的操作系统（OS），其多线性、多任务、全优先的操作系统环境是专门针对资源有限而设计的。这种模块化设计使嵌入式系统开发者和应用开发者能够定做各种产品，例如家用电器、专门的工业控制器和嵌入式通信设备。微软的战线从桌面系统杀到了服务器市场，又转攻到嵌入式行业。至此，微软帝国的雏形基本已经形成。

10. Windows 98

1998 年 6 月 25 日，Windows 98 发布（如图 1－3 所示）。这个新的系统是基于 Windows 95 编写的，它改良了对硬件标准的支持，例如 MMX 和 AGP。其他特性包括对 FAT32 文件系统、多显示器、Web TV 的支持和整合到 Windows 图形用户界面的 Internet Explorer。

1999 年 6 月 10 日，Windows 98 SE 发布。Windows 98 SE 是 Windows 98 的第二版，它提供了 Internet Explorer 5，Windows Netmeeting 3，Internet Connection Sharing 和对 DVD，ROM，USB 的支持。微软敏锐地把握住了即将到来的互联网络大潮，捆绑的 IE 浏览器最终在几年后敲响了网景公司的丧钟，同期也因为触及垄断和非法竞争等敏感区域而官司不断。

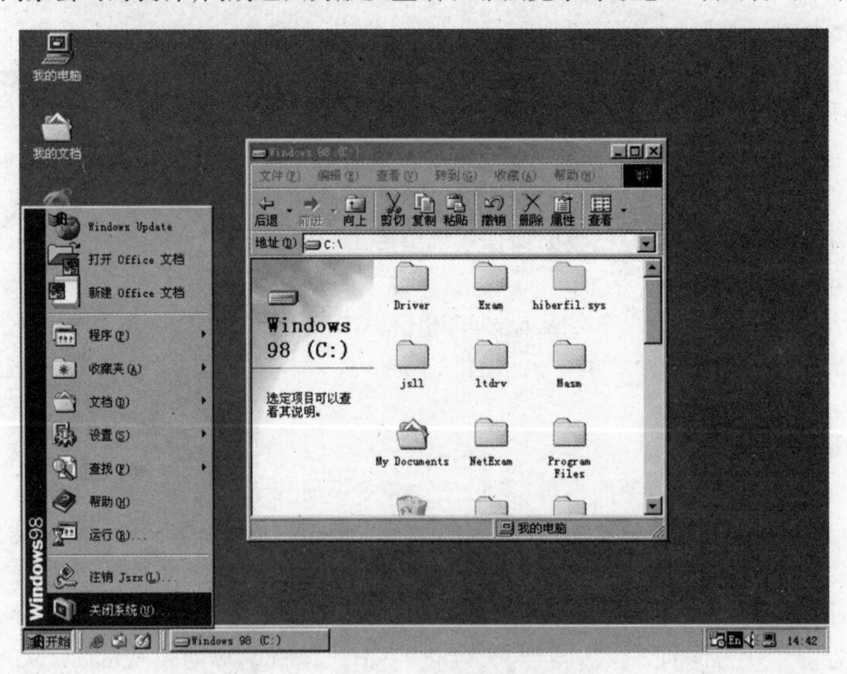

图 1－3　Windows 98 操作系统截图

Windows 98 是一个发行于 1998 年 6 月 25 日的混合 16 位/32 位的 Windows 系统，其版本号为 4.1。Windows 98 被人批评为“没有足够的革新”，即使这样，它仍然是一个成功的产品。第二版因为不能在第一版的基础上自由升级而受到批评。

11. Windows ME

Windows ME（Windows Millennium Edition）是一个 16 位/32 位混合的 Windows 系统，由微软公司于 2000 年 9 月 14 日发行。Windows ME 是最后一个基于 DOS 的混合 16 位/32 位

的 Windows 9X 系列的 Windows，其版本号为4.9。其名字有两个意思：一是纪念2000年，Me是千年的意思；二是指个人运用版，Me 是英文中"自己"的意思。这个系统是在 Windows 95 和 Windows 98 的基础上开发的，它包括相关的小的改善，例如 Internet Explorer 5.5，其中最主要的改善是用于与流行的媒体播放软件 RealPlayer 竞争的 Windows Media Player 7，但是 Internet Explorer 5.5 和 Windows Media Player 7 都可以在网上免费下载。Movie Maker 是这个系统中的一个新组件，它提供了基本的对视频的编辑和设计功能，对家庭用户来说简单易学。

12. Windows 2000

在千禧年的钟声过后，迎来了 Windows NT 5.0，为了纪念特别的新千年，这个操作系统被微软命名为 Windows 2000(如图 1-4 所示)。Windows 2000 包含了新的 NTFS 文件系统、EFS 文件加密、增强硬件支持等新特性，向一直被 Unix 系统垄断的服务器市场发起了强有力的冲击，最终硬生生地从 IBM，HP，Sun 公司手中抢下大部分市份额。Windows 2000(起初称为 Windows NT 5.0)是一个由微软公司发行于2000年12月19日的 Windows NT 系列的纯32位图形的视窗操作系统，是主要面向商业的操作系统。

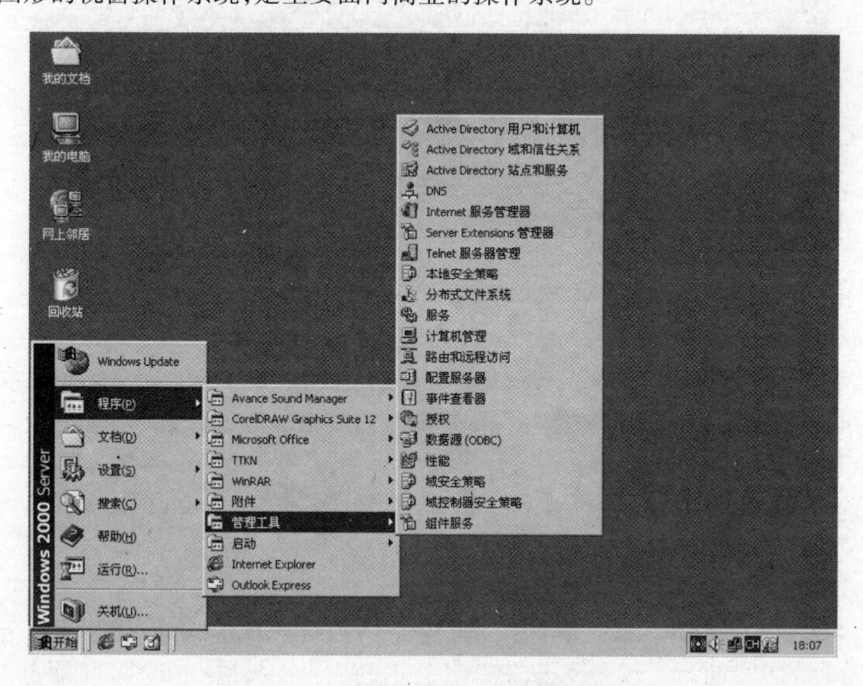

图 1-4 Windows 2000 操作系统截图

Windows 2000 有四个版本：

(1)Windows 2000 Professional，即专业版；

(2)Windows 2000 Server，即服务器版；

(3)Windows 2000 Advanced Server，即高级服务器版；

(4)Windows 2000 Datacenter Server，即数据中心服务器版。

13. Windows XP

2001年10月25日 Windows XP 发布(如图 1-5 所示)。Windows XP 是微软把所有用户要求合成到一个操作系统的尝试，与之前的 Windows 桌面系统相比稳定性有所提高，而为此付出的代价是丧失了对基于 DOS 程序的支持。由于微软把很多以前由第三方提供的软件整合到操作系统中，XP 受到了猛烈的抨击。它所包含的防火墙、媒体播放器(Windows

Media Player)、即时通讯软件(Windows Messenger)以及它与 Microsoft Passport 网络服务的紧密结合被很多计算机专家认为存在安全风险,并且对个人隐私是潜在的威胁,这些特性的增加被认为是微软继续其传统的垄断行为的持续。

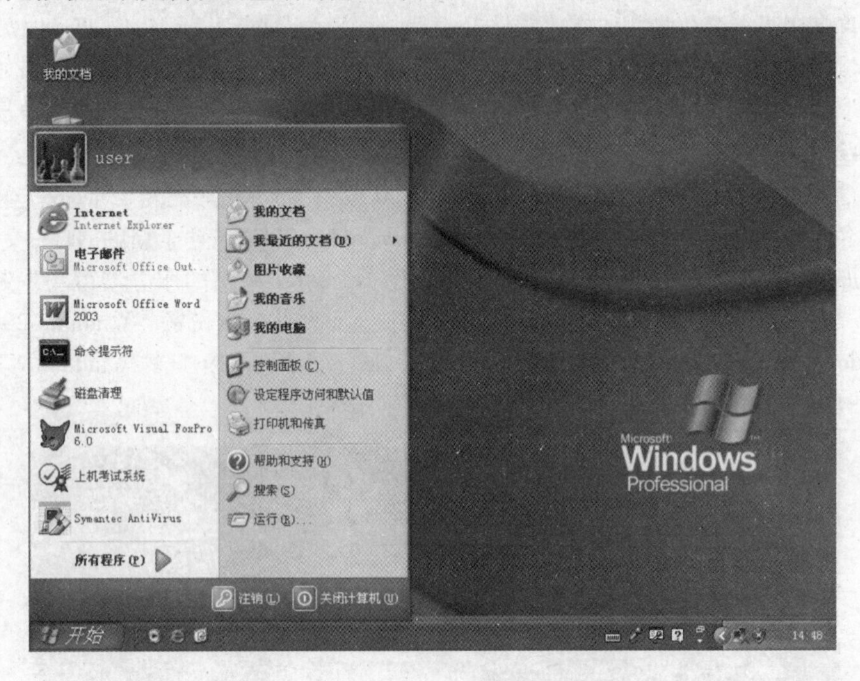

图 1-5 Windows XP 操作系统截图

Windows XP 于 2001 年 8 月 24 日正式发布(RTM,Release to Manufacturing),它的零售版于 2001 年 10 月 25 日上市。Windows XP 原来的代号是 Whistler,字母 XP 表示英文单词的"体验"(Experience)。Windows XP 的外部版本是 2002,内部版本是 5.1(即 Windows NT 5.1),正式版的 Build 是 5.1.2600。微软最初发行了两个版本:专业版(Windows XP Professional)和家庭版(Windows XP Home Edition),后来又发行了媒体中心版(Media Center Edition)和平板电脑版(Tablet PC Editon)等。

14. Windows Server 2003

2003 年 4 月,Windows Server 2003 发布。它对活动目录、组策略操作和管理、磁盘管理等面向服务器的功能进行了较大改进,对.net 技术的完善支持进一步扩展了服务器的应用范围。Windows Server 2003 有四个版本:Windows Server 2003 Web 服务器版本(Web Edition)、Windows Server 2003 标准版(Standard Edition)、Windows Server 2003 企业版(Enterprise Edition)以及 Windows Server 2003 数据中心版(Datacenter Edition)。Web Edition 主要是为网页服务器设计的,而 Datacenter 是一个为极高端系统使用设计的,标准版和企业版本则介于两者中间。Windows Server 2003 是目前微软最新的服务器操作系统。

15. Windows Vista

Windows Vista(如图 1-6 所示)是美国微软公司开发代号为 Longhorn 的下一版本 Windows 操作系统的正式名称,它是继 Windows XP 和 Windows Server 2003 之后微软的又一个重要的操作系统,该系统带有许多新的特性和技术。2005 年 7 月 22 日太平洋标准时间早晨 6 点,微软正式公布了这一名字。

图1-6 Windows Vista 操作系统截图

1.3 Windows 2000 Server 的新功能

1.3.1 Windows 2000 产品分类

Windows 2000 是微软公司操作系统家族的新延伸，它集 Windows 98 和 Windows NT 4.0 的诸多功能和优良特性为一身。Windows 2000 包括以下四个产品：

(1) Windows 2000 Professional 即专业版，是 Windows NT 5.0 Workstation 新版本的新名称。它可以支持双处理器，最低支持 64 MB 内存，最高支持 2 GB 内存，用于工作站及笔记本电脑，针对商业和个人用户。它的目标是取代 Windows 9X 成为新一代的标准办公平台。

(2) Windows 2000 Server 即服务器版，该版本以前的名称是 Windows NT Server 5.0，是在 Windows NT Server 4.0 的基础上开发出来的，可以支持 4 个处理器，最低支持 128 MB 内存，最高支持 4 GB 内存。它面向小型企业的服务器领域，针对工作组级的服务器用户，可以为部门工作组或中小型企业用户提供文件和打印、应用软件、Web 和通讯等各种服务，是一个性能更好、工作更加稳定、更容易管理的网络操作系统。

Windows 2000 Server 最重要的改进就是在“活动目录”服务技术的基础上，建立了一套全面的、分布式的底层服务。“活动目录”可以存储用户、组、策略、计算机和域的信息，极大地改进了在 Windows NT Server 4.0 中管理的不足。

(3) Windows 2000 Advanced Server 即高级服务器版，该版本以前的名称是 Windows NT Server 5.0 Enterprise Edition，可以支持 8 个处理器，最低支持 128 MB 内存，最高支持 8 GB 内存。它主要面向大中型企业的服务器领域，针对企业级的高级服务器用户，除了具有 Windows 2000 Server 的所有功能和特性外，还有一些专门为大型企业级服务器所设计的特性，例如群集、负载平衡和对称多处理器(SMP)支持等。

(4)Windows 2000 Datacenter Server 即数据中心服务器版,是 Windows 2000 系列全新的版本,支持 16 路对称多处理器系统,最低支持 256 MB 内存,最高支持 64 GB 内存。它是专门为数据服务器优化的,针对大型数据仓库的数据中心服务器用户,面向最高级别的可伸缩性、可用性与可靠性的大型企业或国家机构的服务器领域的服务器操作系统,同时,它也是微软公司提供的功能最为强大的服务器操作系统。它与 Windows 2000 Advanced Server 一样将群集和负载平衡服务作为标准的特性。

本书重点介绍的是 Windows 2000 Server,它是到目前为止应用最广泛的网络操作系统之一。

1.3.2 Windows 2000 Server 的新功能

下面是 Windows 2000 Server 大量新功能的一部分。

1. Active Directory

Active Directory 是一种灵活的企业级目录服务,它使用 Internet 标准技术构建,并完全集成在操作系统层次上。Active Directory 简化了系统管理,使用户可以轻松地用它查找到资源。Active Directory 提供了强大的功能,包括组策略、易于实现可扩展性、支持多种身份验证协议以及使用 Internet 标准等。

2. 异步传输模式

异步传输模式(ATM)是一个高速面向连接的协议,专为在网络上传输多种类型的业务而设计。它既可用在 LAN 中,又可用在 WAN 中。利用 ATM,网络可以同时传输各种网络业务,如语音、数据、图像和视频等。

3. 证书服务

使用 Windows 2000 中的证书服务和证书管理工具,可以实施自己的公用密钥结构。利用公用密钥结构,可以执行一些标准的技术,例如智能卡登录功能、客户端身份验证(通过安全套接字层协议和传输层安全保护)、安全电子邮件、数字签名和安全连接(使用 Internet 协议安全保护)。使用证书服务,可以安装和管理用于发布和取消 X.509 V3 证书的证书颁发机构。这意味着无需依靠商业的客户端身份验证服务,如果愿意,还可以将商业的客户端身份验证集成到自己的公用密钥结构中。

4. 磁盘配额支持

可以在 NTFS 文件系统格式化过的卷上使用磁盘配额来监视和限制每个用户可用的磁盘空间,也可定义当用户使用的磁盘空间超过指定的阈值时如何作出响应。

5. 带有 DNS 和 Active Directory 的 DHCP

动态主机配置协议(DHCP)与 IP 网络上的 DNS 和 Active Directory 一同作用,可以把用户从分配和跟踪静态 IP 地址中解脱出来。DHCP 为计算机和其他连接到某个 IP 网络的资源动态分配 IP 地址。

6. 加密文件系统

Windows 2000 的加密文件系统(EFS)补充了现有的访问权限控制,并为数据添加了一级新的保护措施。加密文件系统作为一个完整的系统服务运行,它易于管理并很难受到攻击,但对用户而言是透明的。

7. 组策略(Active Directory 的一部分)

可以使用组策略分别为用户和计算机定义允许的操作和设置。与本地策略不同,使用组策略可以设置能应用在 Active Directory 内跨越指定站点、域或单位的策略。基于策略的管理简化了诸如系统更新、应用程序安装、用户配置文件和桌面系统锁定等任务。

8. IntelliMirror

为了降低成本，系统管理员需要最高级别的控制权，可以完全控制所有的便携系统和桌面系统，IntelliMirror 就可以提供对运行 Windows 2000 Professional 客户端系统的控制权。可以使用 IntelliMirror 按照各个用户的职务、组成员身份和位置为用户定义一些策略，使用这些策略，用户每次登录网络时，不论其在何处登录，都可将 Windows 2000 Professional 桌面自动重新配置为符合该用户特定需求的系统。

9. Internet 验证服务

Internet 验证服务（IAS）提供了管理身份验证、授权、记账、审核拨号或 VPN 用户的集中功能，它使用被称为远程身份验证拨号用户服务（RADIUS）的 Internet 工程任务标准协会（IETF）协议。

10. Internet 信息服务

Internet 信息服务（IIS）的强大功能是 Microsoft Windows 2000 Server 的一部分，它使得用户可以在公司的 Intranet 或 Internet 上轻松地共享文档和信息。使用 IIS 可以部署灵活可靠、基于 Web 的应用程序，并可将现有的数据和应用程序转移到 Web 上。IIS 包括 Active Server Pages 和其他功能。

11. Microsoft Management Console

可以使用 Microsoft Management Console（MMC）在统一的界面内组织需要的管理工具和程序，也可以通过为一些任务创建预配置的 MMC 控制台，将它们委派给指定的用户。该控制台将为用户提供选中的工具。

12. 网络地址转换

网络地址转换（NAT）通过将专用内部地址转换为公共外部地址，对外隐藏了内部管理的 IP 地址。这样，通过在内部使用非注册的 IP 地址，并将它们转换为一小部分外部注册的 IP 地址，从而减少了注册的费用；同时也隐藏了内部网络结构，从而降低了内部网络受到攻击的风险。

13. 远程安装服务

利用远程安装服务，无需访问每个客户机，即可远程安装 Windows 2000 Professional，但目标客户机必须支持用 Pre-Boot eXecution Environment（PXE）ROM 远程启动，或者支持用远程启动软盘启动。这样安装多个客户机就变得非常简单。

14. 可移动存储和远程存储

可移动存储功能可以很容易地跟踪可移动存储媒体（磁带和光盘），并管理包含这些媒体的硬件库，例如更换器和自动点唱机。远程存储功能使用用户指定的标准，自动将不常使用的文件复制到可移动媒体上。如果硬盘空间降到了一定的级别，远程存储功能就会从硬盘上移走（缓存的）文件内容。如果以后需要该文件，文件的内容又会自动从存储中重新调出来。

由于可移动的光盘和磁盘在每兆字节（MB）上比硬盘廉价，因此使用可移动存储和远程存储大大降低了成本。

15. 路由和远程访问服务

路由和远程访问服务是一种单一集成的服务。它既可终结来自拨号或 VPN 客户端的连接,又可提供路由选择(IP,IPX 和 AppleTalk)或两者兼有。使用路由和远程访问服务,Windows 2000 Server 可以当做远程访问服务器、VPN 服务器、网关或分支办公室路由器来使用。

16. Windows Media 服务

利用 Windows Media 服务,可以将高质量的流式多媒体传送给 Internet 和 Intranet 上的用户。

1.3.3 Windows 2000 Server 的新特点

与 Windows 2000 Server 之前的版本相比,Windows 2000 Server 有如下特点:

1. 稳定性较 Windows 9X 有了极大提高

可以肯定地说,Windows 2000 比以前任何版本的 Windows 9X 要稳定许多。众所周知,系统的稳定性不仅取决于操作系统本身,而且与配套的硬件、软件和外设都有着非常密切的关系,系统不稳定的很大一部分原因来自于各式各样质量参差不齐的软硬件,所以微软在 Windows 2000 中提供了一些新的功能来确保系统的稳定性。

(1)系统文件保护方式——改良的内核写保护方式

它禁止第三方应用程序替换任何位于 Windows 2000 系统路径上的动态链接库文件。当安装应用程序时,系统只允许在自己的路径上安装自己的动态链接库文件,而不能覆盖 Windows 2000 的动态链接库文件。

(2)Windows 2000 安装服务

它能够自动地修复被破坏的应用程序并跟踪系统共享资源的使用,防止在删除一个应用程序时删除另一个应用程序所依靠的共享文件。

(3)硬件映射保护

这一特性可以标记包含执行代码的内存页并将其保护起来,这样即使是操作系统也不能向这些内存页中写入内容,从而可以有效阻止某些内核模式软件(如驱动程序)或 OS 代码所导致的系统崩溃,因为这些程序经常会试图向那些不能写入的内存中写入数据。由于有了这个保护,Windows 2000 中每一个程序都在自己的那部分内存中运行,如果某个程序停止运行并不会影响系统中其他程序的运行。

(4)驱动程序检验

Windows 2000 提供了强大的、管理员可配置的机制,它可以让系统向用户报告其内核模式驱动程序中的错误,同时在不稳定的驱动程序相互作用时启动防御机制,这一功能有效地防止了不成熟或存在 BUG 的硬件驱动程序所导致的系统错误。

(5)改良的内存管理

在以前版本的 Windows 中,内存管理不善是一个比较严重的问题,系统崩溃经常与这一点有关;而在 Windows 2000 中,内存管理水平有了很大的提高,系统能够较好地调配内存,其稳定性大幅度提高。

2. 桌面更加简洁友好

(1)开始菜单采用了个性化设计

每一个计算机用户使用过程中都会安装许多应用程序,所以我们经常会发现不少用户的开始菜单非常混乱,其中有些是经常用到的,而另一些可能只是偶尔才会使用。Windows 2000 的个性化菜单特性将不断地监视并显示最经常使用的菜单项,其他不常使用的项目会隐藏在双箭头下面,这样不但可以让开始菜单变得简洁,而且使用户访问最常使用的程序的过程变得更加快速,有助于提高工作效率。

(2)增强的"我的文档"

在以前的系统中,应用程序没有将文件保存到同样的位置,所以导致了用户在使用中出现文件存放位置不一、查找困难的问题。在 Windows 2000 中,针对这些问题对"我的文档"进行了增强,现在除非某个程序明确要求保存在不同的文件夹中,否则 Windows 2000 都会将应用程序的保存路径定向为"我的文档",使其管理功能得到较大改善。对于公司或企业内部的用户来说,这种文件管理方式更为方便、快速。

(3)"网上邻居"更适应网络化

为了使用户能够在他们的网络组织中方便地查找信息和资源,Windows 2000 的"网上邻居"得到了相应的增强。原来显示在此文件夹中的用户所在工作组或域的计算机被放入了"网络邻居"的"邻近的计算机"文件夹中。在"网络邻居"中建立的指向网络资源的链接可以是本地的,也可以是 Internet 上的 FTP 站点或 Web 文件夹。

(4)改进的资源管理器

从 Windows 95 到 Windows 98,资源管理器的变化不太令人满意,而在 Windows 2000 中,资源管理器有了不小的变化,并且结合了不少 IE 5.0 的特性。比如在工具栏中增加了三个按钮:"搜索"、"文件夹"和"历史",它们更有利于用户方便、快速地找到所需要的文件。它们不仅可以显示本地硬盘中的内容,还可以显示"网络邻居"和 Internet 上的内容。在 Windows 2000 的资源管理器中用户还可以对工具栏进行自定义,把那些常用的操作按钮放置在显著位置,而不经常用的可以将其删除掉。此外,Windows 2000 还加入了"打开方式"功能,用户可以利用右键命令中的"打开方式"来选择想要使用的应用程序打开某个文件。

(5)对白式的提示令使用者更为方便

在 Windows 2000 中增加了对白式的提示,这样非常有利于用户发现系统的使用方法和具有的新特性。比如,当"个性化"开始菜单第一次生效时,就会出现提示告诉用户在哪里可以找到那些隐藏项目,这对于初学者可以说是非常体贴的设计。

(6)手写输入板

在 Office 2000 中,我们第一次认识了微软的手写输入板,并被它深深吸引。现在,Windows 2000 的"微软拼音输入法"也提供了这一功能。

3. 系统配置和维护更加轻松方便

(1)重新定义的"控制面板"

在本书中仅选择几个具有代表意义或是较以前版本变化大的项目进行介绍。

①添加/删除硬件

不仅是界面上的变化,也是功能上的增强,并且具有了诊断和卸载的功能,可以帮助用户添加、删除、卸载和调试硬件。

②添加/删除程序

这个选项为使用者提供了更多有关应用程序的信息,比如所使用的磁盘空间、版本、使用频率和是否使用在线技术支持等。对于某些应用程序还包括了一个"修复"选项,它可以重新安装该程序来解决出现的问题。用户利用改进的"添加/删除程序"可以全面地了解系统中所安装的软件,并且在一定程度上可以解决程序运行中的问题。

③管理工具

在这里提供给用户尤其是系统管理员经常需要使用的管理部件,如计算机管理、组件服务、数据源、性能、事件查看器。

(2)强大的 Windows 安装服务

这是 Windows 2000 中的一个新服务,可以帮助用户解决软件安装和重新安装中出现的问题。它为应用程序的安装定义并实施了一个标准格式,包括安装、修复、卸载、更新和组件的相关跟踪等。它可以使程序的运行更加可靠,同时减少 DLL 冲突。

(3)系统管理员的好助手——管理控制台

微软采用了"Microsoft Management Console(MMC)来控制系统中所有的组件,这使得系统控制更加容易。MMC 能够完全地控制计算机系统,只用一个控制台便可管理所有的工具,用户可以添加用户的账户或为硬盘添加分区而不必打开或关上两个不同的程序,还可以在设备管理器中查看硬件设备的故障等等。设备管理器和 Windows 9X 中的基本一致,它会显示出什么设备已经安装,占用了哪些中断地址,大大方便了用户阅读和查找设备信息。

(4)更多的启动选择

在系统引导显示启动菜单时按下 F8 后,会看到七个启动选项。

①安全模式:和以前的 Window 9X 的安全模式一样。

②带网络连接的安全模式:除了与安全模式一样加载所需要的设备外,还加载启动网络所需要的服务和驱动程序。

③带命令行提示的安全模式:除运行命令提示符而不是运行 Windows 资源管理器之外,与安全模式相同。

④启用启动日志:创建一正在加载的设备和服务的引导日志。

⑤启用 VGA 模式:只使用 VGA 驱动程序启动系统。

⑥最后一次正确的配置:让用户用最好的配置来引导系统。

⑦调试模式:通过串行电缆向另一台计算机发送调试信息。

(5)系统修复控制台

"系统修复控制台"是 Windows 2000 的恢复和修理工具,可以让用户对损坏的或不能启动的系统进行修复和访问。

4. 出色的多语言支持

Windows 2000 的多语言技术允许用户使用 60 多种语言查看、编辑和打印信息,例如在英文版的 Windows 2000 中可以直接处理中文文档;对于使用简体中文的用户,以前查看繁体中文需要外挂平台,而现在不用安装任何其他的支持软件就能够方便地查看和编辑繁体的文档和网页了。

Windows 2000 提供了三种语言版本:

(1)英文版:可以使用多种语言输入、浏览和打印。

(2)本地化语言版:有 20 多种语言的本地化版本,具有本地化的用户界面,可以使用多种语言输入、浏览和打印。

(3)多语言版:能够切换使用多语言的用户界面,可以使用多种语言输入、浏览和打印。

5. Windows 2000 同样是移动用户的最佳操作平台

(1)新的脱机资源功能

当计算机脱机工作时,文件和文件夹仍然像联机时一样处在相同的路径内,用户可以用联机时同样的操作访问网络文件夹和文件;当重新联机后,脱机时发生的更改将自动被同步化。

(2)新的高级电源管理技术

Windows 2000 支持 ACPI,利用它 Windows 2000 能够管理系统的电源状态,以响应由用户、应用程序及设备驱动的输入。

(3)为笔记本专门设计的网络连接向导

Windows 2000 中的网络连接向导提供了五种类型的网络配置向导:拨号到专用网络、拨号到 Internet、通用 Internet 连接到专用网络、接收传入连接、直接连接到另一台计算机。用户只需要根据不同的情况选择不同的配置向导即可创建多种连接,连接设置也是自动的,避免了下载和安装附加服务的麻烦。

1.4 Windows 2000 Server 的帮助系统

Windows 2000 Server 有一套完整的帮助系统。在安装 Windows 2000 Server 的过程中,它的帮助文件就拷贝至安装日志内。帮助文件的内容虽然齐全,却不能反映 Windows 2000 的最新消息,但只要用户的计算机上安装了调制解调器,通过一根电话线就可以用拨号连接的方式访问微软公司的网址,直接从 Web 上下载与 Windows 2000 有关的最新帮助信息。

对于使用 Windows 2000 Server 的用户来说,最常用的获取帮助的方法是在桌面上选择"开始"→"帮助",打开如图 1-7 所示的 Windows 2000 Server 窗口,它由"目录"、"索引"、"搜索"与"书签"四个选项卡组成,它们决定着用户获得查看帮助文件的方式。

1.4.1 查看目录

在"目录"选项卡方式下,按照不同的主题,Windows 2000 的帮助文件可划分成许多不同的书目,以书籍图标表示。双击这些图标之后,屏幕上就会出现一本本打开的图书,再次双击图书图标时,将在它的下面出现带问号的图标,它是与帮助文件的主题相对应的,双击这些主题的名称,就可在帮助窗口内得到具体的帮助信息。

图 1-7 查看目录

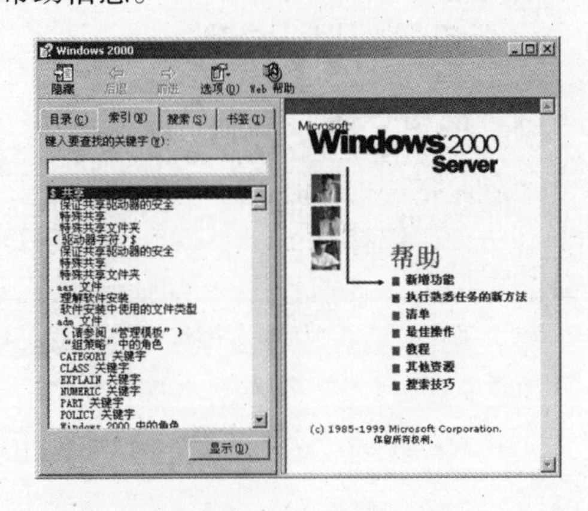

图 1-8 索引

某些主题的帮助信息中还包含着超链接,当鼠标移动至超链接文本时,它的形状切换成手形,单击之后即可打开对应的链接目标。

执行"选项"菜单的"打印"命令,可把查询到的帮助信息送至打印机输出。

1.4.2 使用索引

选择 Windows 2000 帮助窗口的"索引"标签之后,打开如图 1-8 所示的"索引"选项卡,在“键入要查找的关键字”文本框内输入查找信息的关键字，以关键字做标题的帮助信息将逐渐出现在列表框内，选择列表框内的选项，单击“显示”按钮之后，在窗口的右侧出现有关的帮助主题。

1.4.3　进行搜索

选择 Windows 2000 帮助窗口的“搜索”标签之后，打开如图 1－9 所示的“搜索”选项，在“输入要查找的单词”列表框内输入要查找的内容，单击“列出主题”按钮之后，将在“选择主题”列表框内显示与查找内容有关的帮助标题，选择其中的帮助标题，并单击“显示”按钮，将在窗口的右侧打开所选的帮助信息。

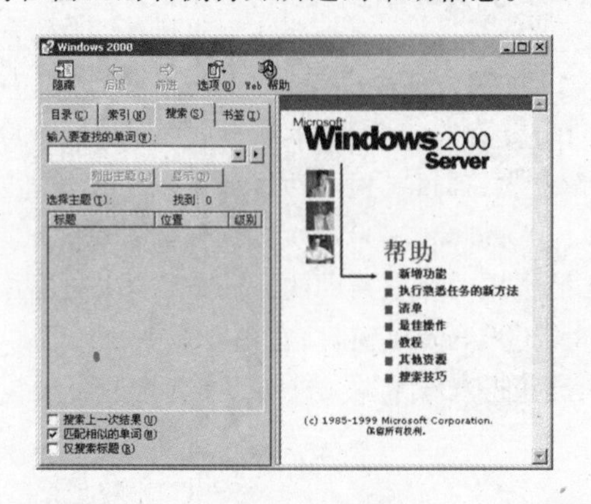

图 1－9　搜索

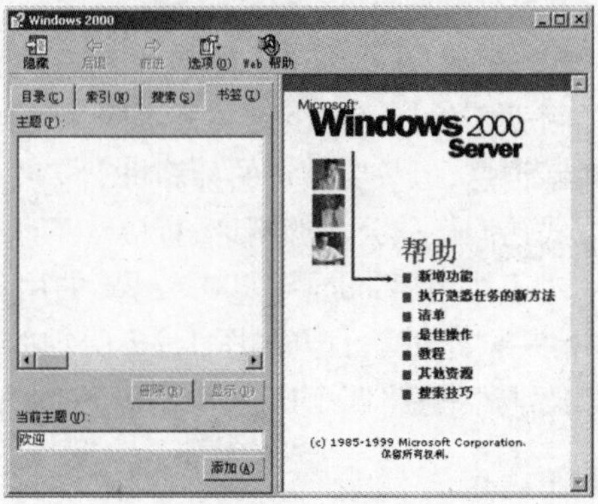

图 1－10　书签

在默认的情况下，“选择主题”列表框内将显示帮助信息的标题、位置与级别。如果启用“仅搜索标题”复选框，那么列表框内出现帮助标题启用“匹配相似的单词”复选框之后，那些包含与搜索内容意义相近的单词的标题也将出现在“选择主题”列表框内，否则标题内只出现完全相同的单词。

1.4.4　使用书签

书签是定位查找信息的一种手段，在一些重要帮助信息处添加书签，将为多次阅读该内容提供方便。选择 Windows 2000 帮助窗口的“书签”标签之后，将打开如图 1－10 所示的“书签”选项片。当前查找的帮助信息的标题将出现在“主题”文本框内，单击“添加”按钮之后，在“主题”列表框内将出现所选的标题，该标题将被作为查找帮助信息的书签。

在“主题”列表框内选择一种书签之后，单击“显示”按钮，右侧窗格内将出现书签定位的帮助信息。单击“删除”按钮之后，所选的书签将从“主题”列表框内删除。

1.4.5　访问 Web

尽管 Windows 2000 的帮助文件非常全面，但它毕竟是一些现成的内容，并不能反映 Windows 2000 有关新增功能和技术支持方面的信息，这些信息的获得需要访问微软公司的 Web 站点。选择 Windows 2000 帮助窗口的 Web Help 按钮之后，如果用户的计算机已经连接到 lnternet，那么将在浏览器窗口内打开微软公司在 Web 上的 Windows 2000 站点。

访问站点的主要内容以导航条的形式出现，单击站点内的导航条之后，将打开与之对应的链接目标。访问 Web 来获得帮助信息是新近增加的一种功能，任何帮助文件无论其内容多么全面、完善,随着时间的推移,也将面临着更新、丰富的问题。通过 Web 发布软件产品的最新消息,无论用户身处何地,通过一条电话线、一台调制解调器就可以迅速地获得所需的内容,极大地加快了信息的更新速度。

习题一

一、填空题

1. Windows 2000 Server 最重要的改进是在____________的目录服务技术基础上,建立了一套全面的、分布式的底层服务。

2. Windows 2000 Professional 主要针对____________用户。

3. Windows 2000 Server 主要针对____________级的服务器用户。

4. Windows 2000 Advanced Server 操作系统主要针对__________级的高级服务器用户。

5. Windows 2000 Datacenter Server 针对大型____________的数据中心服务器用户。

6. Windows 2000 在____________的基础上集成了新的 Internet 技术以及网络、应用程序和 Web 服务。

二、简答题

1. Windows 2000 包括哪些版本? 各适用于什么场合?
2. 列出几种 Windows 2000 Server 操作系统的新特性。
3. 什么是网络操作系统?
4. 列出几种常用的操作系统。

第 2 章　Windows 2000 Server 安装和配置

安装新的操作系统有多种选择，而安装程序是为了指导用户尽可能顺利地通过这些选择。安装 Windows 2000 Server 包括三个主要步骤：

(1)了解安装 Windows 2000 所需的软硬件环境。

(2)运行安装程序。此时应按照安装程序的提示键入信息或选择设置。

(3)完成安装并启动计算机。在给出了安装程序所需的全部信息后，安装程序将完成安装操作系统并重新启动计算机，此时用户便可使用 Windows 2000 Server 了。

2.1　准备安装 Windows 2000 Server

Windows 2000 Server 是一个功能强大的操作系统，要实现其强大的功能，一台性能优良的计算机是必不可少的。此外，用于不同目的的服务器在性能要求上也有一些差别，如域名服务器、文件服务器等。因此，我们首先介绍安装 Windows 2000 Server 所需的硬件和软件环境。

为了避免安装时发生问题，安装前最好先确定硬件设备是否符合要求，以及是否能够正常工作。

2.1.1　安装 Windows 2000 Server 所需的系统需求

要使系统具有良好的性能，务必使安装 Windows 2000 Server 的计算机符合下列需求。

(1)CPU

CPU 为 Pentium133 MHz 或更快速度的处理器，并且每台计算机最多可以支持四个 CPU。

(2)内存

内存建议最少 256 MB，系统最小支持为 128 MB，最大支持为 4 GB。

(3)硬盘

硬盘分区必须具有足够的可用空间满足安装过程，需要的最少空间大约为 1 GB。可能会需要更大的空间，这要依靠下面的情形而定。

①要安装的组件：安装的组件越多，需要的空间也就越大。

②使用的文件系统：FAT 比其他文件系统多需要 100 ~ 200 MB 的磁盘空间。

③使用的安装方法：如果从网络安装，则需要比从光盘安装多 100 ~ 200 MB 空间(从网络安装需要更多的驱动程序文件)。

④分页文件的大小。

此外，升级比执行全新安装需要更大的空间，因为现有的用户账户数据库在升级过程中，随着添加了 Active Directory 功能，它所占用的空间最大会扩大到原来的十倍。

注：安装过程需要的可用磁盘空间通常比较大，但在安装结束之后，系统使用的实际硬盘空间通常小于安装过程需要的可用空间，这主要取决于安装的系统组件。

(4)光盘驱动器

对于 x86 计算机,可使用 IDE 接口或 SCSI 接口兼容 CD-ROM;对于 RISC 计算机,必须配备 SCSI 接口的 CD-ROM 或 DVD 驱动器。

(5)软盘驱动器

高密度 3.5 英寸(1 英寸 = 2.54 厘米)磁盘驱动器。如果计划通过安装媒体启动计算机,且系统不支持从 CD-ROM 启动时,则需要这种驱动器;如果计算机没有工作的操作系统且不支持从 CD-ROM 启动时,必须备有一个高密度 3.5 英寸磁盘驱动器。

(6)其他设备

在安装 Windows 2000 Server 时,还需要 VGA 或更高分辨率的显示器、键盘、鼠标或其他指针设备。当需要从网络进行安装时,还需要一块或几块与 Windows 2000 兼容的网卡和相关电缆。

2.1.2 硬件及其兼容性

计算机的硬件是指任何连接到计算机并由计算机的微处理器控制的设备,包括制造和生产时连接到计算机上的设备以及后来添加的外围设备,例如调制解调器、磁盘驱动器、CD-ROM驱动器、打印机、网卡、键盘和显示适配卡等都是典型的硬件设备。

计算机的设备分为即插即用和非即插即用,它们能以多种方式连接到计算机上。某些设备,例如网卡和声卡被插入到计算机内部的扩展槽中;而其他一些设备,例如打印机和扫描仪则被连接到计算机外部的端口上。一些称为 PC 卡的设备,只能连接到便携式计算机的 PC 卡插槽中。

为了使设备能在 Windows 2000 上正常工作,必须在计算机上加载称为设备驱动程序的软件。每个设备都有自己唯一的驱动程序,它一般由设备制造商提供,也有某些驱动程序是由 Windows 2000 提供的。

Windows 2000 安装程序会自动检查硬件和软件并报告任何潜在的冲突。但要确保成功安装,在启动安装程序之前,用户需要核对计算机的硬件是否与 Windows 2000 Server 提供的硬件兼容性列表(HCL)兼容,如果硬件没有出现在 HCL 列表中,那么安装可能会不成功。

注:硬件兼容性列表(HCL)是与 Windows 2000 一同发布的,用户可以在 Windows 2000 Server 光盘的 Support 文件夹中打开 Hcl.txt 文件。

2.1.3 磁盘分区

磁盘分区是一种划分物理磁盘的方式,以便每个部分都能够作为一个单独的单元使用。当在磁盘上创建分区时,可以将磁盘划分为一个或多个区域,以便将这些区域用诸如 FAT 或 NTFS 这样的文件系统格式化。主分区(或称为系统分区)是安装加载操作系统时所需文件的分区,一般其驱动器号为 C:。

在安装 Windows 2000 Server 时,只有在执行全新安装时,才可在安装过程中更改磁盘的分区。但也可以在安装之后通过使用磁盘管理器修改磁盘的分区。

在执行全新安装时,安装程序会检查硬盘以确定它现有的配置,然后提供下列选择:

(1)如果硬盘未分区,可以创建并划分 Windows 2000 分区。

(2)如果硬盘已分区但还有足够的未分区磁盘空间,可以通过使用未分区的空间创建 Windows 2000 分区。

(3)如果硬盘现有的分区足够大,可以将 Windows 2000 安装在该分区上。可以先重新格式化,但也可以不重新格式化,重新格式化分区会删除该分区上的所有数据;如果没有重新格式化该分区,但将 Windows 2000 安装到了已存在操作系统的分区上,后者会被覆盖,并需要重新安装与 Windows 2000 一同使用的所有应用程序。

(4)如果硬盘已有一个分区,可以先删除它,以便为 Windows 2000 分区创建更大的未分区磁盘空间。但是,删除现有的分区也会删除该分区上的所有数据。

2.1.4 文件系统

Windows 2000 Sewer 支持 NTFS,FAT,FAT 32 等三种文件系统,下面简要介绍它们各自的特点。

1. NTFS

NTFS 是专用于 Windows 2000 操作系统的高级文件系统。它支持文件系统故障恢复,尤其是大存储媒体、长文件名和 POSIX 子系统的各种功能;能够通过将所有的文件看做具有用户定义属性的对象来支持面向对象的应用程序。

Windows 2000 Server 包括新版本的 NTFS,它支持各种新功能(包括 Active Directory),如域、用户账户和其他重要的安全特性都需要 Active Directory 功能。在选择 NTFS 时可以使用的功能有:

(1)Active Directory。可用它来方便地查看和控制网络资源。

(2)域。它是 Active Directory 的一部分,在简化管理的同时,可以使用域来调整安全选项,域控制器需要 NTFS 文件系统。

(3)文件加密。它极大地增强了安全性。

(4)可以对单个文件设置权限,而不仅仅是对文件夹进行设置。

(5)稀疏文件。这些是由应用程序创建的非常大的文件,以这种方式创建的文件只受磁盘空间的限制。也就是,NTFS 只为写入的文件部分分配磁盘空间。

(6)远程存储。通过它使可移动媒体(如磁带)更易访问,从而扩展了硬盘空间。

(7)磁盘活动恢复记录。它可帮助用户在断电或发生其他系统问题时尽快地还原信息。

(8)磁盘配额。可用它来监视和控制单个用户使用的磁盘空间量。

(9)可更好地支持大驱动器,NTFS 支持更大的驱动容量,并且其性能不随驱动器容量的增大而降低。

2. FAT 和 FAT32

FAT 即文件分配表,是一些操作系统维护的表格或列表,用来跟踪存储文件的磁盘空间各段的状态。FAT32 是文件分配表文件系统的派生文件系统,与 FAT 相比,它支持更小的簇,使得 FAT32 驱动器的空间分配更有效率。

在安装 Windows 2000 Server 时使用 FAT 或 FAT32 文件系统,主要是因为用户有时需要运行早期的操作系统(如 Windows 98 等),有时运行 Windows 2000,这时就需要将 FAT 或 FAT32 分区作为硬盘上的主(或启动)分区。但是,在需要将计算机作为服务器时最好不要使用双启动。

注:早期的操作系统几乎都无法访问使用最新版 NTFS 格式化的分区,用带有 Service Pack 4 或更高版本的 Windows NT 4.0 可以访问使用最新版 NTFS 格式化的分区,但也有一些限制。例如,Windows NT 4.0 无法访问那些用在 Windows NT 4.0 发布时还没出现的 NT-

FS 功能存储的文件等。

NTFS,FAT 和 FAT32 文件系统与各种操作系统的兼容性以及与支持的磁盘和文件大小对比,见表 2-1。

表 2-1 NTFS,FAT 和 FAT32 文件系统比较

NITS	FAT	FAT32
运行 Windows 2000 的计算机可以访问 NTFS 分区上的文件;运行带有 Service Pack 4 或更高版本的 Windows NT 4.0 计算机可能可以访问某些文件;其他操作系统则无法访问	可以通过 MS-DOS、所有版本的 Windows,Windows NT,Windows 2000 和 OS/2 访问	只能通过 Windows 95 OSR2,Windows 98 和 Windows 2000 访问
推荐最小的容量为 10 MB,推荐实际最大的容量为 2 TB,并可支持更大的容量	容量可从软盘大小到最大 4 GB	容量从 512 MB 到 2 TB。在 Windows 2000 中,可以格式化一个不超过 32 GB 的 FAT32 卷
无法用在软盘上	不支持域	不支持域
文件大小只受卷的容量限制	最大文件大小为 2 GB	最大文件大小为 4 GB

2.1.5 运行安装程序前准备系统

无论是用户进行全新安装或是升级安装,通常都需要在安装前准备系统。其中,在全新安装 Windows 2000 Server 的准备阶段,要执行备份文件、将驱动器解压缩、禁用磁盘镜像并切断不间断电源(UPS)设备等基本步骤。

(1)备份文件:在执行 Windows 2000 Server 安装程序之前,建议备份当前的文件(除非计算机没有文件,或当前的操作系统文件已损坏)。

(2)将驱动器解压缩:在安装 Windows 2000 Server 之前,要将所有的 DriveSpace 或 DoubleSpace 卷解压缩。

注:安装 Windows 2000 Server 时,不要在压缩的驱动器上安装 Windows 2000 Server,除非驱动器是用 NITS 文件系统的压缩功能执行的压缩。

(3)禁用磁盘镜像:在执行全新安装之前,如果目标计算机上安装有磁盘镜像,那么在运行安装程序之前要禁用它,在完成安装后,再重新启动磁盘镜像。

(4)切断 UPS 设备:如果目标计算机与不间断电源(UPS)相连,那么在运行安装程序之前要切断连接的串行电缆。因为 Windows 2000 Server 安装程序会试图自动检测连接到串行端口上的设备,如果不切断,UPS 设备会在检测过程中产生问题。

在为升级准备系统时,除了要备份文件、将驱动器解压缩、禁用磁盘镜像、切断不间断电源(UPS)设备外,还要检查计算机上的应用程序。通过阅读 Windows 2000 Server 光盘的根目录下的 Readme. doc 文件,查找在运行安装程序之前需要禁用或删除应用程序的信息。

2.2 安装 Windows 2000 Server

Windows 2000 Server 提供了多种安装方法,根据安装程序所在的位置、操作系统及计算

机平台的不同等因素,启动安装程序的方法也稍有不同。

2.2.1 从光盘安装 Windows 2000 Server

在运行 Windows 的计算机上,从光盘启动安装程序的方法如下。

(1)将光盘插入驱动器。

(2)对于运行 Windows 3.x 的计算机,使用文件管理器转到光盘驱动器并进入 I386 目录,然后双击 Winnt.exe,并按照安装向导操作。

(3)对于运行高于 Windows 3.x 的任何版本的计算机,如 Windows 98 操作系统,这时会自动显示安装画面,即如图 2-1 所示的 Microsoft Windows 2000 CD 对话框。

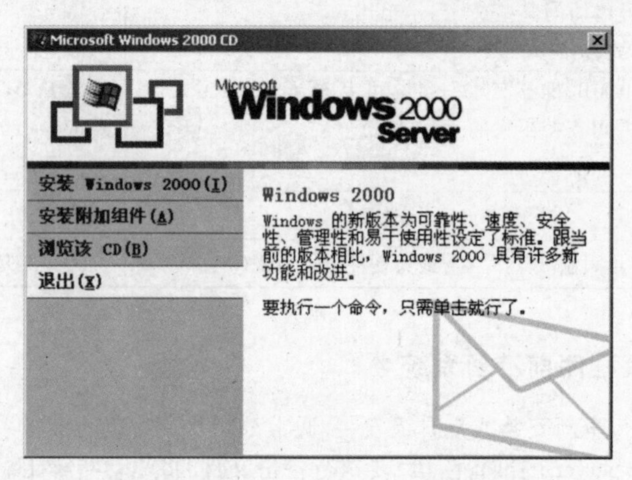

图 2-1 Windows 2000 Server 安装画面

(4)单击"安装 Windows 2000(I)",系统会警告用户无法在当前的系统上进行升级安装,则此时只能采用全新安装方式。这时将弹出如图 2-2 所示的"Windows 2000 安装程序"窗口。

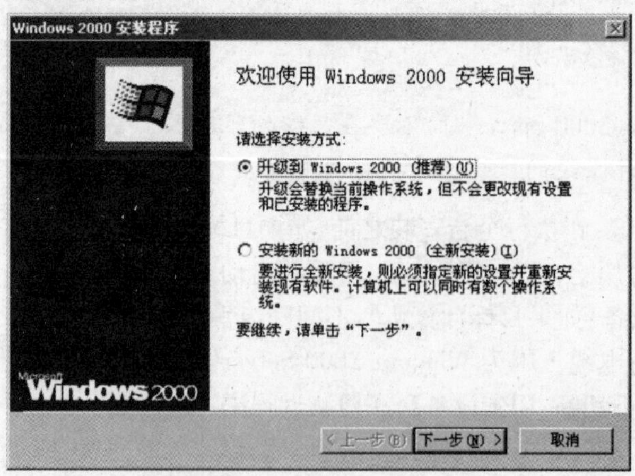

图 2-2 Windows 2000 安装程序

注:①由于 Registry 数据库的不同,用户无法将 Windows 98 升级到 Windows 2000 Server,因此,在 Windows 98 下安装的应用程序将会无法在 Windows 2000 Server 下运行,这些程序还必须在 Windows 2000 Server 下重新安装。

②如果希望在启动时可以在 Windows 98 和 Windows 2000 Server 中进行选择,这时

必须先安装 Windows 98,然后再安装 Windows 2000 Server。如果先安装 Windows 2000 Server,再安装 Windows 98,可能将覆盖双启动,从而无法启动 Windows 2000 Server,这时必须利用"紧急修复磁盘"修复。

(5)根据安装向导进行安装。

2.2.2 从网络启动安装程序

要想通过网络安装 Windows 2000 Server,可以直接把 CD-ROM 作为共享文件,或者把安装源文件复制到一个共享文件夹中,然后再使用合适的程序来启动安装程序。方法如下:

(1)在一台网络服务器上插入 CD-ROM 并共享该驱动器以共享安装文件,或把 CD-ROM 上\i386 目录下的文件复制到一个共享文件夹中。

(2)将要安装 Windows 2000 Server 的计算机连接到共享 CD-ROM 或共享文件夹。

(3)按下述情况查找并运行 CD-ROM 的\i386 目录或共享文件夹中的正确文件。

(4)在运行 MS-DOS 或 Windows 3. x 的计算机上启动 winnt. exe。

(5)在运行 Windows 9. x, Windows NT 3. 51, Windows NT 4. 0 或 Windows 2000 Server 的计算机上启动 winnt32. exe。

(6)按照提示进行操作。

2.2.3 安装 Windows 2000 Server 中文版

本节我们以在 MS-DOS 下全新安装为例,详细介绍 Windows 2000 Server(中文版)的安装过程。

1. 复制文件

复制文件的步骤如下:

(1)启动计算机,进入 c:\>。

(2)将光盘插入驱动器。

(3)在命令提示符下键入 F:,其中 F 是光盘驱动器的驱动器号。

(4)在 F:\>下键入 cd i386,然后按回车键。

(5)在 F:\i386>下键入 winnt,然后按回车键,这时将显示 Windows 2000 Setup 对话框,显示文件调用的路径为 F:\i386。

(6)按回车键开始复制文件。

(7)文件复制结束后重新启动计算机。

2. 启动安装程序

当重新启动计算机后,系统会自动对设备检测,之后将显示出"Windows 2000 Server 安装程序"的信息,用户可以从中作出选择:

欢迎使用安装程序

这部分安装程序准备在计算机上运行 Microsoft(R) Windows(TM):

- 要开始安装 Windows 2000,请按 Enter;
- 要修复 Windows 2000 中文版的安装,请按 R;
- 要停止安装 Windows 2000 并退出安装程序,请按 F3。

对第一次安装 Windows 2000 的用户来说,只能按 Enter 键安装 Windows 2000。

3. Windows 2000 Server 许可协议

开始安装 Windows 2000 时，按下 Enter 键后系统将显示“Windows 2000 许可协议”画面，这时可以按下 PageDown 键逐页阅读许可协议。按下 F8 键表示接受许可协议，将继续后面的工作。如果不接受许可协议，可按下 Esc 键，此时将不会复制任何文件到磁盘中。

4. 选择安装磁盘空间

接下来系统将显示“Windows 2000 Server 安装程序”信息画面，提示用户将系统安装到哪个分区、创建或删除分区，其选项如下：

Windows 2000 Server 安装程序

以下列表显示在这台计算机上的现有磁盘分区和尚未划分的空间：

- 要在所选项目上安装 Windows 2000，请按 Enter；
- 要在尚未划分的空间中创建磁盘分区，请按 C；
- 删除所选磁盘分区，请按 D。

---

5. 选择并转换文件系统

当选择好 Windows 2000 安装的磁盘分区后，按下 Enter 键，系统将显示选定磁盘分区的详细信息，如下所示（此处选择了已经创建好的磁盘分区 C：）：

Windows 2000 Server 安装程序

安装程序把 Windows 2000 安装在 6150MB Disk 0 at Id 0 on atapi 上的磁盘分区

C：FAT32（WANG） 4001MB（3795MB 可用）。

用上移或下移箭头选择所需的文件系统，然后请按 Enter。

如果要为 Windows 2000 选择不同的磁盘分区，请按 Esc。

将磁盘分区转换为 NTFS。

保持现有的文件系统（无变化）

为了能够使用 Windows 2000 Server 提供的全部功能，可选择“将磁盘分区转换为 NTFS”选项，然后按下 Enter 键，这时显示的“Windows 2000 Server 安装程序”信息将再次提示用户要慎重进行磁盘分区转换，如下所示：

Windows 2000 Server 安装程序

注意：Windows 2000 可以使用 FAT 或 NTFS，但将这个驱动器转换成 NTFS 会导致其安装在这台计算机上的操作系统无法使用这个驱动器。

如果在使用其他操作系统时（如 MS-DOS，Windows 或 OS/2）需要访问这个驱动器，则不要将驱动器转换成 NTFS。

请确认是否要转换 6150MB Disk 0 at Id 0 on bus 0 on atapi 上的

C：FAT32（WANG） 4001MB（3795MB 可用）

要将这个驱动器转换成 NTFS，请按 C。

要为 Windows 2000 选择不同的磁盘分区，请按 Esc。

当进一步确认之后，按 C 键，驱动器将被转换成 NTFS 格式。在此之后，计算机会自动进行系统检测并复制安装程序，重新启动计算机。

2.3 配置 Windows 2000 Server

重新启动计算机,系统自动检测设备、磁盘文件系统并收集计算机的相关信息,用户还可在此过程中进行区域设置、输入产品序列号、选择授权模式、设置计算机名称和系统管理员密码及要安装的组件。

2.3.1 检测设备

在图 2-2 所示的"欢迎使用 Windows 2000 安装向导"界面中单击"下一步"按钮,安装程序将开始收集计算机信息,此时安装程序将检测和安装诸如键盘、鼠标等设备,这一过程将会花费几分钟的时间。

2.3.2 区域设置

设备检测完毕后,安装程序将弹出"区域选项"对话框,用户可在此通过选择区域设置数字、货币、时间与日期的显示格式。在这里我们可采用系统默认设置,即将区域设置为"中文(中国)"。

如果要改变系统或用户区域设置,可以单击"自定义"按钮,此时系统将打开"区域选项"对话框,用户可在此对数字、货币、时间、日期、输入法等进行设置,如图 2-3 所示。

2.3.3 输入姓名和组织名称

在"区域选项"对话框中单击"下一步"按钮,在弹出的对话框中要求用户输入姓名和公司或单位名称,安装程序才能继续执行。

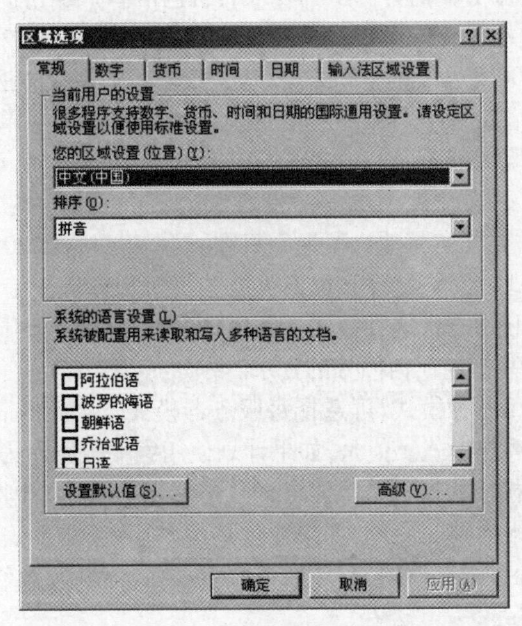

图 2-3 "区域选项"对话框

2.3.4 输入产品序列号

单击“下一步”按钮,在弹出的“Windows 2000 安装程序”窗口中按要求输入正确的产品密钥,这是 Microsoft 公司在做售后技术服务时使用的,如图 2-4 所示。

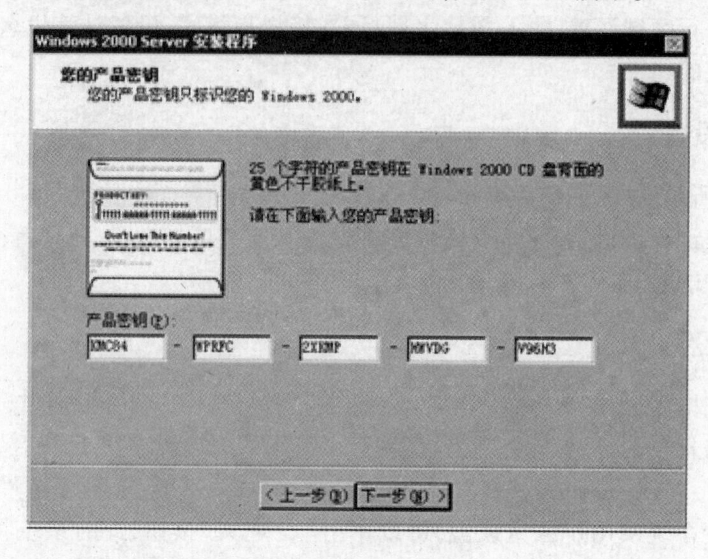

图 2-4 输入产品序列号

2.3.5 选择授权模式

Windows 2000 Server 支持两种授权模式:每客户和每服务器。如果选择了每客户模式,每台访问 Windows 2000 服务器的计算机都要求有自己的客户端访问许可证(CAL),通过一个 CAL 一个特定的客户端计算机可以连接到任意数量的 Windows 2000 服务器上。对于拥有超过一台 Windows 2000 Server 的公司来说,这是最常用的授权方法。

每服务器授权意味着每一个与服务器的并发连接都需要一个单独的 CAL,即在任何时候,这台 Windows 2000 服务器都可以支持固定数量的连接。例如,如果选择了每服务器客户端授权模式和五个并发连接,此 Windows 2000 Server 可以同时被五台计算机(客户端)所连接,这些计算机将不需要任何其他许可证。只有一台 Windows 2000 服务器的中小企业通常首选每服务器授权模式。客户端计算机不可能被授权为 Windows 2000 网络客户端的 Internet 服务器或远程访问服务器,这种模式也很有用,可以指定允许同时连接服务器的计算机(客户端)的最大数量并拒绝任何额外的登录。

如果不能确定要使用哪种模式,可选择每服务器模式,因为无需花费任何费用,便可从每服务器模式更改为每客户模式。但是,如果计划使用终端服务作为应用程序服务器(而不仅仅作为远程管理),授权模式通常是每客户,但“终端服务 Internet 连接程序”授权除外,因为此处的模式始终是每服务器。此外,如果要使用终端服务,需要安装以下的一两个组件:终端服务和(当做应用程序服务器的)终端服务授权。在本例中,我们选择了“每服务器”方式,并将同时连接数设置为 5。

2.3.6 设置计算机名和系统管理员密码

在安装 Windows 2000 Server 过程中,用户需要设置计算机名称和系统管理员密码。顾名思义,计算机名称是用于在网络上识别计算机使用的,而系统管理员密码则是供网络管理员使用的。

1. 输入计算机名

设置计算机名时需要使用 Internet 标准的字符,这些标准字符包括数字 0 ~ 9 和 A ~ Z 的大写字母和小写字母以及连字符(-)。如果网络上使用了 Microsoft DNS 服务,那么还可以使用范围更广的字符,包括 Unicode 字符和其他非标准字符,例如 & 符等。但是,使用非标准字符可能会影响与网络上的非 Microsoft 软件的互操作性。

计算机名的最大长度为 63 个字节。如果名称超过 15 个字节(大多数语言是 15 个字符,有些语言是 7 个字符),未安装 Windows 2000 之前,计算机的操作系统只靠该名称的前 15 个字符来识别此计算机。对于大多数语言来说,建议使用不超过 15 个字符;对于需要更多存储空间的语言,例如中文、日文或韩文,建议使用不超过 7 个字符。

此外,如果此计算机是某个域的一部分,则选择的计算机名必须不同于域内的其他任何计算机;如果此计算机是某个域的一部分,且包含多个操作系统,那么每个操作系统使用的计算机名也必须各不相同。

2. 输入系统管理员密码

Windows 2000 安装程序在计算机上创建了一个称做 Administrator 的用户账户,它具有管理计算机全部配置的管理权限,管理这台计算机的人员一般使用此账户。出于安全考虑,通常要为 Administrator 账户指定密码。如果将“管理员密码”设置为空,则表明该账户没有密码。

在“管理员密码”文本框中,可以键入最多不超过 127 个英文字符的密码。为了具有最高的系统安全性,密码至少要有 7 个字符,并应采用大写字母、小写字母和数字以及其他字符(例如 *,? 或 $)的混合形式。

为了对所设密码进行确认,还应在“确认密码”文本框中再次键入密码,这个密码必须与“管理员密码”中输入的密码完全一致。

注:在安装完成之后,为了获得最好的安全性,要更改 Administrator 账户名(但不能删除它)并始终为该账户设置一个安全性高的密码。

2.3.7 选择希望安装的 Windows 2000 组件

Windows 2000 Server 包括各种核心组件,其中也有一些管理工具,可由安装程序自动安装。此外,还可以挑选一些可选的组件来扩展 Windows 2000 Server 的功能。用户在安装的过程中,可以通过图 2 - 5 所示的“Windows 2000 Server 安装程序”对话框选择安装这些组件;也可以在完成 Windows 2000 Server 的安装后,通过控制面板的“添加/删除程序”根据需要进行添加。

在安装 Windows 2000 组件时,选择的组件越多,意味着服务器的功能越多。但是,应该只选择安装需要的组件,因为每个组件都要求额外的磁盘空间。为了帮助用户在安装过程中选择合适的组件,表 2 - 2 列出了各种服务器功能与所需的相关组件。

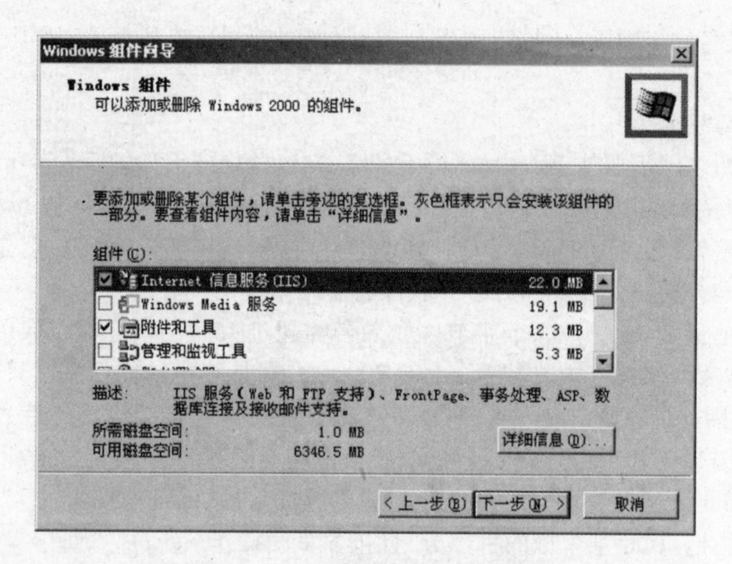

图 2-5　安装 Windows 2000 组件

表 2-2　服务器功能与组件

服务器功能	可能的组件
DHCP,DNS 或 WINS 服务器(在 TCP/IP 网络内)	动态主机配置协议(DHCP)、域名系统 DNS 及 Windows Internet 名称服务(WINS)都是网络服务的一部分
集中管理网络	管理和监视工具、远程安装服务、终端服务(远程管理模式)
身份验证和安全通信	Internet 验证服务(网络服务的一部分)、证书服务
文件访问	索引服务、远程存储、其他网络文件和打印服务(支持 Macintosh 和 UNIX 操作系统)
打印访问	其他网络文件和打印服务(支持 Macintosh 和 UNIX 操作系统)
终端服务	终端服务(应用程序服务器模式)、终端服务授权
应用程序支持	消息队列、QoS 许可控制(网络服务的一部分)
Internet(Web)结构	Internet 信息服务、Site Server ILS 服务(网络服务的一部分)
支持拨号访问	连接管理器管理工具包和连接点服务(管理和监视工具的一部分)。注意:路由和远程访问服务是 Windows 2000 的一个核心单元,不需要作为组件安装
多媒体通信	Windows Media 服务
支持各种客户端操作系统	其他网络文件和打印服务(支持 Macintosh 和 UNIX 操作系统)

(1)附件和实用程序

包括桌面附件,例如写字板、画图、计算器、CD 播放器以及一些游戏(如纸牌)等。要选择个别项目,可单击"详细资料"并从列表中选择即可。

(2)证书服务

提供安全和身份验证支持,包括安全电子邮件、基于 Web 的身份验证和智能卡身份验证。

注:安装证书服务后不能重命名计算机,并且计算机不能加入域或从域中删除。

(3)索引服务

为存储在磁盘上的文档提供索引功能,使得用户可以搜索特定的文本文档或属性。

(4)Internet 信息服务(IIS)

支持 Web 站点创建、配置和管理,并附带网络新闻传输协议(NNTP)、文件传输协议(FTP)和简单邮件传输协议(SMTP)。

(5)管理和监视工具

为通信管理、监视和管理提供工具,包括支持开发远程用户的自定义客户端拨号程序和可以自动从中心服务器更新的电话簿。另外,还包括简单网络管理协议(SNMP)。

(6)消息队列

为创建分布式消息,应用程序提供了通信基础构架和开发工具,此类应用可以跨越不同种类的网络与可能脱机的计算机进行通信。消息队列提供了有保证的消息传输、高效的路由选择、安全措施、事务支持和基于优先权的消息传递。

(7)网络服务

为网络提供重要的支持,包括下面列出的各项功能:

①COM Internet 服务代理:支持使用 HTTP 通过 Internet 信息服务进行通信的分布式应用程序。

②域名系统(DNS):为运行 Windows 2000 的客户端提供名称解析。利用名称解析,用户可以用名称访问服务器,而不再需要使用难于识别和记忆的 IP 地址。

③动态主机配置协议(DHCP):使服务器具有为网络设备动态分配 IP 地址的能力。这些设备一般包括服务器和工作站计算机,也包括如打印机和扫描仪这样的设备。利用 DHCP,除了提供 DHCP、DNS 及 WINS 服务的 Intranet 服务器外,不需要设置和维护这些设备的静态 IP 地址。

④Internet 验证服务(IAS):对拨号和 VPN 用户执行身份验证、授权和记账。IAS 支持 RADIUS 协议。

⑤QoS 许可控制:控制如何为应用程序分配网络带宽。可以给重要的应用程序分配较多的带宽,给不太重要的应用程序分配较少的带宽。

⑥简单 TCP/IP 服务:支持 Character Generator,Daytime Discard,Echo 和 Quote of the day。

⑦Site Sever ILS 服务:支持 IP 电话服务应用程序。在网络上发布 IP 多播会议,也可以为 H.323 IP 电话服务发布用户 IP 地址映射。电话应用程序(例如 NetMeeting 和 Windows 附件中的电话拨号程序)使用了 Site Server ILS 服务显示带有发布地址的用户名和会议。Site Server ILS 服务要依靠 Internet 信息服务(IIS),但在初始设置期间无法安装 Site Server ILS 服务。

⑧Windows Internet 名称服务(WINS):为运行 Windows NT 的客户端和 Microsoft 操作系统的早期版本提供名称解析。

(8)其他网络文件和打印服务

为 Macintosh 操作系统提供文件和打印服务,以及为 UNIX 操作系统提供打印服务。

(9)远程安装服务

可以使用这种服务远程安装新的客户端计算机,而无需访问每个客户端。目标客户端必须或者支持使用 Pre-Boot execution Environment(PXE)ROM 启动,或者支持利用远程启动软盘启动。在服务器上,需要为远程安装服务提供一个单独的分区。

(10)远程存储

通过该功能可使可移动媒体(如磁带)更易访问,从而扩展了硬盘空间。不常使用的数据会自动传输到磁带上,并在需要的时候再恢复回来。

(11)脚本调试器

脚本调试器提供脚本开发支持。

(12)终端服务

终端服务提供两种模式:应用程序服务器模式和远程管理模式。其中,在应用程序服务器模式下,终端服务提供了在服务器上运行客户端应用程序的能力,此时“瘦客户端”软件充当了客户端上的终端仿真器。每个用户可以看到一个单独的窗口作为一个 Windows 2000 桌面显示,且每个会话都由服务器管理,独立于其他任何客户端会话。如果想将终端服务作为应用程序服务器安装,必须同时安装终端服务授权(不必安装在同一台计算机上)。并且,可以发给客户临时许可证,以便可以使用最长期限为 90 天的终端服务器。

在远程管理模式下,可以使用终端服务从网络的任何地方远程登录并管理 Windows 2000 系统(不必只限于在本地服务器上工作)。远程管理模式允许来自一个指定服务器的两个并发连接,并将对服务器性能的影响降到最低。另外,远程管理模式不需要安装终端服务授权。

注:如果在组件列表中选择了“终端服务”选项,在后面安装的过程中还需要选择“终端服务安装程序”模式,系统默认选中远程管理模式。

(13)终端服务授权

这种授权服务使得用户可以下载、发布和跟踪终端服务客户端的许可证。如果以应用程序模式安装终端服务(而不是远程管理模式),则必须同时安装终端服务授权。要快速注册许可服务器,可将它安装在能够访问 Internet 的计算机上。

在终端服务授权安装过程中,可以从两种类型的许可服务器中选择:域许可证服务器(默认方式)和企业许可证服务器。域许可证服务器只支持在同一域内作为许可证服务器的终端服务器。如果许可证服务器位于工作组或 Windows NT 4.0 域,则必须选择域许可证服务器。不论什么类型的域,如果想要为每个域维护单独的许可证服务器,都可以选择域许可证服务器。在 Windows 2000 域内,必须在域控制器上安装域许可证服务器。在工作组和 Windows NT 4.0 域内,可以在任何服务器上安装域许可证服务器。

用户也可以选择将许可证服务器安装为企业许可证服务器。企业许可证服务器可以支持 Windows 2000 域或混合域(即有些域控制器运行 Windows 2000,有些域控制器运行 Windows NT 4.0)内的终端服务器。如果要让许可证服务器在多个 Windows 2000 域内支持终端服务器,则必须选择企业许可证服务器。

(14)Windows Media 服务

提供多媒体支持,使得用户可在 Intranet 或 Internet 上传送使用高级流格式的内容。

2.3.8 日期和时间设置

在接下来出现的“日期和时间设置”对话框中,用户可以为 Windows 计算机设置正确的日期、时间和时区。其中,系统会自动选中北京所在的时区。设置完日期、时间和时区后,单击“下一步”按钮可继续下面的网络安装。

2.3.9 安装 Windows 2000 Server 网络

接下来 Windows 2000 Server 安装程序将显示网络设置，通过网络安装，使计算机连接到其他计算机、网络和 Internet 上。

1. 选择网络设置方式

在安装网络设置时，用户可以选择典型设置或自定义设置两种方式。选择典型设置时，Windows 2000 Server 安装程序会使用“Microsoft 网络客户端”、“Microsoft 网络的文件和打印共享”和自动寻址的 TCP/IP 传输协议来创建网络连接；选择自定义设置，则要手动配置网络组件。

为了能够清楚了解 Windows 2000 Server 网络客户、服务和协议，这里选择“自定义设置”方式。

2. 查看网卡信息

由于 Windows 2000 Server 具有更强的“即插即用”性，能够自动识别出计算机中的硬件配置，因此，在安装过程中可以在网络组件对话框中显示网络设备。

3. 添加网络组件

Windows 2000 Server 安装程序默认选中的组件为“Microsoft 网络客户端”、“Microsoft 网络的文件和打印共享”和“Internet 协议(TCP/IP)”。如果要添加其他的网络组件，可以单击“安装”按钮，此时系统将打开如图 2-6 所示的“选择网络组件类型”对话框。

网络组件类型包括客户、服务和协议三种。当选择一种组件类型(如协议)后，单击“添加”按钮，将显示选中网络组件类型的具体内容，如图 2-7 所示的“选择网络协议”对话框。

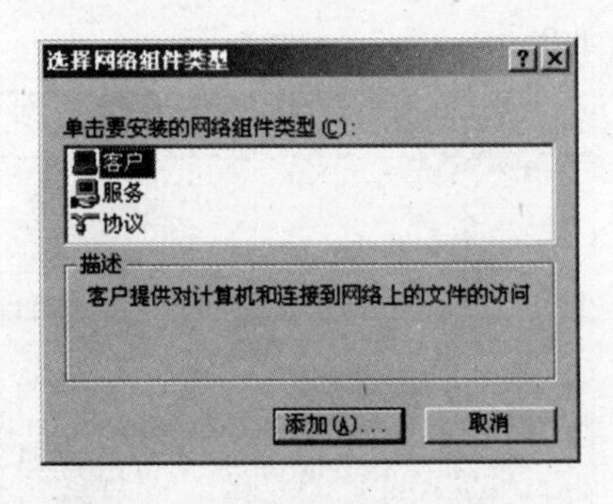

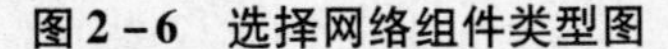
图 2-6 选择网络组件类型图

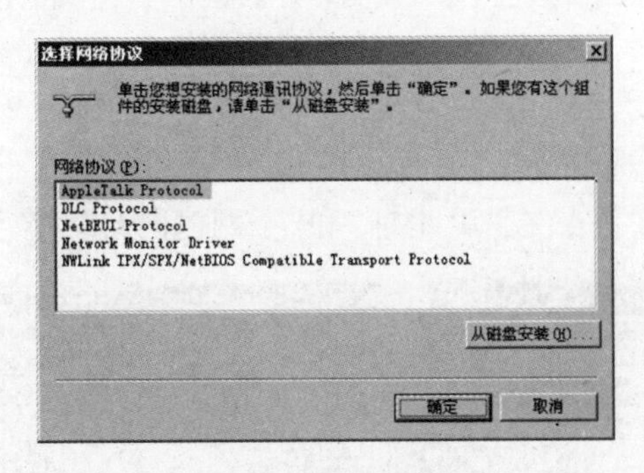

图 2-7 选择网络协议

如果在列表中没有用户需要的组件类型，可以单击“从磁盘安装”按钮安装需要的组件。当选择好合适的组件后，单击“确定”按钮，即可将其添加到“网络组件”对话框的组件列表中。从组件列表中选中某一组件，然后单击“卸载”按钮，即可从组件列表中将其删除。

4. 查看与设置网络组件属性

在网络组件列表中选择组件后，单击“属性”按钮，将显示选中组件的属性。用户可以订制这些属性，例如，选择 Internet 协议(TCP/IP)后单击“属性”按钮，系统将显示如图 2-8 所示的“Internet 协议(TCP/IP)属性”对话框，用户可以通过该对话框查看与更改这些属性。

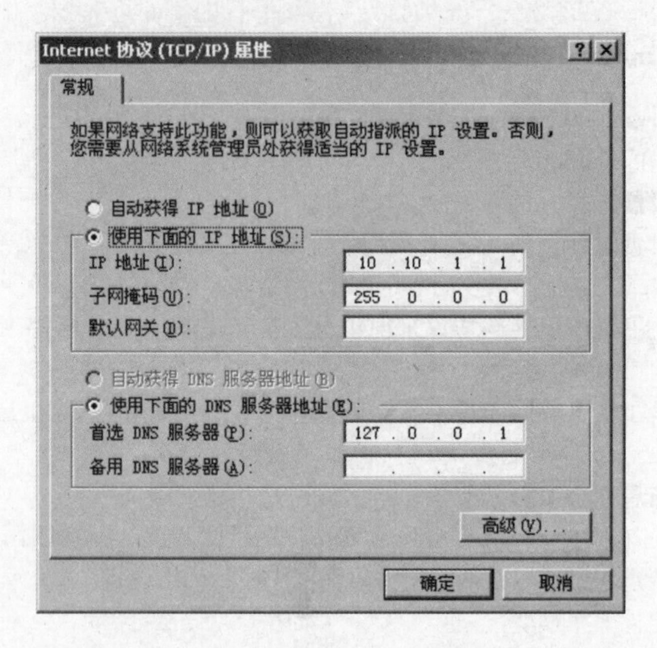

图 2-8 “Internet 协议(TCP/IP)属性”对话框

5. 设置本机 IP 地址与 DNS 和 WINS 服务器地址

在 Windows 2000 Server 网络安装过程中，用户可以利用 TCP/IP 协议属性对话框设置本机的 IP 地址、DNS 和 WINS 服务器地址，方法如下：

(1)在“网络设置”对话框中单击“自定义设置”。

(2)在“网络组件”对话框内单击“Internet 协议(TCP/IP)”。

(3)单击“属性”按钮，在弹出的如图 2-9 所示的“Internet 协议(TCP/IP)属性”对话框内选中“使用下面的 IP 地址”单选按钮。

(4)在“IP 地址”和“子网掩码”内，键入适当的数字。

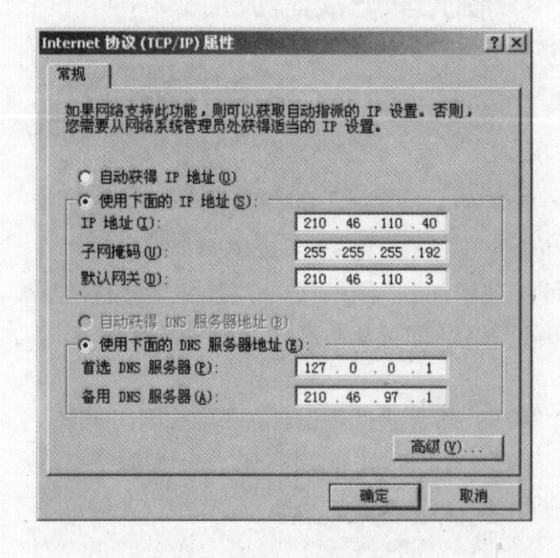

图 2-9 Internet 协议属性

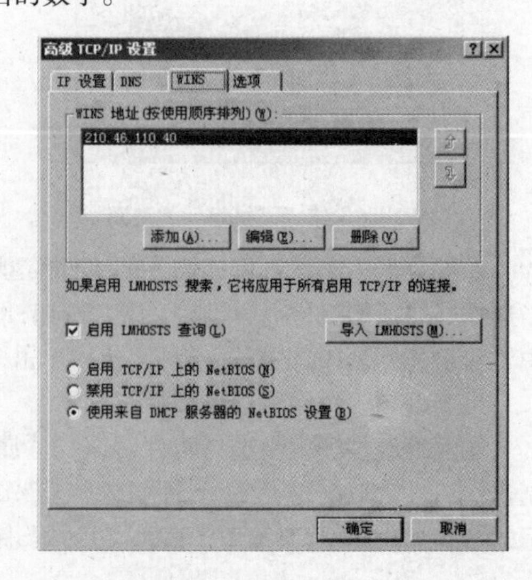

图 2-10 设置 WINS 地址

(5)在“使用下面的DNS服务器地址”下,键入首选的DNS服务器地址和备用的DNS服务器地址(可选)。如果本地服务器是首选或备用的DNS服务器,则要键入在步骤(4)中已分配好的相同的IP地址。

(6)如果要使用WINS服务器,可单击“高级”按钮,则弹出如图2-10所示的“高级TCP/IP设置”对话框,然后在WINS选项卡的文本框中,添加一个或多个WINS服务器的IP地址。如果本地服务器是WINS服务器,则键入第五步中已分配好的IP地址。

(7)在每个对话框内单击“确定”按钮,然后继续执行安装。

注:如果不熟悉DHCP或IP地址及相应的子网掩码,建议使用自动专用IP寻址(APIPA),它会自动分配IP地址。使用APIPA后,可以改为DHCP配置。

6. 指定工作组或域

域是在同一个域名和安全范围内的一组账户和网络资源的集合,工作组则是更基本的分组,它只是用来帮助用户在组内查找像打印机和共享文件夹这样的对象。域是所有网络都推荐的选择,但对于只有几个用户的网络例外。

在工作组中,用户可能需要记住多个密码,因为每个网络资源都有自己的密码。此外,不同的用户对每个资源可以使用不同的密码进行访问。而在域内,密码和权限就很容易跟踪,因为域里有一个包含用户账户、权限和其他网络细节信息的中心数据库,此数据库的信息可在域控制器之间自动复制。用户需要决定哪些服务器是域控制器,哪些服务器只是域的成员;但也可以在安装过程中,或安装之后决定这些服务器的角色。域和属于域的Active Directory目录系统可使用户在维护监视和安全功能时方便地用多种方式找到域内的资源。

利用Windows 2000,服务器在域内可以是下面两种角色之一:域控制器,它含有给定域内用户账户和其他Active Directory数据的副本;成员服务器,它属于域,但没有Active Directory数据的副本(属于工作组,而不是属于域的服务器,称做独立服务器)。利用Windows 2000,可以将服务器的角色在域控制器和成员服务器(或独立服务器)之间来回变换,即使在安装结束之后也可以这样做。但是建议在运行安装程序要之前规划好域,并且只在必要的时候才更改服务器的角色。

在运行安装程序之前要仔细考虑域控制器的名称,因为一旦它成为域控制器后就无法更改它的名称了。如果要改名,必须先将它更改为成员或独立服务器,再更改名称,最后再次使它成为域控制器。

如果有多个域控制器,就可以为用户提供更好的支持。多个域控制器可以自动备份用户账户和其他Active Directory数据,并一同支持域控制器的功能(例如确认登录等)。

在Windows 2000 Server中,用户需要在工作组或域之间进行选择,并为工作组或域指定一个名称。在默认情况下,选中“不,此计算机不在网络上,或者在没有域的网络上”单选按钮,工作组的名称为“WORKGROUP”。

设置完工作组或域后,单击“下一步”按钮,安装程序将显示“安装Windows 2000组件”对话框。继续单击“下一步”按钮,安装程序即开始安装用户指定的选项并配置系统,安装“开始”菜单项目,注册组件,保存设置以及删除用过的临时文件,这将花费几分钟时间。最后,当安装程序显示“完成Windows 2000安装”向导对话框时,表示已经成功地完成了Windows 2000的安装。

习题二

一、填空题

1. Windows 2000 Server 可支持__________个 CPU。

2. 在 Windows 2000 Server 中网络管理员默认的账户名为__________。

3. Windows 2000 Server 推荐使用的是__________文件系统。

4. 在安装 Windows 2000 之前要将所有 Drivespace 或__________卷解压。

5. 能够连接到计算机的外部设备分为__________和__________两种类型。

6. Windows 2000 Server 新版本的 NTFS 中，__________功能可以支持如域、用户账户和其他重要的安全特性。

7. 如果希望系统在启动时可以在 Windows 98 和 Windows 2000 Server 中进行选择(双启动)，这时必须先安装__________，然后再安装__________。

8. Windows 2000 Server 支持两种授权模式：__________和__________。

9. 在管理员密码文本框中，可以键入最多不超过__________个字符的密码。

10. Windows 2000 能够管理的最大内存空间是__________。

二、简答题

1. 、在 Windows 2000 Server 中计算机的磁盘分区可以选择的文件系统有哪几种？

2. 什么是磁盘分区、FAT 分区、FAT32 分区和 NTFS 分区它们的特点是什么？

3. 安装 Windows 2000 Server 包括几种网络组件类型？

4. 如果计算机与网络相连，那么在安装 Windows 2000 Server 之前，应该从网络管理员中获取哪些信息？

5. 为了提高系统的安全性，系统管理员所要设置的密码的特性是什么？

6. 在安装 Windows 2000 Server 的准备阶段需要做哪些基本工作？

三、上机操作题

1. 找一个空的硬盘安装在计算机上，然后在上面安装 Windows 2000 Server 中文版操作系统。

2. 在安装 Windows 2000 Server 操作系统时对磁盘进行分区。

3. 安装和设置 Windows 2000 Server 网络组件和配置服务。

第3章　Windows 2000 Server 基本操作和常用程序

当我们对于 Windows 2000 Server 的基本特点和功能有所了解后，就要进行 Windows 2000 Server 环境下的一些操作，这是进入 Windows 2000 Server 学习和操作的必经之路。因此，这一章我们要介绍 Windows 2000 Server 窗口和菜单的特征与使用。我们还会看到 Windows 2000 Server 的许多应用程序，这些应用程序对于计算机的应用都有很大的实际意义。我们将要介绍的内容有写字板、图像处理和画图。如果日常需要处理的问题不是很复杂，这些常用的程序就可以满足需要了，对于复杂问题的处理可以学习专门的应用软件。在介绍这些常用程序时，主要说明应用的环境和条件，侧重于介绍应用操作。在这些常用程序中，有一些应用和功能也是很深奥的。

3.1　窗口和菜单

Windows 界面的操作形式就是窗口和菜单。为了应用的方便，我们这里介绍窗口与菜单操作的一些方法。

3.1.1　窗口简介

窗口是用户操作 Windows 2000 Server 的基本对象，Windows 2000 Server 的应用程序都是以窗口的形式开始出现的。窗口具有如图 3－1 所示的一般特点。

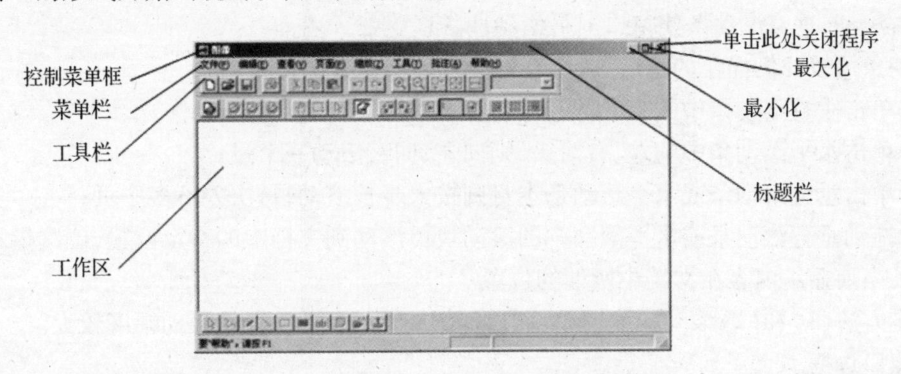

图 3－1　窗口的一般特点

窗口中主要含有菜单和功能图标，下面介绍 Windows 2000 Server 窗口。

1. 标题栏

在窗口顶部包含窗口名称的水平栏。在许多窗口中，标题栏包括程序图标、“最大化”、“最小化”和“关闭”按钮，以及可以选择的上下文关联的“帮助”、“恢复”和“移动”菜单。

2. 控制菜单框

控制菜单框在窗口的左上角,标题栏的左边。控制菜单框隐含一个控制菜单,使用这个菜单命令,可以控制窗口。双击控制菜单框,可以关闭窗口。

3. 菜单栏

菜单栏位于标题栏的下面,列出了该窗口可以使用的菜单。每个菜单包含一系列命令,通过这些命令可以完成各种功能。

4. 窗口尺寸调整

在窗口的右上角单击相应的按钮可使窗口最大化、最小化或还原到原来的大小。

(1)单击 ,将窗口最小化为任务栏按钮。如果要将最小化的窗口还原为原来的大小,则需单击它在任务栏上的按钮。

(2)单击 ,以全屏方式显示窗口。

(3)最大化窗口以后,单击 可将窗口还原为原来的大小。

(4)单击任务栏上的 ,可将所有打开的窗口缩小为任务栏按钮。

5. 关闭按钮

位于窗口右上角的三个按钮中,最右边的 按钮就是关闭按钮。

关闭窗口或任务栏按钮的方法如下:

(1)要关闭窗口,单击窗口右上角的 按钮。

(2)要关闭任务栏按钮,用右键单击任务栏按钮,然后单击"关闭"。

6. 工具栏

工具栏一般可以显示,也可以关闭。工具栏上有一系列的小图标,单击一个小图标可以完成一项对应的功能,这些图标的功能在窗口菜单中也有,工具栏为用户提供了更为快捷的途径。

7. 滚动条

当窗口无法显示所有内容时,可以使用滚动条查看其他的内容。水平滚动条使窗口的内容左右滚动,垂直滚动条使窗口上下滚动。

滚动条可按我们操作的速度滚动,有下面几种操作方法:

(1)单击垂直滚动条中的上、下箭头则上、下滚动一行;

(2)单击水平滚动条中的左、右箭头,则向左、向右滚动一个量;

(3)单击垂直滚动条或水平滚动条本身则按大步长滚动,每次差不多一页;

(4)拖动垂直滚动条或水平滚动中的滚动块可滚动到文档中的特定位置,位置指示器大体反映了当前显示内容在文档中所处的位置。

操作方法(1)和(2)滚动幅度较小,可以仔细阅读;(3)和(4)的滚动幅度较大。

8. 窗口边框

可以用鼠标拖放窗口边框,改变窗口的大小。

(1)如要改变窗口宽度,可将鼠标指向窗口的左边界或右边界,当指针变为水平双向箭头时,向左或向右拖动边界。

(2)如要改变高度,可将鼠标指向窗口的上边界或下边界,当指针变为垂直双向箭头时,向上或向下拖动边界。

(3)如要同时改变高度和宽度,可将鼠标指向窗口的任何一个角,当指针变为斜双向箭头时，以任何方向拖动边界。

9. 任务栏

可以使用任务栏和“开始”按钮在 Windows 2000 Server 中导航，如图 3-2 所示，它们通常出现在屏幕的底部，并且无论已打开了多少个窗口，始终可以在桌面上使用它们。

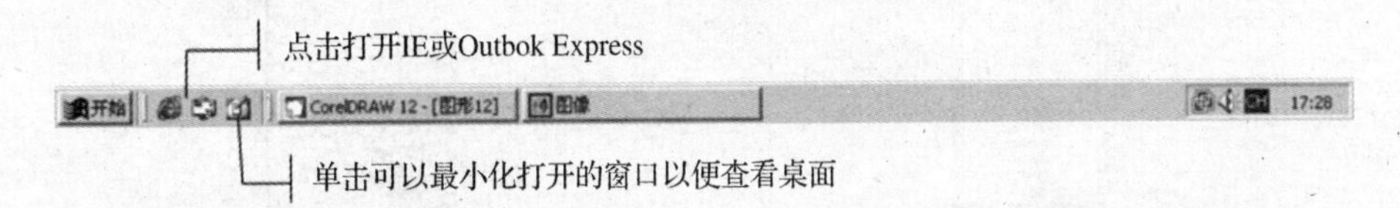

图 3-2 任务栏和“开始”按钮

任务栏上的按钮显示了已打开的窗口和程序，即使有些已被最小化或隐藏在其他窗口的后面。通过单击任务栏上的按钮，还可以方便地在不同窗口或程序间切换。

3.1.2 窗口操作

现在各类软件的界面都是基于窗口操作的。窗口操作除了改变窗口的大小和位置外，还有许多工作目的。这些操作的手段可以用鼠标，也可以用键盘来完成。

用鼠标主要是完成窗口的最大最小化、窗口恢复和边框的移动操作；键盘的使用主要是通过窗口控制菜单来完成。从操作上来讲，鼠标的操作要方便得多。

1. 窗口的控制菜单

为了介绍窗口操作的方便，我们首先介绍窗口控制菜单的基本情况。不论是应用程序窗口、对话框，还是文档窗口，通常都有一个控制菜单。虽然控制菜单的命令不一定相同，但是都会包含一些基本命令，应用的方法也相似。

(1)打开应用程序的控制菜单。每个窗口的右上角有应用程序的控制菜单框，用键盘和鼠标都可以打开。

①只要用鼠标单击控制菜单框就可以打开。

②使用键盘打开时，按 Alt + 空格键打开。

(2)在含有文档窗口的应用程序窗口中，有控制菜单框。最左上角的控制菜单框属于应用程序窗口，其他控制菜单框对应于文档窗口。

①用鼠标时只要单击控制菜单框就可以打开。

②使用键盘打开时，按 Alt + 连字符(-)打开。

(3)对话框的控制菜单命令一般比较少，用键盘和鼠标都可以打开。

①用鼠标时只要单击控制菜单框就可以打开。

②使用键盘打开时，按 Alt + 连字符(-)打开。

2. 排列所有打开的窗口

在 Windows 操作系统中，为了操作方便，可以同时打开多个窗口，打开的多个窗口在任务栏上均有图标。如果要将所有打开的窗口进行排列，可以用如下操作：

(1)右键单击任务栏上的任何空白区域。

(2)单击“层叠窗口”、“横向平铺窗口”或“纵向平铺窗口”。例如我们选择“层叠窗口”，结果如图 3-3 所示。

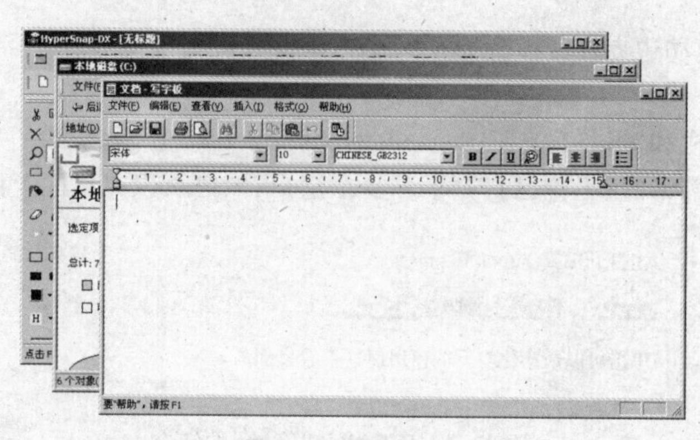

图 3-3　层叠窗口

说明：(1)缩小为任务栏按钮的窗口不会显示在屏幕上。

(2)要将窗口恢复到原来的状态，则用右键单击任务栏上的空白区域，然后单击"撤销层叠"或"撤销平铺"。

3. 在不同窗口中打开不同的文件夹

由于操作的需要，有时要同时打开若干个文件进行处理，就可用多个窗口打开多个文件。操作步骤如下：

(1)在"控制面板"中打开文件夹选项。

(2)在"常规"选项卡的"浏览文件夹"区域中，单击"在不同窗口中打开不同的文件夹"复选框，结果如图 3-4 所示。

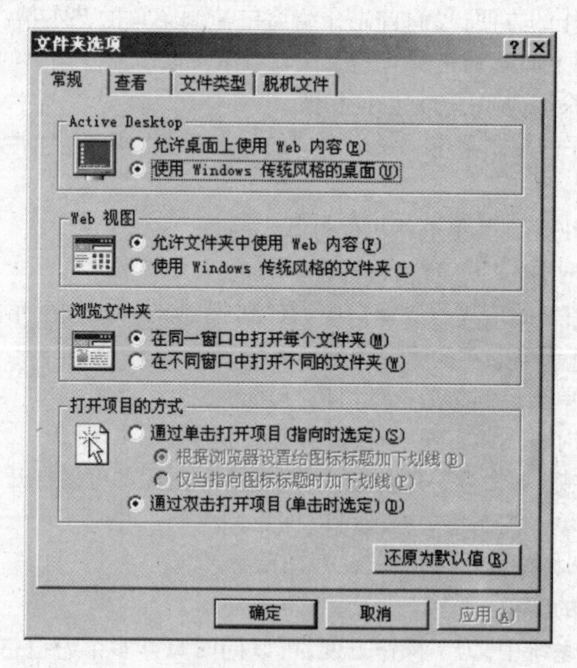

图 3-4　文件夹复选框

如果按照此过程操作，则每次打开一个文件夹时，系统就打开一个新窗口。开启多个窗口会给桌面造成混乱，要返回该设置，单击"在同一窗口中打开每个文件夹"。

4."终端服务管理器"窗口

"终端服务管理器"窗口包含带两个窗格的视图。导航窗格显示网络上的域、终端服务器和会话。通常,我们可按照以下方法执行任务:在导航窗格中选中一项,然后使用快捷方式菜单和工具栏对详细信息窗格中的这一项执行操作。

5. 应用窗口

应用窗口表示正在运行的程序。

6. 应用程序窗口

由于 Windows 操作系统的窗口化,所以当前几乎所有软件都采用窗口化的用户界面,应用程序更是如此。一个应用程序启动后,一般有最小化、最大化和常规窗口三种状态显示。

7. 文档窗口

日常工作中有时文档很大,在文档窗口中一次不能完全显示,则应用程序在该窗口中添加水平滚动条和垂直滚动条,利用它们可以查看整个文件。

在多个文档窗口中工作,可以启动多个应用程序,允许同时打开多个文档窗口,以便将相关文档进行比较、在文件间交换信息、或依据多个文档建立报表或文稿。在不同窗口中加工文档时,各个打开的文档窗口都有自己的标题、控制按钮和滚动条。

为了控制文档窗口的激活和显示方式,应用程序的菜单栏中都包含一个"窗口"菜单。在应用程序的"窗口"菜单底部,显示有该应用程序中当前打开的文档的名字,其中"√"号标志活动文档。为了在打开的文档间切换,在"窗口"菜单中单击显示文档的名字(或单击其序号)即可。在"窗口"菜单中,选择"全部重排"命令,将工作区在所有打开的文档间等分。如果我们想比较当前打开的各个文档,可执行"全部重排"命令。

当执行"全部重排"命令后,若某个文档的某些部分在屏幕上全看不到,则可利用滚动条将这些部分"拖"进视图。执行"全部重排"命令排布文档有时也叫"并排",因为它像铺地板一样,肩并肩地排列起来。微软的系列产品中,应用程序一般都有一个"全部重排"命令,利用这些命令可对窗口排布进行更大的控制。

3.1.3 菜单简介

菜单是一个应用程序命令的集合。由于一个应用程序的命令很多,通常把命令划分为若干组,每组有若干条命令菜单。

菜单一般位于窗口的菜单栏中。图 3-1 中菜单栏显示了四个基本的菜单名:文件、编辑、格式和帮助。

当选择一个菜单名后,会立即出现一个下拉菜单,列出一系列命令。根据当前处理问题对象所处状态的不同,以及命令执行方式的不同,在此出现的菜单中,不同的命令以不同的方式显示。下面分别介绍这些命令的特点。

1. 暗淡命令

菜单中有一些命令是用暗淡的光条显示的,表明该命令在当前情况下无效。如图 3-5 中的撤销、重做、剪切等命令是暗淡的,说明当前无效。如果选中了被编辑的对象,这些命令就被激活。

2. 下划线

菜单中有一些命令的后面有一对括号,括号中有一个带有下划线的字母,这种带下划线的字母是为用户使用键盘操作方便而设置的,即用户在键盘上单击该字母也可以启动该命令。例如撤销、粘贴等菜单后的字母 U,I,C 和 P 等都有下划线,当用户不用鼠标而使用键盘的进行操作时,在键盘上输入这些字母就可以了。

3. 命令的快捷键

菜单中有一些命令的右边有一组快捷键，如图 3 – 5 中有“Ctrl + C”、“Ctrl + X”等是复制和剪切的快捷键。

4. 带出对话框的命令

在菜单中，会看到有一些命令的后面有“…”，如在图 3 – 5 中的“替换”后面就有“…”，表明如果单击此命令，就会弹出一个对话框，如图 3 – 6 所示。

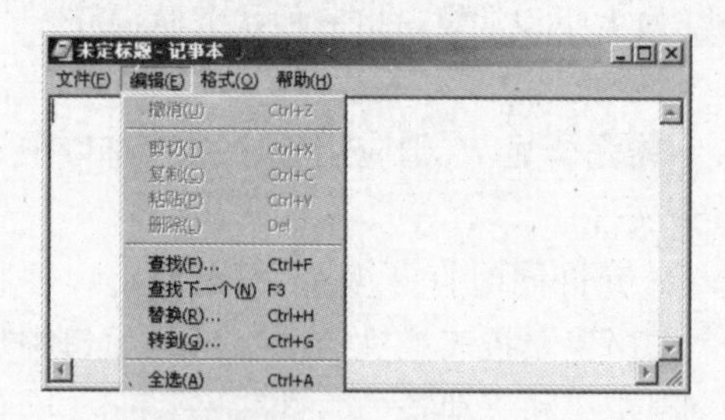

图 3 – 5　显示无效命令

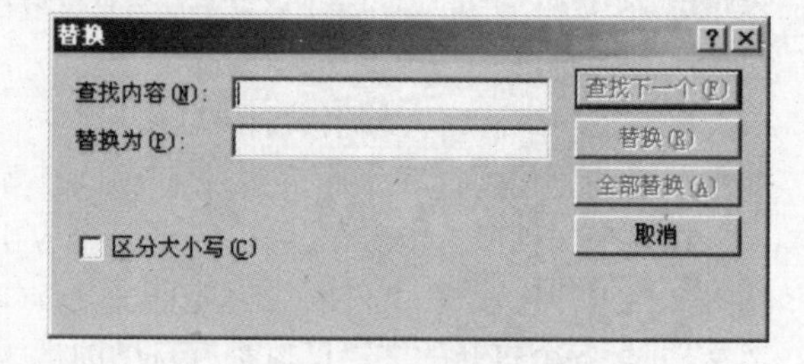

图 3 – 6　替换命令的使用

5. 命令选择标记

菜单中有一些是逻辑命令，选择这些命令后，该命令的左边出现标记“√”，表示该命令正在发挥作用。

例如选择状态栏后，其左边出现“√”；当再次选择时，标记“√”就会消失，相应的功能也就撤销，如图 3 – 7 所示。

6. 单选命令选中标记

有的菜单命令中，只能有一个命令被选中，选中后该选项的命令左边会出现“●”。它是一种多选形式，当选择另一个命令时，该符号就会“跳”到另一个命令的左边，如图 3 – 7 所示。

7. 级联式菜单

在菜单中，我们会看到有一些命令的后面有“▶”箭头，这是表明该命令还有下一级菜单。在某项命令的右边有一个箭头，那么，选择此命令后，就会出现下一个菜单。例如图 3 – 8所示，选择“浏览栏”命令后就出现下一级菜单。

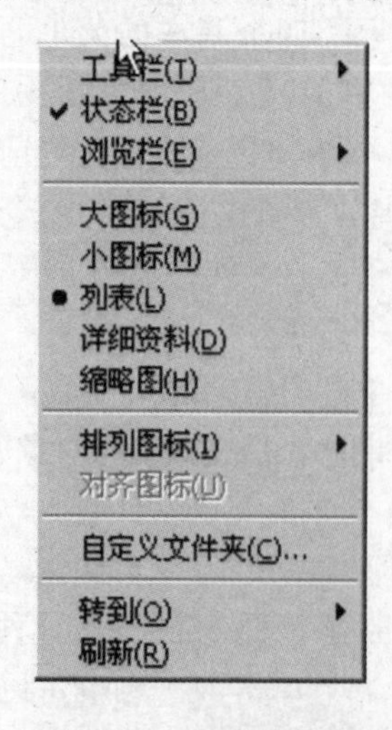

图 3 – 7　菜单中的标记

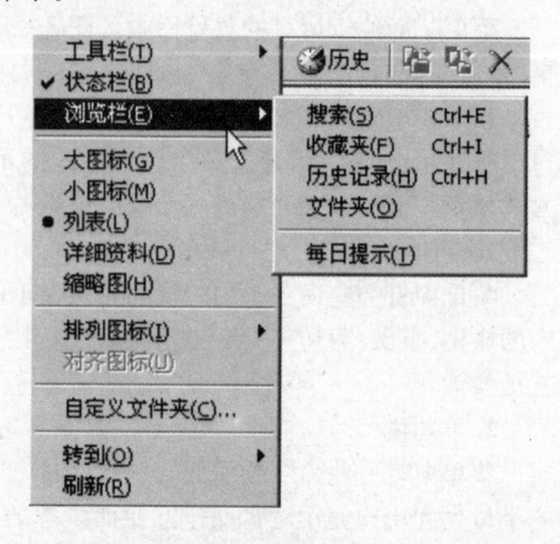

图 3 – 8　级联式菜单

8. 快捷菜单

在桌面上，用鼠标右键单击某对象，就会弹出快捷菜单，此菜单提供该对象的各种操作功能。

9. 可移动菜单和工具栏

菜单和工具栏移动处理是因窗口菜单和工具的内容越来越多而设计的，用户可以用鼠标将菜单和工具栏拖到屏幕的其他地方随意放置。

3.2 桌面和任务栏

3.2.1 桌面概述

桌面是登录到 Windows 2000 Server 后看到的屏幕，它是计算机最重要的特性之一。桌面包含大多数常用的程序、文档和打印机的快捷方式。桌面还可以是活动内容。

要调整设置(例如桌面颜色和背景)，可用右键单击桌面上任何空白区域，然后在弹出的快捷菜单下单击“属性”，在出现的窗口中，可以对桌面进行设置。默认情况下，桌面拥有下列图标，如图 3 –9 所示。

图 3 –9 桌面上的图标

1. 我的文档

使用此文件夹作为文档、图片和其他文件(包括保存的 Web 页)的默认存储位置。每位登录到该计算机的用户均拥有各自唯一的“我的文档”文件夹，这样，使用同一台计算机的其他用户就无法访问我们存储在“我的文档”文件夹中的文档了。

2. 我的电脑

用来快速查看软盘、硬盘、CD-ROM 驱动器以及映射网络驱动器的内容。还可以从“我的电脑”中打开“控制面板”，配置计算机中的多项设置。

3. 网上邻居

用来定位计算机连接到的整个网络上的共享资源。曾访问过文档或程序的计算机、Web 服务器和 FTP 服务器的快捷方式，在“网上邻居”中自动创建；也可以使用“添加网上邻居”向导创建到网络服务器、Web 服务器和 FTP 服务器的快捷方式。如果计算机是工作组的成员，则可以双击“附近的计算机”缩小在同一工作组中计算机的搜索范围。

4. 回收站

“回收站”存储已删除的文件、文件夹或 Web 网页直到清空为止。还可以从回收站中还原误删除的文件。

5. Internet Explorer

使用“连接到 Internet”和 Internet Explorer,可以浏览 World Wide Web 或本地 Intranet。

3.2.2 桌面操作

1. 打开“活动桌面”功能

打开“活动桌面”的操作如下:

(1)在“控制面板”中打开文件夹选项,如图 3-10 所示。

(2)在“常规”选项卡的“Active Desktop”栏中,选择“允许桌面上使用 Web 内容”。

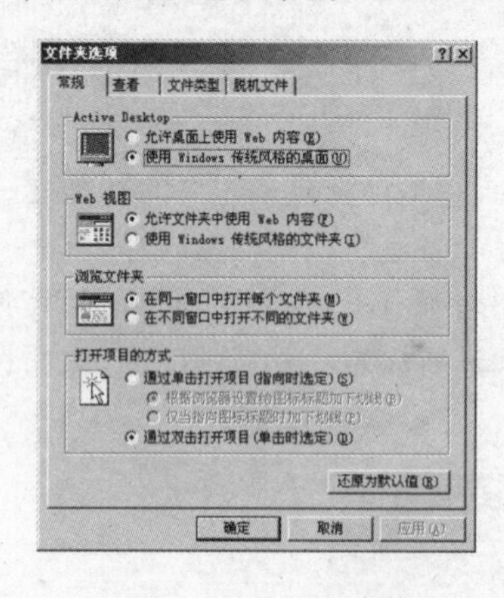

图 3-10 文件夹选项

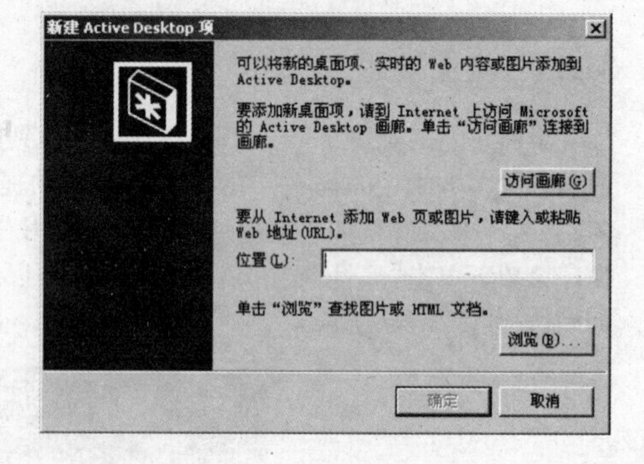

图 3-11 新建桌面项目

2. 将 Web 内容添加到桌面

将 Web 的内容添加到桌面上的操作步骤如下:

(1)右键单击桌面上的空白区域,然后指向“活动桌面”。

(2)单击“新建桌面项目”选项,结果如图 3-11 所示。

(3)遵循屏幕上的指示操作。

如果要浏览添加的桌面组件 Windows Media Showcase,请单击“访问画廊”按钮。如果要选择其他 Web 站点,请键入所需的 Web 站点的地址,或单击“浏览”来定位该站点。

3. 关闭“活动桌面”

关闭“活动桌面”的操作步骤如下:

(1)在“控制面板”中打开文件夹选项。

(2)在“常规”选项卡的“Active Desktop”区域,选择“使用 Windows 传统风格的桌面”。

3.2.3 任务栏

系统建立任务栏的主要目的是为了提高操作速度。打开程序、文档或窗口时,系统将为每个项目在任务栏上显示一个按钮,使用这些按钮可以快速地从一个打开的窗口切换到另一个打开的窗口。最小化所有打开的窗口,再单击任务栏上的“显示桌面”按钮访问桌面。

任务栏的基本操作方法有以下几点。

1. 关闭窗口或任务栏按钮

要关闭窗口,请单击窗口右上角的☒。

2. 启动作为任务栏按钮或最大化窗口的程序

(1)单击“开始”,指向“设置”,然后单击“任务栏和开始菜单”,打开如图 3-12 所示的对话框。

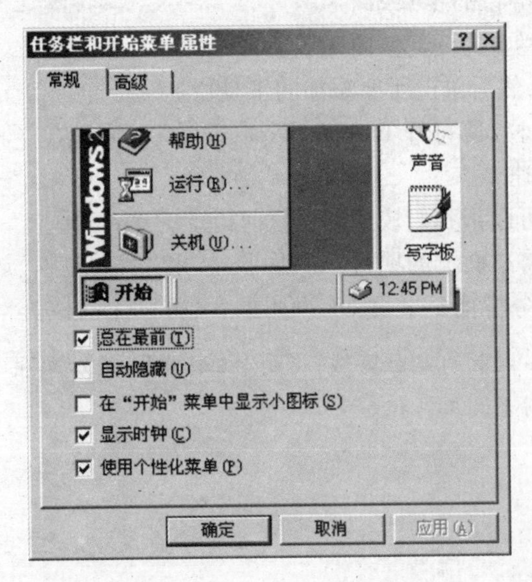

图 3-12 任务栏和开始菜单

(2)单击“高级”选项卡,然后单击“高级”按钮,结果如图 3-13 所示。

(3)在“开始”菜单文件夹中,选择一个要启动程序的快捷方式的图标,然后单击它。

(4)在窗口的“文件”菜单上选择“属性”,然后单击“快捷方式”选项卡。

(5)在“运行选择”列表中,如果我们希望程序以任务栏按钮的形式打开,单击“最小化”;如果希望程序以全屏幕形式打开,则单击“最大化”;也可以选择常规窗口。

启动作为任务栏按钮的程序对于“启动”菜单中的快捷方式非常有用。

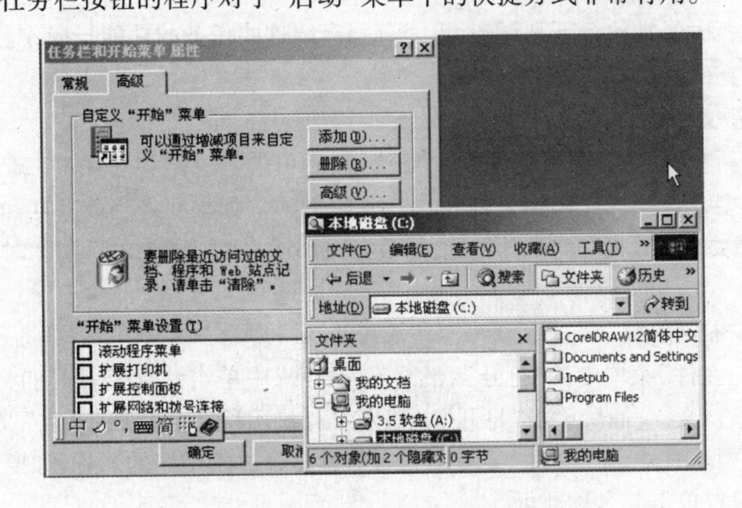

图 3-13 任务栏和开始菜单中的高级选项

3. 将所有打开的窗口缩小为任务栏按钮

单击任务栏上的按钮,所有打开的窗口将最小化,在任务栏上显示为按钮,而对话框则不是。要将所有窗口恢复到原来状态,可再次单击 。

4. 将工具栏添加至任务栏

将工具栏添加到任务栏的步骤如下:

(1)右键单击任务栏上的任何空白区域。

(2)指向"工具栏",然后单击所要添加的工具栏。

①"快速启动"工具栏,使打开 Internet Explorer 窗口、阅读电子邮件或频繁访问使用的程序等操作变得简单快速。

②"地址"工具栏,可以帮我们快速到达任何指定的 Web 页。

③"桌面"工具栏,将桌面上的项目(如"回收站"和"我的电脑)放到任务栏上。

通过将工具栏从任务栏拖至桌面,可以创建一个浮动工具栏。

注:用右键单击任务栏上的空白区域,指向"工具栏",然后单击其中已选中的某个工具栏,就可以从任务栏中删除该工具栏。

3.3 写字板

3.3.1 "写字板"概述

写字板是早期的 Word 处理文档。在写字板中可以创建和编辑简单文本文档,或者有复杂格式和图形的文档,也可以将信息从其他文档链接或嵌入写字板文档。

写字板文件可以保存为低版本的 Word 文档、纯文本文件、RTF 文件、MS-DOS 文本文件或者 Unicode 文本文件。这些格式可为我们提供多种语言的数据交流,为用户带来方便。

3.3.2 常见任务

使用写字板时经常执行下列任务,下面分别介绍这些任务的功能与操作。

1. 创建、打开或保存写字板文档

(1)创建新文档

当要创建新文档时,首先要打开"写字板",然后单击"文件"菜单中的"新建",再单击要创建的文档类型,最后单击"确定",此后才能开始键入。如果要将当前日期和时间插入到文档中,则选择想要显示日期和时间的位置,然后在"插入"菜单上单击"日期和时间",单击所需格式。

(2)打开文档

首先单击"文件"菜单中的"打开",然后在"搜索"中单击包含要打开的文档的驱动器,找到文档,单击该文档,最后单击"打开"。如果没有显示所需的文档,就在"文件类型"中单击其他文件类型。另外,在"文件"菜单中列有最近打开过的文档的名称,如要再次打开其中的某个文件,只要单击其名称即可。

(3)保存文档

保存文档的方法是单击"文件"菜单中的"保存"。

如果要用新的文件名保存该文件,则单击"文件"菜单中的"另存为"命令,在"文件名"中键入新的文件名,然后单击"保存"。

应将使用多种语言编写的文档保存为多信息文本文件。

一般情况下,写字板保存文档初选保存类型为 RTF,但也可以设置写字板在保存文档时使用默认文档类型。设置方法如下:

①在“文件”菜单下,单击“另存为”。

②在“保存类型”中,选择要设置为默认的文档格式,选中“默认情况下按此格式保存”复选框,然后单击“保存”。

此后将以选择的文件格式保存当前文档,并且为以后的文档保存设置默认的文件格式,也可以在任何时候更改保存文档所使用的默认文件类型。

2. 根据窗口大小换行

换行选项只影响文本在屏幕上的显示方式。操作过程如下:

(1)单击“查看”菜单下的“选项”。

(2)在“自动换行”区域单击所需选项,然后单击“确定”按钮。

3. 将对象嵌入或链接到写字板

可以将对象嵌入或链接到写字板文档中,操作过程如下。

(1)在“插入”菜单下,单击“对象”,弹出如图 3-14 所示的对话框。

(2)单击“由文件创建”单选框,然后在“文件”栏键入或浏览路径和文件名,如图 3-15 所示。

(3)要嵌入或链接对象,请执行以下操作:

①要嵌入对象,请确保“链接”复选框已被清除。

②要链接对象,请选中“链接”复选框。

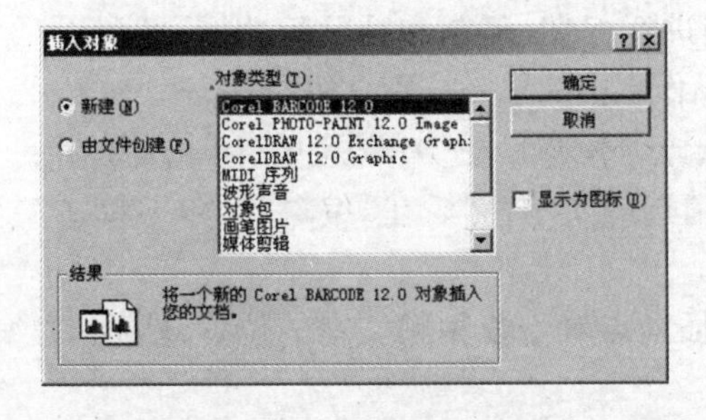

图 3-14 插入对象(1)

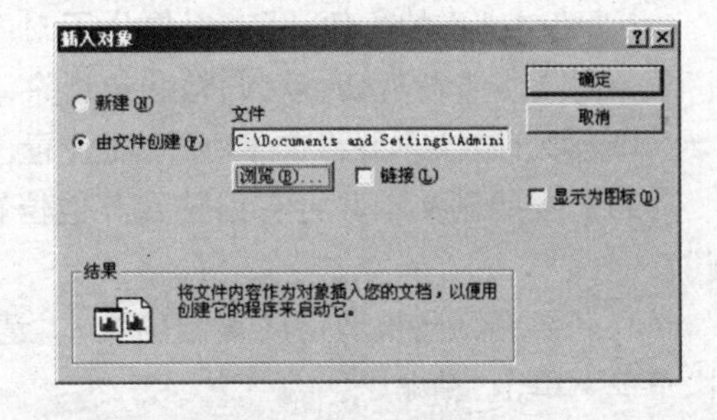

图 3-15 插入对象(2)

3.3.3 写字板的应用

写字板的应用操作是非常基本的,这种操作和思维的训练有利于以后操作更大的文字处理软件,下面即是常用的操作。

1. 撤销上一次操作

单击“编辑”菜单下的“撤销”按钮。

2. 查找或替换特定的字或词

在文字编辑中,有时要对某个词汇进行处理,如果文件很大,人工在大量的文字档案中查找某个词汇是非常困难的。与此相同,替换某个或一批文字也是困难的。为此,写字板提供了字词查找与替换的功能。下面分别进行介绍。

(1)查找

查找是指查找文档中某个词出现在文档中的位置。方法是:单击“编辑”菜单中的“查找”,在“查找内容”框中键入要查找的字或词,然后单击“查找下一个”。要查找其出现在该文本的其他位置,请继续单击“查找下一个”。

(2)替换

要替换文档中的某个词,首要的问题是找到这个词的位置。方法是:单击“编辑”菜单下的“替换”,在“查找内容”框中键入要查找的字或词,然后在“替换为”框中输入要替换的文本,单击“查找下一个”,再单击“替换”。如要替换文本的全部实例,请单击“全部替换”。

3. 显示或隐藏“写字板”工具栏

单击“查看”菜单,然后单击要显示或隐藏的工具栏的名称,就可以显示或隐藏“写字板”工具栏、格式工具栏、标尺和状态栏。如果在命令旁出现复选标记,则表示工具栏可见。

工具栏上的按钮是常用文件管理任务的快捷方式,例如创建或保存文件。将鼠标放在工具栏图标上面,可以看到对相应按钮的描述。还可以在窗口中将工具栏拖到任意位置。

格式栏上的按钮可以改变文字的格式,如以粗体显示文字或者加下划线,也可以在窗口中将格式栏拖到任意位置。

通过单击希望显示制表位的标尺位置,可以利用标尺来设置制表位。也可以通过将制表符的停止位置拖离标尺来删除它们。

要将度量单位更改为英寸、厘米、磅或十二点活字(pica),则可在“查看”菜单下单击“选项”选项卡,然后单击所需的度量单位。

4. 剪切、复制、粘贴和删除文本

为了编辑文本的方便,写字板提供了对文档进行剪切、复制和粘贴的功能,可利用“编辑”菜单对文本进行剪切、复制、粘贴和删除,其操作也很简单。分别介绍如下:

(1)若要剪切文本并将它移动到其他位置,请选择文本,然后在“编辑”菜单下单击“剪切”;

(2)若要复制文本并将它粘贴到其他位置,请选择文本,然后在“编辑”菜单下单击“复制”;

(3)若要粘贴已被剪切或复制的文本,请将插入点置于要粘贴文本的位置,然后在“编辑”菜单下单击“粘贴”;

(4)若要删除文本,请先选定它,然后单击“编辑”菜单下的“清除”命令。

3.3.4 编辑文本

这里所介绍的文字编辑是指对文档中标题、字体、段落和表格的处理操作。

1. 创建项目符号列表

通如如下操作可创建项目列表。

(1)单击项目符号列表的起始位置。

(2)单击“格式”菜单下的“项目符号样式”,然后键入文本。在按下 Enter 键后,另一个项目符号将出现在下一行中。

(3)要终止项目符号列表,可再次单击“格式”菜单下的“项目符号样式”。

2. 更改字体、字形或大小

对于字体大小的操作,可以采用如下操作步骤:

(1)选择要更改的文字;

(2)在“格式”菜单下,单击“字体”,弹出对话框;

(3)单击所需选项后单击“确定”按钮。

3. 段落缩进

段落缩进可以采用如下方法:

(1)单击要编排段落中的任意位置。

(2)在“格式”菜单下,单击“段落”,弹出对话框。

(3)在“缩进”区域,键入段落缩进的尺寸。

4. 更改段落对齐方式

文档在编辑处理初期,系统会有一个默认的段落设置。如果对于这种设置不满意,可以进行更改。方法如下:

(1)单击要编排的段落中的任意位置。

(2)在“格式”菜单下,单击“段落”。

(3)在“对齐方式”中,选择一种对齐方式。

5. 设置或删除段落中的制表符

写字板中制表符的使用方法比较传统,其操作方法也要麻烦一些。可以用下述方法实现:

(1)选定要设置制表位的段落。

(2)在“格式”菜单下,单击“制表符”,弹出对话框。

(3)在“制表符”对话框中,进行如下操作:

①要设置制表位,请在“Tab 键宽度位置”框中键入大小,然后单击“确定”。

②要删除制表位,请在列表中单击它,然后单击“清除”。

③要删除选定段落中的所有制表位,请单击“全部清除”。

3.3.5 打印

在实际应用中许多文档需要打印。打印及其文档页面的设置方法如下。

1. 打印“写字板”文档

打印文档的操作方法如下:

(1)单击“文件”菜单下的“打印”。

(2)在“常规”选项卡上,可以对打印范围、份数等进行设置;在“布局”选项卡中可以对打印方式进行设置;在“纸张/质量”选项卡中,还可以对纸张进行设置。单击所需的打印机和选项,然后单击“打印”。

2. 更改“写字板”文档的外观

页面设置的操作方法如下:

(1)单击“文件”菜单下的“页面设置”。

(2)在“页面设置”对话框中,可以更改纸张的大小、纸张来源、打印方向、页边距和更改打印机设置等。在“页面设置”对话框中,执行下面所需选项操作:

①若要更改纸张或信封的大小,可在“纸张”中的大小列表框中选择所需纸张的大小;

②若要更改纸张来源,可在“来源”列表框中单击纸盒名或送纸器;

③若要按垂直方向打印文档,可单击“纵向”;若要按水平方向打印文档,请单击“横向”;

④若要更改页边距,请在“页边距”任意一个框中键入宽度;

⑤若要更改打印机设置,可单击“打印机”按钮。

3.3.6 与其他文档连接

在绝大多数文档中除了文字外，还有图形和其他文本。因此，在编辑中经常要用到其他类型的文档。所以，涉及不同的类型文档间的连接，其操作方法如下：

(1)单击选中对象。

(2)在“编辑”菜单下，指向所选对象的类型(例如，“录音机文档对象”或者“位图图像对象”)，然后执行下面的一种操作：

①要修改“写字板”窗口中的对象，请单击“编辑”或“编辑软件包”，完成后，请单击对象以外的区域返回到“写字板”文档；

②要在创建该对象的程序中修改对象，请单击“打开”或“激活内容”，完成后，单击“文件”，然后单击“退出”返回到写字板文档。

3.4 图像处理

图像处理是 Windows 中一种常用操作，主要用于图像文件的编辑与管理。

3.4.1 “图像处理”概述

在“图像处理”中，通过打开不同类型的图形文档，或者直接将扫描仪或数字相机扫描的图像发送到“图像处理”中，可以加载图像。另外可以用缩略图或指定的任意大小查看图像，也可以批注、作为电子邮件发送和打印图像。存储在图像文档文件中的图像是标准的 Windows 文件。根据文件格式，图像文档文件可以包括一个或多个图像。在多页图像文档文件中，每张图像都存储在一个图像页中。

使用“图像处理”也可以更改图像页的页面大小、颜色、压缩和分辨率。

3.4.2 处理图像文档

处理图像文档的内容比较多，我们这里分别介绍几种：

1. 为新建文档指定文件类型

要新建一个文档，首先要指出其类型。方法如下：

(1)依次单击“开始”→“程序”→“附件”→“图像处理”，启动“图像处理”程序。在弹出的“图像”对话框中单击“文件”菜单下的“新建”，如图 3－16 所示。

(2)如果我们选择了一个不同于默认指定的. TIFF 文件类型，则在“文件类型”选项卡单击适当的设置，如图 3－17 所示。

2. 启用颜色管理

一般的图像文件都涉及颜色，颜色的管理操作方法如下：

(1)单击“文件”菜单下的“颜色管理”(如图 3－18 所示)将显示如图 3－19 所示的对话框。

(2)选中“启用颜色管理”复选框，以便使用默认的颜色管理配置文件来显示和打印彩色图像文档。若要禁用颜色管理，请单击清除该复选框。

①要设置颜色匹配选项，请单击“基本颜色管理”，然后输入想要的监视器配置文件和调整颜色。

②要查看在其他设备上显示的颜色,请单击“校验”,然后单击目标配置文件并调整颜色。

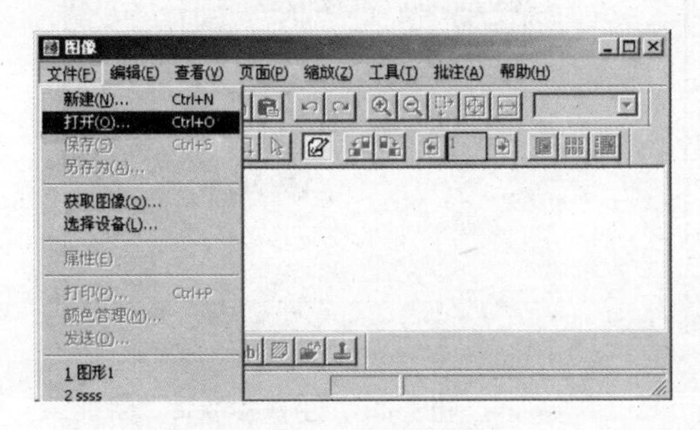

图 3–16 新建文档

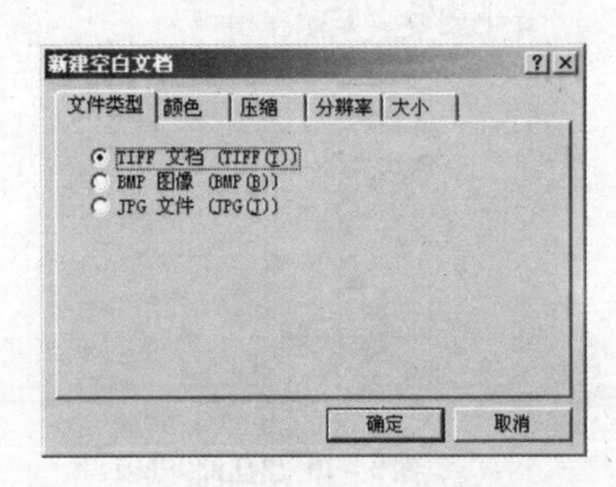

图 3–17 “文件类型”选项卡

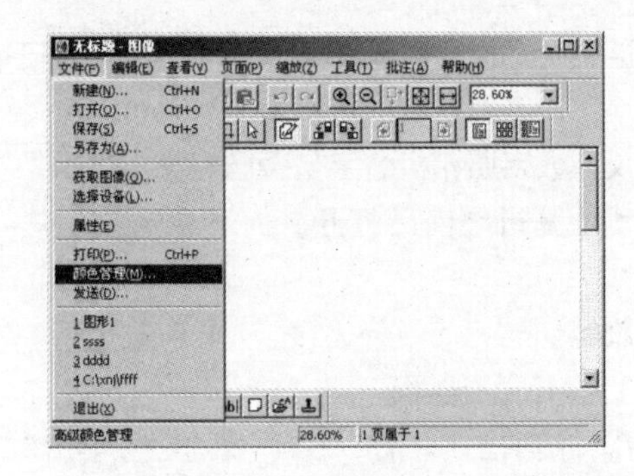

图 3–18 “文件”菜单下的“颜色管理”(1)

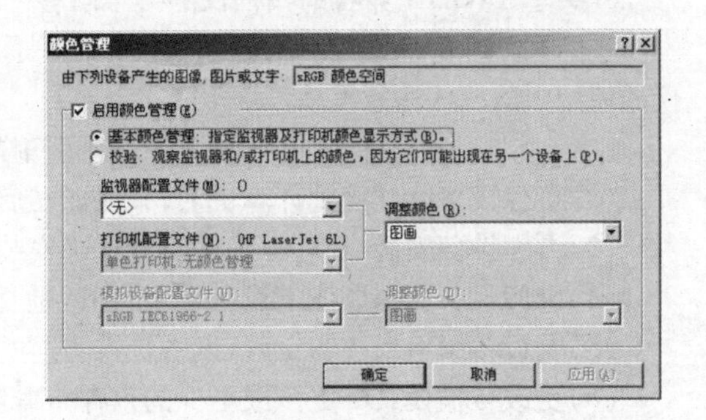

图 3–19 “文件”菜单下的“颜色管理”(2)

3. 对新文档使用压缩

在计算机系统中图像文件的空间是比较大的,对此可以采用压缩的方法来节省空间。压缩操作方法如下:

(1)单击“文件”菜单下的“新建”,弹出如图 3–17 所示的对话框。

(2)如果我们对压缩类型有不同于默认指定的请求,则请在“压缩”选项卡中单击适当的设置,如图 3–20 所示。

4. 定义新文档的图像分辨率

分辨率的问题涉及图像的效果与空间开销两方面的问题。它的定义方法如下:

(1)单击“文件”菜单下的“新建”,弹出如图 3–21 所示的对话框。

(2)在“分辨率”选项卡中,单击适当的设置,或者单击“自定义”并在“X”文本框输入水平分辨率,在“Y”文本框输入垂直分辨率。

5. 打印整个文档或文档的部分页

打印文档的操作比较简单,只要单击“文件”菜单下的“打印”,然后指定“页面范围”即可。

说明:(1)要打印文档及其可见的批注,请单击“图像选项”,然后选择“打印显示的批注”复选框。

(2)要将页面内容调整到打印机属性中指定的页面大小,请单击“图像选项”,然后在“打印格式”中,选择“调整到页面大小”。

(3)要打印单页,请在“页面”菜单上,单击“打印页面”。

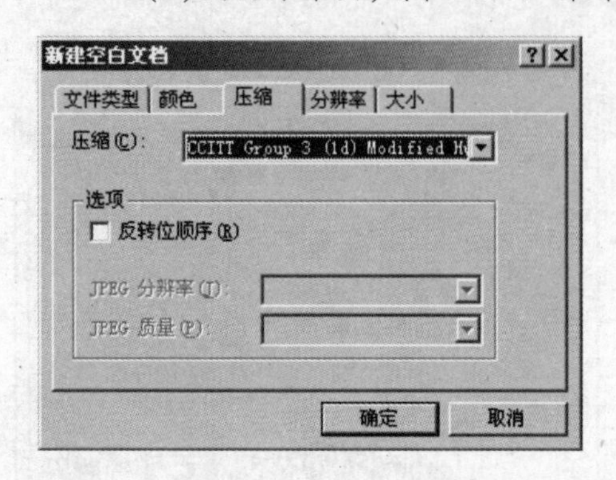

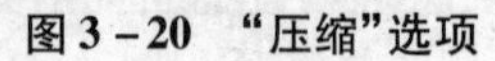
图 3-20 “压缩”选项

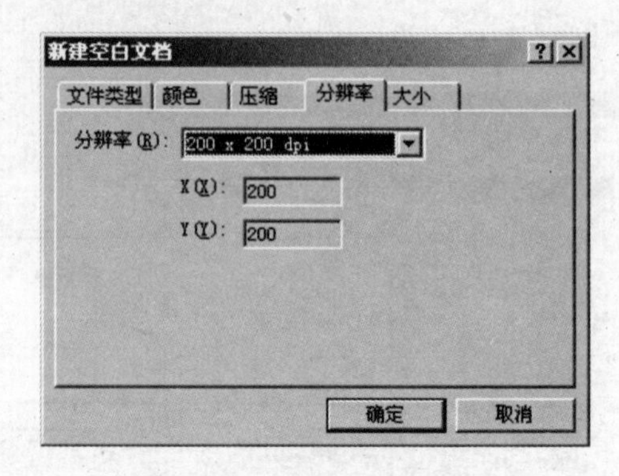

图 3-21 “分辨率”选项

6. 关于 TWAIN 兼容的扫描仪的疑难解答

在图像处理中经常要对来源于扫描仪的图像进行处理,所以这里就简单介绍一下扫描仪的使用中的一些注意事项。

(1)单击“文件”菜单下的“选择设备”,验证扫描仪和数字照相机名字是否已经突出显示。

(2)确保设备已连接到计算机上,并保证在启动计算机之前已打开。

(3)参考设备安装指南,以确保设备正确安装。

(4)参阅设备文档以确定设备与 TWAIN 是否兼容。

(5)与设备制造商核实,确认设备具有当前的 TWAIN 数据源。

(6)更改传输模式将更多或更少的内存指派给图像扫描仪。在“工具”菜单上,单击“扫描选项”,然后单击“高级”,在“本机”和“内存”之间切换,并比较结果。

3.4.3 查看图形

图像文档的查看有多种方法,每一种方法适应于不同的环境和目的,这里简单介绍几种方法。

(1)显示单页:单击“查看”菜单下的“单页”。

(2)以缩略图形式显示文档:单击“查看”菜单下的“缩略图”,即可以缩略图显示文档。

(3)用编略图显示一页:单击“查看”菜单下的“页面及缩略图”。

说明:要在修改页面之后更新缩略图,请用鼠标右键单击缩略图,选择“刷新”。

(4)以灰度方式显示黑白文档:在“查看”菜单下,单击“灰度级”,当命令旁边有选中标记时,文档的所有黑白页面都将以灰度显示。

(5)逐页移动:图像文档的移动操作要复杂一些,主要是在页面菜单上的反复操作。

3.4.4 旋转缩放

在文档编辑的过程中图像的变换处理是经常的事情。下面介绍几种简单方法:

(1)更改缩放比例或页面适应:更改缩放比例或页面适应的操作如表 3-1 所示。

(2)将某页或所有页向左或向右旋转:在“页面”菜单下,单击“旋转页面”或者“旋转所有页面”,然后单击“左”或“右”。

(3)将某个页面或所有页面旋转 180°:在“页面”菜单下,单击“旋转页面”或“旋转所有页面”,然后单击“180”。

表3-1 页面的缩放

项目	操作
在页面上缩放	在“缩放”菜单上,单击“放大”或“缩小”。每次缩放均按两倍缩小或放大页面
更改缩放比例或页面适应	在“缩放”菜单上,单击我们希望适合此页的百分比或页面适应
指定百分比	单击“自定义”
缩放到页面区域	在“编辑”菜单上,单击“选择图像”,然后拖动光标,框住该区域,在“缩放”菜单上单击“缩放到选定区域”。选择框的左边缘与窗口的左边缘对齐,选中的区域被放大到充满窗口的高度和宽度。图像未选取的部分填充窗口的剩余部分

3.4.5 批注文档

批注是在基于纸张环境的文档上常用的数字化版本,例如突出显示、橡皮印章以及文本批注。与在纸张上批注相对,数字化的批注标记通常用于在商业过程中准备后继处理的文档。但是,数字化批注提供了基于纸张工具所不能提供的益处:

(1)可以随意添加、移动和删除;

(2)可以轻易修改数字化批注(例如颜色、大小、文本和可见度)的属性;

(3)可以命名成组的数字化批注,然后再对已命名的组进行有选择的操作。

批注标记可以在 TIFF 图像文件中保存为与图像数据分开的批注数据,标志也可以与“永久化”程序中的图像数据合并。要将批注保存到除 TIFF 外的任何文件类型中,批注必须是永久化的。

“永久化”处理将批注标记转换为图像像素,并且将它们与下面的图像像素合并。一旦批注被永久化,它们就成为基本图像的一部分,并不再被批注功能所操作。

(1)显示(或隐藏)批注

单击“批注”菜单上的“显示批注”(或隐藏批注)。

(2)打印文档及其批注

①单击“文件”菜单下的“打印”。

②单击“图像选项”,再单击“打印显示的批注”复选框。当选中后,批注将与文档一起打印。

③选择打印格式。

④在“批注”菜单下,单击“使批注永久化”。

3.5 画图

画图在有的资料中称为“画板”,它可以让我们在屏幕上对基本的图像进行处理。

3.5.1 “画图”概述

“画图”是个画图工具,我们可以用它创建简单或者精美的图画,这些绘图可以是黑白或彩色的并可以存为位图文件。我们可以打印绘图或将它作为桌面背景,或者粘贴到另一个文档中;还可以使用"画图"查看和编辑扫描的相片。

启动"画图"的方法是依次选择"开始"→"程序"→"附件"→"画图"。

3.5.2 常见任务

画图工具的操作不复杂,限于篇幅,我们仅仅介绍几种常用的操作。

1. 画直线

绘制完全水平、垂直或对角方向的线。画直线的操作过程如下:

(1)在工具栏上,单击 ,如图 3-22 所示。

(2)在工具栏底部,单击选择一种线宽。

(3)按住鼠标左键拖动光标即可画线。

说明:(1)要画完美的水平线、垂直线或 45°斜线,请按住 Shift 键,同时拖动鼠标。

(2)在按下鼠标左键并拖动时将使用前景色,也可以通过按下鼠标右键并拖动指针来使用背景色。

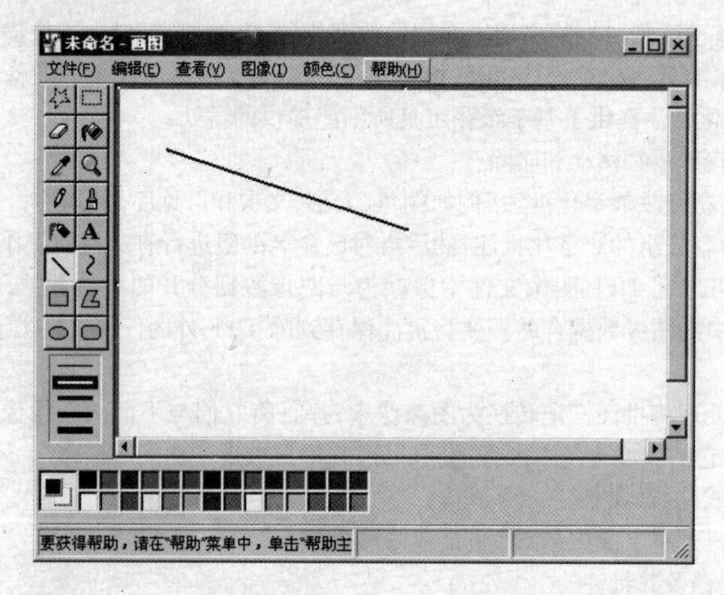

图 3-22 使用"画图"工具画直线

2. 用颜色填充一个区域

用颜色填充区域或对象,操作过程如下:

(1)在工具箱中,单击 。

(2)如果所需的颜色既不同于当前的前景色也不同于当前的背景色,请单击或用右键单击颜色框中的一种颜色。

(3)右键单击要填充的区域或对象。

3. "画图"图片设置为桌面背景

将"画图"中创建的图片作为桌面背景使用,操作过程如下:

(1)保存图片。

(2)在"文件"菜单下,单击以下某项命令:

①“设置为墙纸(平铺)”用重复的图片将整个屏幕覆盖。

②“设置为墙纸(居中)”将图片置于屏幕中央。

4. 显示网格线以细微调整颜色

通过显示网格线,我们可以很容易地对图像的设计和颜色进行细致的更改。显示网格的操作过程如下:

(1)在“查看”菜单下,指向“缩放”,然后单击“自定义”,弹出对话框。

(2)在“缩放比例”下,单击“400%”、“600%”或“800%”,然后单击“确定”。

(3)在“查看”菜单下,指向“缩放”,然后单击“显示网格”。

3.6 多媒体

为了适应用户的要求,Windows 系统中附带了较为简单的多媒体应用软件,下面就介绍几种用于娱乐功能的附件。

3.6.1 Windows Media Player

在菜单上启动 Window Media Player,就可以播放声音、视频以及混合媒体文件,也可以在 Web 站点上观看 Internet 上的现场新闻更新、播放电影剪辑或欣赏音乐视频。打开 Windows Media Player 的过程是:单击“开始”→“程序”→“附件”→“娱乐”,然后单击“Windows Media Player”,即可打开如图 3-23 所示的窗口。

3.6.2 CD 唱机

在菜单上打开 CD 唱机,就可以在屏幕上看到一个类似于 CD 唱机的操作控制面板,使用 CD 唱机可以播放计算机上 CD-ROM 驱动器中的音乐光盘。当我们将光盘放入 CD-ROM 驱动器并关闭驱动器时,Windows 2000 会自动播放 CD。

打开 CD 唱机的过程是单击“开始”→“程序”→“附件”→“娱乐”,然后单击相应的图标,即可打开如图 3-24 所示的窗口。

图 3-23 Windows Media Player

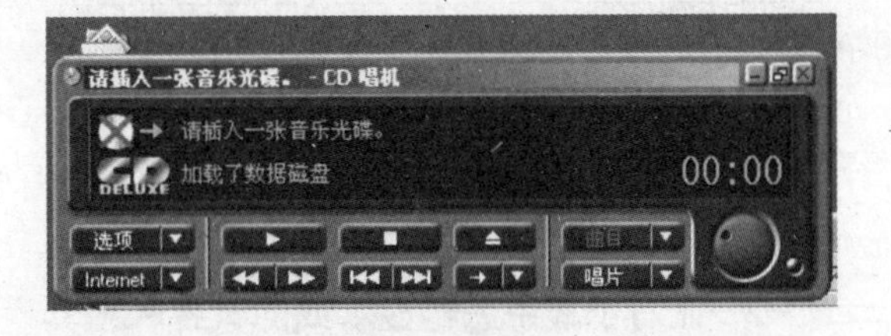

图 3-24 CD 唱机

3.6.3 音量控制

如果计算机系统配置有多媒体装置,我们都希望系统的音量在理想的状态。我们可以使用"音量控制"来调节计算机或其他多媒体应用程序所播放声音的音量、平衡、低音、高音设置,也可以使用"音量控制"调节系统声音、麦克风、CD 音频、线路输入、合成器和波形输出的级别。打开音量控制的过程是:单击"开始"→"程序"→"附件"→"娱乐",然后单击相应的图标,也可以双击屏幕右下角的"喇叭"图标,即可打开如图 3-25 所示的音量控制面板。

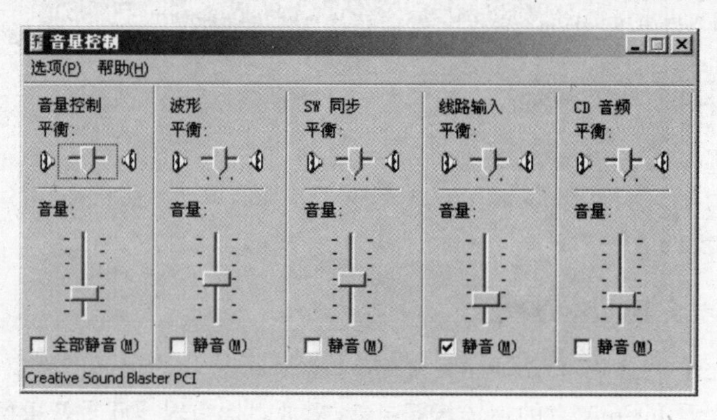

图 3-25 音量控制

习题三

一、填空题

1. 在窗口顶部包含窗口名称的水平栏叫做____________。

2. 剪切的快捷键是____________。

3. 菜单中有一些命令是用暗淡的光条显示的,表明该命令____________。

4. 写字板文件可以保存为低版本的 Word 文档、____________、RTF 文件、MS-DOS 文本文件或者 Unicode 文本文件。

5. 图像文件默认指定的文件类型是____________文件类型。

6. 在图像处理中要显示批注,则要做的操作是____________。

7. Windows 2000 Server 中的 Windows Media Player 是用来播放____________文件的。

8. 打开的多个窗口在任务栏上均有图标,如果要将所有打开的窗口进行排列,有____________、____________和____________三种排列方式。

二、简答题

1. 当需要将一篇文档中的很多个"电脑"改为"计算机"时,可以采取的最方便、可行的措施是什么?

2. 在写字板中怎样显示或隐藏各种工具栏?

3. 叙述将"画图"中创建的图片作为桌面背景使用的操作过程。

4. 叙述用 Windows 的 CD 唱机播放一张 CD 的过程。

三、上机操作题

1. 熟练操作窗口和菜单。

2. 在写字板下新建一个文档,输入“我可熟练操作 Windows 2000 Server 操作系统了!”,将字体设为宋体,字号设为18,并将其保存为“熟练操作.doc”文档。

3. 在画板中画一幅图,然后将其设置为墙纸。

第4章　Windows 2000 Server 常用设置

Windows 2000 Server 在计算机应用中创造了一个理想的操作平台，但要使系统达到理想的工作环境，符合用户的使用习惯，还需对系统的环境进行设置。系统的设置一般是根据系统的应用环境、工作目标而定，在这一章我们主要介绍系统中的常用设置。

4.1　控制面板

使用"控制面板"可以来设置个性化计算机，在这里对设置参数的更改将影响服务器的外观和服务器响应输入和输出信息的方式。打开"开始"菜单，选择"设置"，然后点击"控制面板"就可以打开"控制面板"窗口，在这里可以使用"控制面板"中的图标来设置 Windows 2000 的外观和功能，这些图标代表配置计算机的选项。

4.1.1　显示

在操作计算机时，显示器显示的系统桌面是计算机用户每次都必须见到的，为了便于用户的使用，要对显示器的配置进行设置，主要是使用"控制面板"的"显示"来自定义桌面和显示的参数，这其中包括：定义 Windows 2000 中使用的颜色和字体；将图片、图案或 HTML 文档设置为墙纸；设置带密码的屏幕保护程序；设置显示器的颜色、屏幕分辨率和刷新频率；添加显示在屏幕上或要脱机时使用的"活动桌面"的项目等一些常用的设置。

根据自己的喜好和需要进行个性化桌面设置，不仅有利于增加用户的美感，而且还有利于保护用户的眼睛。Windows 2000 增强了桌面自定义功能，使用户对桌面的定义更加轻松，更加体现个性。

1. 设置桌面背景

背景是指 Windows 2000 桌面上的图案与墙纸。第一次启动时，用户在桌面上看到的图案背景与墙纸是系统默认设置的。

操作步骤如下：

(1)在"控制面板"中双击"显示"，打开"显示属性"对话框，也可以在桌面上的空白位置右击鼠标，从弹出的快捷菜单中选择"属性"命令，这两种方法均能打开"显示属性"对话框，这时将直接显示"背景"选项卡，如图 4-1 所示。

(2)在"背景"选项卡的"选择背景图片或 HTML 文档作为墙纸"列表框中选择墙纸文件或单击"浏览"按钮，查找硬盘上的位图文件。

(3)在"显示图片"下拉列表框中选择图片显示方式：如果选择"居中"，则桌面上的位图墙纸以原文件大小显示在屏幕的中间；如果选择"平铺"，则位图墙纸以原文件大小铺满屏幕；如果选择"拉伸"，则位图墙纸拉伸到整个屏幕。

(4)单击"图案"按钮，打开"图案"对话框，选择需要的图案，被选择的图案就会填充墙纸周围的剩余空间，设置完成后单击“确定”按钮即可。

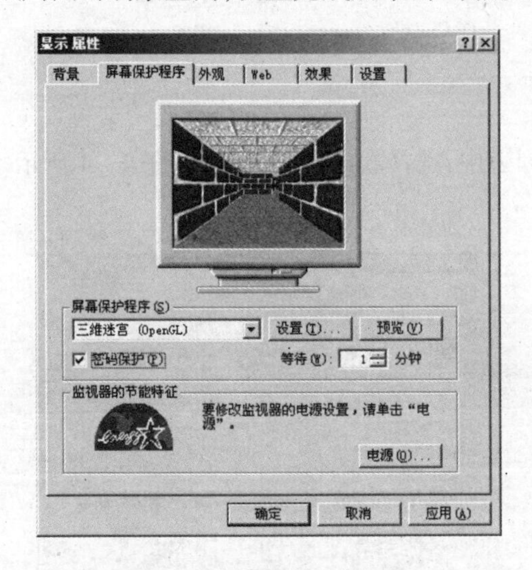

图4-1　显示属性对话框

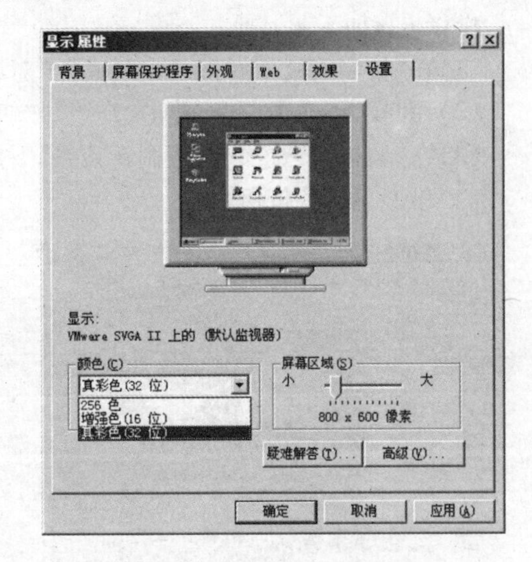

图4-2　“屏幕保护程序”选项卡

2. 设置屏幕保护程序

(1)在“控制面板”中双击“显示”，打开“显示属性”对话框。

(2)单击“屏幕保护程序”选项卡，在“屏幕保护程序”下拉列表中，选择相应的屏幕保护程序，如图4-2所示，还可以选择“密码保护”复选框来设置屏幕保护程序密码。

3. 调整显示器显示颜色

在Windows 2000中，用户可以选择系统和屏幕同时能够支持的颜色数目，更多的颜色数目意味着在屏幕上有更多的色彩可供选择，有利于美化桌面。

操作步骤如下：

(1)在“控制面板”中打开“显示属性”对话框。

(2)单击“设置”选项卡。

(3)在“颜色”的下拉列表中，选择所要设置的颜色，如图4-3所示，然后单击“确定”按钮。

4. 调整屏幕分辨率

屏幕分辨率是指屏幕所支持的像素的多少。在屏幕大小不变的情况下，分辨率的大小决定着屏幕显示内容的多少，分辨率越大将使屏幕显示更多的内容。例如，在800×600的分辨率下可能显示不出所有的内容；但是，如果选择1024×768分辨率，则屏幕可能显示出更多的内容。

操作步骤如下：

(1)在“控制面板”中打开“显示属性”对话框。

(2)在“设置”选项卡中的“屏幕区域”中拖拽滑块，然后单击“确定”按钮。

如果使用了多台显示器，应先在“设置”选项卡中单击需要调整的那个显示器图标，然后再进行以上设置。

5. 调整显示器的刷新频率

刷新频率是指显示器的刷新速度。刷新频率太低会使用户有一种头晕目眩的感觉，容易使用户的眼睛疲劳，因此，用户应使用显示器支持的最高分辨率，这有利于保护用户的眼睛。

操作步骤如下：

(1)在“控制面板”中打开“显示属性”对话框。

(2)在“设置”选项卡中，单击“高级”按钮。

(3)在“监视器”选项卡的“刷新频率”下拉列表中，选择新的刷新频率，如图 4 -4 所示。

(4)单击“确定”按钮。

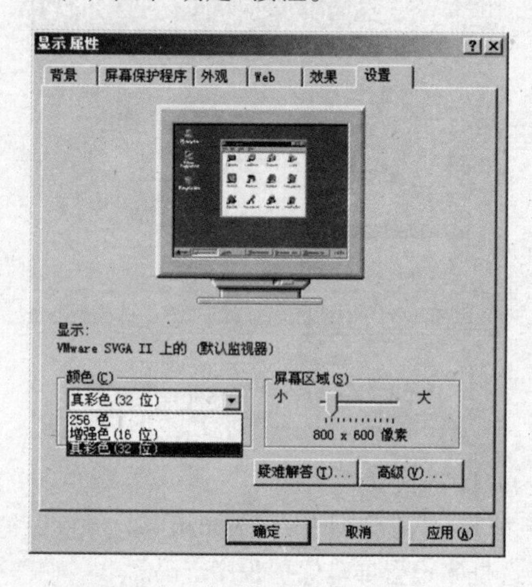

图 4 -3 “设置”选项卡

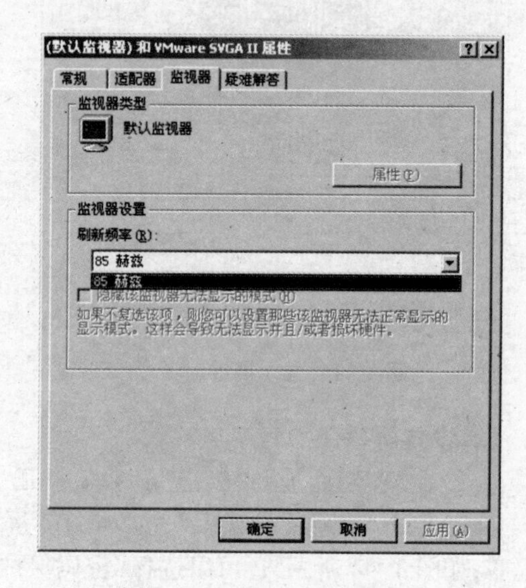

图 4 -4 “监视器”选项卡

6. 更改字体显示的大小

操作步骤如下：

(1)在“控制面板”中打开“显示属性”对话框。

(2)在“设置”选项卡，单击“高级”按钮。

(3)在“常规”选项卡的“字体大小”列表中，单击要用做系统字体的字体设置，如图4 -5 所示。如果在“字体大小”列表中选择“其他”，则可以在下拉列表中选择一个百分比选项或在标尺上单击并将指针拖到指定的字体大小。

(4)单击“确定”按钮，保存设置。

7. 自定义外观

屏幕外观的设置是指设置 Windows 2000 在显示字体、图标和对话框时所使用的颜色和字体大小。在默认的情况下，系统使用的是称之为“Windows 标准”的颜色和字体大小。Windows 2000 允许用户选择其他的颜色和字体搭配方案，并允许用户根据喜好设计自己的方案。

具体的操作步骤：

(1)在“显示属性”对话框中选择“外观”选项卡，如图 4 -6 所示。

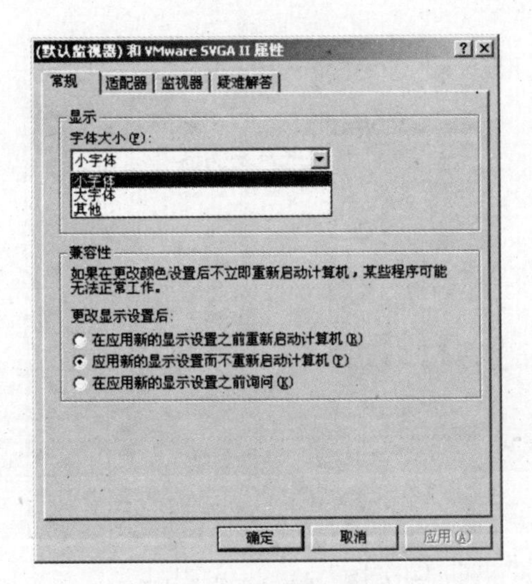

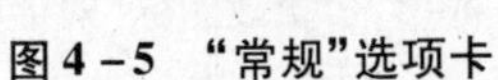

图4-5 “常规”选项卡

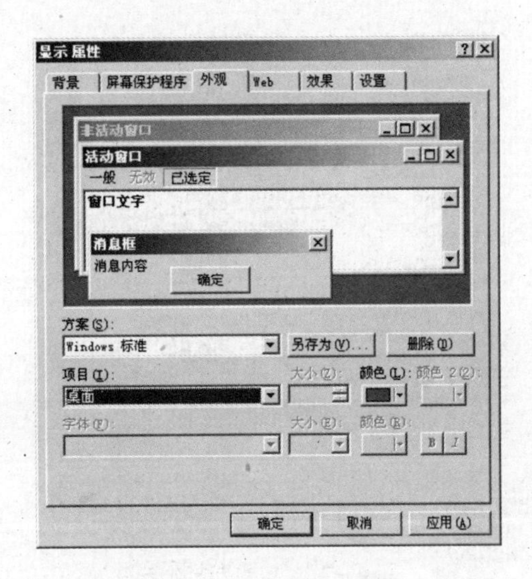

图4-6 “外观”选项卡

(2)从“方案”的下拉列表框中，选择自己喜欢的预定外观方案。

(3)从“项目”的下拉列表框中，选择桌面或窗口内的项目，例如“图标”、“标题栏”、“桌面外观”等。在“项目”右侧的“大小”数值框中选择项目的大小，如果该项目包含两种颜色，可在“颜色1”与“颜色2”的下拉列表中选择颜色。

(4)从“字体”的下拉列表中选择所选项目采用的字体，在“字体”右侧的“大小”数值框内设置文字的大小。用户可以通过“颜色”的下拉列表改变文字的颜色。设置项目的字体属性时，还可以通过单击B(粗体)与I(斜体)按钮改变文字的显示效果。

(5)单击“确定”按钮，保存设置。

8. 自定义显示效果

如果用户在Windows 2000系统中选择了一种桌面主题，那么它所采用的图标也就确定了。如果用户希望使用大图标，并且以动画方式显示窗口、菜单与列表时，则必须进行Windows 2000效果的设置。用户在“效果”选项卡里可完成Windows 2000桌面、窗口的图标、视觉效果的设置。具体的操作步骤如下：

(1)在“显示属性”对话框中，选择“效果”选项卡，如图4-7所示。

(2)在“桌面图标”列表框中，选择希望更改的图标，然后单击“更改图标”按钮，打开“更改图标”对话框，如图4-8所示。在“当前图标”列表框中选择所需的图标样式，或者单击“浏览”按钮，打开“更改图标”对话框，选择一个图标文件。

(3)单击“确定”按钮，返回至“效果”选项卡。另外，用户还可以先创建新的位图文件，然后再选择该位图文件作为自己的图标样式，从而使Windows 2000桌面、窗口的图标更具个性。

(4)单击“默认图标”按钮之后，将恢复Windows 2000默认的图标样式。

(5)在“视觉效果”选项区域中，包括“动画显示菜单和工具提示”、“使用大图标”、“拖动时显示窗口内容”、“使用所有可能的颜色显示图标”等复选框，用户可选择所需的选项。

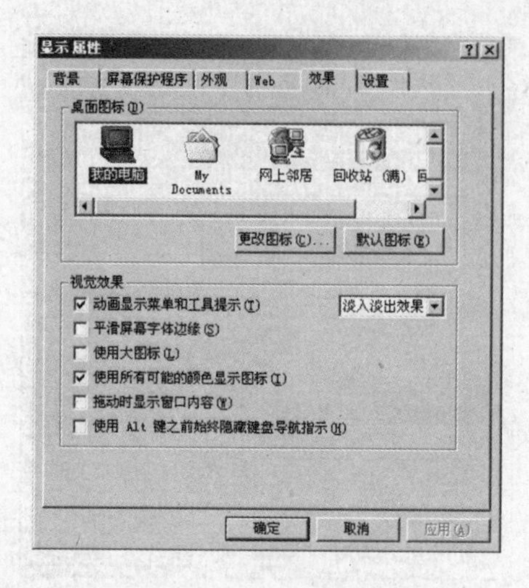

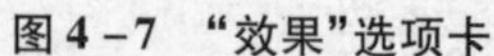
图 4-7 “效果”选项卡

图 4-8 “更改图标”对话框

9. 多显示器

如果输出的结果要求在多个物理地址显示（近距离），就要在一台主机上有多台显示器，也就是多显示器。Windows 2000 Server 具有新的多显示器功能，最多可连接 10 台显示器，可以通过扩展桌面的大小来创建一个足以容纳许多程序和窗口的大桌面来提高工作效率。使用多显示器的方法是用“控制面板”中“显示属性”对话框配置多显示器，具体的安装和设置的操作如下：

（1）安装附加的监视器

①关闭计算机，将其他的 PCI（外围元件互连接口）或者 AGP（视频适配器卡）插入到可用的插槽中，将附加的显示器的信号线插入视频卡接口。

②打开计算机，Windows 2000 Server 将检测出新安装的硬件视频适配器并安装适当的驱动程序。

③在“控制面板”中打开“显示属性”对话框。

④在“设置”选项卡中，单击除主监视器之外还需使用的监视器的图标。

⑤选中“将 Windows 2000 Server 扩展到该显示器上”的复选框，单击“确定”按钮。

（2）排列多台显示器

①在“控制面板”中打开“显示属性”对话框。

②在“设置”选项卡中，单击“标识”，在每台显示器上显示出一个较大的数字，表示每个显示器和图标的对应关系。

③单击显示器图标，并将其拖拽到另一台显示器的相应位置，然后单击“确定”或“应用”按钮。

（3）在多显示器之间移动项目

排列多台显示器操作之后，除了在屏幕上拖拽桌面上的项目直到该项目出现在另一台显示器上，还可以调整窗口的大小，使其跨越多台显示器。

多显示器屏幕分辨率的更改已在“调整屏幕分辨率”时讲过，不再重复。

4.1.2 设置鼠标

在现在的计算机应用中，鼠标是广大用户使用最频繁的输入设备之一。用户根据自己的个人习惯来设置鼠标,有助于帮助自己快速地完成工作,Windows 2000 提供了方便、快捷的鼠标键设置方法。

1. 设置鼠标键

设置鼠标键的具体操作步骤如下:

(1)选择“开始”→“设置”→“控制面板”命令,打开“控制面板”窗口,双击“鼠标”图标,打开“鼠标属性”对话框,如图4-9所示。

(2)在“鼠标键”选项卡中,用户可以设置鼠标键的使用。在默认情况下,鼠标是按右手使用习惯来配置按键的。如果用户习惯于左手操作鼠标,可以在“鼠标键配置”框中选择“左手习惯”单选按钮,鼠标左键和右键的作用将会交换。

(3)在“文件和文件夹”单选框中,用户可以设定是通过鼠标单击来打开一个项目还是通过双击来打开项目。

(4)在“双击速度”框中,用户可设定系统对鼠标键双击的反应灵敏程度。

(5)鼠标键设置完毕,单击“确定”按钮,使设置生效。

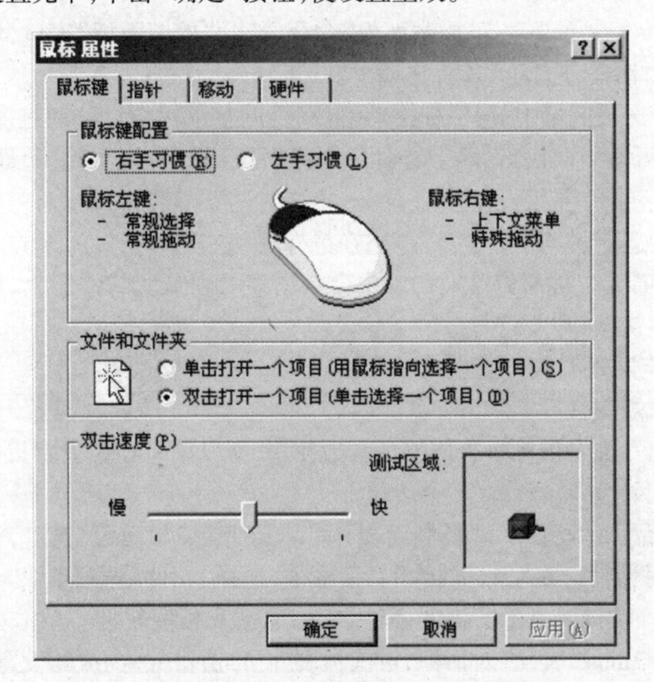

图4-9 “鼠标属性”对话框

2. 设置鼠标指针

设置鼠标指针是指设置鼠标指针的外观显示,Windows 2000 提供了许多指针外观方案,用户可以根据自己的视觉喜好设置鼠标指针的外观。要设置鼠标指针的外观,具体操作步骤如下:

(1)选择“开始”→“设置”→“控制面板”命令,打开“控制面板”窗口,双击“鼠标”图标,打开“鼠标属性”对话框,选择“指针”选项卡。

(2)从“方案”的下拉列表框中可以选择一种系统自带的指针方案,例如“三维白色(系统方案)”,然后在“自定义”列表框中,选中要选择的指针。如果用户不喜欢系统提供的指针方案,可单击“浏览”按钮,打开“浏览”对话框,为当前选定的指针操作方式指定一种新的指针外观。

(3)如果用户希望指针带阴影,选中“启用指针阴影”复选框。

(4)如果用户希望新选择的指针方案和系统自带的方案以自己喜欢的名称保存,可在“方案”的下拉列表框中选择该指针方案,然后单击“另存为”按钮,打开“保存方案”对话框,在“将该光标方案另存为”文本框中输入要保存的新名称,然后单击“确定”按钮关闭对话框。用户可将一些不常用的鼠标指针方案删除,在“方案”下拉列表框中选择该方案,然后单击“删除”按钮即可。

(5)单击“使用默认值”按钮,可以恢复鼠标设置的系统默认值。

(6)设置完毕,单击“确定”按钮,使设置生效。

3. 设置鼠标移动方式

鼠标的移动方式是指鼠标指针的移动速度和轨迹显示,在默认的情况下,在用户移动鼠标时鼠标指针以中等速度移动,并且在移动过程中不显示轨迹。用户可根据自己的需要调整鼠标的移动速度、显示轨迹,具体操作步骤如下:

(1)选择“开始”→“设置”→“控制面板”命令,打开“控制面板”窗口,双击“鼠标”图标,打开“鼠标属性”对话框,选择“移动”选项卡。

(2)在“速度”选项区域中,用鼠标拖动滑块,可调整鼠标指针移动速度的快慢。如果能够熟练使用鼠标,可适当调快指针移动速度;如果对鼠标的使用不熟练,最好将指针移动速度调慢一些。

(3)在“加速”选项区域中,用户可调整在鼠标移动加速时指针加速的速度。

(4)如果用户希望鼠标指针在对话框中会自动移动到默认的按钮上,应选中“将指针移动到对话框中的默认按钮”复选框。

(5)单击“确定”按钮,使设置生效。

4. 设置鼠标常规属性

鼠标的常规属性决定鼠标是否能够正常地使用,所以用户还应设置鼠标的常规属性,具体操作步骤如下:

(1)选择“开始”→“设置”→“控制面板”命令,打开“控制面板”窗口,双击“鼠标”图标,打开“鼠标属性”对话框。在“鼠标属性”对话框中,选择“硬件”选项卡。

(2)在“设备”框中,列出了鼠标的硬件名称、类型及相关属性。单击“属性”按钮,可打开“Microsoft Serial Mouse 属性”对话框,对鼠标硬件可进行一些高级的设置。

(3)在“常规”选项卡中,可查看到鼠标的特性和状态,并可通过“设备用法”的下拉列表框来选择鼠标是启用还是停用。

(4)选择“驱动程序”选项卡,用户可更新鼠标的驱动程序,并可卸载鼠标。

(5)单击“确定”,返回到“鼠标属性”对话框,然后单击“确定”按钮完成鼠标设置。

4.1.3 区域选项

区域选项用来自定义语言、数字、货币、时间和日期的显示设置。

1. 指定数字格式和货币格式

不同的国家和地区使用不同的数字和货币符号,Windows 2000 提供了多种数字和货币格式,系统允许用户根据自己的实际情况来设置货币格式。如果用户要更改数字显示的格式,可在“控制面板”窗口中,双击“区域选项”图标,打开“区域选项”对话框,单击“数字”选项卡，如图4－10所示。在该选项卡中，用户可以选定一个选项并输入一个新值，或从下拉列表框中为该选项选定一个值来更改数字设置。例如，从“负数格式”下拉列表框中选择－1.1，则系统在显示负数时负号显示在负数的前面。修改设置时，在“外观示例”选项区域中会显示更改的示例效果。如果用户要指定货币格式，可在如图4－10所示的“区域选项”对话框选择“货币”选项卡，与设置数字格式的方法一样，用户可以在“货币”选项卡中输入新值或从下拉列表框中选定一个值来进行货币格式设置。例如，从“货币正数格式”下拉列表框中选择货币正数格式。

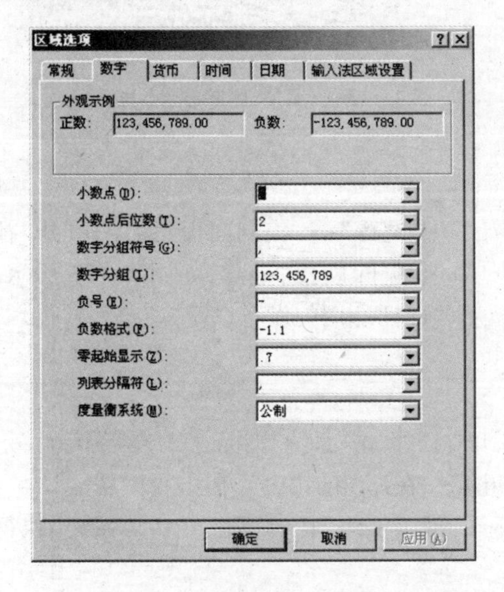

图4－10 “数字”选项卡

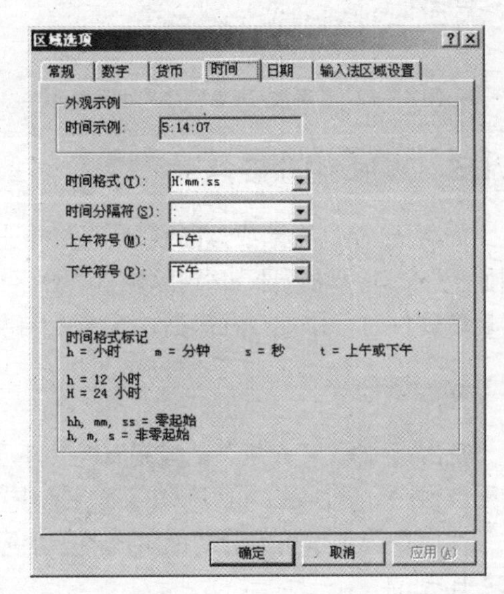

图4－11 “时间”选项卡

2. 指定时间格式和日期格式

Windows 2000系统默认的时间和日期格式是按照美国的习惯来设置的。但是由于生活习惯和地域的差异，各个地区或国家的时间和日期的格式都有所不同，用户可根据自己的习惯来设置。若用户想更改系统时间的显示格式，可在如图4－11所示的“区域选项”对话框中单击“时间”选项卡，通过相应的下拉列表框选择或者输入新的值来更改“时间格式”、“时间分隔符”、“上午符号”和“下午符号”等。例如，在“时间格式”下拉列表框中选择“H:mm:ss”选项，则时间以“时:分:秒”的格式来显示。

用户要设置日期的显示格式，可在如图4－11所示的“区域选项”对话框中，选择“日期”选项卡。在“日历”选项区域中，通过微调器来设置两个数字代表哪个时间段的年份，默认为从1930年至2029年；在“短日期”选项区域中的“短日期格式”和“日期分隔符”的两个下拉列表框选择或者输入短日期格式和日期分隔符；在“长日期”选项区域中的“长日期格式”的下拉列表框来选择或者输入长日期格式。

4.1.4 添加/删除程序

如果要安装、删除程序或添加Windows组件，可以打开“开始”→“设置”→“控制面板”命令，打开“控制面板”窗口，双击“添加/删除程序”图标，打开“添加/删除程序”对话框，如图4－12所示。Windows 2000 Server“管理工具”中的很多工具都是通过“添加/删除程序”来安装完成的。

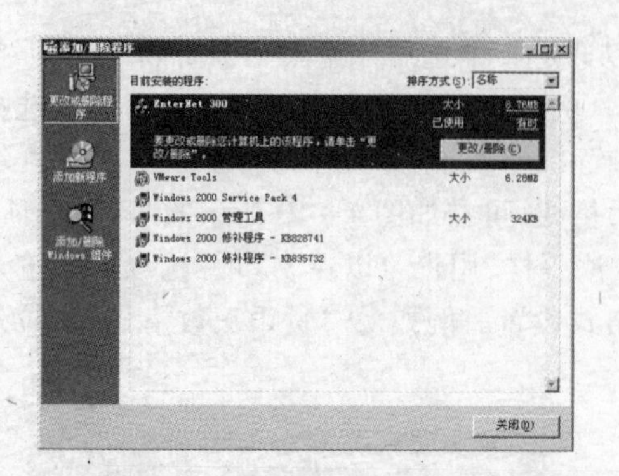

图 4－12 “添加/删除程序”对话框

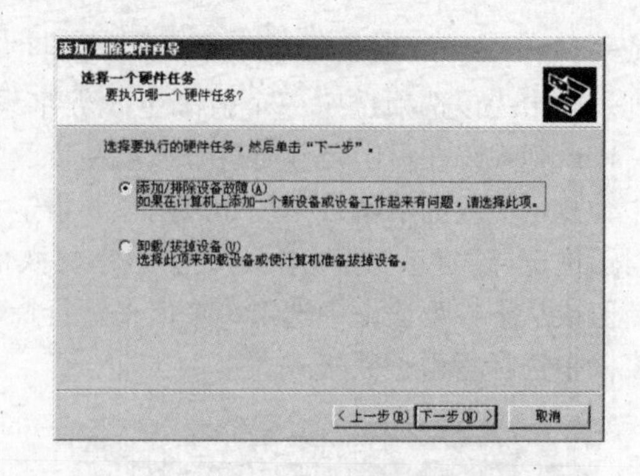

图 4－13 “添加/删除硬件”对话框

4.1.5 添加/删除硬件

如果要安装、删除或诊断硬件，可以点击“开始”→“设置”→“控制面板”命令，打开“控制面板”窗口，双击“添加/删除硬件”图标，启动“添加/删除硬件”向导，如图 4－13 所示。安装新硬件时，“添加/删除硬件”向导会自动定位新的即插即用的设备以便安装。

4.1.6 系统

点击“开始”→“设置”→“控制面板”，打开“控制面板”，双击“系统”图标，打开“系统特性”对话框，如图 4－14 所示。也可以在桌面上右击“我的电脑”，在弹出的快捷菜单中选择“属性”。

所谓系统是指相关的功能组成的一个完整体系，可以使用“控制面板”中的“系统”执行以下任务：

(1)查看并更改控制计算机如何使用内存以及查找特定信息的设置；

(2)查找有关硬件和设备属性的信息，还可配置硬件、配置文件；

(3)查看有关计算机连接和登录配置文件的信息。

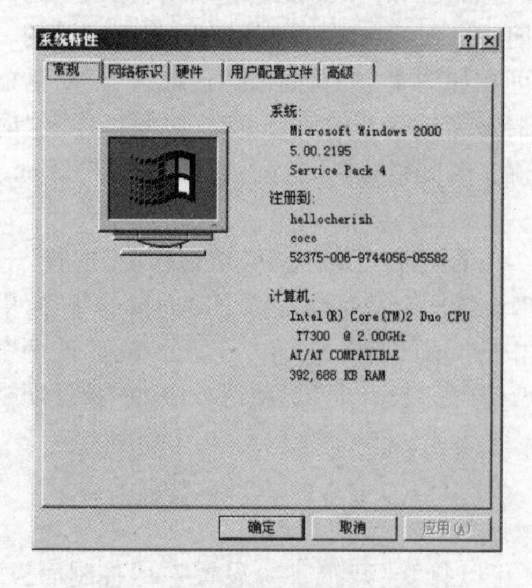

图 4－14 “系统特性”选项卡

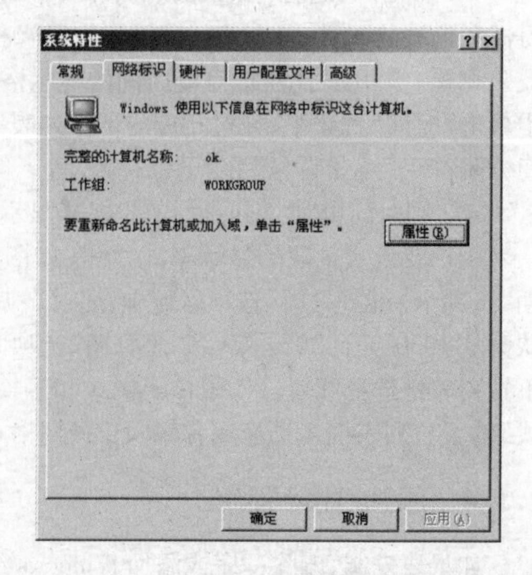

图 4－15 “网络标识”选项卡

系统设置可以更改控制计算机如何使用内存的性能选项，包括页面文件大小、注册表大小或告诉计算机在哪可找到某些类型信息的环境变量。当点击系统启动和故障恢复选项时,可以选择启动计算机时将使用的操作系统以及系统意外终止时将执行的操作。计算机系统中的硬件和设备的信息也可以在“系统”中找到,并可使用硬件向导安装、卸载或配置硬件。系统中的设备管理器显示计算机上安装的设备并允许更新设备属性,还可以为不同的硬件配置创建硬件配置文件。在网络方面使用“系统”,可以查看网络。

1.“常规”选项卡

“常规”选项卡如图4-14所示,提供了有关计算机安装的操作系统、计算机用户名以及CPU和内存的配置信息。

2.“网络标识”选项卡

“网络标识”选项卡如图4-15所示,Windows在网络中是以计算机的名称被标识的,在“网络标识”选项卡里,可以更改计算机的网络标识和成员身份。

当一个计算机加入到网络时,其命名有可能与其他的计算机名同名。当更改机器名时,可进行如下操作:

(1)在“控制面板”中打开“系统特性”对话框。

(2)单击“网络标识”选项卡中的“属性”按钮。

(3)在“计算机名”中键入计算机的新名称,然后单击“确定”按钮。

如果计算机是域的成员,则提示提供用户名和用户密码才能重命名域中的计算机,因此对计算机重命名时,要注意:

(1)必须以管理员身份登录本地计算机才能更改计算机名;

(2)除具有用户名和密码及创建计算机账户的权利外,其他加入Windows 2000域的计算机必须使用网络管理员为它创建的名称;

(3)如果为Windows 2000域提供有效的用户名和密码,则用新的计算机名自动更新域成员;

(4)需要让Active Directory域能够识别长计算机名,域管理员必须启用16字节或更长的域名注册。

3.“硬件”选项卡

“硬件”选项卡中如图4-17所示,单击“硬件向导...”会弹出“添加/删除硬件向导”。

单击“设备管理器”按钮,弹出“设备管理器”窗口,使用设备管理器可以查看硬件配置以及硬件与计算机微处理器之间的交互方式。

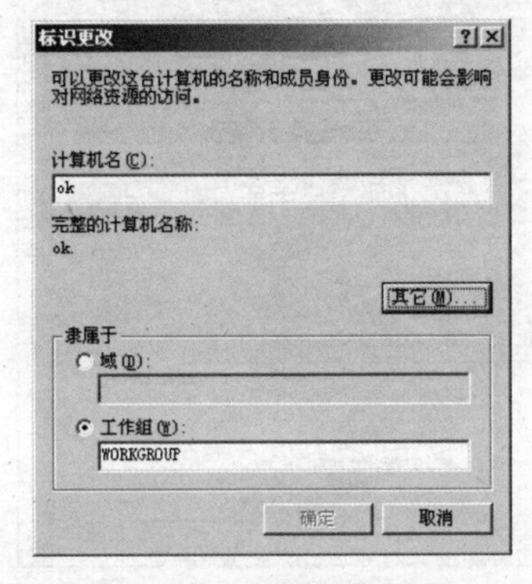

图4-16 “标识更改”对话框

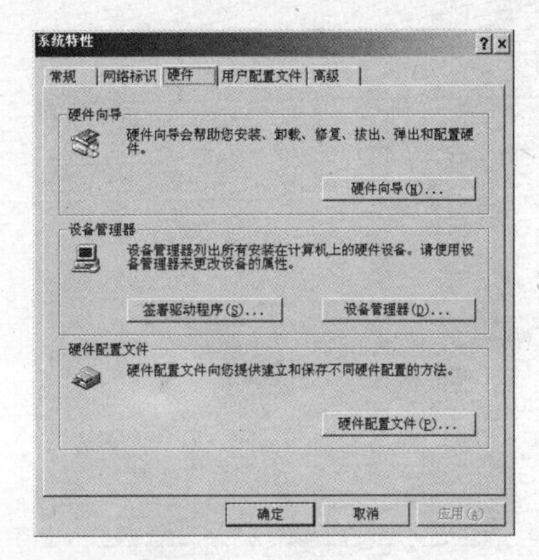

图4-17 “硬件”选项卡

4.“用户配置文件”选项卡

“用户配置文件”选项卡如图 4－18 所示。用其可以更改存储在本机上的配置文件类型，还可在列表中选择其他包含桌面设置和其他与登陆有关的信息的用户配置文件。

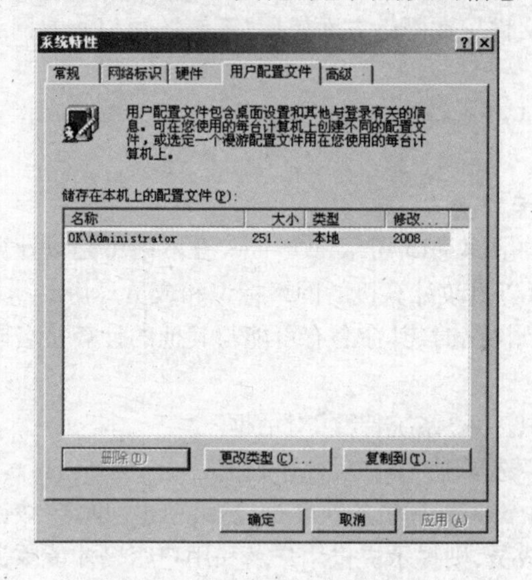

图 4－18 “用户配置文件”选项卡

5.“高级”选项卡

“高级”选项卡如图 4－19 所示，其中包括如下内容：

（1）“性能选项”用来控制应用程序如何使用内存，这将影响到计算机的速度；

（2）“环境变量”按钮用于告诉计算机在哪里查找特定类型的信息；

（3）“启动和故障恢复”是告诉计算机当错误导致计算机停止时，如何启动和执行哪些操作。

如果在一台计算机上安装了包括 Windows 2000 Server 在内的两个以上的操作系统，想改变系统启动的默认操作系统，可以单击“启动和故障恢复”，弹出如图 4－20 所示的对话框，在系统启动“默认操作系统”下拉列表中选择一个操作系统作为启动的默认操作系统。另外，还可以设置操作系统列表的显示时间及系统启动失败之后如何操作等等。

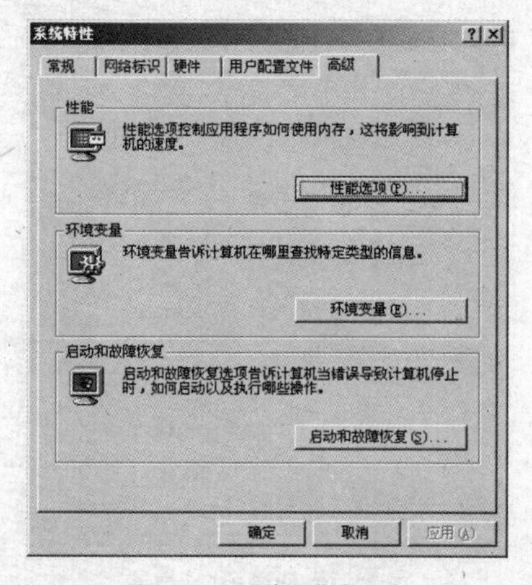

图 4－19 “高级”选项卡

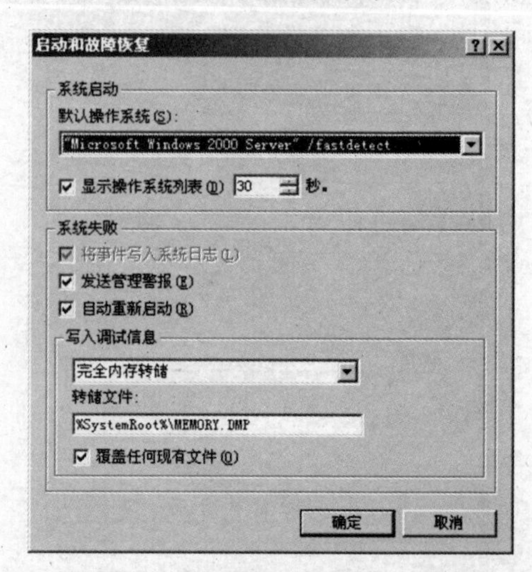

图 4－20 “启动和故障恢复”对话框

4.2 管理工具

在计算机的应用过程中对计算机进行高级设置时，需要用到一些管理工具。Windows 2000 Server 的"管理工具"位于控制面板中，可以点击"开始"→"设置"→"控制面板"，然后双击"管理工具"打开，如图 4－21 所示。也可以点击"开始"→"程序"→"管理工具"选择管理工具。

打开的窗口中包括"计算机管理"、"数据源"（ODBC）、"事件查看器"、"Internet 服务管理器"、"Telnet 服务器管理"、"本地安全策略"、"服务"、"路由和远程访问"、"组件服务"等 Windows 2000 Server 工具，直接双击就可以打开。实际上 Windows 2000 Server 的很多管理工具在默认的安装情况下是不安装的，需要用户用控制面板中的"添加/安装程序"来单独安装。

1. 计算机管理

实用"计算机管理"可通过一个合并的桌面工具管理本地或远程计算机。它将几个 Windows 2000 管理实用程序合并到一个控制台树中，可以轻松地访问特定计算机的管理属性和工具。使用"计算机管理"可以完成如下的操作：

（1）监视系统事件，如登录时间和应用程序错误；

（2）创建和管理共享；

（3）查看连接到本地或远程计算机的用户列表；

（4）启动和停止系统服务，如任务计划程序和后台处理程序；

（5）设置存储设备的属性；

（6）查看设备配置和添加新的设备驱动程序；

（7）管理服务器应用程序和服务，如域名系统（DNS）服务或动态主机配置协议（DHCP）服务，用于从单个的统一桌面实用程序管理本地或远程计算机。

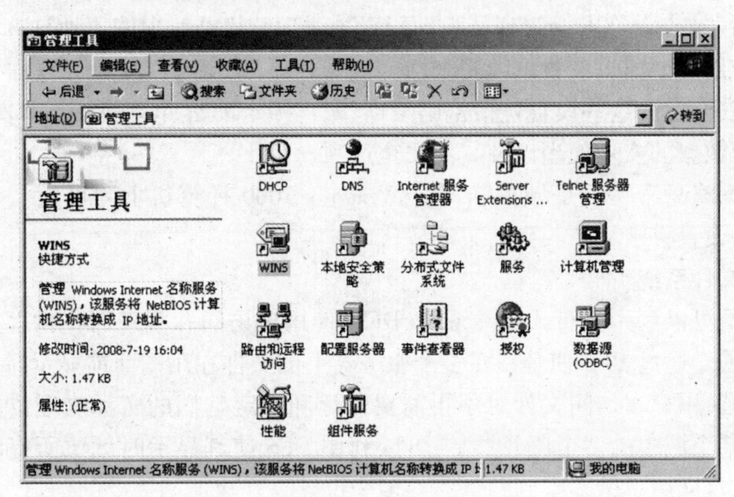

图 4－21　管理工具

"计算机管理"使用一个有两个窗格的窗口，这与"Windows 资源管理器"相似。控制台树（用于导航和工具选择）包含管理工具、存储设备和服务器应用程序，以及在本地或远程计算机上可用的服务。在该目录树中有三个节点,它们是“系统工具”、“存储”和“服务和应用程序”。

如果要执行管理任务,可以在控制台树中选择一个工具,然后使用菜单和工具栏在右侧(即结果)窗格中的工具执行操作,该窗格中显示了工具的属性、数据或可用的子工具,可能是所选对象包含内容的列表(例如,如果单击“系统工具”的“共享文件夹”下的“会话”工具,则可能是用户会话的列表),或者是另一种管理视图(如计算机应用程序日志的内容)。

2. 组件服务

通过“组件服务”,管理员可以从图形用户界面部署和管理 COM + 应用程序,也可以用脚本或编程语言使管理任务自动化。软件开发人员可以使用“组件服务”直观地配置例程组件和应用程序行为,例如安全性和参与事务处理,并且可以将组件集成到 COM + 应用程序中。

3. 数据源(ODBC)

“开放式数据库连接”(ODBC)是一个编程接口,它允许程序访问使用结构化查询语言(SQL)作为数据访问标准的数据库管理系统中的数据,也可以使用数据源开放数据库连接(ODBC)访问来自多种数据库管理系统的数据。例如,如果用户中有一个访问 SQL 数据库中的数据程序,数据源(ODBC)会允许使用同一个程序访问 Visual FoxPro 数据库中的数据。但是,必须为系统添加称为“驱动程序”的软件组件,数据源(ODBC)会帮助用户添加并配置这些驱动程序。

4. 事件查看器

在事件查看器中使用事件日志,可收集到关于硬件、软件和系统问题的信息,并可监视 Windows 2000 的安全事件。

Windows 2000 以三种日志方式记录事件:应用程序日志、系统日志、安全日志。

事件查看器显示这些事件的类型,包括错误、警告、信息、成功审核、失败审核。

5. 本地安全策略

“安全设置”节点允许安全管理员手动配置指派到组策略对象或本地计算机规则的安全级别,可以在使用安全模板设置系统安全性后执行此操作,也可以使用此操作替代使用安全模板设置系统安全性。这些设置包括密码策略、账户锁定策略、审核策略、IP 安全策略、用户权利指派、加密数据的恢复代理以及其他安全选项。

本地安全策略只有在不是域控制器的 Windows 2000 计算机上才可用。如果计算机是域的成员,这些设置将被从域收到的策略替代。

6. 分布式文件系统

系统管理员可以利用分布式文件系统(DFS)使用户访问和管理那些物理上跨网络分布的文件更加容易。通过 DFS 使分布在多个服务器上的文件在用户面前显示时就如同位于网络上的一个位置,用户在访问文件时不再需要知道和指定它们的实际物理位置。如果用户的资料分散在某个域中的多个服务器上,可以利用 DFS 使其显示时就像所有的资料都位于一台服务器上,这样用户就不必到网络上的多个位置去查找他们需要的信息。

7. 服务

使用这些服务,可以在远程和本地计算机上启动、停止、暂停或恢复服务,并配置启动和恢复选项,也可以为特定的硬件配置文件启用或禁用服务。

使用服务可以实现的功能:

(1)管理本地和远程计算机上的服务,包括运行 Windows NT 4.0 的远程计算机。

(2)设置服务失败时的恢复操作,例如自动重新启动服务或重新启动计算机(仅在运行 Windows 2000 的计算机上)。

(3)为服务创建自定义名称和描述,以便轻松地标识这些服务(仅在运行 Windows 2000 的计算机上)。

8. DNS

DNS 是域名系统(Domain Name System)的缩写,是一种组织成域层次结构的计算机和网络服务命名系统。DNS 命名用于 TCP/IP 网络,如 Internet,用来通过用户友好的名称定位计算机和服务。当用户在应用程序中输入 DNS 名称时,DNS 服务可以将此名称解析为与此名称相关的其他信息,如 IP 地址。

9. DHCP

动态主机配置协议(DHCP)是一种简化主机 IP 配置管理的 TCP/IP 标准。DHCP 标准为 DHCP 服务器的使用提供了一种有效的方法,用于管理 IP 地址的动态分配以及网络上启用 DHCP 客户机的其他相关配置信息。对于基于 TCP/IP 的网络,DHCP 减少了重新配置计算机所涉及的管理员的工作量和复杂性。

10. WINS

WINS(Windows Internet Name System)命名服务为注册和查询网络上计算机和用户组 NetBIOS 名称的动态映射提供分布式数据库。WINS 将 NetBIOS 名称映射为 IP 地址,并设计以解决路由环境的 NetBIOS 名称解析中出现的问题。WINS 对于使用 TCP/IP 上的 NetBIOS 路由网络中的 NetBIOS 名称解析是最佳选择。

早期版本的 Microsoft 操作系统使用 NetBIOS 名称以标识和定位计算机以及其他共享或群集资源,要在网络上使用这些资源需要注册或名称解析。

在早期版本的 Microsoft 操作系统中,NetBIOS 名称对于创建网络服务是必需的。尽管可以对非 TCP/IP 的网络协议使用 NetBIOS 命名协议(例如 NetBEUI 或 IPX/SPX),但是仍然专门设计了 WINS 以支持 TCP/IP 上的 NetBIOS(NetBT)。

WINS 在基于 TCP/IP 网络中简化管理 NetBIOS 名称空间。WINS 减少使用 NetBIOS 名称解析的本地 IP 广播,并允许用户很容易地定位远程网络上的系统。因为 WINS 注册在每次客户启动并加入网络时自动执行,所以 WINS 数据库在进行更改动态地址配置时会自动更新。例如,当 DHCP 服务器将新的或已更改的 IP 地址发布到启用 WINS 的客户计算机时,将更新客户的 WINS 信息,而不需要用户或网络管理员进行手动更改。

11. 路由和远程访问

Microsoft Windows 2000 Server 的“路由和远程访问”服务是一个全功能的软件路由器、一个开放式路由和互联网络平台。它为局域网(LAN)和广域网(WAN)环境中的商务活动,或使用安全虚拟专用网络(VPN)连接到 Internet 上的商务活动提供路由选择服务。“路由和远程访问”服务合并和集成了 WindowsNT4.0 中独立的“路由和远程访问”服务,是 WindowsNT4.0“路由和远程访问”服务(也称为 RRAS)的增强版本。

Windows 2000 服务器远程访问是整个“路由和远程访问”服务的一部分,通过它将远程或移动的工作者连接到组织网络上。

4.3 管理控制台

以前,在 Windows 2000 Server 系统中包含有对于每个可管理项目的管理工具,包括管理用户的工具、管理服务器的工具、Microsoft Exchange 工具、管理 DHCP 的工具和管理 SMS(系统管理服务器)的工具。每个可管理的项目是单独的工具,而且每个用户界面也不一样,这就增加了使用的难度。现在,微软公司已经有了新的办法来管理各种类型的对象和程序用以取代管理单个项目的工具,这就是"Microsoft Management Console"(MMC)。管理控制台(MMC)是集成了用来管理网络、计算机、服务及其他系统组件的管理工具。

MMC 是指进行系统维护的各种管理工具工作的地方,是用来创建、保存和打开管理工具集合的工具,它包括用于管理 Windows 2000 的硬件、软件和 Windows 系统网络组件所需的各种管理工具。

MMC 本身不执行管理功能,它只是一个外壳,具有在需要时添加组件的能力。用户创建自己的控制台之后,就可以把它存放在一边以便供将来引用。用户还可以为特定的工作人员类型创建和分发自定义的控制台。在创建了自定义的控制台之后,可以通过电子邮件、Web 站点或微软的系统管理服务器(SMS)把它们发送给用户。除此之外,用户还可以把自己创建的控制台锁定起来,使其他任何人都不能够修改。

MMC 中的主要工具类型称为管理单元,其他可添加的项目包括管理工具、ActiveX 控件、指向 Web 页的链接、文件夹或其他容器、控制台任务板视图和任务。

Windows 2000 具有新的公共的、可扩充的"管理控制台"(MMC)体系,它可以集中管理以前相互独立的计算机管理工具,诸如"事件监视器"、"设备管理器"、"计算机管理"和"Internet 服务管理器"等,这些项目显示在控制台的左窗格中(称为控制台树)。Windows 2000 可以创建一个或多个"控制台",控制台有一个或多个可提供控制台树视图的窗口。这些控制台内可以包含一个或多个的管理单元。所有这些特性都能被远程计算机使用,并允许管理员从同一网络上的任何其他计算机上修复和配置其中的某台计算机。"管理控制台"和"管理单元"帮助用户更容易地管理本地或远程计算机。

要打开控制台(MMC),只需单击"开始"→"运行",然后在"运行"对话框中键入 mmc,再单击"确定",就会打控制台窗口,如图 4-22 所示。

4.3.1 控制台(MMC)的模式与结构

1. 控制台简介

Windows 2000 的 MMC 控制台窗口由两个窗格组成,左窗格称为控制台目录树,右窗格则称为详细资料窗格。如图 4-22 所示的控制台窗口只有控制台根节点,是一个没有任何管理单元的控制台,是一个新 MMC 控制台。

打开 MMC 窗口,MMC 控制台组件包含在 MMC 窗口中。该窗口有许多菜单和一个工具栏,提供打开、创建和保存 MMC 控制台的命令。MMC 窗口上的菜单和工具栏分别称为主菜单栏和主工具栏。每个控制台都有自己的菜单和工具栏,它们均和主 MMC 窗口的菜单和工具栏分开,有利于用户执行任务。另外,在窗口的底部有状态栏,详细资料窗格顶部有说明栏。控制台目录树是在 MMC 控制台左窗格中的一个分层结构,它显示控制台中的可用项目,包括文件夹、插件、控制项、网页、任务板以及其他工具等。

控制台目录树显示出给定控制台中可用的项目,详细资料窗格则包含有关这些项目的信息和有关功能,如图4-23是“组件服务”控制台。在控制台目录树中,当用户单击不同项目时,详细资料窗格中的信息将相应改变,详细资料窗格可以显示很多类型的信息,包括Web页、图形、图表和列表等。

当打开新MMC控制台时,控制台窗口出现在MMC窗口中的工作区里。在新控制台中,控制台目录树中的唯一项目是一个标记为“控制台根目录”的文件夹。在控制台窗口中,可以组织和配置新控制台,然后使用控制台中的工具。将项目添加到控制台之后,可以隐藏主菜单栏、主工具栏、说明栏和状态栏,防止用户对控制台作不必要的更改。

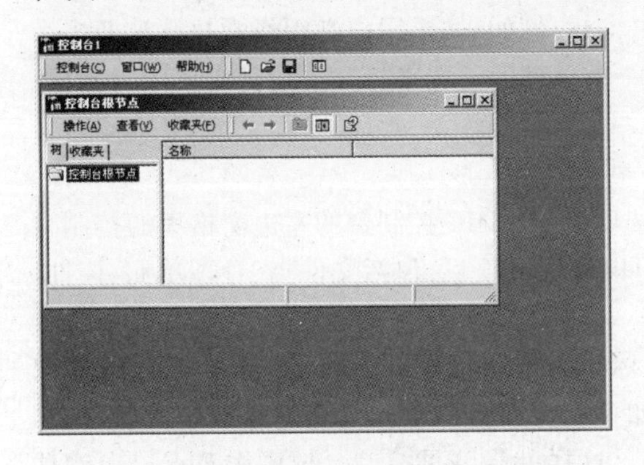

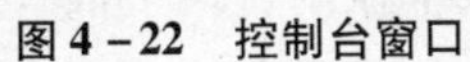
图4-22 控制台窗口

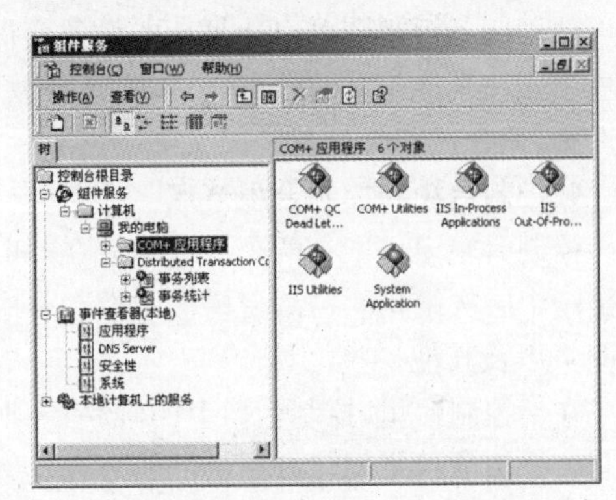

图4-23 “组件服务”控制台

2. 管理单元

管理单元是MMC控制台的基本组件,它总是驻留在控制台中,自身不运行。当在运行Windows的计算机上安装与管理单元相关联的组件时,管理单元对于所有在该计算机上创建控制台的用户都是可用的(除非受到用户策略的限制)。用户可以将一个或多个控制台以及项目添加到控制台中;另外,还可将管理单元的多个范例添加到同一控制台中以管理不同的计算机。一般来说,用户只能添加安装在本地计算机上的管理单元。但是,在Windows 2000中,如果计算机是工作组或域的一部分,则可以使用MMC下载任何非本地计算机安装的、却能够在活动目录的目录服务中找到的有效管理单元。

用户可以使用MMC给大多数管理任务添加管理单元。用户可以自定义MMC视图,以便快速查看大多数的常用任务,自定义的MMC还能够保存和分发给其他人,例如把帮助桌面个人化,限制其他人能够看和不能够看的内容。

当用户从“开始”菜单的“系统管理工具”文件夹启动大多数管理工具时,实际上是启动了带有特定分配的管理单元的MMC。管理单元不仅有微软公司创建的,也有第三方制造商创建的,例如创建了备份解决方案、磁盘碎片整理方案等。一些管理单元保持着熟悉的资源管理器界面,其他一些项目则以其他形式显示。

MMC支持两种类型的管理单元:独立管理单元和扩展管理单元。其中独立管理单元常称为管理单元,在添加独立管理单元时,不需要首先添加其他项目就可将其添加到控制台目录树中。扩展管理单元不能单独进行添加,需要添加到已存在于控制台目录树中的独立管理单元或扩展管理单元中。这样扩展管理单元将在由管理单元控制的对象上进行操作,如打印机、调制解调器或其他设备等。

3. 任务板视图和任务

任务板视图是能添加控制台详细资料窗格视图的页面,也是指向给定控制台之内和之外功能的快捷方式。可使用这些快捷方式运行任务,如启动向导、打开属性页、执行菜单命令、运行命令行和打开 Web 页。可以配置任务板视图,以便包含给定用户可能需要的所有任务。另外,还可以在控制台中创建多个任务板视图,这样可按功能或用户对任务分组。

任务板视图可以让初学者更容易地执行作业,例如,可以将可应用的任务添加到任务板视图,然后隐藏控制台树,这样用户就能够在熟悉控制台树或操作系统中项目的位置之前开始使用工具。

使用任务板视图可以让复杂的任务变得更容易,例如,如果用户必须经常执行涉及多个管理单元和其他工具的任务,可以将任务放到一个单独的位置来打开或运行必要的对话框、属性页、命令行和脚本。

4. 控制台树和控制台根节点

控制台左窗口中有两个选项卡。在"树"选项卡中,MMC 控制台的左边窗格里的控制台树是一个层次结构。控制台树显示控制台中可以使用的项目,包括文件夹、管理单元、控件、Web 页以及其他一些工具。

在新控制台里,控制台树上的唯一一项是标记为控制台根节点的文件夹。可以通过向控制台添加项目来创建控制台的管理功能。如不需要在控制台根节点建立控制台窗口,则可以在控制台树的任何项目上建立控制台窗口,这样就隐藏了控制台树中根节点以上的项目,并且着重于新控制台根节点上的窗口和下面的管理工具。

下面将介绍控制台树上的树枝和对树枝进行的增减操作。

(1)控制台树上的树枝

所谓树枝是指控制台树中添加了对象的任何项目。可以单击加号来展开某个树枝并查看其内容,单击减号标记来折叠树枝。树枝是一个文件夹,可用来将控制台树上的相关项目组合在一起。但是,使用 MMC 将工具添加到项目而不是文件夹时,则工具也变成了树枝。

控制台树根节点是一个树枝,它的功能只是包含控制台树,管理单元顶部的项目通常是文件夹或其他树枝。

另外一种可以容纳其他项目的项是可查看项目。当单击可查看项目时,它会在详细资料窗格中而不是在附加项中显示列表、文本或图形信息。Web 页是可查看项目,因为它们需要浏览器,只有在详细资料窗格中才能打开。但是不应当向可查看项目添加项目,因为如果某个用户隐藏了控制台树,他们可能就不知道某个可查看项目中包含其他项目。相反,如果有可查看项目集合,便可以向控制台树中添加文件夹并把文件夹中的可查看项目组合起来,然后当控制台树被隐藏起来时,用户就可以从所有的项目中选择。

另外一种不能包含其他项的项目类型是树叶。单击某个树叶时,它便在详细资料窗格中列出所有项目。一般地,这些是单独包含在控制台树上的项目。然而,当项目的数量成百上千时,使用树枝会有多次的抽象,很难找到项目,所以管理单元使用树叶而不是树枝。

(2)向控制台添加新功能

如果"添加/删除管理单元"提供的管理单元没有一个可以完全满足需求,可以利用在 Web 页上发布的管理单元或扩展,制作自己的扩展来增强已有的管理单元,或者制作新的独立管理单元以添加新功能来满足需要。

5. 控制台访问选项

创建自定义控制台时，可以给控制台指派两种常用访问选项中的一种：作者模式或用户模式。其中有三个级别的用户模式，因此共有四种默认访问控制台的选项：

(1)作者模式；

(2)用户模式—完全访问；

(3)用户模式—受限访问，多窗口；

(4)用户模式—受限访问，单窗口。

可以在 MMC 中的“选项”对话框中配置这些选项，如图 4-24。

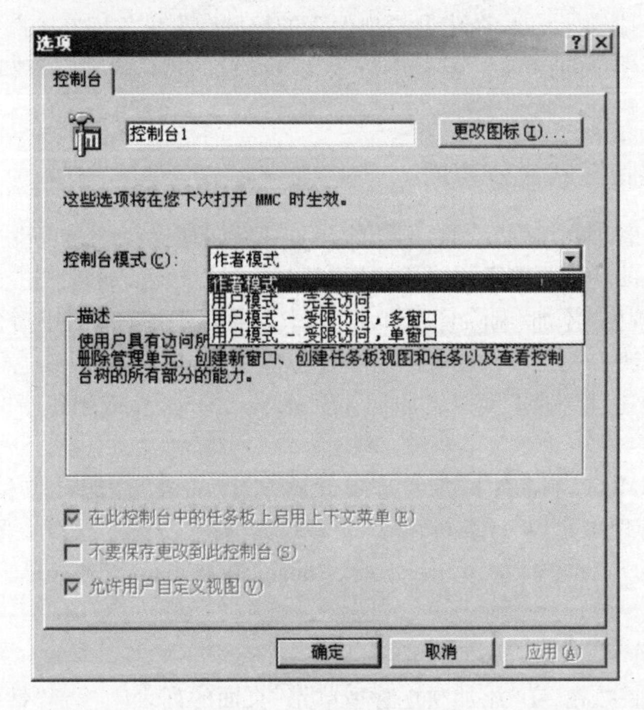

图 4-24 控制台选项

可以给控制台分配作者模式，以便向所有 MMC 功能授予完全访问权限，包括添加或删除管理单元、创建新窗口、创建任务板视图及任务、向收藏夹列表添加项目，以及查看控制台树的所有部分。通过选择一种用户模式选项，排除用户可能不需要的创作功能。例如，如果分配“用户模式—完全访问”选项给控制台，那么将提供所有窗口管理命令和完全访问控制台，但是能够防止用户添加或删除管理单元，或者更改控制台属性。

作者模式和用户模式之间的另一个不同之处是更改保存的控制台进台的方法。如在作者模式下对控制台进行操作，关闭控制台时会提示保存所做的更改。然而，如果在用户模式下对控制台进行操作并且没有选中“不要保存更改到此控制台”复选框(它可以通过单击“控制台”菜单中的“选项”来获得)，那么当关闭控制台时所做的更改会自动被保存。

如果产生下列任一情况，将忽略控制台的默认模式以作者模式打开：

(1)打开控制台时 MMC 已经打开；

(2)通过快捷方式菜单命令“作者”打开控制台；

(3)在命令提示符下用“/a”选项打开控制台。

对于不必创建或更改 MMC 控制台的用户，不需要以 MMC 作者模式访问。系统管理员可以通过配置用户配置文件设置来防止用户在作者模式下打开 MMC,方法是通过禁止"/a"选项或者快捷方式菜单选项。另外,在 Windows 2000 中,系统管理员可以使用"组策略"来设置防止用户在作者模式下打开和保存控制台。

4.3.2 打开 MMC 控制台

要打开控制台(MMC),首先单击"开始"→"运行",然后在"运行"对话框中键入 mmc,再单击"确定",就会打开新的控制台窗口。

在"运行"对话框中键入的命令如语法格式"mmc path\filename. msc [/a]",作用是启动 MMC 并打开保存的控制台。命令中要指出保存的控制台文件的完整的路径和文件名,/a 表示以作者模式打开保存的控制台,这并不更改文件设置的默认模式,当忽略选项时,MMC 根据其默认模式设置打开控制台文件。

4.3.3 添加/删除控制台新功能

为了便于统一管理和增强控制台的功能,用户可以向控制台添加新功能。但有时,某一项控制台管理单元的功能可能不再为用户所使用,这时用户可以将它删除。注意,用户添加插件后,可能会发现由"添加/删除管理单元"命令提供的插件不能提供需要的功能,这时,可以尝试以下两种解决方案:第一,检查网络中是否存在由 Microsoft 或其他厂商发送的其他插件或扩展;第二,创建自身的扩展以增加现存管理单元的功能,或创建新的独立管理单元以便提供全新功能。

下面介绍在 MMC 控制台中添加管理单元操作,以加载"性能日志和警报"管理单元、"磁盘碎片整理"管理单元和"计算机管理"管理单元为例,具体的操作步骤如下:

(1)单击"开始"菜单,单击"运行",键入"mmc"并按 Enter 键,屏幕上弹出 MMC 外壳,如图 4-22 所示。

(2)单击"控制台",单击"添加/删除管理单元"。

(3)单击"添加"按钮,在"添加独立管理单元"页面的列表中找到"性能日志和警报"管理单元,增亮选取它,并单击"添加",加载"性能日志和警报"管理单元。

(4)同步骤 3 操作,找到"磁盘碎片整理程序",增亮选取它,并单击"添加"以加载"磁盘碎片整理程序"管理单元。

(5)同步骤 3 操作,找到"计算机管理"管理单元,增亮选取它,并单击"添加","计算机管理"管理单元将询问要管理哪台计算机,单击选取"本地计算机",单击"完成",返回"添加独立管理单元"页面并单击"完成"。

(6)单击"关闭"按钮返回"添加/删除管理单元"窗口。如图 4-25 所示,在窗口中,可看到被加载的管理单元,单击"确定"按钮以返回 MMC。

(7)如果用户想添加管理单元的扩展,可单击"扩展"选项卡。

(8)在"扩展"选项卡中,从"可扩展的管理单元"的下拉列表框中选择要扩展的管理单元,这时,在"可用的扩展"列表框中会列出该管理单元的扩展项目,单击项目前的复选框,选择该项目即可完成添加。另外,选择扩展项目后,单击"关于"按钮,可打开"属性"对话框查看项目的详细情况;单击"下载"按钮,可从网上添加管理单元的扩展内容。

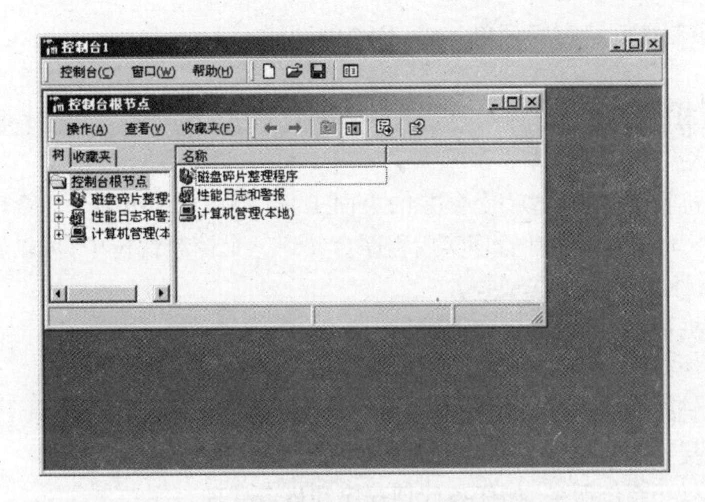

图4-25 添加管理单元的MMC控制台

要查看加载的管理单元的内容,可单击左边控制台目录树的管理单元左边的“+”,即可在右边详细资料窗格中显示相应管理单元的内容。

要保存自定义的MMC控制台,可按如下步骤操作:

(1)在“控制台”窗口中,单击“控制台”菜单,并选取“另存为”命令,假设选择存储路径为桌面,并把该文件命名为first-console,系统会在桌面上自动生成一个名为first-console.msc的文件。

(2)终止正在操作的MMC时,系统可能会询问用户是否要再次保存,单击“是”按钮覆盖上次存储结果,单击“否”保留上次存储结果。注意新的MMC图标将出现在桌面上。

(3)双击MMC图标,即可查看结果。注意启动时MMC控制台的名称。

4.3.4 在保存的控制台中创建任务板视图

对于控制台中创建任务板视图的保存有利于以后的使用。具体操作步骤如下:

(1)按作者模式打开保存的控制台,右键单击该控制台文件例如first-console.msc,单击“运行”,在对话框中键入如下的命令行“mmc path\filename.msc /a”,然后单击“确定”。

(2)在控制台树中,单击管理单元项。

(3)单击“操作”菜单,选择“新任务板视图”选项进入“新任务板视图向导”,然后按照向导中的指示进行操作。

(4)如果要在创建新任务板视图之后立即创建任务,则可以在向导的最后屏幕上选中“启动新任务向导”复选框,还可以在新控制台里创建任务板视图,但是首先必须将管理单元添加到控制台中。

4.3.5 控制台和组策略

用户可以使用作者模式进行控制台的访问,但从安全角度出发,对访问指定的管理单元域用户可以进行某些限制。Windows 2000中,管理员可使用组策略来限制或允许访问指定管理单元,或者限制用户或组在MMC中使用作者模式的能力。要设置特定计算机的用户策略或组织单元的策略,必须是该域的管理员或有相等权力的成员。

在Windows 2000 Server中,系统管理员可以对计算机用户或域的组织单元启用组策略,使用“组策略”限制访问特定管理单元或 MMC 的功能。

4.4 计算机管理

使用“计算机管理”可通过一个合并的桌面工具（如图 4-29 所示）管理本地或远程计算机。它将几个 Windows 2000 管理实用程序合并到一个控制台树中，可以轻松地访问特定计算机的管理属性和工具。

使用“计算机管理”可以实现如下操作：

（1）监视系统事件，如登录时间和应用程序错误；

（2）创建和管理共享；

（3）查看连接到本地或远程计算机的用户列表；

（4）启动和停止系统服务，如任务计划程序和后台处理程序；

（5）设置存储设备的属性；

（6）查看设备配置和添加新的设备驱动程序；

（7）管理服务器应用程序和服务，如域名系统（DNS）服务或动态主机配置协议（DHCP）服务。

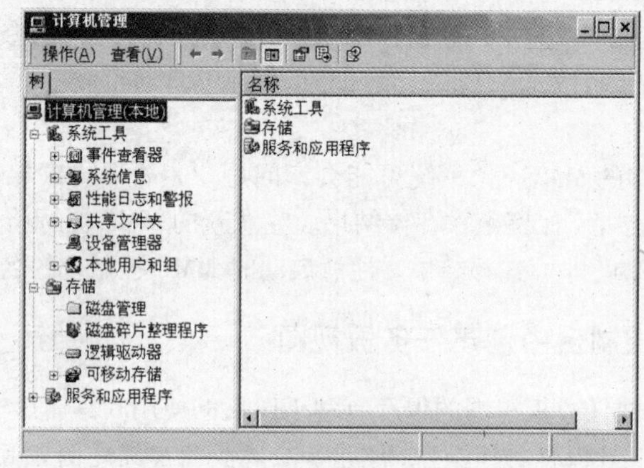

图 4-26 本地计算机管理窗口

“计算机管理”的界面是一个有两个窗格的窗口，与“Windows 资源管理器”相似。控制台（用于导航和工具选择）包含管理工具、存储设备和服务器应用程序，以及在本地或远程计算机上可用的服务。在该目录树中有三个节点，它们是“系统工具”、“存储”和“服务和应用程序”。

要执行管理任务，可以通过在控制台树中选择一个工具，然后使用菜单和工具栏在右侧窗格中的工具执行操作，该窗格中显示了工具的属性、数据或可用的子工具。结果可能是所选对象包含内容的列表（例如，如果单击“系统工具”的“共享文件夹”下的“会话”工具，则可能是用户会话的列表），或者是另一种管理视图（如计算机应用程序日志的内容）。

4.4.1 系统工具

系统工具是“计算机管理”控制台树的第一个节点。在默认配置中，通过“系统工具”节点可以访问以下几个系统工具。

1. 性能日志和警报

使用“性能日志和警报”可以自动从本地或远程计算机搜集性能数据，可以使用“系统监视器”查看记录的计算机数据,也可以将数据导出到电子表格程序或数据库进行分析并生成报告。

2. 本地用户和组

本地用户和组是用以管理本地用户和组的工具,它存在于运行 Windows 2000 Server 的成员服务器上。

本地用户和组是由计算机用户授予权利和权限的账户,而活动目录用户只能由网络管理员管理。

用户和组在 Windows 2000 的安全策略中非常重要,因为计算机可通过指派用户和组的权限来限制其执行某些操作的能力。用户被授权在计算机上执行某些操作,如备份文件和文件夹或关机。权限是与对象(通常是文件、文件夹或打印机)相关的规则,它规定哪些用户可以用何种方式访问对象。

在域控制器中不能使用本地用户和组,可以使用“Active Directory 用户和计算机”管理活动目录用户和计算机。

当 Windows 2000 Server 成功安装以后,系统将自动内置两个账户:

①Administrator 即系统管理员,一个拥有最高权限的特殊身份的用户,通常是在系统安装时由安装者指定。管理用户账户是 Administrator 的分内之事。Administrator 账户名称可以更改,但无法将其删除。

②Guest 是为来宾临时访问计算机或域而设置的账户,只拥有少部分权限。可以更改此账户的名称,但无法将其删除。

下面就按一般的操作步骤并结合对应的操作界面(对话框),介绍创建和管理本地用户账户的具体方法。

(1)创建和删除用户账户

①打开“计算机管理”。

②在控制台树的“本地用户和组”中,单击“用户”,单击“操作”,然后单击“新用户”,如图 4-27 所示。

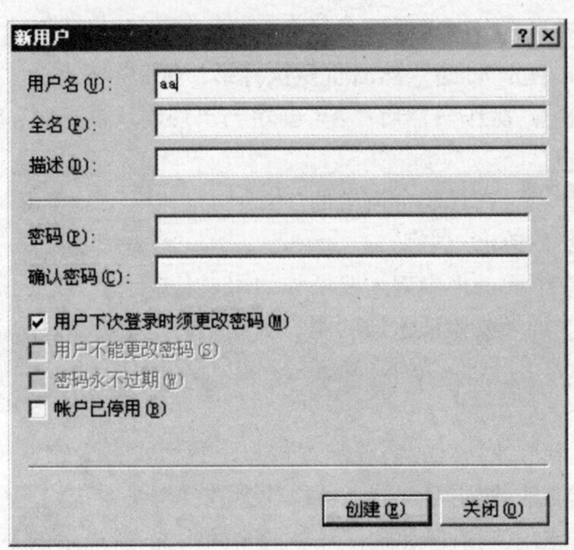

图 4-27 “新用户”控制台

③在对话框中键入适当的信息,选中或清除复选框包括:用户下次登录时须更改密码、用户不能更改密码、密码永不过期、账户已停用。

④要创建其他用户,单击"创建",然后重复执行第二步和第三步。要完成此项工作,单击"创建",然后单击"关闭"。

如果要删除用户账户,可使用下面方法:选中要删除的用户账户,单击"操作",然后单击"删除"。如果出现确认消息,单击"确定",显示删除消息时,单击"是"。

(2)创建和删除组

①打开"计算机管理"。

②在控制台树中的"本地用户和组"中,单击"组",单击"操作",然后单击"新建组",如图4-28所示。

图4-28 "新建组"对话框

③在"组名"中,键入新组的名称,在"描述"框中,键入新组的描述。

④要创建其他组,单击"创建",然后重复执行第二步和第三步。

如果要删除组,单击"操作",然后单击"删除",出现确认消息时,单击"是"。

(3)向组添加用户

①打开"计算机管理",在控制台树中的"本地用户和组"中,单击"组"。

②单击"操作",然后单击"属性"。

③单击"添加",在下面的框中键入要添加的用户名或组名,或在顶端的框中选择用户或组,然后单击"添加"。如果要验证添加的用户名或组名是否有效,单击"检查名称"。

④添加所有需要的用户之后单击"确定"。

3. 系统信息

系统信息收集和显示计算机的系统配置信息。技术支持专家在解决配置问题时,需要了解该计算机的特定信息,使用系统信息可以快速查找解决系统问题所需的数据。

系统信息显示硬件、系统组件和软件环境的全面情况,所显示的系统信息被组织到三种顶级分类中,分别对应控制台树上的"资源"、"组件"、"软件环境"节点。"资源"节点显示指定硬件的设置,即DMA,IRQ,I/O地址和内存地址。"冲突/共享"节点识别正在共享资源或发生冲突的设备,这有助于识别设备出现的问题。“组件”节点显示 Windows 配置的相关信息,并用于确定设备驱动程序、联网和多媒体软件的状态。另外,还有一个全面的驱动程序历史记录,可显示在不同时间组件的更改情况。“软件环境”节点显示被加载到计算机内存中的软件的大体情况。该信息可用于查看进程是否仍在运行,或检查版本信息。其他应用程序可能会将显示针对该应用程序的信息的节点添加到系统信息中。

可以使用“查看”菜单在显示“基本”和“高级”信息之间切换。“高级”查看显示“基本”视图的全部信息,以及可能对更高级用户或对“Microsoft 产品支持服务”有用的其他信息。

4. 共享文件夹

使用“共享文件夹”可以查看本地和远程计算机的连接和资源使用概况。在 Windows 2000 中,“共享文件夹”替换了 Windows NT 4.0 Server 的控制面板中与资源有关的组件。

通过共享文件夹可以执行下列任务:

(1)创建、查看和设置共享的权限,包括对运行 Windows NT 4.0 计算机的共享;

(2)查看通过网络连接到计算机的所有用户,并断开一个或全部用户的连接;

(3)查看由远程用户打开的文件,并关闭一个或全部打开的文件;

(4)配置用于 Macintosh 的服务将允许个人计算机用户和 Macintosh 用户能够通过运行 Windows 2000 Server 的计算机共享文件和其他资源,如打印设备(只能在运行 Windows 2000 Server 的计算机上进行)。

Macintosh 客户机需要运行 Apple 联网协议,以便访问 Macintosh 卷和 Macintosh 打印机。

“共享文件夹”提供有关本地计算机上的所有共享、会话和打开文件的相关信息,并按列排列。对于 Windows 2000 Professional,只有管理员或超级用户组的成员才能使用“共享文件夹”;对于 Windows 2000 Server,服务器操作组成员也可使用“共享文件夹”。

5. 事件查看器

在事件查看器中使用事件日志,可收集到关于硬件、软件和系统问题的信息,并可监视 Windows 2000 的安全事件。

Windows 2000 以三种日志方式记录事件,包括:

(1)应用程序日志;

(2)系统日志;

(3)安全日志。

6. 设备管理器

设备管理器提供了有关计算机硬件的图形化视图,用户可以使用设备管理器更改硬件的配置方式以及硬件与计算机微处理器之间的交互方式。使用设备管理器可以完成以下任务:

(1)确定计算机上的硬件是否正常工作;

(2)更改硬件配置设置;

(3)确定为每个设备加载的设备驱动程序并获取每个设备驱动程序的有关信息;

(4)更改设备的高级设置和属性;

(5)安装更新的设备驱动程序;

(6)禁用、启用和卸载设备;

(7)识别设备冲突并手动配置资源设置;

(8)打印计算机上安装的设备的摘要信息。

通常,使用设备管理器检查硬件的状态并更新计算机上的设备驱动程序。深入了解计算机硬件的高级用户还可以使用设备管理器的诊断功能来解决设备冲突并更改资源设置。

用户不需要使用设备管理器更改资源设置，因为 Windows 2000 在硬件设置过程中已自动分配了资源。更改资源设置可能会使硬件无法使用，并导致计算机故障或运转不良，因此只有那些对计算机硬件和硬件配置有专业知识的人才可以更改资源设置。

可以使用设备管理器管理本地计算机上的设备，在远程计算机上，设备管理器只能工作于只读模式。

4.4.2 存储

存储是计算机管理控制台树的第二个节点。在默认配置中，此节点显示安装在计算机上的所有存储设备。通过此节点可以查看和管理所有存储设备的属性，包括驱动器卷标、使用的磁盘空间、访问权限和共享权限，也可以使用此节点下的磁盘管理单元。“存储”节点包括：

(1)“磁盘管理”来管理 Windows 2000 中的硬盘和卷；

(2)磁盘碎片整理程序是用于定位和合并本地卷上碎片文件和文件夹的系统实用程序；

(3)使用逻辑驱动器，可以管理远程计算机和本地计算机上的映射驱动器和本地驱动器；

(4)“可移动存储”能够轻松地跟踪可移动存储媒体(磁带和光盘)，并管理包含它们的库，如更换器和自动光盘机。

4.4.3 服务和应用程序

“服务和应用程序”是计算机管理控制台目录树中的第三个节点。通过此节点可以查看和管理安装在诸如 DNS 和 DHCP 之类计算机上的任何服务器服务和应用程序的属性。

服务和应用程序包含以下默认设置：

(1)“WMI(Windows 管理规范)控制”是一种允许在远程计算机或本地计算机上配置 WMI 设置的工具。

(2)“服务”可以在远程和本地计算机上启动、停止、暂停或恢复服务，并配置启动和恢复选项，也可以为特定的硬件配置文件启用或禁用服务。要停止并立即重新启动服务，可用右键单击该服务，然后单击“重新启动”，这样可以停止并重新启动服务及任何从属服务。

(3)“索引服务”对磁盘上的文档和文档属性进行索引处理，并将该信息存储在目录中。可以通过“开始”菜单的“搜索”功能或 Web 浏览器，使用“索引服务”来搜索文档。

(4) Internet 信息服务 5.1(IIS)是一种 Windows Web 服务，使用它可以非常轻松地在 Intranet 上发布信息。

(5)如果计算机上已安装了 DNS，DHCP，WINS 服务器服务，它们就会出现在此节点中。

习题四

一、填空题

1. Windows 2000 具有新的多显示器功能，最多可连接__________个显示器。
2. MMC 中的主要工具类型称为__________。
3. 用户使用 MMC 有两种常规方法：__________、__________。

4. 刷新频率是指显示器的 ____________，用户应使用显示器支持的最高分辨率。

5. 运行 Windows 2000 的远程访问服务器提供两种不同的远程访问连接：____________和____________。

6. ____________可供自定义设置计算机的外观和功能、添加和删除程序、设置网络连接和用户账户。

7. ____________程序是用于定位和合并本地卷上碎片文件和文件夹的系统实用程序。

8. Windows 2000 Server 有很多可安装的组件，通常通过“控制面板”中的____________来安装。

9. 控制台支持两种类型的管理单元：____________和扩展管理单元。

二、简答题

1. 如果计算机有包含 Windows 2000 Server 的多个操作系统，那么怎样设置启动的默认操作系统？

2. 如何打开控制台(MMC)？

3. 有一幅图片，怎样把它设置为墙纸？

4. “计算机管理”可以完成的工作有哪些？

三、上机操作题

1. 如何重新命名计算机？

2. 一台主机上可以有多个显示器，如何安装附加的显示器？

3. 如何在 MMC 控制台中加载自定义的“性能日志和警报”管理单元。

第5章　活动目录

在第1章中我们提到,Windows 2000 Server 最重要的改进就是在“活动目录”目录服务技术的基础上建立了一套全面的、分布式的底层服务。本章我们就来详细讲解活动目录的具体用法,通过本章的学习我们可以使没有安装过域,或刚刚接触域的用户对域和活动目录有一个全面的了解。

5.1　活动目录的有关概念

活动目录(Active Directory)不仅是 Windows 2000 Server 中的一个重要概念,而且是 Windows NT 4.0 中没有的概念,所以对于刚刚开始接触 Windows 2000 Server 的用户来说,活动目录(Active Directory)既是一个重点,也是一个难点。

5.1.1　活动目录

目录是存储有关网络上对象信息的层次结构,活动目录(Active Directory)是用于 Windows 2000 Server 的目录服务,它存储着网络上各种对象的有关信息,并使该信息易于管理员和用户查找及使用。Active Directory 目录服务使用结构化的数据存储作为目录信息逻辑层次结构的基础。Active Directory 的优点有:信息安全性、基于策略的管理、可扩展性、可伸缩性、信息的复制、与 DNS 集成、与其他目录服务的互操作性、灵活的查询。

5.1.2　域控制器

域控制器就是使用 Active Directory 安装向导配置运行 Windows 2000 Server 的计算机。Active Directory 安装向导安装和配置为网络用户和计算机提供 Active Directory 目录服务的组件。域控制器存储着目录数据并管理用户域的交互,其中包括用户登录过程、身份验证和目录搜索。

要创建域,用户必须将一个或更多的运行 Windows 2000 Server 的计算机升级为域控制器。一个域可有一个或多个域控制器。为了获得高可用性和容错能力,使用单个局域网(LAN)的小单位可能只需要一个具有两个域控制器的域,具有多个网络位置的大公司在每个位置都需要一个或多个域控制器。

域提供的优点包括:

(1)组织对象;

(2)发布有关域对象的资源和信息;

(3)将组策略对象应用到域,可加强资源和安全性管理;

(4)委派授权,使用户不再需要大量具有广泛管理权力的管理员。

5.1.3 域树和域林

活动目录中的每个域都利用DNS域名加以标识,并且需要一个或多个域控制器。如果用户的网络需要一个以上的域,则用户可以创建多个域。共享相同的公用架构和全局目录的一个或多个域称为树林。如果树林中的多个域有连续的DNS域名,则称该结构称为域树,如图5-1所示。

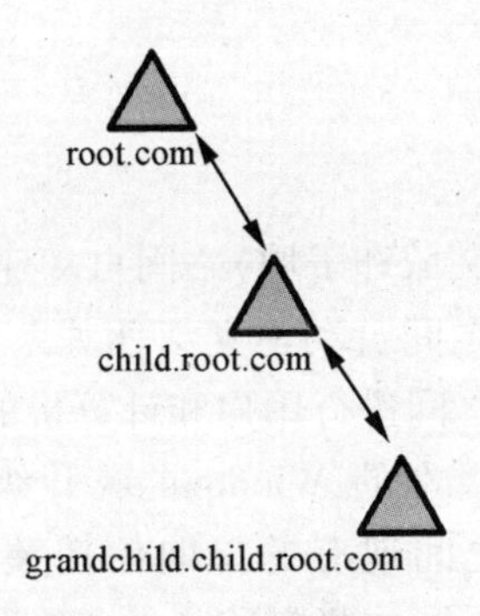

图5-1 域树

如果相关域树共享相同的Active Directory架构以及目录配置和复制信息,但不共享连续的DNS名称空间,则称之为域林,如图5-2所示。

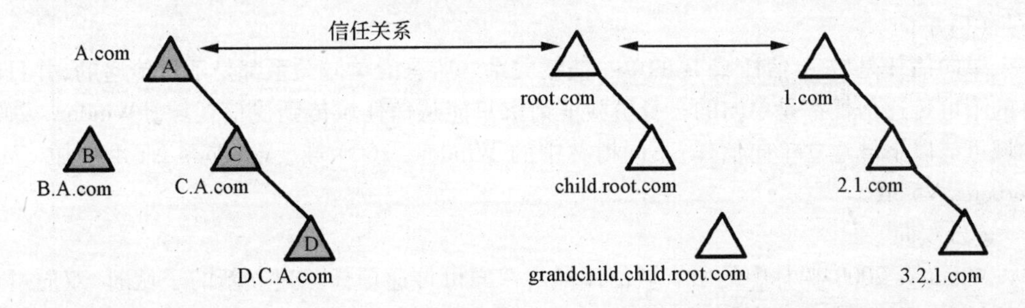

图5-2 域林

域树和域林的组合为用户提供了灵活的域命名选项。连续和非连续的DNS名称空间都可加入到用户的目录中。

5.1.4 域和账户命名

Active Directory域名通常是该域的完整DNS名称。但是,为确保向下兼容,每个域还有一个Windows 2000以前版本名称,以便在运行Windows 2000以前版本的操作系统的计算机上使用。

在Active Directory中,每个用户账户都有一个用户登录名、一个Windows 2000以前版本的用户登录名(安全账户管理器的账户名)和一个用户主要名称后缀。在创建用户账户时,管理员输入其登录名并选择用户主要名称。Active Directory建议Windows 2000以前版本的用户登录名使用此用户登录名的前20个字节。

用户主要名称由用户账户名称和表示用户账户所在域的域名组成,标准格式为user@domain.com(类似个人的电子邮件地址),但不要在用户登录名或用户主要名称中加入

@符号,Active Directory 在创建用户主要名称时自动添加此符号,包含多个@号的用户主要名称是无效的。

在 Active Directory 中,默认的用户主要名称后缀是域树中根域的 DNS 名。如果用户的单位使用由部门和区域组成的多层域树,则底层用户的域名可能很长。对于该域中的用户,默认的用户主要名称可能是 grandchild. child. root. com。该域中用户默认的登录名可能是 user@ grandchild. child. root. com。创建主要名称后缀“root”使得同一用户使用更简单的登录名 user@ root. com 就可以登录。

5.1.5 域间信任关系

在域树中创建域时,相邻域(父域和子域)之间自动建立信任关系。在域林中,树林根域和添加到树林的每个域树的根域之间自动建立信任关系。由于这些信任关系是可传递的,因此可在域树或域林中的任何域之间进行用户和计算机的身份验证。

如果将 Windows 2000 以前版本的 Windows 域升级为 Windows 2000 域,则 Windows 2000 域将保留域和任何其他域之间现有的单向信任关系,包括 Windows 2000 以前版本 Windows 域的所有信任关系。如果用户要安装新的 Windows 2000 域并且希望与任何 Windows 2000 以前版本的域建立信任关系,则必须创建与那些域的外部信任关系。

所有域信任关系都只能有两个域:信任域和受信任域。域信任关系按以下特征进行描述:

(1)单向

单向信任是域 A 信任域 B 的单一信任关系。所有的单向关系都是不可传递的,并且所有的不可传递信任都是单向的。身份验证请求只能从信任域传到受信任域。Windows 2000 的域可与以下域建立单向信任:不同树林中的 Windows 2000 域 、Windows NT 4.0 域 、MIT Kerberos V5 域。

(2)双向

Windows 2000 树林中的所有域信任都是双向可传递信任。建立新的子域时,双向可传递信任在新的子域和父域之间自动建立。

(3)可传递

Windows 2000 树林中的所有域信任都是可传递的。可传递信任始终为双向,即此关系中的两个域相互信任。

可传递信任不受信任关系中的两个域的约束。每次当用户建立新的子域时,在父域和新子域之间就隐含地(自动)建立起双向可传递信任关系。这样,可传递信任关系在域树中按其形成的方式向上流动,并在域树中的所有域之间建立起可传递信任。

如图 5-3 中因为域 1 和域 2 有可传递信任关系,域 2 和域 3 有可传递信任关系,所以域 3 中的用户(在获得相应权限时)可访问域 1 中的资源。因为域 1 和域 A 具有可传递信任关系,并且域 A 的域树中的其他域和域 A 具有可传递信任关系,所以域 B 中的用户(当授予适当权限时)可访问域 3 中的资源。

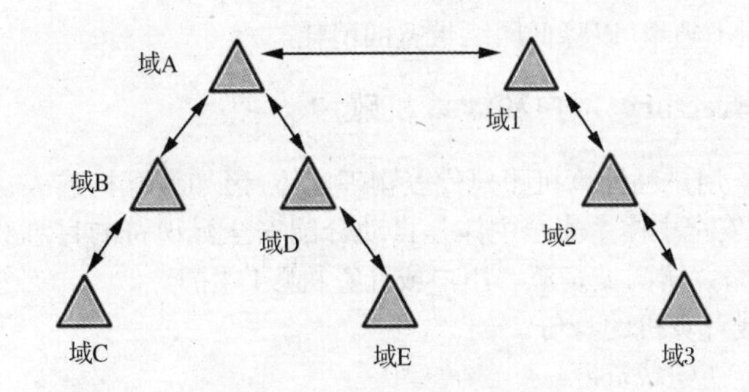

图5-3 域可传递信任关系

(4)不可传递

不可传递信任受信任关系中的两个域的约束,并不流向树林中的任何其他域。在大多数情况下,用户必须明确建立不可传递信任。在 Windows 2000 域和 Windows NT 域之间的所有信任关系都是不可传递的。从 Windows NT 升级至 Windows 2000 时,目前所有的 Windows NT 信任都保持不动。在混和模式环境中,所有的 Windows NT 信任都是不可传递的。不可传递信任默认为单向信任关系。

(5)外部信任

外部信任创建了与树林外部的域的信任关系。创建外部信任的优点在于使用户可以通过树林的信任路径对不包含的域进行身份验证。所有的外部验证都是单向非转移的信任。

(6)快捷信任

快捷信任是双向可传递的信任,使用户可以缩短复杂树林中的路径。Windows 2000 同一树林中域之间的快捷信任是明确创建的。快捷信任具有优化的性能,能缩短与 Windows 2000 安全机制有关的信任路径以便进行身份验证。在树林中的两个域树之间使用快捷信任是最有效的。

5.1.6 站点

站点是由一个或多个 IP 子网中的一组计算机定义的,为确保目录信息的有效交换,站点中的计算机需要很好地连接,尤其是子网内的计算机。站点和域名称空间之间没有必要的连接,站点反映网络的物理结构,而域通常反映用户单位的逻辑结构。逻辑结构和物理结构相互独立,所以网络的物理结构及其域结构之间没有必要的相关性,Active Directory 允许单个站点中有多个域,单个域中有多个站点。

站点能提高网络使用的效率,如果配置方案未组织成站点,则域和客户之间的信息交换可能非常混乱。站点服务在以下两方面令网络操作更为有效:

(1)服务请求

当客户从域控制器请求服务时,只要相同域中的域控制器有一个可用,此请求就将会发给这个域控制器,选择与发出请求的客户连接良好的域控制器将使该请求的处理效率更高。

(2)复制

站点使目录信息以流水线的方式复制。目录架构和配置信息分布在整个树林中,而且域数据分布在域中的所有域控制器之间。通过有策略地减少复制,用户的网络拥塞也会同样减少。Active Directory 在一个站点内比在站点之间更频繁地复制目录信息,这样,最可能需要特定目录信息的域控制器首先接收复制的内容,其他站点中的域控制器接收对目录所进行的更改信息,但不频繁,以降低网络带宽的消耗。

5.1.7 Active Directory 用户和计算机账户

Active Directory 用户和计算机账户代表物理实体,诸如计算机或人,用户账户和计算机账户(以及组)称为安全主体。安全主体是自动分配安全标识符的目录对象,带安全标识符的对象可登录到网络并访问域资源。用户或计算机账户用于:

(1)验证用户或计算机的身份;

(2)授权或拒绝访问域资源;

(3)管理其他安全主体;

(4)审计使用用户或计算机账户执行的操作。

Windows 2000 提供了可用于登录到运行 Windows 2000 的计算机的预定义用户账户,这些预定义账户为管理员账户和来宾账户。

预定义账户就是允许用户登录到本地计算机并访问本地计算机上资源的默认用户账户。设计这些账户的主要目的是对于本地计算机的初始登录和配置,每个预定义账户均有不同的权力和权限组合。管理员账户有最广泛的权力和权限,而来宾账户有有限的权力和权限。

5.1.8 集成 DNS

由于 Active Directory 与 DNS 集成而且共享相同的名称空间结构,因此注意两者之间的差异非常重要。

1. DNS 是一种名称解析服务

DNS 客户机向配置的 DNS 服务器发送 DNS 名称查询,DNS 服务器接收名称查询,然后通过本地存储的文件解析名称查询,或者查询其他 DNS 服务器进行名称解析。DNS 不需要 Active Directory 就能运行。

2. Active Directory 是一种目录服务

Active Directory 提供信息储存库以及让用户和应用程序访问信息的服务。Active Directory 客户使用"轻量级目录访问协议(LDAP)"向 Active Directory 服务器发送查询。要定位 Active Directory 服务器,Active Directory 客户机将查询 DNS。Active Directory 需要 DNS 才能工作,即 Active Directory 用于组织资源,而 DNS 用于查找资源,只有它们共同工作才能为用户或其他请求类似信息的过程返回信息。DNS 是 Active Directory 的关键组件,如果没有 DNS,Active Directory 就无法将用户的请求解析成资源的 IP 地址,因此在安装和配置 Active Directory 之前,用户必须对 DNS 有深入的理解。

5.1.9 组织单位

包含在域中的特别有用的目录对象类型就是组织单位。组织单位是可将用户、组、计算机和其他单位放入其中的 Active Directory 容器,不能包括来自其他域的对象。组织单位是可以指派组策略设置或委派管理权限的最小作用域或单位。使用组织单位,用户可在组织单位中代表逻辑层次结构的域中创建容器,这样用户就可以根据用户的组织模型管理账户和资源的配置、使用。

5.1.10 域和工作组

一台装有 Windows 的计算机,要么隶属于工作组,要么隶属于域。

工作组是 Microsoft 的概念,一般的称谓是对等网。工作组通常是一个由不多于 10 台计算机组成的逻辑集合。如果要管理更多的计算机,Microsoft 推荐用户使用域的模式进行集中管理,这样的管理更有效。用户可以使用域、活动目录、组策略等等各种功能,使用户网络管理的工作量达到最小。当然这里的 10 台只是一个参考值,如果用户不想进行集中的管理,那么即使有 11 台甚至 20 台计算机仍然可以使用工作组模式。

工作组的特点就是实现简单,不需要域控制器,每台计算机自己管理自己,适用于距离很近的有限数目的计算机。另外工作组名并没有太多的实际意义,只是在网上邻居的列表中实现一个分组而已;再就是对于"计算机浏览服务",每一个工作组中会自动推选出一个主浏览器,负责维护本工作组中所有计算机的 NetBIOS 名称列表。用户可以使用默认的 workgroup,也可以任意起个名字,同一工作组或不同工作组在访问时也没有什么区别。

域(Domain)是一个共用"目录服务数据库"的计算机和用户的集合,实现起来要复杂一些,至少需要一台计算机安装 NT/2000 Server 版本使其充当域控制器,来实现集中式的管理。域是逻辑分组,与网络的物理拓扑无关,可以很小,比如只有一台域控制器;也可以很大,包括遍布世界各地的计算机,比如大型跨国公司网络上的域(当然实际中他们多采用多域结构,还可以利用 Active Directory 站点来优化 Active Directory 复制)。

这个"目录服务数据库",在 NT4 时,保存用户账号名称和密码等安全信息,以及安全规则设置,因此又被称做安全账号管理(SAM)数据库,简称 SAM 库。在非域控制器上的本地 SAM 库与域控制器上域所用的 SAM 库类似,只不过对于 NT4 域的 SAM 库文件,保存有整个域的用户和计算机,用"域用户管理器"和"服务器管理器"来管理;本地的 SAM 库文件,保存有本地机的用户,由"用户管理器"来管理。

从 Windows 2000 开始,Microsoft 引入了活动目录,域控制器通过 Active Directory 来提供目录的服务,例如它负责维护 Active Directory 数据库、审核用户的账户和密码是否正确、将 Active Directory 数据库复制到其他的域控制器等。Active Directory 库的核心文件就是 winnt\ntds\ntds.dit 文件。

5.2 活动目录的安装

在 Windows 2000 Server 默认的安装过程中,是不安装活动目录的,要使用活动目录,我们必须准备好安装光盘重新进行安装。

5.2.1 系统要求

安装活动目录的系统需求如下:

(1)一台 Windows 2000 Server 或 Windows 2000 Advanced Server 独立或成员服务器。

(2)其上必须有一个 NTFS 5.0 分区,用来保存 Active Directory 的 sysvol 文件夹。注意:Windows 2000 的 NTFS 分区是 NTFS 5.0,NT4 的是 NTFS 4.0,NT4 必须安装 SP4 后,才可访问 Windows 2000 的 NTFS 分区。

(3)网络上必须有可用的 DNS 服务器,如 Windows 2000 Server DNS、UNIX 的 DNS BIND 8.12 及以上版本,使用已有的 NT4 DNS 是不行的。

说明:如果没有 DNS 服务器,也不一定必须安装 DNS,可以在安装 Active Directory 过程中,选择在本机上安装 2000 DNS。我们推荐初学者使用这种方法,因为系统会根据用户提供的域名,自动创建好 DNS 区域,并配置成 Active Directory 集成区域,仅安全动态需要更新。如果需要向外连或反向解析,用户只需配置上转发器和反向区域即可,不需要的话,可以直接使用。

5.2.2 安装步骤

活动目录的安装步骤如下。

(1)启动 Active Directory 安装向导。

点击“开始”→“程序”→“管理工具”→“配置服务器”,打开“配置服务器”窗口,如图 5-4 所示。

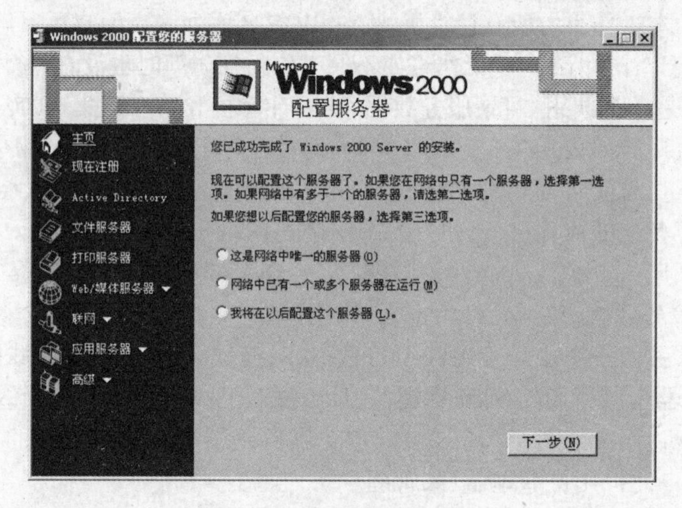

图 5-4　配置服务器窗口

然后点击左侧的“Active Directory”链接,出现活动目录的有关内容,如图 5-5 所示。

向下拖动右侧的滚动条,点击“启动”,出现“Active Directory 安装向导”对话框,如图 5-6 所示。

图 5-5　Active Directory 信息

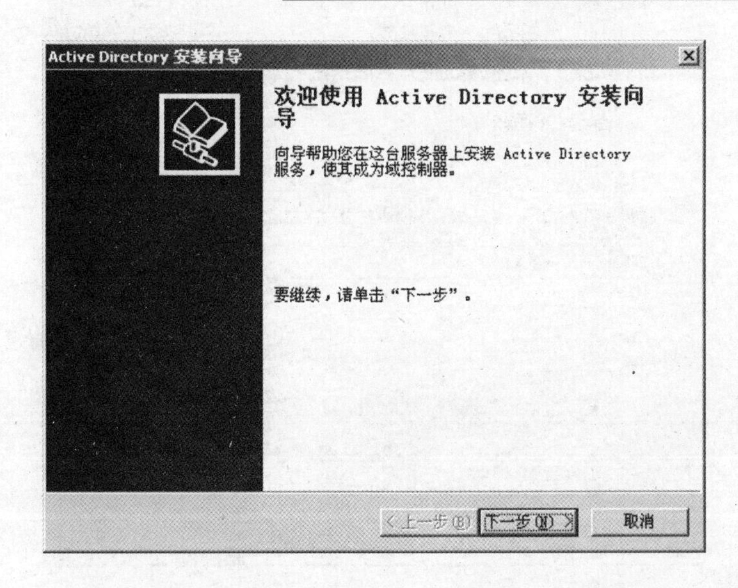

图5-6 “Active Directory 安装向导”对话框

(2)安装选项:指定服务器角色。

在“Active Directory 安装向导”对话框中点击“下一步”,会出现三个界面,要求我们进行选择:

①“新域的域控制器”还是“现有域的额外域控制器”;

②“创建一个新的域目录树”还是“在现有域目录树中创建一个新的子域”;

③“创建新的域目录林”还是“将这个新的域目录树放入现有的目录林中”。

这里我们采用全新安装,即采用“新域—新树—新林”,这样来建立第一个域中的第一台Active Directory。

说明:Windows 2000 可采用多层域结构,但最有效、最简便的管理方法仍是单域,所以大家在实际工作中要记住一个原则“能用单域解决就不用多域”。另外,Windows 2000 Active Directory 是针对大中型网络设计的,而我们一般管理的网络也就几百个节点,属于小型网络,一般来讲用一个单域结构就足够了,不要人为将管理环境复杂化。在实验中,我们甚至可以假设一个林中只有一个树,一个树中只有一个域,一个域里只有一台域控制器。

(3)安装选项:新域的 DNS 全名。

在选择了“新域—新树—新林”后,点击“下一步”按钮,出现“新的域名”对话框,在“新域的 DNS 全名中”输入要创建的域名,如 jszx. com,如图 5-7 所示。

说明:在这里应该输入新域的完全有效域名 abcd,如“abcd. com”,系统会以 abcd 作为此域的 NetBIOS 名称,并在网络中检查是否存在重名。如不重名则设为 abcd,建议用户不要修改此名;如重命名则设为 abcd0,这时建议用户最好换个名字。

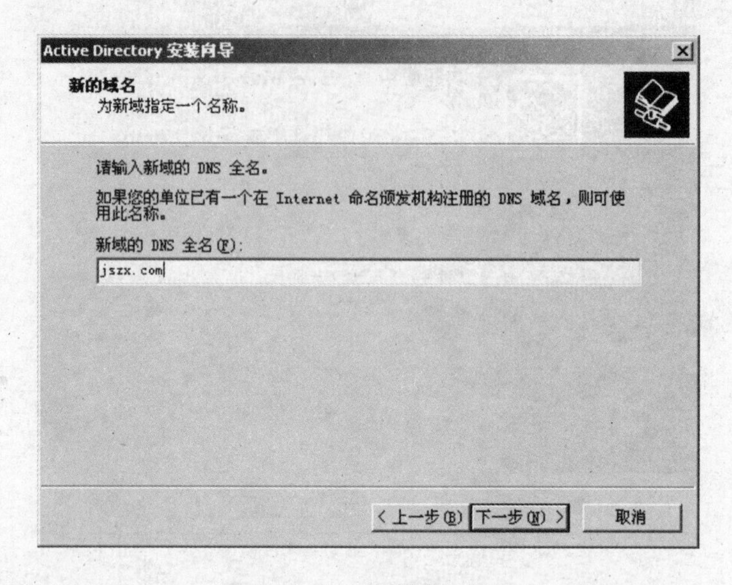

图 5-7 “新的域名”对话框

(4)安装选项:为新域指定一个 NetBIOS 名称。

在“新的域名”对话框中,点击“下一步”按钮,出现“NetBIOS 域名”对话框,窗口中可以使用默认的 NetBIOS 域名,也可以输入一个新的 NetBIOS 域名。

(5)安装选项:指定 Active Directory 数据库和日志文件位置。

在“NetBIOS 域名”对话框中,点击“下一步”按钮,出现“数据库和日志文件位置”对话框,这里我们可以改变数据库和日志文件的位置,但一般我们不做改动,用默认的位置即可。

(6)安装选项:指定 sysvol 文件夹位置。

在“数据库和日志文件位置”对话框中,点击“下一步”按钮,出现“共享的系统卷”对话框,我们也采用默认即可。

(7)在“共享的系统卷”对话框中,点击“下一步”按钮,这时网络中若无可用 DNS 服务器,就会出现提示“找不到 DNS 服务器,需要考虑在本机上安装一个 DNS 服务器”。可先不必理会,点击“确定”按钮,接下来选“是,在这台计算机上安装并配置 DNS”即可。

(8)点击“下一步”按钮,出现“权限”对话框,选择“与 Windows 2000 服务器之前的版本相兼容的权限”。

(9)点击“下一步”按钮,出现“目录服务恢复模式的管理员密码”对话框,在“密码”框中输入管理员账户密码,然后在“确认密码”框中再输入一次该密码。

(10)点击“下一步”按钮,出现“摘要”对话框。再点击“下一步”按钮,出现如图 5-8 所示“正在配置 Active Directory…”对话框,系统开始安装活动目录,在这个过程中,系统会提示用户插入 Windows 2000 Server 安装光盘,经过几分钟后,安装完成,出现“完成 Active Directory 安装向导”对话框,如图 5-9 所示。点击“完成”按钮,系统会提示用户重启计算机。

说明:最好用新装 Windows 2000 Server 的计算机来安装 Active Directory,这样不容易出现问题。如果用一个台运行了一段时间的 Windows 2000 Server/Advanced Serever 来安装 Active Directory,重启及登录时可能会很慢(有时可能长达 20 分钟),这是较常见的现象。一般需要重启 2~3 次,如果多次重启情况不见好转,须重装系统及 Active Directory。

图5-8 “正在配置 Active Directory...”对话框

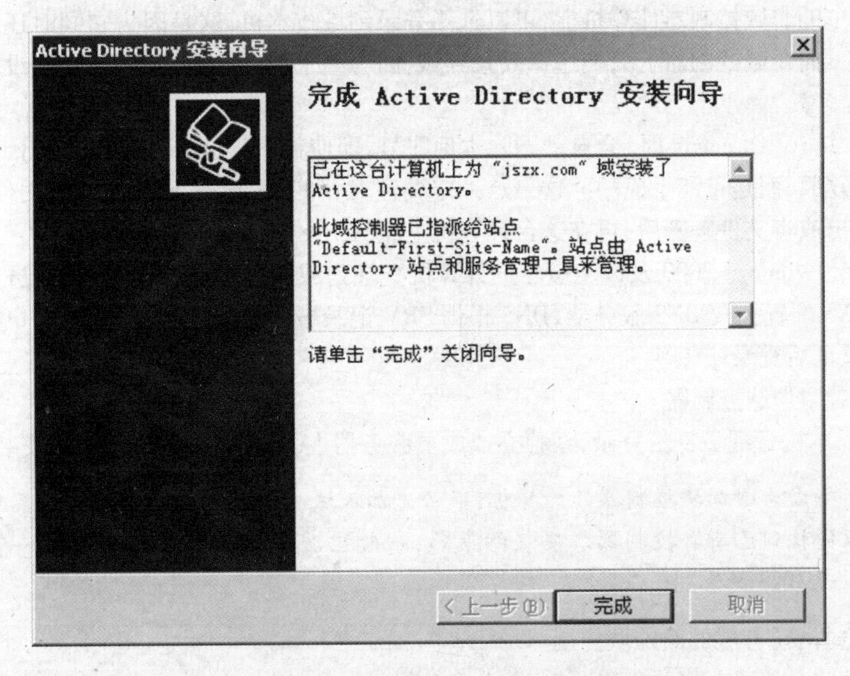

图5-9 “完成 Active Directory 安装向导”对话框

5.2.3 域成员计算机

1. 将计算机加入到域

首先将客户机 TCP/IP 配置中所配的 DNS 服务器指向域控制器所用的 DNS 服务器。然后在桌面“我的电脑”上右键单击“属性”，指向“网络标识”→“属性”→“隶属于”中，选择域→输入域名，点击“确定”按钮，确定后按提示重启。

加入域时，如果输入的域名为 abcd.com 格式，必须利用 DNS 中的记录来找到域控制器，如果客户机的 DNS 指向错误，就无法加入到域。如果输入的域名为 NetBIOS 格式，如 abcd，也可以利用浏览服务(广播方式)直接找到域控制器,但浏览服务不是一个完善的服务,有时也会不好使。

这样虽然也可把计算机加入到域中,而且在等待较长时间后也可以登录到域,但不推荐这样做。因为若客户机的 DNS 向错误,则它就无法利用 Windows 2000 DNS 的动态更新功能,也就是说无法在 DNS 区域中自动生成关于这台计算机的记录。再者,管理员无法在客户机上利用域的管理工具来远程管理域,因为这些管理工具必须使用 DNS,如果没有 DNS,则出现出错提示:找不到域命名信息。有时客户机的 DNS Client 服务有问题也会出现上述提示,重启服务即可。这种情况下,要进行远程管理,就只能利用 TS(终端服务)基于 IP 来连了。

计算机加入域成功后,未重启就已在 Active Directory 用户和计算机容器下生成计算机账号了,而在 DNS 中的记录则必须在计算机重启后(不必登录)或 15 分钟后才能自动注册或更新到 DNS 区域。通常我们修改一个计算机的名字或 IP,要马上更新到 DNS 区域,可以不必重启,而是利用 ipconfig/register dns 命令就可以。这个方法可用于排错,不必等到重启登录后才知道结果。

2. 在加入域的计算机上用域用户账号登录到域

在域中的非域控制器计算机上,可以选择登录到域或本机,这是因为它同时还拥有本地用户账号。而在域控制器上只能选择登录到域,因为整个域都是域控制器的,它没有必要再保留本地账号。

安装 Active Directory 时,会自动删除本地账号,即使将来删除 Active Directory,也无法将本地账号复原,而是重新生成的。这一点一定要注意:如果本地有 EFS 加密的文件,一定要将证书导出或将文件解密后,再在这台计算机上做 Active Directory 安装实验。

在安装 Windows 2000 及以上版本的计算机登录到域的过程是这样的:域成员计算机根据本机 DNS 配置去找 DNS 服务器,DNS 根据 SRV 记录告诉它域控制器是谁,客户机联系域控制器,验证后登录。

3. 安装附加域控制器

(1)以本机管理员身份登录,在独立或成员服务器上,启动 Active Directory 安装向导。

说明:将成为附加域控制器的计算机,不必先加入域。DNS 指向已有域控制器所用 DNS 服务器,以便找到已有域控制器。安装结束后,一般应该手动在本机上再安装一个 DNS 服务器,以实现 DNS 的容错。

(2)选择:现有域的额外域控制器。

(3)输入域管理员账号信息,如:administrator, password, abcd. com。

找不到域的常见出错提示为:域“abcd. com”不是 Active Directory 域,或用于域的 Active Directory 域控制器无法联系上。

解决方法是:确保 DNS 指向已有域控制器所用 DNS 的服务器,通过 Ping 命令,检查物理连通性。

(4)输入域名,如 abcd. com。

(5)指定 Active Directory 库和日志文件位置。

(6)指定 sysvol 文件夹位置。

(7)一般选“与 Windows 2000 服务器之前的版本相兼容的权限”。

(8)目录服务恢复模式的管理员密码。

(9)几分钟后,安装完成,需要重启。

(10)手动在本机上安装DNS服务器,以实现DNS的容错。

4. 建立子域

(1)以本机管理员身份登录,在独立或成员服务器上,启动Active Directory安装向导。

说明:DNS指向林根域已有域控制器所用DNS服务器,以便找到已有域控制器。保证域命名主控必须有效,它默认在林根域的第一台域控制器上,且具有林唯一性。利用管理工具"Active Directory域和信任关系"可转移域命名主控。

(2)选择新域的域控制器,然后在现有的树中创建一个新的子域。

(3)输入林管理员账号信息,如:administrator,password,abcd.com。

常见出错提示:域"abcd.com"不是Active Directory域,或用于域的Active Directory域控制器无法联系上。解决方法同前。

(4)输入父域名,如abcd.com;输入子域名,如sub,注意不要输入sub.abcd.com。

(5)指定Active Directory库和日志文件位置。

(6)指定sysvol文件夹位置。

(7)一般选"与Windows 2000服务器之前的版本相兼容的权限"。

(8)目录服务恢复模式的管理员密码。

(9)几分钟后,安装完成,需要重启。

如果域命名主控失效,将会出现如下出错提示:"由于以下原因,操作失败:Active Directory无法与域命名主机×××联系。指定的服务器无法运行指定的操作。"

解决方法:保证域命名主控联机,如果确信其已无法正常工作,可强制传给林内的任意一个域控制器,子域的域控制器也可以。原来的主机必须被重做系统后,才可连入网络,以保证域命名主控的林唯一性。

5. 活动目录工具

系统在安装完成后会提供"Active Directory用户和计算机"、"Active Directory域和信任关系"以及"Active Directory站点和服务"工具。"Active Directory域和信任关系"以及"Active Directory站点和服务"工具主要用于管理多个服务器或多个域之间的关系,这不是本书的重点。"Active Directory用户和计算机"工具是配置互动目录最常用的工具,在下面将详细介绍它的使用方法。

5.3 活动目录管理

在活动目录安装完毕后,点击"开始"→"程序"→"管理工具",用户会看到管理工具中增加了三个工具"Active Directory用户和计算机"、"Active Directory域和信任关系"以及"Active Directory站点和服务",如图5-10所示,下面重点来介绍"Active Directory用户和计算机"。

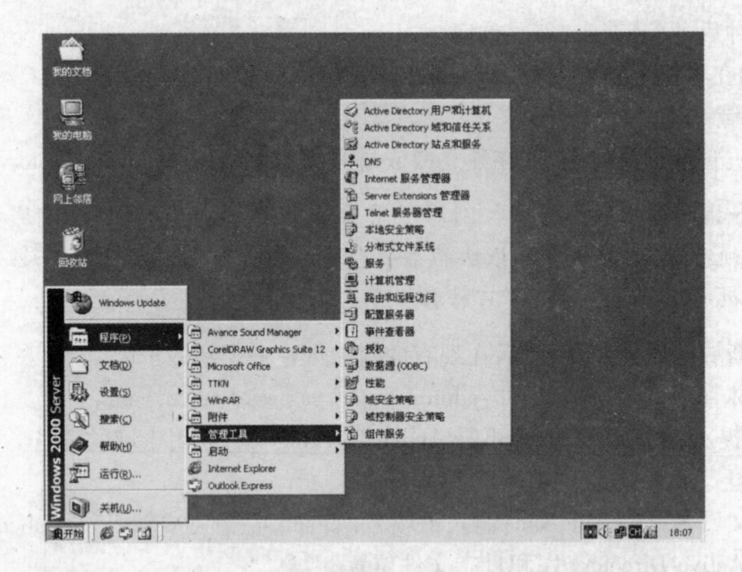

图 5－10　**Windows 2000 Server** 管理工具

5.3.1 添加用户账户

添加用户账户的操作过程如下：

(1)点击“开始”→“程序”→“管理工具”→“Active Directory 用户和计算机”，打开 Active Directory 用户和计算机，如图 5－11 所示。

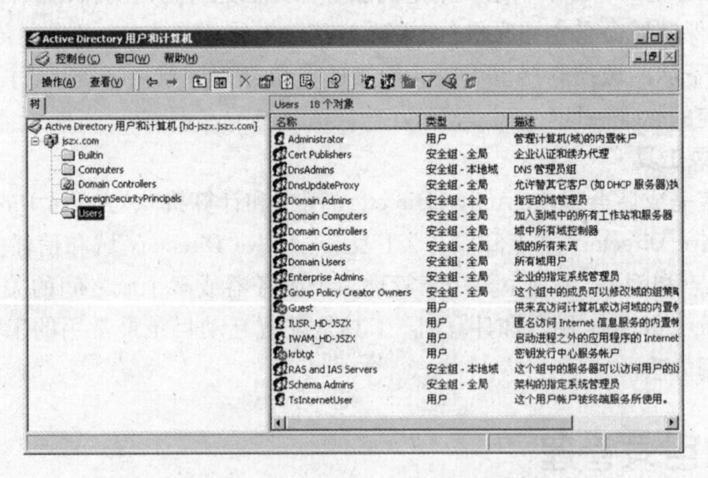

图 5－11　**“Active Directory 用户和计算机”窗口**

(2)在控制台树中，双击域节点。

(3)在详细信息窗格中，用右键单击要添加用户的组织单位，指向“新建”，然后单击“用户”。

(4)在“名”中，键入用户的名。

(5)在“英文缩写”中，键入用户的中间名。

(6)在“姓”中，键入用户的姓。

(7)根据需要修改“全名”。

(8)在“用户登录名”中，键入用户用于登录的名称，从下拉列表中，单击必须附加到用户登录名称的 UPN 后缀(后面跟@号)。

(9)如果用户使用不同的名称从运行 Windows NT,Windows 98,Windows 95 的计算机登录,则把显示在“用户登录名(Windows 2000 以前版本)”中的用户登录名称改为不同的名称。

(10)在“密码”和“确认密码”中,键入用户的密码。

(11)选择相应的密码选项。

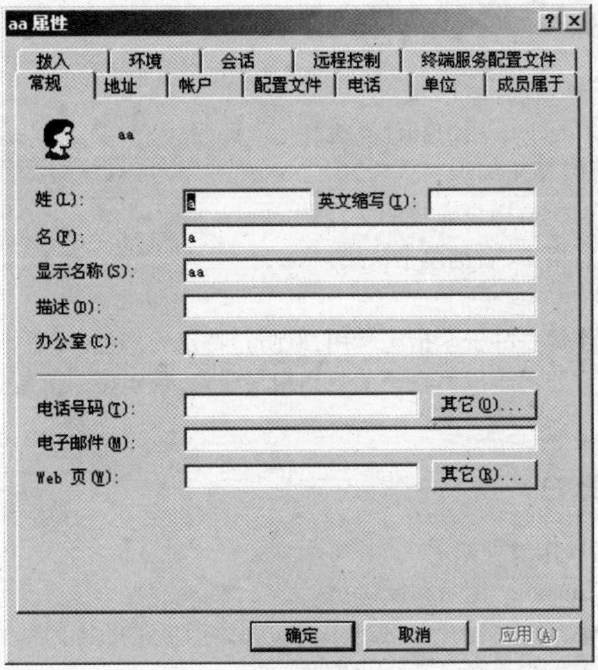

图 5-12 用户账户属性窗口

也可单击工具栏上的图标来添加用户。创建用户账户后,编辑用户账户属性以输入用户账户的其他信息,如图 5-12 所示。

由于每个账户的安全描述符是唯一的,所以具有与以前删除的用户账户相同名称的新用户账户不自动接受以前删除账户的权限和成员身份。要复制已删除的用户账户,必须手动删除所有权限和成员身份。

5.3.2 复制用户账户

复制用户账户的操作过程如下:

(1)打开 Active Directory 用户和计算机。

(2)在控制台树中,单击“用户”。

(3)或者单击包含所需用户账户的文件夹。

(4)在详细信息窗格中,用右键单击要复制的用户账户,然后单击“复制”。

(5)在“名”中,键入用户的名。

(6)在“姓”中,键入用户的姓。

(7)修改“全名”以添加中间名或反序的名字和姓氏。

(8)在“用户登录名”中键入用户用于登录的名称,从列表中单击必须附加到用户登录名称的 UPN 后缀(后面是@号)。

(9)如果用户使用不同的名称从运行 Windows NT,Windows 98,Windows 95 的计算机登录,请把显示在“用户登录名称(Windows 2000 以前的版本)”的用户登录名称改为不同的名称。

(10)在“密码”和“确认密码”中,键入用户的密码,选择合适的密码选项。

如果从中复制的新用户账户的用户账户被禁用了,请单击“账户被禁用”以启用新的账户。创建用户账户之后,请编辑用户账户属性以输入其他用户账户信息。

5.3.3 禁用用户账户

禁用用户账户的操作过程如下:

(1)打开 Active Directory 用户和计算机。

(2)在控制台树中,单击“用户”。

(3)或者单击包含所需用户账户的文件夹。

(4)在详细信息窗格中,右键单击该用户。

(5)单击“停用账户”。

(6)用户账户可作为一种安全措施禁用,以防止特定用户登录,而非删除用户账户。

(7)通过创建具有公用组成员身份的禁用用户账户,禁用账户可用做账户模板以简化用户账户的创建。

5.3.4 删除用户账户

删除用户账户的操作过程如下:

(1)打开 Active Directory 用户和计算机。

(2)在控制台树中,单击“用户”,或者单击包含该用户账户的文件夹。

(3)用右键单击用户账户,然后单击“删除”。

一旦删除用户账户,所有与该用户账户相关连的权限和成员身份也随之被删除。由于每个账户的安全描述符是唯一的,所以与以前删除的用户账户同名的新用户账户不会自动接受以前所删除账户的权限和成员身份。要复制已删除的用户账户,必须手动重建所有权限和成员身份。

5.3.5 重命名用户账户

重命名用户账户的操作过程如下:

(1)打开 Active Directory 用户和计算机。

(2)在控制台树中单击“用户”,或者单击包含所需用户账户的容器。

(3)在详细信息窗格中用右键单击该用户,然后单击“重命名”,键入新名称。或者按 Delete 键,然后按 Enter 键以显示“重新命名用户”对话框。在“重新命名用户”的“名称”框中,键入用户名称。

(4)在“名字”中,键入用户的名。

(5)在“姓氏”中,键入用户的姓。

(6)在“显示名称”中,键入用于标识用户的名称。

(7)在“用户登录名”中,键入用户用于登录的名称,从下拉列表中单击必须附加到用户登录名称的 UPN 后缀(后面是@号)。

如果用户使用不同的名称从运行 Windows NT,Windows 98,Windows 95 的计算机登录,请在“Windows 2000 以前版本的登录名称”中键入不同的名称。

5.3.6 重置用户密码

重置用户密码的操作过程如下:

(1)打开 Active Directory 用户和计算机。

(2)在控制台树中单击“用户”,或者单击包含所需用户账户的文件夹。

(3)在详细信息窗格中,右键单击要重置密码的用户,然后单击“重设密码”,键入并确认密码。如果想让用户在下次登录时更改该密码,请选中“用户下次登录时须更改密码”复选框。如果更改此服务的用户账户密码,则必须重置通过用户账户验证的所有服务。

5.3.7 更改用户的主要组

更改用户的主要组的操作过程如下:

(1)打开 Active Directory 用户和计算机。

(2)在控制台树中,双击域节点,然后单击“用户”,或者单击包含用户账户的文件夹。

(3)在详细信息窗格中,右键单击要更改的用户,然后单击“属性”。

(4)在“成员属于”选项卡上,单击要设置为用户主要组的组,然后单击“设置主要组”。

注意:用户的主要组仅应用于通过 Macintosh 的服务登录到网络上的用户,或者运行 POSIX 兼容应用程序的用户。除非要使用这些服务,否则不必更改域用户的主要组,这是默认值。当域中的用户是域用户组的成员时,将用户的主要组成员设置为域用户之外的其他值可能会产生不良影响。如果用户的主要组被设置到其他组,则可能会导致组成员超过可支持的最多成员数量。

5.3.8 添加计算机账户

添加计算机账户的操作过程如下:

(1)打开 Active Directory 用户和计算机。

(2)在控制台树中单击“计算机”,或者单击要向其中添加计算机的容器。

(3)右键单击要向其中添加计算机的“计算机”或容器,指向“新建”再单击“计算机”。

(4)键入计算机的名称。

要点:①“默认域策略”的设置使得只有域管理员组的成员才能向域中添加计算机账户。单击“更改”以指定可以将此计算机添加到域中的其他用户或组。要查看或更改计算机的全名和计算机所属的域,请在桌面上右键单击“我的电脑”,单击“属性”,再单击“网络标识”选项卡。

②还有其他两种方法可以授予用户或组向域中添加计算机的权限:使用组策略对象给计算机用户指派“添加”权限,或者对于想允许他们创建计算机对象的组织单位,可给此用户或组指派创建计算机对象的权限。

5.3.9 删除计算机账户

删除计算机账户的操作过程如下:

(1)打开 Active Directory 用户和计算机。

(2)在控制台树中单击“计算机”,或者单击计算机所在的文件夹。

(3)在详细信息窗格中用右键单击该计算机,再单击“删除”。

5.3.10 添加组

添加组的操作过程如下:

(1)打开 Active Directory 用户和计算机。

(2)在控制台树中,双击域节点。

(3)右键单击要添加组的文件夹,指向“新建”,然后单击“组”。

(4)键入新组的名称,在默认情况下,输入的名称将作为新组的 Windows 2000 以前版本的名称。

(5)单击所需的“组作用域”。

(6)单击所需的“组类型”。

如果目前创建的组所属的域处于混合模式,则只能选择具有“域本地”或“全局”作用域的安全组。

5.3.11 将成员添加到组

将成员添加到组的操作过程如下:

(1)打开 Active Directory 用户和计算机。

(2)在控制台树中,双击域节点。

(3)单击包含要添加成员的组的文件夹。

(4)在详细信息窗格中,右键单击组,然后单击“属性”。

(5)单击“成员属于”选项卡,然后单击“添加”。

(6)单击“查找范围”以显示域的列表,可从该列表中将用户和计算机添加到组,然后单击要添加的用户和计算机所属的域。

(7)单击要添加的用户和计算机,然后单击“添加”。

除用户和计算机外,特定组中的成员还可包含联系人和其他组。

5.3.12 添加组织单位

添加组织单位的操作过程如下:

(1)打开 Active Directory 用户和计算机。

(2)在控制台树中,双击域节点。

(3)右键单击域节点或者要添加组织单位的文件夹。

(4)指向“新建”,然后单击“组织单位”。

(5)键入组织单位的名称。

5.4 卸载活动目录

在实际工作中有时我们需要改变服务器角色,或者将实验中安装的域控制器恢复到普通成员/独立服务器身份,这就要进行 Active Directory 的卸载。Active Directory 的卸载应注意下列问题:

(1)卸载时会提示给新的本地管理员设置密码;

(2)附加域控制器卸载后,仍在域中。

如果 Active Directory 不能卸载,应从以下几方面考虑。

1. 权限

权限要求与安装 Active Directory 类似。若一个林中只有一个域,那么用户要卸载的就是林根域,需要林管理员权限;卸载附加域控制器需要该域的域管理员权限;卸载子域或树,涉及林结构的改变,也需要林管理员权限。

2. DNS

一般应保证与安装时所用 DNS 一致。

3. 域命名主控

卸载时只要涉及到林结构的改变,就需要保证域命名主控有效;卸载附加域控制器时不要求域命名主控有效。

4. 卸载的顺序

与安装顺序相反,应该先逐级卸载下面的子域,最后卸载树根域、林根域;否则将导致子域无法卸载,而存在的子域还有问题。Active Directory 的卸载方法如下:

点击"开始"/"运行",在"运行"对话框中直接输入 dcpromo,按"确定"即可直接打开如图 5-13 所示的"Active Directory 安装向导"对话框,点击"下一步"按钮后,按照向导提示就可以卸载掉 Active Directory。

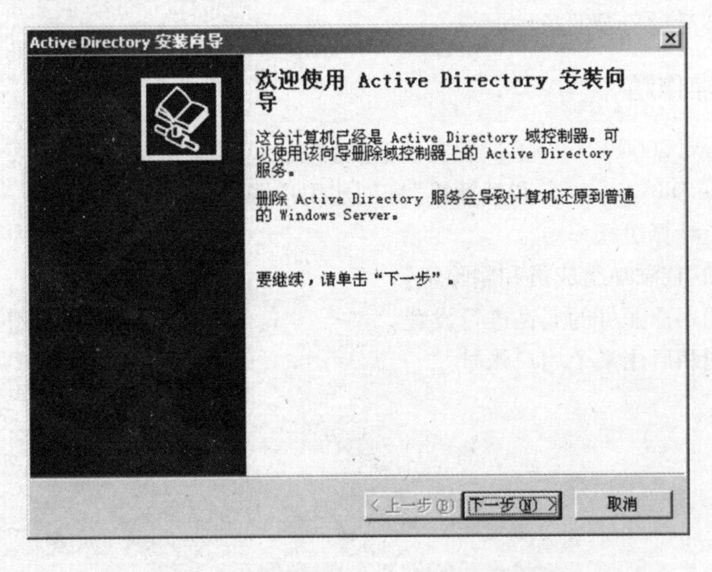

图 5-13　卸载 Active Directory 对话框

习题五

一、填空题

1. 域控制器是使用＿＿＿＿＿＿＿安装向导配置的运行 Windows 2000 Server 的计算机。

2. 一个域可以有一个或多个____________。
3. Windows 支持两种信任关系,它们分别是____________和____________。
4. 组织单位是可委派管理权的____________。
5. 登录到运行 Windows 2000 Server 计算机的预定义账户有管理员账户和____________两种。
6. 安装活动目录,文件系统必须是____________。
7. 若要卸载已安装的活动目录,可执行命令____________。
8. Active Directory 域名通常是该域的完整的____________名称。
9. 一台 Windows 计算机,要么隶属于____________,要么隶属于____________。

二、简答题

1. 什么是目录及活动目录?
2. 什么是域控制器?
3. 域控制器有哪些作用?
4. 使用活动目录有哪些优点?
5. 域间的信任关系有哪些?
6. 登录到运行 Windows 2000 Server 计算机的预定义账户有哪几种?它们的权力有什么不同?
7. 简述安装活动目录的条件。

三、上机操作题

1. 在 Windows 2000 Server 上试着安装活动目录。
2. 用“Active Directiry 用户和计算机”来创建用户账户。
3. 创建一个计算机账户。
4. 试着添加组、添加组成员和删除组。
5. 对创建的用户账号的属性进行设置。
6. 分别停用和启用某个用户账号。

第6章　文件管理

文件系统是在硬盘上存储信息的格式。在所有的计算机系统中,都存在一个相应的文件系统,它规定了计算机对文件和文件夹进行操作处理的各种标准和机制。Windows 2000 支持 NTFS 文件系统、两种文件分配表(File Allocation Table,FAT)文件系统(FAT16 和 FAT32)、紧致磁盘文件系统(Compact Disk File System,CDFS)以及通用磁盘格式(Universal Disk Format,UDF)。由于这些文件系统格式化的卷结构明显不同,必须检查这些文件系统的功能与限制以决定其相应的特点。Windows 2000 中所含有的 NTFS 版本包括重析点、改动日志、加密、稀疏文件支持及其他几种新特点。

6.1　Windows 文件系统

操作系统访问卷中文件的能力依赖于文件系统是如何格式化卷的。不同操作系统所支持使用的文件系统格式是不同的,Microsoft MS-DOS 支持卷的文件系统格式是 FAT16;Windows 98 支持卷的文件系统格式是 FAT32;Windows NT 支持卷的文件系统格式是 NTFS 和 FAT16;而 Windows 2000 支持的支持卷的文件系统格式是 NTFS,FAT16 和 FAT32。

用户在安装 Windows 2000 Server 之前,应该先考虑选择哪一种文件系统。以下将对几种文件系统分别作介绍。

6.1.1　FAT16 文件系统

FAT 是 File Allocation Table 的缩写,即文件分配表,它的作用是记录硬盘中有关文件如何被分散存储在不同扇区的信息。FAT 文件系统具有驻留在逻辑卷开端的文件分配表,并因其放置在卷起始位置的文件分配表而得名。

FAT 设计用于小型磁盘及简单文件夹结构。文件分配表的两个备份存储在卷中,一旦文件分配表的一个备份损坏,就可以使用另一个文件分配表。FAT 文件系统最初用于小型磁盘和简单文件结构的简单文件系统,为了保护卷,使用了两份拷贝,确保即使损坏了一份也能正常工作。另外,为确保正确装卸启动系统所必须的文件,文件分配表和根文件夹必须存放在固定的位置。

Windows 2000 中之所以包含 FAT16,是由于以下两点原因:

(1)对早期版本的 Windows 兼容产品提供反向兼容的升级途径;

(2)FAT16 与大多的操作系统兼容。

对于 Windows 2000 和 Windows NT 而言,FAT16 卷的最大空间为 4095 MB。采用 FAT 文件系统格式化的卷以簇的形式进行分配,默认的簇大小由卷的大小决定。对于 FAT 文件系统,簇数目必须可以用 16 位的二进制数字表示,并且簇的空间大小必须为 512 个字节到 65 536 个字节之间的 2 的 n 次幂,默认的簇空间大小见表 6－1。用户如果在命令提示行用

format 命令格式化卷,则可指定不同的簇空间,而且用户指定的空间大小必须是表 6-1 所列出的。

表 6-1 FAT 文件系统默认的簇大小

分区大小	扇区数/每簇	簇空间大小
0~32 MB	1	512 B
33~64 MB	2	1 KB
65~128 MB	4	2 KB
129~255 MB	8	4 KB
256~511 MB	16	8 KB
512~1 023 MB	32	16 KB
1 024~2 047 MB	64	32 KB
2 048~4 095 MB	128	64 KB

由于额外开销的原因,在超过 511 MB 的卷中不推荐使用 FAT 文件系统,因为当相对较小的文件放在 FAT16 卷中时,FAT 不能有效地使用磁盘空间。不管簇的空间大小如何,用户不能对超过 4 GB 的卷使用 FAT16。

如果用户的计算机上运行的是 Windows 95, Windows for Workgroups, MS-DOS, OS/2 或 Windows 95 以前的版本,那么 FAT 文件系统格式是最佳的选择。不过需要注意的是,FAT 文件系统最好被用在较小的卷上,因为在不考虑簇空间大小的情况下使用 FAT 文件系统,则卷不能大于 4 GB。

6.1.2 FAT32 文件系统

FAT32 文件系统提供了比 FAT 文件系统更为先进的文件管理特性,例如支持超过 32 GB 的卷以及通过使用更小的簇来更有效率地使用磁盘空间。作为 FAT 文件系统的增强版本,在 Windows 2000 中支持 FAT32 是其新颖之处。FAT16 支持卷而且卷最大可达到 4 GB,然而理论上来说 FAT32 可使卷最大达到 2 TB(terabyte)。Windows 2000 中的 FAT32 磁盘格式和特点与 Windows 95 OSR2 和 Windows 98 中的相似,它可以在容量从 512 MB 到 2 TB 的驱动器上使用。

FAT32 簇的空间大小可从 1 个扇区(512 个字节)到 64 个扇区(32KB)不等,递增应当为 2 的 n 次幂。因为 FAT32 需要 4 个字节来存储簇的值,所以许多内部和磁盘上的数据结构被修改或扩展,但大多数程序并没有被这些改动所影响。读磁盘上格式的磁盘公用程序必须支持 FAT32,两种应用程序接口(API)禁止在 FAT32 上使用。由于 BIOS 参数块(BIOS Parameter Block, BPB)结构从 FAT16 中的 25 个字节增加到 FAT32 上的 53 个字节,且 FSCTL_QUERY_FAT_BPB 只有当引导扇区同 BPB 形式包含的 25 个字节一样多时才返回,所以这两种 API 在 FAT32 上不可用。为检索 FAT32 上的 BPB,应用程序应当直接读取卷。对 FAT16 也是一样,扩展属性在 FAT32 中禁用是因为增加簇数量到 4 个字节需要使用先前用于索引扩展属性数据库的区域。

FAT16 与 FAT32 之间最主要的不同点是逻辑分区的大小,FAT32 通过扩展单个逻辑驱动器容量达到至少 127 GB，从而打破了 FAT16 卷的 2 GB 逻辑驱动器的限制。如果用户有一个 2 GB 的 FAT16 驱动器，用户必须使用 32 MB 的簇。

FAT32 驱动器的文件最大可以为 4 GB 减去 2 个字节。在文件分配表中每个簇 FAT32 使用 4 个字节，这不同于 FAT16，因为 FAT16 只对文件分配表中每个簇使用 2 个字节。在表 6－2 中列出了 FAT32 的缺省的簇大小。

表 6－2 FAT32 簇大小

分区大小	缺省的簇大小
小于 8 GB	4K
大于等于 8 GB，且小于 16 GB	8 KB
大于等于 16 GB，且小于 32 GB	16 KB
大于等于 32 GB	32 KB

FAT16 和 FAT32 不能较好地集成。当卷变大时，文件分配表也随之变大，这就相应地增加了在系统重新启动时 Windows 2000 计算引导卷中闲置空间的时间。因为这个原因，用户不应使用格式化程序来创建超过 32 GB 的 FAT32 卷。Windows 2000 Fastfat 驱动器可使用户安装且完全支持大于 32 GB 的 FAT32 卷。推荐使用 NTFS 来格式化超过这一值的卷。

在以前的操作系统中，只有 Windows 2000，Windows 98 和 Windows 95 OEM Release2 版能够访问 FAT32 卷。MS-DOS，Windows3.1 及较早的版本 Windows for Workgroups，Windows NT 4.0 及更早的版本都不能识别 FAT32 卷，同时也不能从 FAT32 上启动它们。

FAT16 和 FAT32 可以与 Windows 2000 之外的其他操作系统兼容。如果设置了双重启动配置，很可能需要 FAT16 或 FAT32 文件系统。如果用户正在对 Windows 2000 和另一个操作系统进行双重启动配置，请选择一个适用于后者的文件系统。选择的标准如下：

（1）如果安装分区小于 2 GB，或者希望双重启动配置 Windows 2000 和 MS-DOS，Windows 3.1，Windows 95 或 Windows NT 较早的版本，将安装分区格式化为 FAT16。

（2）在大于或等于 2 GB 的分区上使用 FAT32 文件系统。如果在 Windows 2000 安装程序中选择使用 FAT 格式化，并且安装分区大于 2 GB，安装程序将自动按 FAT32 格式化。

（3）对于大于 32 GB 的分区，建议使用 NTFS 而不用 FAT32 文件系统。

6.1.3 NTFS 文件系统

Windows 2000 所推荐使用的 NTFS 文件系统提供了 FAT16 和 FAT32 文件系统所没有的性能。

NTFS 文件系统的设计目标就是用来在很大的硬盘上能够很快地执行诸如读、写和搜索这样的标准文件操作，甚至包括像文件系统恢复这样的高级操作。

NTFS 文件系统包括了公司环境中文件服务器和高端个人计算机所需的安全特性。NTFS 文件系统还支持对于关键数据完整性十分重要的数据访问控制和私有权限设置。除了可以赋予 Windows 2000 计算机中的共享文件夹以特定权限外，NTFS 文件和文件夹无论共享与否都可以赋予权限。NTFS 是 Windows 2000 中唯一允许为单个文件指定权限的文件系统，但当用户从 NTFS 卷移动或复制文件到 FAT 卷时，NTFS 文件系统权限和其他特有属性将会丢失。

像 FAT 文件系统一样,NTFS 文件系统使用簇作为磁盘分配的基本单元。在 NTFS 文件系统中,默认的簇大小取决于卷的大小。在"磁盘管理器"中,用户可以指定的簇大小最大为 4 KB。如果使用命令提示符程序 format 来格式化 NTFS 卷,则可以指定表 6-3 中的簇大小。

Windows 2000 包括一个新版本的 NTFS,该文件系统在原有的灵活的安全特性(比如域和用户账户数据库)之上又加入了新的特性,例如 Active Directory 目录服务程序和基于重析点的存储特点只能够适用于用 NTFS 格式化过的卷。

表 6-3 NTFS 文件系统的默认簇大小

分区大小	扇区数/每簇	簇大小
512 MB 或更小	1	512 B
513 ~ 1 024 MB	2	1 KB
1 025 ~ 2 048 MB	4	2 KB
2 049 ~ 4 096 MB	8	4 KB
4 097 ~ 8 192 MB	16	8 KB
8 193 ~ 16 384 MB	32	16 KB
16 385 ~ 32 768 MB	64	32 KB
>32 768 MB	128	64 KB

Windows 2000 中使用的 NTFS 文件系统支持以下特性:

(1)活动目录。使网络管理者和网络用户可以方便灵活地查看和控制网络资源,只有在 NTFS 文件系统中用户才可以使用诸如"活动目录"和基于域的安全策略等重要特性。

(2)重析点是 Windows 2000 中包括的 NTFS 版本中的新型文件系统对象。重析点具有一个用户控制数据的可定义属性,且在输入输出(I/O)子系统中用于扩展功能。

(3)域。它是活动目录的一部分,帮助网络管理者兼顾管理的简单性和网络的安全性。例如,只有在 NTFS 文件系统中用户才能设置单个文件的许可权限而不仅仅是目录的许可权限。

(4)文件加密。在 Windows 2000 中包含的 NTFS 版本中实现文件与目录级的加密可增强 NTFS 卷中的安全性。Windows 2000 使用加密文件系统(Encrypting File System, EFS)将数据存储在加密表当中,当存储介质从使用 Windows 2000 的系统中移走时,由其提供安全机制,这能够大大提高信息的安全性。

(5)稀疏文件支持。应用程序生成的一种特殊文件,它的文件尺寸非常大,但实际上只需要少部分的磁盘空间。就是说,NTFS 只需要给这种文件实际写入的数据分配磁盘存储空间。

(6)其他的数据存储模式。这些模式可以提高存储和修改信息的效率。

(7)磁盘活动的恢复日志。它将帮助用户在电源失效或其他系统故障时快速恢复信息。

(8)磁盘配额。管理者可以管理和控制每个用户所能使用的最大磁盘空间。

(9)对于大容量驱动器的良好扩展性。NTFS 中最大驱动器的尺寸远远大于 FAT 格式的,而且 NTFS 的性能和存储效率并不像 FAT 那样随着驱动器尺寸的增大而降低。

需要把整个磁盘或某个磁盘驱动器做成 NTFS 文件系统的用户,可在安装 Windows 2000 时在安装向导的帮助下完成所有操作。安装程序可以很轻松地把分区转化为新版本的 NTFS 文件系统,即使以前的分区使用的是 FAT 或 FAT32。安装程序会检测现有的文件系统格式,如果是NTFS,则自动进行转换;如果是FAT或FAT32,会提示安装者是否转换为NTFS。用户也可以在安装完毕之后使用Convert.exe把FAT或FAT32的分区转化为新版本的NTFS分区。无论是在运行安装程序中还是在运行安装程序之后,这种转换相对于重新格式化磁盘来说,不会使用户的文件受到损害。

如果使用双重启动配置,则可能无法从计算机上的另一个操作系统访问NTFS分区上的文件。因此,如果要使用双重启动配置,FAT32或者FAT文件系统将是更适合的选择。

只有一种情况用户可能需要使用FAT或FAT32文件系统,就是确有必要配置Windows 2000和早期操作系统的双重启动。在这种情况下,用户就应该把系统配置成双重启动并在硬盘上用FAT或FAT32分区作为主分区(启动分区)。这是因为早期的操作系统不能访问采用最新版本NTFS格式的本地硬盘分区,唯一的例外就是Windows NT 4.0加上Service Pack 4或更高版本,它能够访问这种硬盘分区,但也有所限制。Windows NT不能访问使用NTFS新特性存储的本地文件,因为这些NTFS新特性在Windows NT 4.0发布时还没有出现。如果服务器不需要配置双重启动功能,建议文件系统采用NTFS格式。

各种文件系统和操作系统之间的兼容性如表6-4所示。表6-5比较了每一种文件系统可能支持的磁盘和文件大小。

表6-4 文件系统与操作系统之间的兼容性

NTFS	FAT	FAT32
运行Windows 2000 Server的计算机可以访问本地硬盘中的文件,运行Windows NT 4.0及Service Pack 4或更高版本的计算机可以访问本地的部分文件,其他操作系统不能访问本地文件	MS-DOS,所有版本的Windows,Windows NT,Windows 2000和OS/2都可以访问本地文件	只有Windows 95 OSR2,Windows 98和Windows 2000三种操作系统可以访问本地文件

表6-5 比较了每一种文件系统可能的磁盘和文件大小

NTFS	FAT	FAT32
最小卷尺寸大约0 MB;建议实际最大卷尺寸是2 TB	卷尺寸从软盘容量直到4 GB	卷尺寸从512 MB到2 TB
不能用于软盘	不支持域	不支持域,最大文件尺寸为4 GB
文件尺寸只受限于卷的大小	最大文件尺寸为2 GB	在Windows 2000中,用户只能把FAT32卷最大格式化到32 GB

从上面的两个表中,我们可以知道Windows 2000支持由Windows 95或Windows 98创建的任何尺寸的FAT32卷。然而,Windows 2000只能格式化最大32 GB的FAT32卷。如果用户在安装过程中选择的FAT分区大于2 GB,则安装程序自动把它格式化为FAT32格式。对于大于32 GB的卷建议使用NTFS而不是FAT32。

6.1.4 FAT16,FAT32和NTFS的比较

用户可以在Windows 2000系统中使用FAT16,FAT32和NTFS,或者将三种文件系统结合起来使用。用户的选择依赖于这样几个方面:如何使用计算机,硬件平台,硬盘的大小与

数量,安全性考虑。重点建议用户除特定的多引导配置之外,用 NTFS 格式化所有的 Windows 2000 的分区。

1. FAT16 与 FAT32 文件系统比较

FAT16 与 FAT32 名称中的数字指的是对文件分配表条目所需位的数量。FAT16 用 16 位的文件分配表条目(216 个分配单元),Windows 2000 保留有 FAT32 文件分配表条目的前 4 位,这意味着 FAT32 最多可有 228 个分配单元。但是,此数字被 Windows 2000 格式化程序封顶在 32 GB。另外,FAT32 允许精细分配每个一单元,大约每个卷有四百万个分配单元,FAT32 允许根目录增加。FAT16 限制最大为 512 个条目,根据根文件夹中长文件名的使用,此限制可以更低。

(1)FAT16 的优点

①MS-DOS,Windows 95,Windows 98,Windows NT,Windows 2000 以及一些 Unix 操作系统均可使用它。

②有许多工具可用于寻址问题并修复数据。

③如果用户启动失败,则可用 MS-DOS 引导软盘启动计算机。

④在小于 256 MB 的卷中无论是速度还是存储量都比较好。

(2)FAT16 的缺点

①根文件夹最大可管理 512 个条目。长文件名的使用显著减少了可用条目的数量。

②FAT16 限制只有 65 536 个簇,但因为特定的簇要保留下来,所以只有可用的 65 524 个。每个簇的大小相对于逻辑驱动器是固定的。如果簇的数量与其空间均达到最大,那么在使用 FAT16 的 Windows 2000 中最大的驱动器也限制在 4 GB。为了保持与 MS-DOS,Windows 95和 Windows 98 兼容,FAT16 卷应当不超过 2 GB。

③引导扇区不能备份,FAT16 没有内建的文件系统安全机制或文件压缩。

④当簇的大小增加时,FAT16 会浪费大驱动器中的文件存储空间。定位用于存储文件的空间是以簇分配单位的大小为基础的,而不是文件大小。一个 10 KB 的文件存储在 32 KB 的簇中就浪费了 22 KB 的磁盘空间。

(3)FAT32 的优点

FAT32 比以前版本的 FAT 可更有效地分配磁盘空间。根据用户文件的大小,在大的硬盘驱动器上潜在地具有数十和数百兆字节的更多的闲置磁盘空间。另外,FAT32 还有以下增强性能:

①FAT32 驱动器上的根文件夹现在是一个普通的簇链,所以其可定位在卷的任何地方。正因为如此,FAT32 不限制根文件夹中条目的数量。

②比 FAT16 可更有效地使用空间。FAT32 使用更小的簇(对驱动器为 4 KB,最多可达 8GB),使得相对于大型 FAT16 驱动器而言提高了磁盘空间 10% ~15% 的使用效率。FAT32 还减少了计算机操作所必需的资源。

③FAT32 比 FAT16 更稳定。FAT32 具有重新定位根目录以及使用 FAT 的备份拷贝代替缺省拷贝的能力。另外,FAT32 驱动器中的引导记录已经扩展到包括关键数据结构的备份,这意味着 FAT32 卷比 FAT16 卷更能避免单点故障。

(4)FAT32 的缺点

①Windows 2000 可以格式化的最大的 FAT32 卷限制在 32 GB 大小。

②FAT32 卷除了 Windows 95 OSR2 与 Windows 98 外,不可被任何其他的操作系统访问。

③引导扇区不能备份,没有内置式的文件系统安全机制或 FAT32 的压缩。

2. NTFS 与 FAT32,FAT16 文件系统比较

NTFS 和 FAT16,FAT32 文件系统的区别在于,运行 Windows 2000 系统的磁盘分区可以使用三种类型的文件系统:NTFS,FAT 和 FAT32。安装 Windows 2000 的用户建议使用 NTFS 文件系统。FAT 和 FAT32 很相似,只是 FAT32 更适合于较大容量的硬盘(对于大硬盘来说,最佳的文件系统是 NTFS)。以下将帮助用户比较各种文件系统的优劣。

NTFS 文件系统使用 Windows 2000 所推荐的文件系统,具有 FAT 文件系统的所有基本功能,并且提供如下 FAT 或 FAT32 文件系统所没有的优点:

①更为安全的文件;

②更好的磁盘压缩性能;

③支持最大达 2 TB 的大硬盘(NTFS 可支持的最大磁盘容量比 FAT 的大得多,而且随着磁盘容量的增大,NTFS 的性能不像 FAT 那样随之降低);

④双重启动配置(在同一台计算机上同时安装有 Windows 2000 和其他操作系统)。

(1)NTFS 的优点

用 NTFS 代替 FAT 来格式化用户 Windows 2000 分区,允许用户使用只有 NTFS 可提供的特性。将可修复性设计用到 NTFS 中是为了使用户几乎没有必要运行 NTFS 卷中的磁盘修理程序。NTFS 通过使用标准的传输记录和修复技术保证了卷的连续性,所以一旦系统发生故障,NTFS 使用自身的日志文件和检查点信息来自动恢复文件系统的一致性。另外,Windows 2000 支持对 NTFS 卷的单个文件压缩,被压缩在 NTFS 卷中的文件可被任意基于 Windows 的应用程序读和写,而不需首先用另一程序来解压。解压在读取文件时自动发生,当文件被关闭或保存时又再次被压缩。

(2)用 NTFS 格式化系统的优点

① 具有一些需要 NTFS 的 Windows 2000 操作系统特性。

② 快捷的访问速度。NTFS 减少了需要找到文件的磁盘访问的次数。

③ 文件与文件夹安全性高。

在 NTFS 卷中,用户可设置文件与文件夹的使用权限来指定哪个工作组和用户可以访问它们,且允许访问的级别如何。NTFS 文件与文件夹使用权限既可使用于文件存储所在的用户使用的计算机上,也可使用于文件共享文件夹中通过网络访问文件。使用 NTFS 用户也可以设置共享使用权限对具有使用权限的文件夹进行操作。

④ Windows 2000 可用 NTFS 格式化,理论上最大可达到 2 TB 的卷。

⑤ 引导扇区被备份到了卷尾的扇区上。

⑥ NTFS 支持名为加密文件系统(Encrypting File System,EFS)的内部加密系统,使用公用密钥安全机制以预防对文件内容未授权的访问。

⑦ NTFS 的功能可通过使用重析点,启用诸如卷安装点的新特性得到扩展。

⑧ 可以设置磁盘限额,限制用户可使用的 NTFS 卷中的空间大小。

(3)NTFS 的缺点

NTFS 卷在 MS-DOS,Windows 95 及 Windows 98 中不可访问。根据 Windows 2000 中对 NTFS 所做的升级,Windows 2000 实现的 NTFS 的高级特性在 Windows NT 4.0 及以前版本中不可用。当十分小的卷中包含许多小文件时,与 FAT 相比较而言,管理 NTFS 的开销可能导致系统性能的降低。

6.2 分布式文件系统

6.2.1 分布式文件系统概述

分布式文件系统(Dfs)是 Windows 2000 Server 的新功能。Microsoft 文件分布系统(Dfs)是一个网络服务器组件,它能够使用户更容易地在网络上查询和管理数据。分布式文件系统是将分布于不同电脑上的文件组合为单一的名称空间,并使得在网络上建立一个单一的、层次化的多重文件服务器和服务器共享的工作变得更为方便,可以把 Dfs 想象为“共享的共享”。

Microsoft 分布式文件系统亦如其他文件系统一样对硬盘进行管理。文件系统提供对磁盘扇区集合的统一命名访问,而分布式文件系统则为服务器、共享和文件提供统一的命名规则和映射。因此,分布式文件系统使得将文件服务器及其共享组织成一个逻辑层次的设想成为可能,并大大简化了大型企业管理使用信息资源的工作。此外,分布式文件系统并不仅限于单一的文件协议,它能够支持对服务器、共享及文件的映射,并且在文件客户支持本地服务器和共享的情况下,该映射可不受正在被使用的文件客户的限制。

分布式文件系统为不同的服务器卷和共享提供名字透明性。通过分布式文件系统,管理员能够建立单一、分级的文件系统,其内容可遍布于本组织的广域网(WAN)范围内。简而言之,分布式文件系统可被视为对其他共享的共享。过去,在使用“通用命名标准”(UNC)的情况下,用户需要指定物理服务器和共享来访问文件信息(也就是说用户必须指定“\服务器名\共享名\路径名\文件名”)。即使通用命名标准能够直接调用,一个通用命名标准在典型状况下也只能被映射到一个盘符上,而该盘符或许被映射至“\服务器名\共享名”。就这一点而言,用户必须超越重新定向的驱动器映射方可浏览所希望访问的数据。

随着网络规模的增长,我们开始在企业网(Intranet)中使用内部或外部的存储空间,仅将单一盘符映射到个别共享之上的做法就难以胜任了。况且,就算用户能够直接使用符合通用命名标准的名称,这些用户也将受到可存放数据空间的限制。

分布式文件系统通过允许将服务器和共享连接成为简单且更具意义的名称空间来解决这个问题,这种新的分布式文件系统卷允许共享被分级地连接至其他 Windows 共享。由于分布式文件系统将物理存储映射为逻辑表示,故数据的物理位置对用户和应用而言就变得透明,这也就是网络所获得的裨益。

事实上,分布式文件系统在高级配置中功能非常强大,Dfs 可以说是分布式文件系统的共享。分布式文件系统能够把共享分组,这项功能对于用户来说是重要的,因此 Dfs 是有用的。在过去,用户必须单个映射驱动器号到每一个共享,然后记住哪个驱动器号用于哪个共享。在分布式文件系统的术语中,最上面的点叫做分布式文件系统的根,或者简单地叫做根。每台服务器只能够存储一个分布式文件系统的根。离开根的叫做子节点,子节点可以是普通的共享(正如前面所讲)或者在更复杂的情况下附加的分布式文件系统点。在某些添加的软件中,分布式文件系统的子节点甚至不一定要在 Windows 2000 Server 上。事实上,NetWare,UNIX,Macintosh 和 BanyanVINES 的分布式文件系统服务器软件都很有可能被推出。分布式文件系统可能是用户的一个切入点,用户可以查看一个列表,找到他们了解和喜欢的地方,且他们需要的每件东西都能在一个地方找到。

总体来说,分布式文件系统或 Dfs 具有容易访问文件的特性。体现在无论物理上跨越多少个服务器,用户只要转到网络的某个位置就可以访问文件,这种结构件非常实用。系统管理员可以利用分布式文件系统(Dfs),更加容易地访问和管理那些物理上跨网络分布的文件。通过分布式文件系统,用户在访问文件时不用知道和指定他们的实际物理地址,就可以使分布在多个服务器上的文件显示在用户面前,就如同位于网络上的一个位置。例如,如果用户的学习资料分散在某个域中的多个服务器上,可以利用DFS使其显示时就好像所有的资料都位于一台服务器上,这样用户就不必到网络上的多个位置去查找他们需要的信息。

分布式文件系统的应用是一项新技术,如果有以下的情况,应该考虑实施分布式文件系统:大多数的用户都需要访问多个共享文件夹;用户需要对共享文件夹不间断的访问,访问共享文件夹的用户分布在一个站点的多个位置或多个站点上;通过重新分布共享文件夹可以改善服务器的负载平衡状况;组织中有供给内部和外部使用的Web站点。

分布式文件系统是基于域的,这对于文件的访问的可靠性有了很大的保证。我们可以复制DFS根目录和DFS共享文件夹,复制意味着可以在域的多个服务器上复制DFS根目录和DFS共享文件夹。这样,即使这些文件驻留的一个物理服务器不可用,用户仍然可以访问文件。Windows 2000自动将DFS拓扑发布到活动目录,这确保了DFS拓扑对域中所有服务器上的用户总是可见的。DFS根目录可以支持物理上通过网络分布的多个DFS共享文件夹,这是非常有用的。当我们知道有一个用户将大量访问某个文件时,并非所有的用户都在单个服务器上物理地访问此文件,这将会增加服务器的负担,DFS确保访问文件的用户分布于多个服务器,使得服务器的负载平衡。从用户角度来看,文件好像驻留在网络上的相同位置。

6.2.2 分布式文件系统的特性

分布式文件系统具有如下几个特性:

(1)容易访问文件。分布式文件系统使用户可以更容易地访问文件,即使文件可能在物理上跨越多个服务器,用户也只需要转到网络上的某个位置即可访问文件。而且,当更改共享文件夹的物理位置时,对用户来说文件的位置看起来仍然相同,所以他们仍然用与以前相同的方式访问文件夹。

(2)用户不再需要多个驱动器映射来访问文件。

(3)计划文件服务器维护、软件升级和其他任务(一般需要服务器脱机)可以在不中断用户访问的情况下完成。这个特性对Web服务器特别有用。通过选择Web站点的根目录作为DFS根目录,可以在分布式文件系统中移动资源,而不会断开任何HTML链接。

(4)可用性。基于域的DFS以两种方式确保用户保持对文件的访问:首先,Windows 2000自动将DFS拓扑发布到Active Directory,这确保DFS拓扑对域中所有服务器上的用户总是可见的;其次,作为管理员,可以复制DFS根目录和DFS共享文件夹。复制意味着可以在域中的多个服务器上复制DFS根目录和DFS共享文件夹,这样,即使这些文件驻留的一个物理服务器不可用,用户将仍然可以访问文件。

(5)服务器负载平衡

DFS根目录可以支持物理上通过网络分布的多个DFS共享文件夹。例如当有用户大量访问文件时,如果所有的用户都在单个服务器上物理地访问此文件,这将会增加服务器的负担,DFS确保访问文件的用户分布于多个服务器上。然而在用户看来,文件驻留在网络上的相同位置。

6.2.3 分布式文件系统根目录的特性

可以在 Windows 2000 FAT 或 NTFS 分区中创建 DFS 根目录。但是,FAT 文件系统没有 NTFS 系统的安全优势。在创建 DFS 根目录时,可以选择建立独立的 DFS 根目录或创建基于域的根目录。

1. 独立的 DFS 根目录的特性

(1)不使用 Active Directory。

(2)没有根目录级的 DFS 共享文件夹。

(3)层次结构有限。标准的 DFS 根目录只能有一级 DFS 链接。

2. 基于域的 DFS 根目录特性

(1)宿主必须在域成员服务器上。

(2)其 DFS 拓扑可以自动发布到 Active Directory 中。

(3)可以有根目录级的 DFS 共享文件夹。

(4)层次结构不受限制。基于域的 DFS 根目录可以有多级 DFS 链接。

6.2.4 分布式文件系统的应用

1. 创建 DFS 根目录

具体操作步骤如下:

(1)单击"开始"→"程序"→"管理工具",双击"分布式文件系统",打开 DFS。

(2)在"操作"菜单上,单击"新建 DFS 根目录"(如图 6-1),然后单击"下一步"。

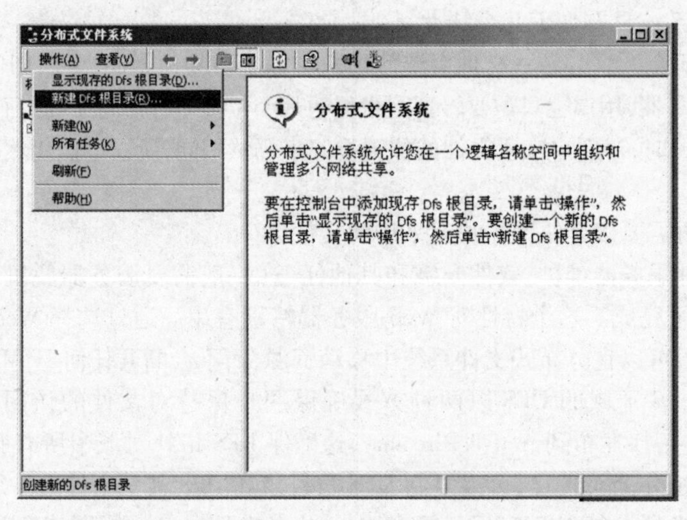

图 6-1 新建 DFS 根目录

(3)单击要创建的 DFS 根目录的类型(基于域或独立)(如图 6-2),然后单击"下一步"。

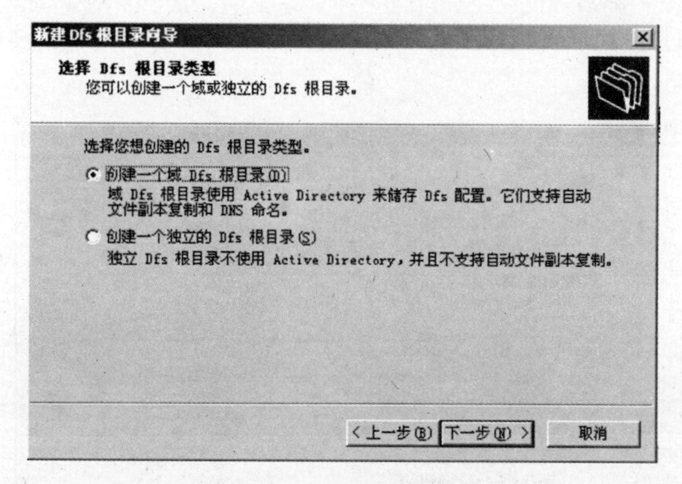

图 6－2　新建 DFS 根目录

(4)如果要创建基于域的 DFS 根目录,请确定创建根目录的域名(如图 6－3),然后单击“下一步”。

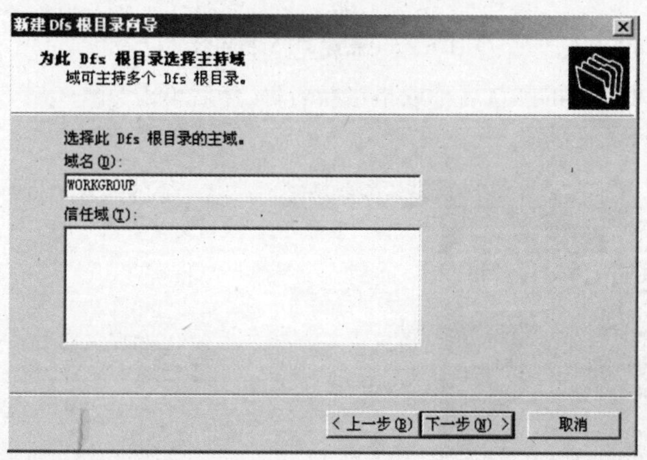

图 6－3　新建 DFS 根目录

(5)输入 DFS 根目录的宿主计算机名称或从可用服务器列表中单击名称(如图 6－4),然后单击“下一步”。

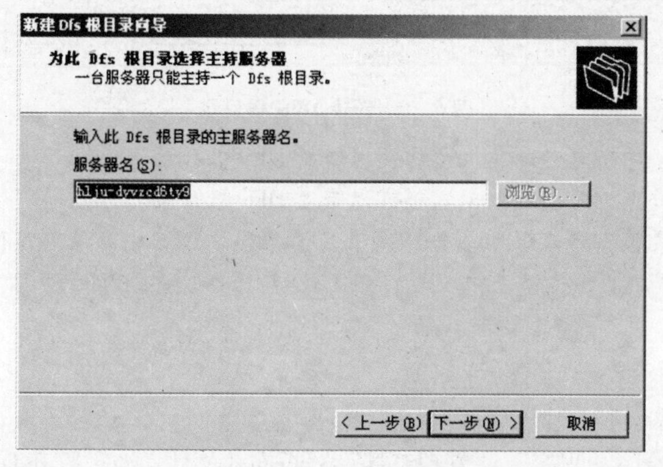

图 6－4　新建 DFS 根目录

(6)单击现有共享文件夹或指定要创建的新共享文件夹的路径和名称(如图6-5),然后单击“下一步”。

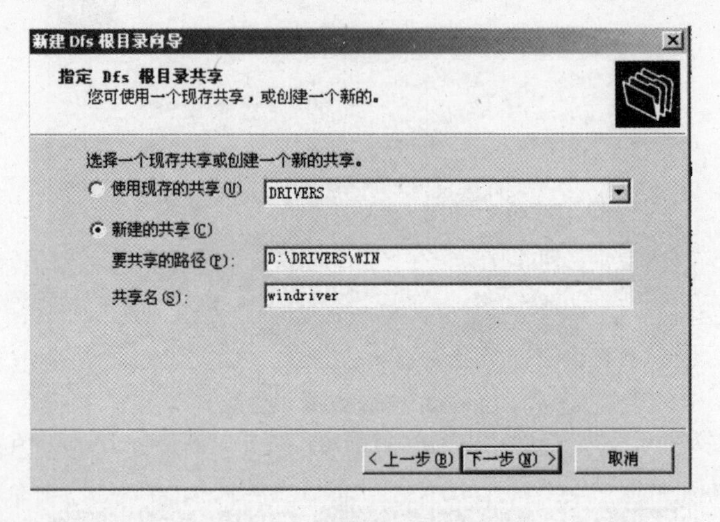

图6-5 新建 DFS 根目录

(7)接受 DFS 根目录的默认名称或指定新名称,然后单击“下一步”(如图6-6),单击“完成”,创建新 DFS 根目录。

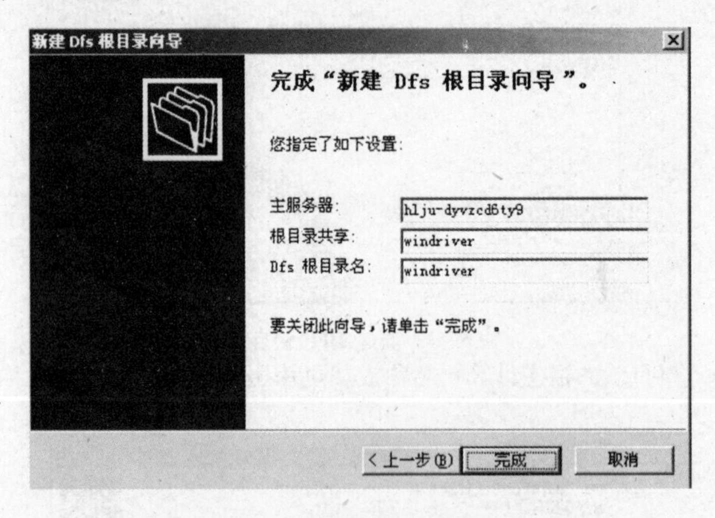

图6-6 新建 DFS 根目录

注意:(1)必须重新启动计算机才能使用新的 DFS 根目录。

(2)成员服务器或域控制器都可以宿主 DFS 根目录。

(3)宿主服务器只限于一个 DFS 根目录。尽管 DFS 根目录可能位于 FAT 分区中,但是 NTFS 提供了相当大的安全优势,最好是在 NTFS 分区中创建 DFS 根目录。

2. 显示 DFS 根目录

具体操作步骤如下:

(1)单击“开始”→“程序”→“管理工具”→“分布式文件系统”,打开 DFS。

(2)在“操作”菜单上,单击“显示现存的 DFS 根目录”。

(3)在“DFS 根目录或主服务器”域中,输入现存的 DFS 根目录的 UNC 名称,或者展开可信域列表,并单击分布式文件系统(DFS)根目录(如图6-7),然后单击“确定”。

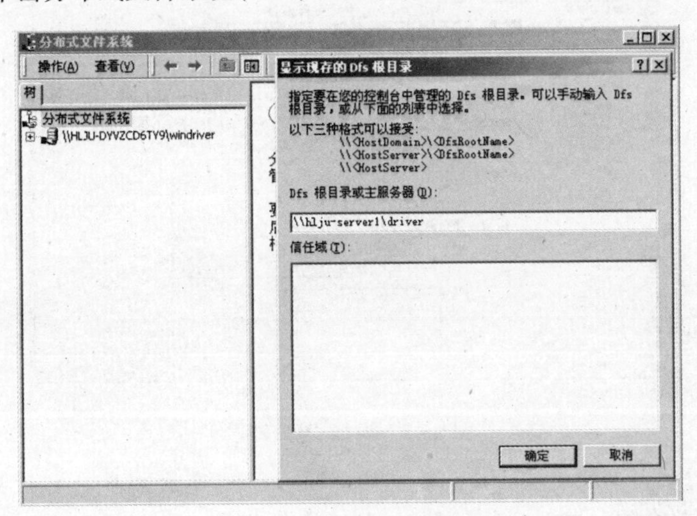

图6-7 显示 DFS 根目录

要指定 DFS 根目录,可以键入“\\My Computer\DFS Root”或“\\MyComputer\DFS Folder”,其中 DFSRoo 是指派到 DFS 根目录的名称,DFS Folder 是引用共享文件夹的名称。

3. 添加 DFS 链接

具体操作步骤如下:

(1)打开 DFS,在控制台目录树中,右键单击 DFS 根目录(如图6-8)。

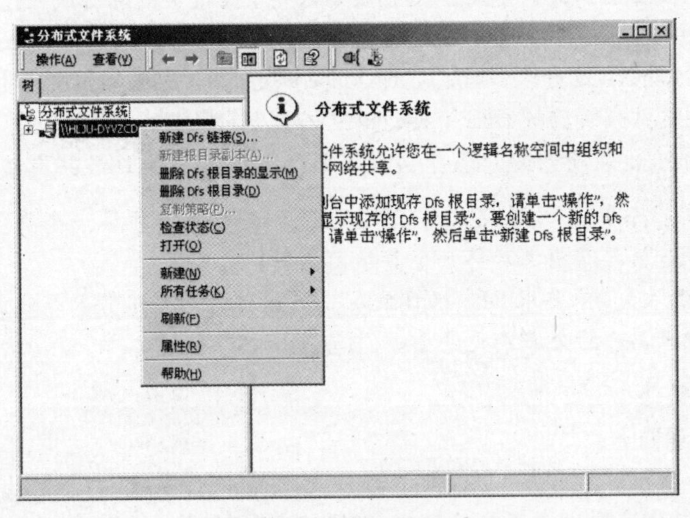

图6-8 添加 DFS 链接

(2)单击“新建 DFS 链接”,在弹出的窗口中键入新 DFS 链接的名称和路径或单击“浏览”,从可用共享文件夹的列表中选择。也可以输入注释来进一步标识或描述 DFS 链接。键入期限(系统默认值为1 800 秒,在此期限内到 DFS 链接的引用将被缓存在 DFS 客户机上),然后单击“确定”(如图6-9)。

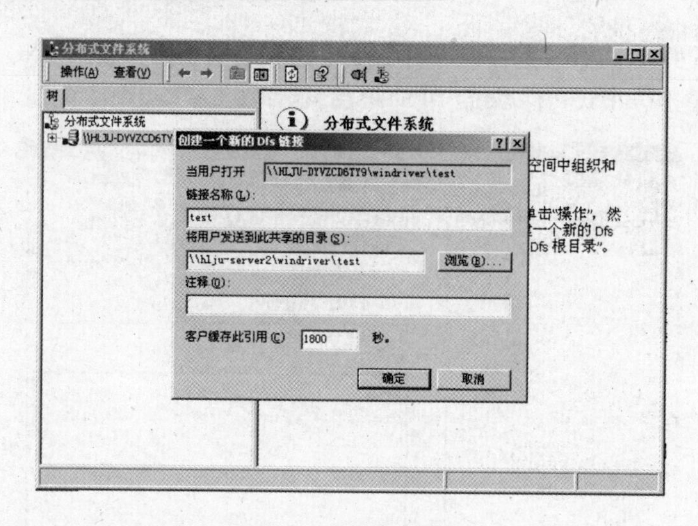

图 6-9　添加 DFS 链接

注意：当缓存的时间用完时，DFS 客户机必须访问根目录共享以更新共享文件夹的信息。输入较小的值会增加相关网络通信，较大的值会减少相关网络通信，但可能损失共享信息的准确性。

4. 添加 DFS 共享文件

具体操作步骤如下：

(1) 单击“开始”→“程序”→“管理工具”→“分布式文件系统”，打开 DFS。

(2) 在控制台目录树中，右键单击要指派共享文件夹的 DFS 链接。

(3) 在弹出的窗口中，单击“新建 DFS 共享文件夹”。

(4) 在“将用户发送到此共享文件夹”下，输入共享文件夹的名称或单击“浏览”，从可用共享文件夹列表中选择。

(5) 如果分区是 NTFS 分区，若选中“加入复制”复选框，那么当源文件更改时，将复制位于 DFS 根目录的文件或所选的 DFS 链接；选中“不复制”复选框，保持源文件不变。

(6) 将复制的文件从所选的 DFS 根目录或 DFS 链接复制到 DFS 共享文件夹中。

注意：(1) 这一添加 DFS 共享文件夹的过程不适用于添加第一个共享文件夹。创建 DFS 链接时将添加第一个共享文件夹。

(2) “加入复制”要求 DFS 根目录或 DFS 链接的宿主服务器是域成员。

(3) 对于单独的分布式文件系统，自动复制不可用。

5. 设置复制策略

具体操作步骤如下：

(1) 单击“开始”→“程序”→“管理工具”→“分布式文件系统”，打开 DFS。

(2) 右键单击 DFS 根目录或 DFS 链接，然后单击“复制策略”。

(3) 在共享文件夹列表中，单击要用做复制主文件夹的 DFS 共享文件夹。

(4) 单击列表中的每个共享文件夹，并单击“启用”或“禁用”，然后单击“确定”。

注意：(1) 默认情况下，所创建的第一个 DFS 文件夹将成为复制的主文件夹。如果要更改此默认值，请使用“初始主文件夹”按钮。

(2) 一旦设置了复制主文件夹，当以后显示该窗口时，“初始主文件夹”按钮将不再出现。这是因为只会设置一次主文件夹来初始化复制，从那时起，无论何时某个DFS共享文件夹中的数据发生更改，DFS共享文件夹都会相互复制。

6. 删除DFS根目录

具体操作步骤如下：

(1)单击“开始”→“程序”→“管理工具”→“分布式文件系统”，打开DFS。

(2)在DFS控制台中，右键单击要删除的DFS根目录节点。

(3)单击“删除DFS根目录”，然后单击“是”。

此过程将DFS从控制台和宿主计算机上删除。该操作不可恢复，任何指派到此根目录的DFS共享文件夹以及所有共享文件夹指派都将被删除。

6.3 加密文件

为了增加数据的安全性，Windows 2000的加密文件系统(EFS)提供了一种核心文件加密技术，用于在NTFS文件系统卷上存储已加密的文件。一旦加密文件和文件夹，对于加密该文件的用户加密是透明的，就可以像使用其他文件和文件夹一样使用它们。也就是说，不必在使用前解密已加密的文件。如果有外来入侵者试图打开、复制、移动或者重新命名已经加密的文件或文件夹，将会拒绝访问。

通过设置文件和文件夹的属性来对文件或文件夹进行加密和解密。

加密文件和文件夹可按以下步骤操作：

(1)在桌面或Windows 2000资源管理器内右键单击要加密的文件和文件夹，并从弹出的快捷菜单中选择“属性”命令。

(2)单击“高级”按钮。

(3)单击选取“加密内容以便保护数据”复选框。

(4)单击“确定”按钮。回到文件的“属性”页面后，单击“确定”按钮。

(5)在出现“确认属性更改”对话框中，可以选择加密的范围是该文件夹还是包括文件夹下的子文件夹和文件(如图6-10)。

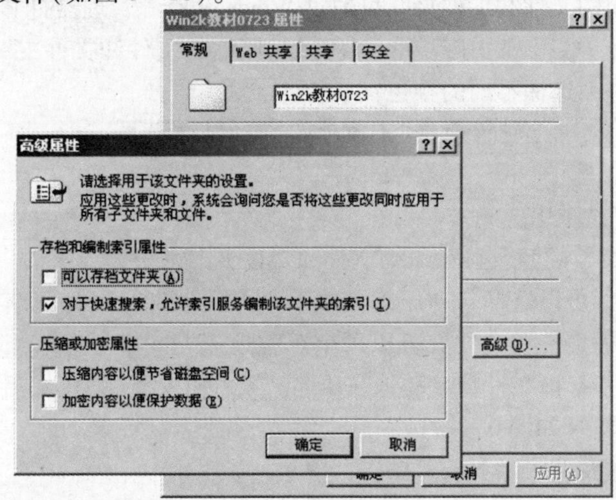

图6-10 文件数据加密、解密

使用加密文件或文件夹时,还要注意:只有 NTFS 卷上的文件和文件夹才能被加密,也只有对文件加密的用户才能打开它。如果将加密的文件复制和移动到非 NTFS 卷上,则该文件被解密。系统文件不能被加密,也不能共享加密文件。在加密单个文件时,如果要同时加密包含它的文件夹,那么在将来添加到文件夹中的文件和文件夹都将在添加时自动地加密。只要有删除权限就可以删除加密的文件或文件夹。在允许进行远程加密的远程计算机上可以加密和解密文件及文件夹。

当加密文件和文件夹复制到了不同的计算机时,必须确保能够在这些计算机上使用加密证书和私钥,否则这些加密的文件或文件夹不能被打开或者解密。

解密文件或文件夹时,右键单击要解密的文件和文件夹,并从弹出的快捷式菜单中选择"属性"命令,在"常规"选项卡中,单击"高级"按钮,去掉"加密内容以便保护数据"的复选标志,再单击"确定"按钮。在解密文件夹时,可以选择解密的范围是该文件夹还是包括该文件夹下的子文件夹和文件。

可以使用 Windows 2000 提供的 cipher 命令,在 NTFS 卷上进行显示及加密、解密文件和文件夹。

6.4 数据压缩

一般情况下,如果计算机的空间受到限制,便可对文件、文件夹进行压缩。NTFS 提供了压缩文件和文件夹以节约磁盘空间和解压缩文件和文件夹的能力。Windows 2000 用户请求文件并把文件解压缩以备使用,在保存时,文件又自动被重新压缩。

执行这项操作的开销几乎是可以忽略的,因为压缩文件的结果是磁头在访问磁盘时少走路径。然而,最好压缩的文件是不经常写入的文件,因为写入是很消耗 CPU 处理器资源的。另外,一般不必压缩已经压缩过的文件,例如,扩展名为. jpg 或. zip 的文件。文件被压缩之后,再进行压缩已经没有实际意义了。

对于大多数文件来说,它们的文件图标都是固定的,用户完全可以从显示图标上判断文件的类型。为了将已压缩文件与未压缩文件的显示样式区别对待,可以用不同颜色显示的方法来选择增亮压缩的文件和文件夹。可通过 Windows 资源管理器打开"文件夹选项"对话框中的"查看"选项卡,启用"使用交替的颜色显示压缩的文件和文件夹"。也可以按以下步骤为压缩文件和文件夹选择不同的颜色:

(1)单击"开始"菜单,选择"设置"子菜单的"控制面板"。

(2)双击"文件夹选项"。

(3)单击"查看"选项卡。

(4)单击"使用交替的颜色显示压缩文件和文件夹"复选框。

在压缩文件夹时,可以选择自动压缩其中的全部文件夹。因为压缩文件夹并不意味着压缩其中的文件,因而文件和文件夹可以每个单独地压缩或解压缩。当把没有压缩的文件放置在压缩文件夹中时,该文件将自动地被压缩。某种意义上,解压缩后的文件将继承来自其父文件夹的压缩属性(如图 6-11)。

压缩文件和文件夹可按以下步骤操作:

(1)在桌面或 Windows 2000 资源管理器内右键单击要压缩的文件,并从弹出的快捷式菜单中选择"属性"命令。

(2)单击“高级”按钮。

(3)单击选取“压缩内容以便节省磁盘空间”复选框(如图6-12)。

(4)单击“确定”按钮,回到文件的“属性”页面后,单击“确定”按钮,会出现“确认属性更改”对话框,可以选择压缩的范围是该文件夹还是包括文件夹下的子文件夹和文件。

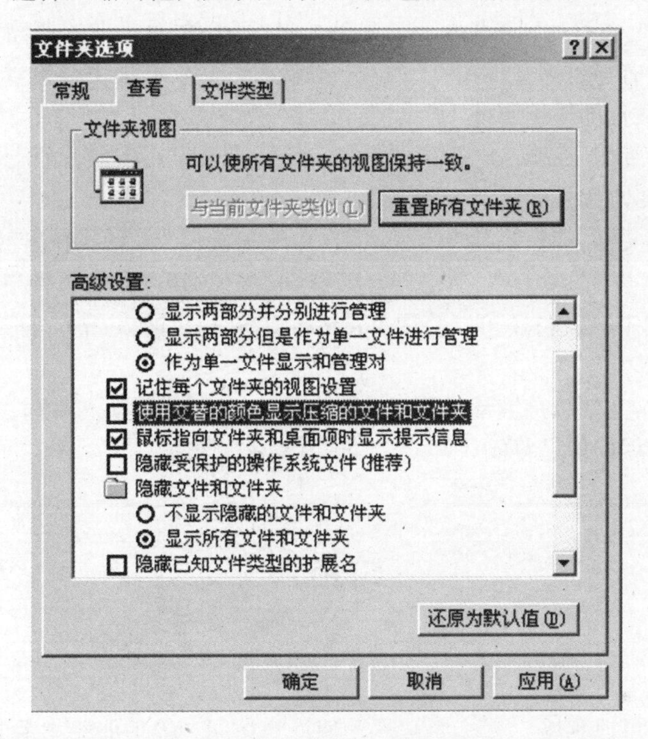

图6-11　查看文件压缩

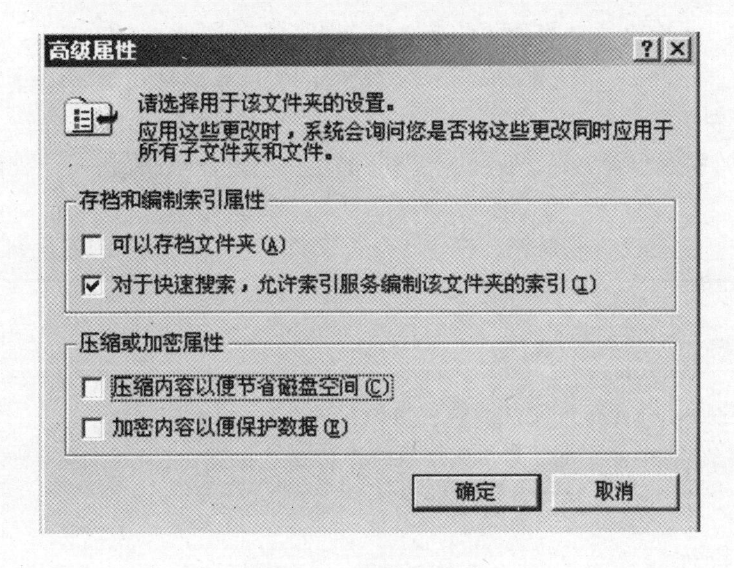

图6-12　设置文件压缩

注意:如果要修改前面过程中所概述的选项,文件名应该呈蓝色。另外一种代替的方法是单击文件以选取它,并查看压缩属性是否已经被设置。

压缩卷的方法与压缩文件和文件夹的方法相类似，只是在上面步骤 1 中，右键单击 NTFS 卷的磁盘驱动器。

当复制或移动具有 NTFS 权限（例如“只读取”）或属性（例如“压缩”）的文件至其他目录或卷时，文件的压缩属性可能会发生变化，文件的权限和属性会出乎人们意料地丢失。文件复制到 NTFS 卷上或移动到不同的 NTFS 卷上时，不管文件原来的压缩属性如何，复制或移动后的文件将具有与目标文件夹一致的压缩属性。但是，如果文件设置了加密属性，当文件复制和移动时，文件的压缩属性不会改变。

因为 Windows 2000 Server 会根据文件的实际大小来应用配额，而不是压缩后的文件大小，压缩文件不会影响用户的磁盘配额。

解压缩文件或文件夹时，右键单击压缩的文件和文件夹，并从弹出的快捷菜单中选择“属性”命令，在“常规”选项卡中，单击“高级”按钮，去掉“压缩内容以便节省磁盘空间”的复选标志，再单击“确定”按钮；还可以使用 Windows 2000 提供的 compact 命令对文件和文件夹进行压缩和解压缩。

在复制文件时，文件总是继承目标目录的权限。在卷内移动文件时，权限总是被保持。在卷之间移动文件就好像是复制一样。

习题六

一、填空题

1. 系统管理员可以利用 ____________，使用户访问和管理那些物理上跨网络分布的文件更加容易。

2. Microsoft MS-DOS 支持卷的文件系统格式是 ____________，Windows 98 支持卷的文件系统格式是 ____________，Windows NT 支持卷的文件系统格式是 ____________，而 Windows 2000 支持卷的文件系统格式是 ____________。

3. 为了增加数据的安全性，Windows 2000 的 ____________ 提供了一种核心文件加密技术。

4. ____________ 文件系统格式提供了压缩文件和文件夹以节约磁盘空间和解压缩文件和文件夹的能力。

二、简答题

1. 可以创建哪几种分布式文件系统根目录？各有什么特性？

2. Windows 2000 中使用的 NTFS 文件系统支持哪些特性？

3. Windows 文件系统支持哪几种文件格式？

三、上机操作题

1. 怎样进行文件加密？

2. 如何利用 Windows 2000 系统进行文件压缩？

第7章 网络技术基础

计算机网络是计算机技术与通信技术高度发展、紧密结合的产物,它代表了当代计算机体系结构发展的一个重要的方向。计算机网络技术包括硬件、软件、网络体系结构和通信技术。网络技术的进步正在对当前信息产业的发展产生着重要的影响。计算机网络技术的发展与应用的广泛程度是惊人的。

7.1 计算机网络的拓扑结构

7.1.1 计算机网络拓扑的定义

1. 拓扑结构与计算机网络拓扑

对于复杂的计算机网络结构设计,人们引入了拓扑结构的概念。拓扑学是几何学的一个分支,它是从图论演变过来的。拓扑学是指首先把实体抽象成与其大小、形状无关的点,将连接实体的线路抽象成线,进而研究点、线、面之间的关系。计算机网络拓扑就是通过计算机网络中各个节点与通信线路之间的几何关系来表示网络结构,进而反映出网络中各实体之间的结构关系。

2. 网络拓扑的定义

通常将网络中的计算机主机、终端和其他通信控制与处理设备抽象为节点,通信线路抽象为线路,而将节点和线路连接而成的几何图形称为网络的拓扑结构。网络的拓扑结构可以反映出网络中各实体之间的结构关系。

3. 网络拓扑的用途

网络拓扑的设计是建设计算机网络的第一步,也是实现各种协议的基础,它对网络性能、系统可靠性与通信费用、建设网络的投资等都有重大影响。计算机网络拓扑主要是指通信子网的拓扑构型。

7.1.2 网络拓扑的分类与基本网络拓扑结构的类型

1. 网络拓扑的分类

网络拓扑可以根据通信子网中的通信信道类型分为两类:广播信道通信子网的拓扑与点对点线路通信子网的拓扑。

(1)广播式的通信子网

在采用广播信道的通信子网中,一个公用的通信信道被多个节点共享。在任一时间内只允许一个节点使用公共通信信道,当一个节点利用公共通信信道"发送"数据时,其他节点只能"收听"正在发送的数据。采用广播信道通信子网的基本拓扑构型主要有总线型、树形、环形、无线通信与卫星通信型。

利用广播通信信道完成网络通信任务时,必须解决两个基本问题:

①确定通信对象,即有源节点和目的节点;

②解决多节点争用公用通信信道的问题。

(2)点对点式的通信子网

在采用点对点线路的通信子网中,每条物理线路连接一对节点。如果两个节点之间没有直接相连的物理线路,则它们之间的通信只能通过中间的其他节点转接。在采用点对点线路的通信子网中,任意两个要通信的节点之间可能存在多条路径,因此如何选择路径是需要解决的问题。采用点对点线路的通信子网的基本拓扑构型有四类:星形、环形、树形与网状拓扑。

2. 基本网络拓扑结构的类型

常见的基本网络拓扑结构有:总线型、星形、环形、树形与网状拓扑等(如图7-1所示)。其中总线型网络拓扑属于广播信道子网,其他的属于点对点通信子网的拓扑构型。

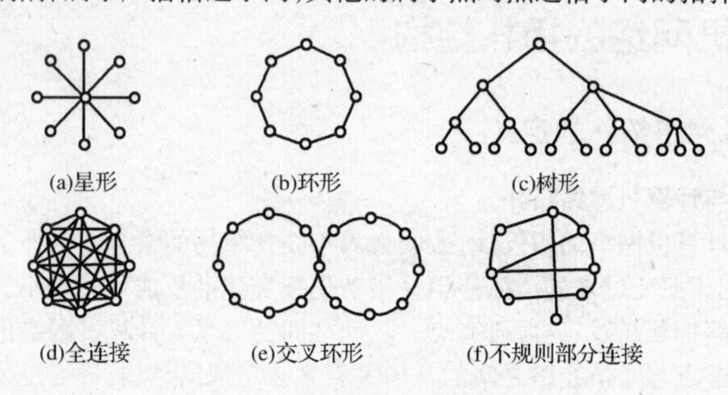

图7-1 常见网络拓扑结构

(1)总线型网络拓扑结构

在总线型网络中,使用单根传输线路(总线)作为传输介质,网络中的所有节点都要通过接口串接在总线上。网络中的每一个节点发送的信号都在总线中传送,并被网络上的其他节点所"收听",但在任一时刻只能由一个节点使用总线传送信息,网络中的所有节点共享该总线的带宽和信道,因而总线的带宽成为网络的瓶颈,网络的效率也随着网络节点数目的增加而急剧下降。

(2)星形拓扑

在星形拓扑构型中,节点通过点对点通信线路与中心节点连接。中心节点控制全网的通信,任何两节点之间的通信都要通过中心节点。因此,星形拓扑构型简单,易于实现,便于管理,但是网络的中心节点是全网可靠性的瓶颈,中心节点的故障可能造成全网瘫痪。

(3)环形拓扑

在环形拓扑构型中,节点通过点对点通信线路连接成闭合环路,环中的数据将沿一个方向逐站传送。环形拓扑结构简单,传输延时确定,但是环中的每个节点与连接节点之间的通信线路都会成为网络可靠性的瓶颈。环中的任何一个节点出现线路故障,都可能造成网络瘫痪。为保证环的正常工作,需要较复杂的环维护处理,环节点的加入和撤出过程都比较复杂。

(4)树形拓扑

在树形拓扑构型中,节点按层次进行连接,信息交换主要在上、下节点之间进行,相邻及同层节点之间一般不进行数据交换或数据交换量小。树形拓扑可以看成是星形拓扑的一种扩展,树形拓扑网络适用于汇集信息的应用要求。

(5)网状拓扑

网状拓扑又称无规则型。在网状拓扑构型中,节点之间的连接是任意的,没有规律的。网状拓扑的主要优点是系统可靠性高,但是结构复杂,必须采用路由选择算法与流量控制方法。目前实际存在与使用的广域网结构基本上都是采用的网状拓扑构型。

(6)卫星通信网络的拓扑构型

在卫星通信网络中,通信卫星就是一个中心交换站,通过分布在不同地理位置的地面站与各地区网络相互连接。地区网络可以采用上述任何一种网络拓扑结构。

在实际的网络应用中,网络拓扑结构往往不是单一类型的,而是上述几种类型混合而成的。

7.2 网络连接

7.2.1 网络和拨号连接概述

当用户的一台计算机与 Internet 网络或另一台计算机之间连接时,要通过网络和拨号连接来提供相关的参数设置与配置。通过网络和拨号连接,不管计算机物理上位于网络上什么位置,都可以访问网络资源。

"网络和拨号连接"文件夹中的每个连接都包含一组功能,可用来在一台计算机与另一计算机或网络之间建立连接。连接通过使用已经配置的访问方法(LAN、调制解调器、ISDN 线路等等)来访问远程服务器,从而建立与网络之间的连接。无论计算机是通过本地(LAN)连接还是远程(拨号、ISDN 等等)连接,都可执行需要的任何网络功能。例如,我们可以访问网络驱动器和文件、打印到网络打印机、浏览其他网络或者访问 Internet。

7.2.2 网络和拨号连接技术

1. 使用电话线和调制解调器

通过这种方式连接的网络是最普通的拨号连接,它是通过标准模拟电话线和调制解调器建立的。标准模拟电话线在全世界范围内都可用,并可以满足移动用户的大多数需要。标准模拟电话线也称为 PSTN(公共交换电话网)或 POTS(普通老式电话服务)。

2. 局域网连接

如果用户的计算机装有网卡,则在安装 Windows 2000 时,操作系统将检测网卡,并创建局域网连接。像所有其他连接类型一样,局域网连接将出现在"网络和拨号连接"文件夹中。局域网连接是唯一自动创建并激活的连接类型。默认情况下,局域网连接始终是激活的。

如果断开局域网连接,该连接将不再自动激活。这是由于硬件配置文件会记录此信息,并适应我们作为移动用户的位置变化的需求。例如,如果用户出差到外地的销售办事处,并且针对该地方使用不启用局域网连接的单独的硬件配置文件,那么不要浪费时间等待网卡连接超时,因为适配器甚至根本不会尝试进行连接。

如果计算机有多个网卡,则每个适配器的局域网连接图标都会显示在"网络和拨号连接"文件夹中。

如果对网络进行了更改,我们可以通过查看现有局域网连接的设置来反映这些改变。

通过“网络和拨号连接”中的“状态”菜单选项,可以查看连接信息,例如:连接持续的时间、速度、传输和接收的数据量以及特殊连接可用的所有诊断工具。

随着本地连接状态的不同,“网络和拨号连接”文件夹中的图标或者任务栏中的单个图标的外观也在发生变化。根据设计,如果计算机检测不到 LAN 适配器,本地连接图标就不会在“网络和拨号连接”文件夹中出现。

3. 直接连接

通过“网络和拨号连接”,用户可以使用 DirectParallel 电缆、串行电缆、调制解调器、ISDN 设备或其他方法创建到另一台计算机的物理连接。如果要从一台计算机使用两个网络上的资源,则可以使用通过 RS-232 调制解调器电缆建立的串行电缆连接。这只需将 RS-232 电缆从计算机上的 COM 端口连接到远程访问服务器上的 COM 端口(该端口用于创建网络访问)。如果用户的计算机在物理上靠近远程访问服务器,则也可以使用 RS-232 调制解调器代替网卡。所以,如果已经建立了直接网络连接,就需要确保资源控制位于可以访问有特权的文件夹、打印机等的位置。

4. 连接到网络

要连接到网络,通常需要执行以下几个步骤:

(1)单击“开始”,指向“设置”,单击“网络和拨号连接”,打开网络和拨号连接,如图7-2所示。

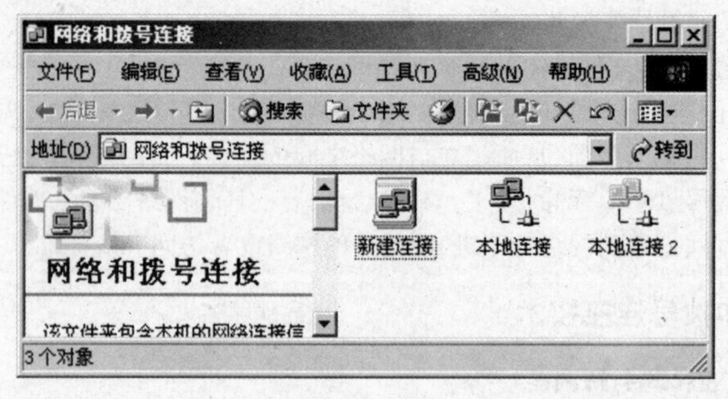

图 7-2 网络和拨号连接

(2)用鼠标双击要连接到网络的连接。

(3)如果出现提示,请在“连接类型”对话框里,输入用户名、密码和登录域。

如果该对话框中没有出现“登录域”,而用户又想登录到 Windows 2000 域,可通过下面两种方法键入用户名和 Windows 2000 域名:

①用户基本名前缀(用户名)和用户基本名后缀(Windows 2000 域名),中间用@ 连起来,例如“user@ sales. ch. applet. com”;

②Windows 2000 域名和用户名,中间用反斜杠(\)分开,例如“sales\user”。

在前一种方法中的后缀是一个完全合格的 DNS 域名。管理员可创建替代名称以简化登录,例如创建一个用户基本名后缀“applet”,允许用户使用更简单的 user@ applet. com 登录。

一旦连接到网络,就可以最小化连接窗口,然后使用电子邮件、“Windows 资源管理器”等。如果是连接到局域网,则局域网连接将会自动连接。如果在本地网络连接和远程连接上使用 IP 连接,将无法看到本地网上的所有计算机。

5. 断开与网络的连接

具体操作步骤如下：

(1)打开网络和拨号连接。

(2)右键单击要断开的连接，然后单击“断开”。

6. 创建虚拟专用网络(VPN)连接

具体操作步骤如下：

(1)打开网络和拨号连接。

(2)双击“新建连接”，进入网络连接向导。

(3)单击“下一步”进入网络类型选择，选择“通过 Internet 连接到专用网络”，再单击“下一步”按钮。

(4)如果已建立了拨号连接，请执行以下任一项操作：

①如果我们需要在建立到目标计算机或网络的隧道之前建立与 ISP 或其他网络的连接，请单击“自动拨此初始连接”，再单击列表中的连接，然后单击“下一步”按钮。

②如果不想自动拨打初始连接，请单击“不拨初始连接”，再单击“下一步”按钮。

(5)键入要连接的计算机或网络的主机名或 IP 地址。单击“下一步”按钮，执行以下任一项操作：

①如果要该连接对网络上的所有用户可用，请单击“所有用户使用此连接”，然后单击“下一步”按钮；

②如果要保留该连接为自己使用，请单击“只是我自己使用此连接”，然后单击“下一步”按钮。

(6)在窗口中，如果允许其他计算机通过该拨号连接访问资源，请选中“启用此连接的 Internet 连接共享”复选框，然后单击“下一步”按钮。

(7)键入连接名，然后单击“完成”按钮。

要使所有用户都可使用该连接，我们必须作为管理员或 Administrators 组成员登录。通过在“网络和拨号连接”文件夹中进行复制可以创建多个 VPN 连接，然后可以重命名连接并修改连接设置，这样可以很容易地创建不同的连接来适应多台主机、安全选项等。

7.2.3 Internet 连接

1. Internet 连接共享

如果用户要将家庭网络或小型办公室网络连接到 Internet，可以使用 Windows 2000 通过“网络和拨号连接”的 Internet 连接共享功能。例如，有一个家庭网络通过拨号连接与 Internet 相连，通过在使用拨号连接的计算机上启用 Internet 连接共享，可以为家庭网络中的计算机提供网络服务。当 Internet 连接共享被启用且用户检验其网络和 Internet 选项正确无误后，家庭网络和小型办公室网络用户就可以使用浏览器和邮件(如 Internet Explorer 和 Outlook Express)等应用程序，就像已连接到了 Internet 服务提供商(ISP)一样。Internet 连接共享计算机，然后拨叫 ISP 并创建连接，以便用户可以访问指定的 Web 地址或资源。要使用 Internet 连接共享特性，家庭办公室或小型办公室网络上的用户需将其本地连接的 TCP/IP 设置配置为自动获取 IP 地址，并且用户必须将其 Internet 选项配置为用于 Internet 连接共享。

2. 启用网络连接上的 Internet 连接共享

具体操作步骤如下:

(1)打开网络和拨号连接。

(2)右键单击要共享的拨号、VPN 或传入连接,然后单击“属性”。

(3)在“共享”选项卡中,选择“启用此连接的 Internet 连接共享”复选框。

(4)如果要让主网络上的另一台计算机在尝试访问外部资源时使用该连接并自动拨号,请选中“启用请求拨号”复选框,如图 7-3 所示。

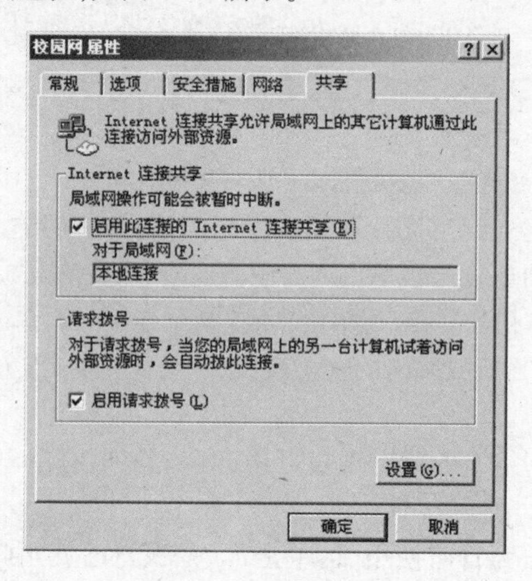

图 7-3 启用请求拨号

在启用 Internet 连接共享时,连接到主网络或小型办公室网络的网卡将获得新的静态 IP 地址配置。当 Internet 连接到共享计算机上时,现有的 TCP/IP 连接将失去,需要重新建立。

要使用 Internet 连接共享特性,家庭办公室或小型办公室网络上的用户必须在本地局域网上将 TCP/IP 配置为自动获取 IP 地址。家庭办公室或小型办公室网络用户也必须配置 Internet 连接共享的 Internet 选项。

如果 Internet 连接共享计算机使用 ISDN 或调制解调器连接到 Internet,则必须选中“启用随时拨号”复选框。要启用 Internet 连接共享,则必须是 Administrators 组成员。

3. Internet 连接共享设置

在启用 Internet 连接共享后,某些协议、服务、接口和路由都将自动配置,表 7-1 描述了这些已配置的项目。

表 7-1 自动配置的项目

配置项目	操 作
IP 地址 192.168.0.1	在连接到小型办公室或家庭办公室网络的 LAN 适配器上用子网掩码 255.255.255.0进行配置
自动拨号功能	已启用
静态默认 IP 路由	建立拨号网络时创建
Internet 连接共享服务	已启动
DHCP 分配者	对于默认范围 192.168.0.1 和子网掩码 255.255.255.0 启用
DNS 代理	已启用

如果在 LAN 连接上启用 Internet 连接共享,则连接到 Internet 的 LAN 接口的 TCP/IP 必须配置为使用默认网关。

4. 配置应用程序和服务的 Internet 连接共享

具体操作步骤如下:

(1)打开网络和拨号连接。

(2)右键单击该共享连接,然后单击“属性”。

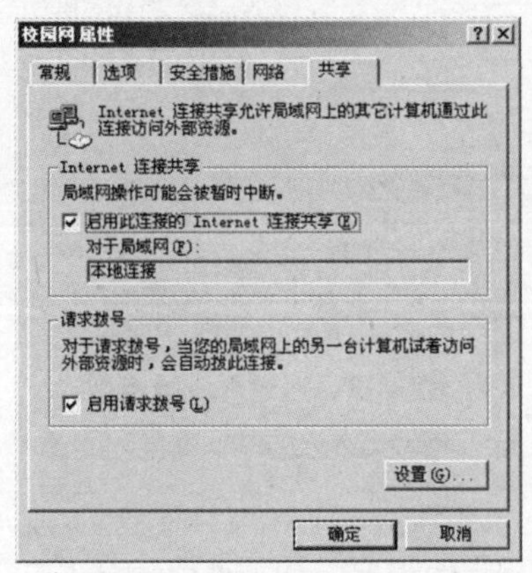

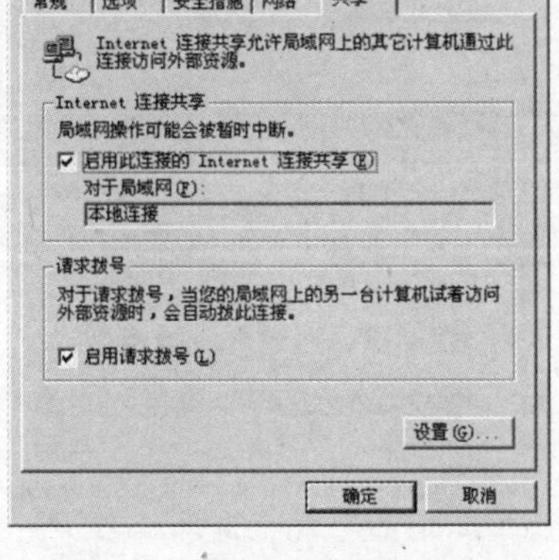

图 7-4　启用 Internet 连接共享

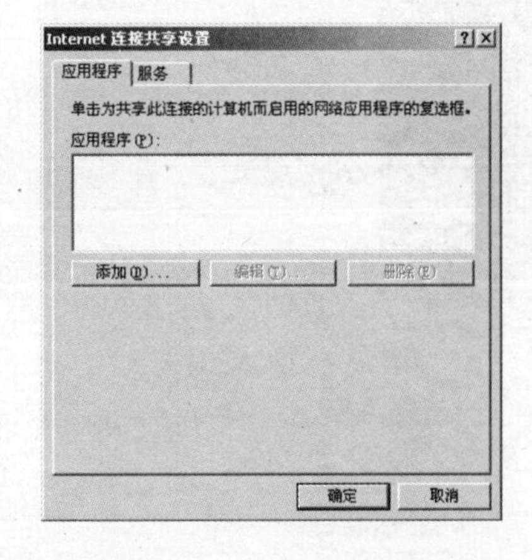

图 7-5　应用程序选项图

(3)在共享选项卡中,验证选中“启用此连接的 Internet 连接共享”复选框,如图 7-4 所示。

(4)如果要为共享此连接的计算机配置网络应用程序,请在“应用程序”选项卡中单击“添加”按钮,如图 7-5 所示。

(5)执行以下操作,键入添加的项目:

①在“应用程序名”中,键入易于识别的应用程序名,在“远程服务器端口号”中,键入应用程序所在的远程服务器端口号,然后单击“TCP”或“UDP”。

②在“TCP”或“UDP”两者中,键入应用程序将要连接的主网络的端口号,有些应用程序需要 TCP 和 UDP 端口号,单击“确定”按钮。

(6)如果要配置服务以提供给远程网络上的用户,请在“服务”选项卡中单击“添加”按钮,然后执行以下操作:

①在“服务名”文本框中,键入易于识别的服务名,在“服务端口号”文本框中,键入该服务所在计算机的端口号,然后单击“TCP”或“UDP”;

②在“专用网络上的服务器计算机的名称或地址”文本框中,键入服务所在的主网络上的计算机的名称或 TCP/IP 地址,单击“确定”按钮。

5. 配置 Internet 连接共享的 Internet 选项

(1)打开 Internet Explorer。

(2)如果还没有建立 Internet 连接,请执行以下步骤:

①单击“手工设置 Internet 连接或通过局域网(LAN)连接”,如图 7-6 所示,然后单击“下一步”按钮。

②单击“通过局域网(LAN)连接”,如图 7-7 所示,然后单击“下一步”按钮。

③单击“自动搜寻代理服务器(推荐使用)”复选框,如图 7-8 所示,然后单击“下一步”

按钮。如果我们想马上设置 Internet 邮件账户，并且清楚我们的连接信息，请单击“是”，如图7－9所示，并在连接向导提示时输入电子邮件账户信息；如果不想设置 Internet 邮件账户，请单击“否”，然后单击“下一步”，最后单击“完成”。

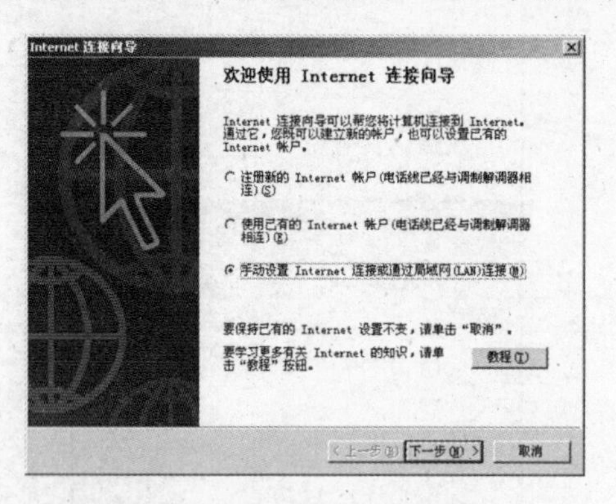

图7－6 手工设置连接

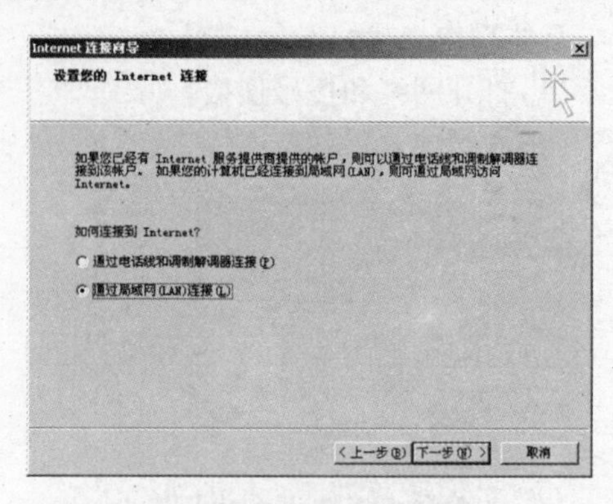

图7－7 通过局域网连接

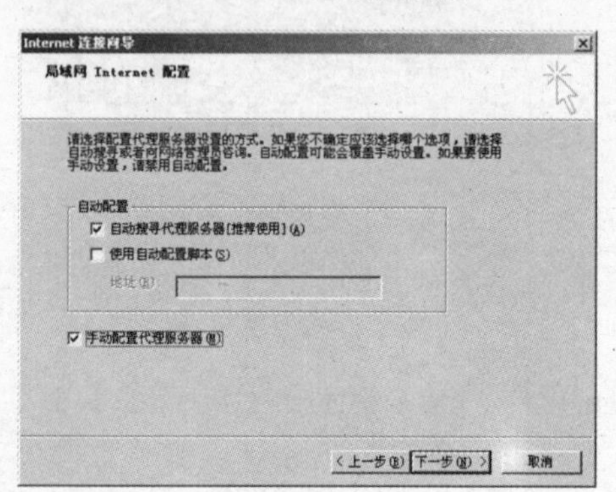

图7－8 自动搜寻代理服务器

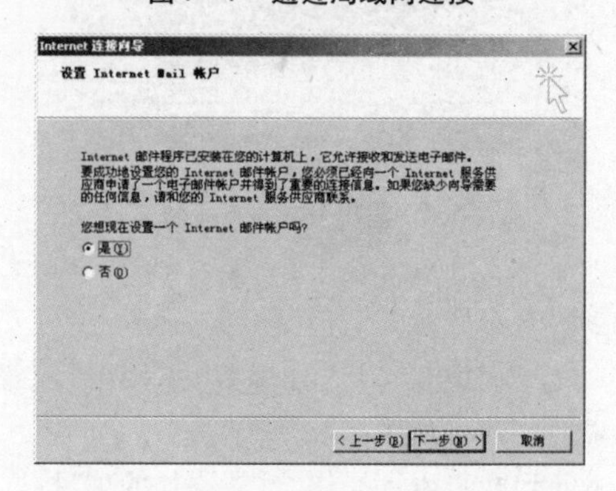

图7－9 设置 Internet 邮件账户

(3)如果已经建立 Internet 连接，请执行下列步骤：

①单击“工具”菜单下的“Internet 选项”，结果如图7－10所示。

②在“连接”选项卡中，单击“不进行拨号连接”，然后单击“局域网设置”按钮。

③在“自动配置”中，清除“自动检测设置”和“使用自动配置脚本”复选框。

④在“代理服务器”中，清除“为 LAN 使用代理服务器”复选框，如图7－11所示。

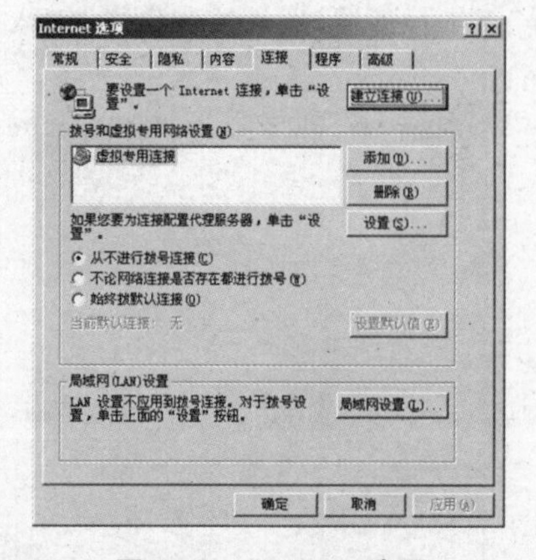

图7－10 Internet 选项

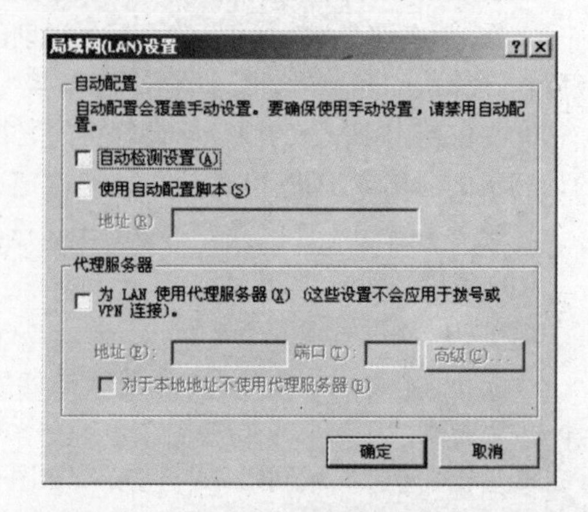

图7－11 局域网设置

6. Internet 连接

通过"网络和拨号连接"连接到 Internet 很方便,可以使用下列组件访问 Internet:

(1)TCP/IP 协议;

(2)如果是在企业域中,则需要拥有远程访问权限的用户账户;

(3)连接到 Internet 服务提供商(ISP)的调制解调器或其他连接;

(4)ISP 账户。

连接 Internet 时拨叫 ISP 以便登录到该系统。登录的实际顺序根据呼叫的 ISP 要求决定。PPP 连接经常是完全自动的,而 SLIP 连接可能需要我们通过终端登录,此登录可能允许也可能不允许我们使用 Switch. inf 文件中的脚本自动化登录。

7. ISP 访问方法

下列途径可使用户与 Internet 服务提供商(ISP)连接:电话线和调制解调器、ISDN 线路和 ISDN 适配器、AppleTalk 控制协议(ATCP)、X. 25 网络、点对点隧道协议(PPTP)或第二层隧道协议(L2TP)。

如果使用调制解调器,我们希望以尽可能快的速度来减少在 Internet 上的下载时间。这里推荐使用 28.8 Kb/s 或以上的调制解调器。

7.2.4 调制解调器

1. 调制解调器概述

常规电话系统上使用的电话线路是为使用模拟信号传输人类话音而设计的,而计算机以数字格式存储和处理数据,并且以二进制数字进行内部及相互通讯。

当两台计算机通过常规电话线互相通讯时,调制解调器将发送端计算机的二进制信息转换为可以通过电话线传送的模拟信号。在接收端,另一个调制解调器将模拟信号转换回计算机可以使用的二进制信息。从二进制数字到模拟信息的转化叫做"调制",从模拟信息到二进制数字的转化叫做"解调","调制解调器"(调制器和解调器的简写)就是执行这些转换的设备的名称。

Windows 支持许多不同的调制解调器,Microsoft 使用"网络和拨号连接"测试这些调制解调器。如果有一台调制解调器不在 Windows 系统中的调制解调器驱动程序列表中,则可使用厂家提供的用于 Windows 的安装盘或. inf 文件,那么它仍可能在 Windows 中正常工作。有些调制解调器与所支持的调制解调器是兼容的,并且可以通过选择所支持的信息进行安装。

查看调制解调器所附的文档可以获得详细信息,在制造商的 Web 站点也可以找到安装文件或其他有用的信息。

2. 安装调制解调器

在了解调制解调器后,我们就要对调制解调器进行安装与配置等一些操作,为拨号上网作准备。

(1)安装调制解调器

如果我们有一个带跳线的内置调制解调器(如图 7-12 右边的内置 Modem),请将跳线设置为 Windows 2000 即插即用;如果没有该选项,就设为 Windows 98 或 Windows 95,在空插槽中安装内置调制解调器。

如果用外置的调制解调器(如图 10-28 右边的外置 Modem),请确保它与计算机相连,应将外置式串行调制解调器连接到没有使用的 COM 端口上。插进电源，并在打开计算机启动 Windows 之前打开调制解调器，以确保调制解调器正确连接到电话线和计算机上。多数现在制造的调制解调器都是即插即用兼容，并且在连接到计算机后会自动安装。如果调制解调器不能自动安装，请使用“控制面板”中的“电话和调制解调器选项”手动安装调制解调器。

图 7－12 内置、外置调制解调器

(2)设置硬件连接

首先要把调制解调器连接到电源和电话系统上。

①把电源连接到调制解调器上。内置调制解调器直接由计算机供电，外置式调制解调器通常附带电源适配器，但有时由计算机供电。多数便携式计算机的便携式调制解调器都使用电池，有些直接从计算机获取电源。

②连接电缆。外置式串行调制解调器使用串行电缆(也称为 RS-232 电缆)连接到计算机。

③把电话线连接到调制解调器上。内置和外置调制解调器都使用模块化电话软线，称为 RJ-11 耦合器。通常新的调制解调器都包括耦合器，如使用老式四芯插座，可能需要一个适配器来连接到电话线上。

(3)安装调制解调器驱动程序

①打开“控制面板”中的“电话和调制解调器选项”对话框。

②如果系统提示我们需要位置信息，请输入位置的拨号信息，然后单击“确定”按钮。

③在“调制解调器”选项卡上，单击“添加”。

④按照“安装新调制解调器”向导中的指示进行操作。要完成该过程，我们必须登录为管理员或管理员组成员。如果我们的计算机连接在网络上，则网络规则设置也可能会禁止我们完成该过程。如果“安装新调制解调器”向导没有检测到调制解调器，或我们没有在列表中找到它，请参阅相关主题查找安装不支持的调制解调器的相关说明。

3. 配置调制解调器

具体操作步骤如下：

(1)在“控制面板”中打开“电话和调制解调器选项”对话框。

(2)在“调制解调器”选项卡上，单击要配置的调制解调器。

(3)选择所用的调制解调器，单击右键，然后再单击“属性”选项，选择相应的配置项进行设置。

要完成该过程，我们必须登录为管理员或管理员组成员。如果计算机连接在网络上，则网络规则设置也可能会禁止完成该过程。

4. 删除调制解调器

具体操作步骤如下:

(1)在“控制面板”中打开电话和调制解调器选项。

(2)在“调制解调器”选项卡中,单击要删除的调制解调器,并单击“删除”。

(3)单击“是”按钮,即可删除要删除的调制解调器。

7.2.5 ISDN 连接

ISDN 网络连接也是利用拨号连接,但它比普通的拨号连接的网络速度快。下面就 ISDN 线路、ISDN 适配器的安装及设置等进行介绍。

1. 使用 ISDN 线路

随着人们对网络连接速度要求的提高,现有普通拨号连接越来越满足不了人们的需求。为提高拨号连接网络连接的速率,综合业务数字网(ISDN)线路被投入使用。就两者速率而言,标准电话线的传输率一般是从 28.8 Kb/s 到 56 Kb/s ,而一般的 ISDN 设备能够达到 64 Kb/s 或 128 Kb/s。这比高速数据通讯技术所支持的局域网速度慢,但比模拟电话线快。当使用本地电话线进行网络连接时,ISDN 可以提供计算机和远程计算机或网络之间的端对端数字连接。

2. 使用 ISDN 线路创建拨号连接

具体操作步骤如下:

(1)打开网络和拨号连接,双击“新建连接”,然后单击“下一步”。

(2)单击“拨号到专用网络”,单击“下一步”,然后按照“网络连接向导”中的说明进行操作。

3. 安装 ISDN 适配器

安装“综合业务数字网(ISDN)”适配器,并启动计算机。如果安装了一个以上的 ISDN 适配器,则必须在安装了 ISDN 驱动程序之后重新启动计算机。否则,在配置网络连接使用 ISDN 时,可能不会显示所有可用的 ISDN 端口。

可以使用设备管理器来配置系统,以使 ISDN 适配器了解它所连接的电话交换机的类型。交换机类型简单地说,是指电话公司用来向我们提供 ISDN 服务的设备的品牌和软件版本级别。世界上只有几种交换机类型,在美国以外的国家(地区)只有一种。交换机类型包括 NTI(Northern Telecom),NI-1(National ISDN-1)和 ATT(AT&T)。

如果 ISDN 适配器是内置的,则它将显示在“网卡”中;如果 ISDN 适配器是外置的,它将在“调制解调器”中出现。

4. 配置 ISDN 设置

具体操作步骤如下:

(1)打开网络和拨号连接。

(2)右键单击使用 ISDN 的拨号连接,然后单击“属性”。

(3)在“常规”选项卡的“连接时使用”中,单击 ISDN 设备。

(4)单击“配置”按钮,在“ISDN 配置”对话框中,执行下面一项或两项操作:

①在“线路类型”中,单击要使用的线路类型。线路类型按照从最高到最低质量的顺序列出。

②如果要开始协商所选的线路类型,然后根据线路的条件协商低质量的线路类型,请选中“协商线路类型”复选框。

根据正在使用的 ISDN 适配器类型,当我们单击“配置”时,出现“调制解调器配置”对话框，在对话框中进行相应的设置即可。

7.3 TCP/IP

在整个计算机网络（无论 Internet 或者公司局域网）通信中，使用最为广泛的通信协议便是 TCP/IP 协议。它是网络互连的标准协议，连入 Internet 的计算机进行信息交换和传输都需要采用该协议。在 Windows 2000 Server 系统下实现和其他操作系统的连接与通信以及配置各种专门功能的服务器（例如，配置 DNS 服务器、DHCP 服务器以及实现与 Netware 或 UNIX 系统的连接）的过程中，TCP/IP 是使用最频繁的一个网络组件。因此，在所有的网络组件中我们选择该协议进行专门介绍。

7.3.1 什么是 TCP/IP 协议

TCP/IP 协议是网络中使用的基于软件的通信协议，包括传输控制协议（Transmission Control Protocol，简称 TCP）和网际协议（Internet Protocol，简称 IP）。TCP/IP 是普通用户使用的网络互联的标准协议，可使不同环境下的不同节点进行彼此通信，是连入 Internet 的所有计算机在网络上进行各种信息交换和传输所必须采用的协议，也是 Windows NT，Windows 2000 Server，NetWare 及 UNIX 互联所采用的协议。TCP/IP 实际上是一种层次型协议，是一组协议的代名词，它的内部包含许多其他的协议，组成了 TCP/IP 协议组。在 Windows 2000 Server 里，TCP/IP 包含以下几方面：

- IP 协议；
- 文件传输协议（FTP）；
- 简单网络管理协议（SNMP）；
- TCP/IP 网络打印；
- 动态主机配置协议（DHCP）；
- 域命名服务（DNS）；
- TCP/IP 实用程序。

为了便于用户理解 TCP/IP 的分层模式，图 7－13 给出了 TCP/IP 与 ISO7498 中的 IOS 协议的对照图。

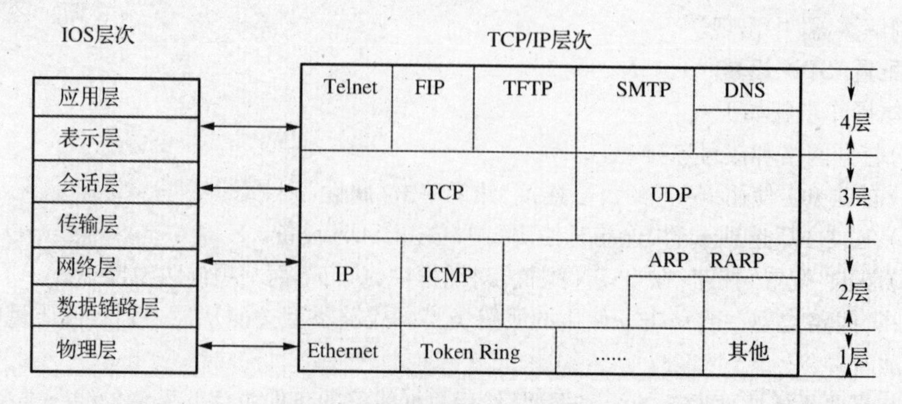

图 7－13 TCP/IP 层次模型

在 TCP/IP 协议的分组中，第一层是协议实现的基础，包含 Ethernet 和 Token Ring 等各种网络标准。第二层包含四个主要的协议:IP,ICMP,ARP 和 RARP。它将多个网络连成一个 Internet 网,通过 Internet 网传送数据报,提供可靠的无连接报文分组传送服务,并能够实现逻辑地址(即 IP 地址)与物理地址的相互转换。IP 提供了专门的功能,解决与各种网络物理地址的转换。第三层包含两个主要的协议:TCP 和 UDP。在 IP 协议的基础上,提供可靠的面向连接的服务,并使发送方能区分一台计算机上的多个接收者,从而实现两个用户进程之间传递数据报。第四层则定义了各种机型上主要采用的协议:FTP,Telnet,DNS,SMTP 等。它提供远程访问服务,使用户可以在本地机器和远程机器间进行有关文件的操作和邮件传输,并能将名称解析成 IP 地址。

为使读者进一步深入了解 TCP/IP 协议的层次模型,下面给出 TCP/IP 协议本身的分层模型图,如图 7-14 所示。

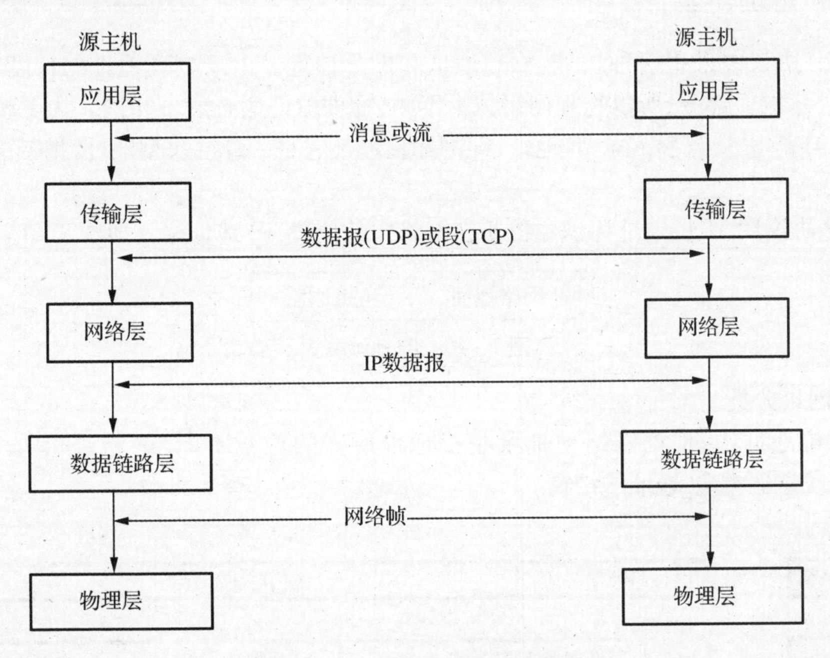

图 7-14　TCP/IP 协议分层

如图 7-14 源主机中向下箭头所示,数据单元被传到传输层协议。在该层进行一系列操作,把一个标题传输到它的 UDP 上,这个数据单元现在被称为一个段。传输层将这个段向下传递给网络层,也称为 IP 层的网络层,再进行规定的操作并加上一个标题,然后把这个段称为 IP 数据报。IP 数据报的单元向下传给数据链路层。数据链路层将一个标题和一个报尾附加到该 IP 数据报上,形成网络帧。然后,物理层把这个网络帧发送到网络上。通过网络硬件传送到目的主机的物理层。目的主机在相应层中把标题去掉,拆开单 TCP/IP 分层模型元,各层用标题来决定必须要采取的行动。最后,目的主机获得发送的数据单元。

在 TCP/IP 协议分层模型中还存在两个重要的边界:协议地址边界与操作系统边界。其中协议地址边界在 TCP/IP 协议中存在两个地址:IP 逻辑地址和物理地址。它们所使用的层次有一定的界限,网络层及其以上的层次软件使用 IP 逻辑地址,而数据链路层及物理层则使用物理地址。不同的 TCP/IP 实现,操作系统的边界可能也不同,一般采用的边界在应用层与传输层之间。应用层为用户应用软件,而传输层及其以下各层则运行操作系统内部软件。图 7-15 列出了两大边界在 TCP/IP 分层模型中的对应关系。

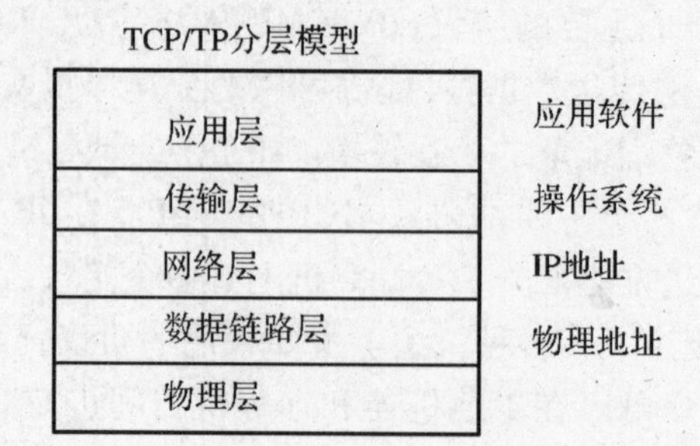

图 7-15　两大边界在 TCP/IP 分层模型中的对应关系

7.3.2　IP 地址类型

TCP/IP 协议中采用两种地址:物理地址和网际地址。由于物理地址的长度、格式等是物理网络技术的一部分,所以物理网络技术不同,物理地址也必然不相同。为了统一各种网路的地址,TCP/IP 协议引入了 IP 地址,即网际地址。它是一种层次型地址,携带关于对象位置的信息。

TC/IP 协议用 32 位地址标识主机所在网络中的位置,IP 地址格式如图 7-16 所示。

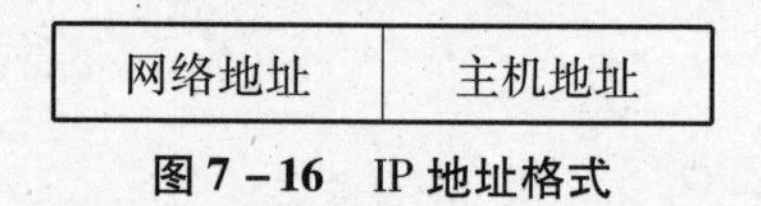

图 7-16　IP 地址格式

1. IP 地址分类

在 32 位地址中,根据网络地址及主机地址所占的位数不同,IP 地址可分为五类,图 7-17列出了这五类 IP 地址的结构。

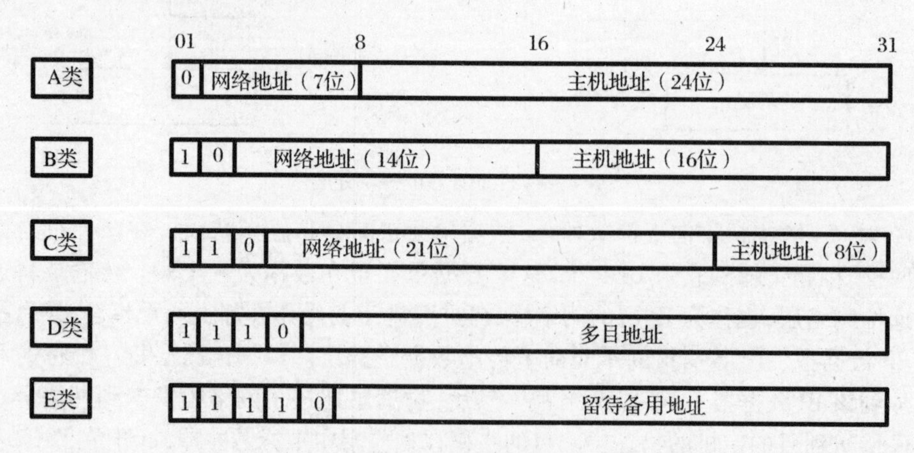

图 7-17　IP 地址结构

(1)A 类地址:由于其网络地址所占位数少,而主机地址占位多,所以它适用于拥有大量主机的大型网络。7 位网络地址表示 A 类网络中最多可拥有 127 个网络,24 位主机地址表示 A 类网络中最多可容纳 2^{23}个主机。

(2)B 类地址:由于其网络地址和主机地址分别占 14 位和 16 位,所以它适用于中型网。14 位网络地址表示 B 类网络中最多可拥有 2^{13}个网络,而 16 位主机地址表示每个 B 类网络中最多可容纳 2^{15}个主机。

(3)C类地址:由于其网络地址和主机地址分别占21位和8位,所以它适用于小型网。21位网络地址表示C类网络中最多可拥有2^{20}个网络,而8位主机地址则表示每个C类网络中最多可容纳2^7个主机。

(4)D类地址:用于多目传输,是一种比广播地址稍弱的形式,支持多目传输技术。

(5)E类地址:用于将来的扩展之用。

2. 特殊IP地址

除了以上五类IP地址外,还有几种具有特殊意义的地址:

(1)广播地址:TCP/IP协议规定,主机地址各位均为“1”的IP地址用于广播之用,所以又称为广播地址。广播地址的用途是同时向网络中的所有主机发送消息。广播地址本身又根据广播的范围不同,可细分为直接广播地址和有限广播地址。

①直接广播地址:32位IP地址中给定的网络地址,直接对给定的网络进行广播发送。这种地址直观,但必须知道信宿网络地址。

②有限广播地址:32位IP地址均为“1”,表示向源主机所在的网络进行广播发送,即本网广播,它不需要知道网络地址。

(2)“0”地址:TCP/IP协议规定,32位IP地址中网络地址均为“0”的地址,表示本地网络。

(3)回送地址:用于网络软件测试以及本地机进程间通信的地址是网络地址为“11111110”的地址。无论什么程序,只要采用回送地址发送数据,TCP/IP协议软件立即返回它,不进行任何网络的传送。

在协议软件中,IP地址是以32位二进制形式表示的,对于用户来说,不够直观。在TCP/IP协议中,又采用“点分十进制”表示法,即用4个十进制整数,每个整数对应一个字节,整数与整数之间以小数点“.”为分隔符的表示方法,例如123.165.47.11。对应上面的IP地址类型,如果用“点分十进制”表示,则应如表7-2所示。

表7-2 TCP/IP协议中IP地址的点分十进制表示

IP地址	IP地址点分十进制表示法
A类	网络地址-主机地址-主机地址-主机地址
B类	网络地址-网络地址-主机地址-主机地址
C类	网络地址-网络地址-网络地址-主机地址
D类	不用
E类	不用

除了“点分十进制”表示法在TCP/IP协议面向用户的文档中使用外,还有对于用户更为直观的方法,即TCP/IP协议所提供的域名服务(DNS)。

7.3.3 子网掩码

TCP/IP协议标准规定:每一个使用子网的网点都选择一个除IP地址外的32位的位模式。位模式中的某位置为1,则对应IP地址中的某位为网络地址中的一位;位模式中的某位置为0,则对应IP地址中的某位为主机地址中的一位。这种位模式称做子网掩码。

子网掩码的最大用途是让TCP/IP协议能够快速判断两个IP地址是否属于同一个子网。子网掩码可以用来判断寻径算法条件,例如178.11.45.6和178.11.45.99,则使用的子

网掩码为255.255.255.0。对于该IP地址及子网掩码,判断寻径算法条件的过程为:

(1)如果信宿IP地址和子网掩码相对应(例如上例),就把数据报发送到本地网络上;

(2)如果信宿IP地址和子网掩码不对应,就把数据报发送到和信宿IP地址相应的网关上。

7.3.4 TCP/IP协议的新特性

Windows 2000的TCP/IP进行了更新,包括几个特征。它简化了单个子网的配置,并优化了宽带网络环境中的TCP性能。这些新特征支持如下用途:

(1)自动专用IP地址(APIPA)

自动专用IP地址用于为单个子网自动配置TCP/IP地址,不包括DHCP服务器。在默认情况下,运行Windows 2000的计算机首次试图联系网络中的DHCP服务器时,即可以获得每个网络连接的动态配置。

如果DHCP服务器可以接通和释放,配置是成功的,TCP/IP配置完成;如果DHCP服务器不能接通,计算机使用APIPA来自动配置TCP/IP。当使用APIPA时,Windows 2000在保留IP地址169.254.0.1到169.254.255.254之间指定一个地址。在定位到DHCP服务器之前,此地址用临时IP地址配置,子网掩码设置为255.255.0.0。

用于APIPA的IP地址范围(169.254.0.1 ~169.254.255.254)被国际互联网号码分配机构(IANA)保留。此范围中的任何IP地址不能在Internet上使用。APIPA删除了没有连接到Internet中的单个网络小型办公室和家庭办公室网络的IP地址。

(2)大型TCP窗口

窗口尺寸是不使用肯定应答就能发送的包的最大数量。当大量数据在发送者和接收者之间传送时,大的TCP窗口改进了TCP/IP的性能。在典型的基于TCP的通信中,窗口大小常常固定在开始连接时的大小,并限制为64 KB。

利用大型窗口的支持,必要时在长时间会话中使用TCP选项,可以动态重算和按比例设置窗口尺寸。利用此选项,更多的数据包可以在网络中一次传送,这增加了带宽使用的效率。

(3)可选应答

在典型的基于TCP的通信中,应答是累积的。TCP只应答与以前应答段接近的收到的段,非邻近的段(不按顺序收到的段)不被给予明确的应答。TCP要求段在一段时间内接收和应答,如果丢失了段,所有该段之后的段必须重新发送。

可选应答是最新的TCP选项,它允许接收者有选择的通知并要求发送者只重新发送确实丢失的数据。这使得需要重新传送的数据更少,更好地利用网络。

(4)更好RTT估算

RTT是由TCP使用来估算在发送者和接收者之间来回通信所需的时间。Windows 2000支持使用"TCP来回时间测量"选项来改进RTT的估算方法。通过计算更准确的RTT信息,TCP可以通过更好的估算来设置传送时间,这有助于提高整个TCP的速度和性能。

7.3.5 在Windows 2000 Server中配置TCP/IP协议

用户在将所需要的网络组件都安装到系统中后,必须对网络组件进行许多配置,因为只是将网络组件安装在系统中并不能启动它们,诸如DNS服务、DHCP服务等服务器功能的启动依赖于与之捆绑在一起的协议、客户组件的正常工作。本节我们便来对TCP/IP协议这个在Windows 2000 Server中应用最广泛,同时也是最重要的网络组件配置操作进行介绍。用

户在 Windows 2000 Server 计算机上安装和配置 TCPIP 协议之前,需要知道以下信息:

(1)如果没有 DHCP 服务器连接到网络上,就必须为计算机上安装的每个网络适配器卡分配网络卡的 IP 地址和子网掩码。

(2)本地 IP 路由器的 IP 地址。

(3)本计算机是否作为 DHCP 服务器。

(4)本计算机是否是 WINS 代理执行者。

(5)本计算机是否使用域名系统(DNS)。如果使用的话,必须知道网络上可用的 DNS 服务器的 IP 地址,用户可以选择一个或多个 DNS 服务器。

(6)如果网络中有一个可用的 WINS 服务器,还必须知道它的 IP 地址。和 DNS 一样,可以配置多个 WINS 服务器。

7.3.6 TCP/IP 协议常规设置

在 TCP/IP 协议的配置当中,最基本的设置便是为本机系统设定一个网络 IP 地址数值。因为这个 IP 地址数值将是用户的 Windows 2000 Server 系统实现各种网络服务与功能的必要条件。如果用户所在网络中有 DHCP 服务器的话,用户可以向服务器请求一个动态的临时 IP 地址,该服务器将自动为用户分配一个与其他网络 IP 地址不重复的单独的 IP 地址。另外,用户也可以从网络管理员处索要适当的 IP 地址,然后自己手动进行设置。下面我们便来介绍如何设置 IP 地址及其他相关设置,具体操作步骤如下:

(1)在桌面上右击"网上邻居"图标,从打开的快捷菜单中选择"属性"命令,打开"网上邻居"窗口。

(2)右击"本地连接"图标,从打开的快捷菜单中选择"属性"命令,打开"本地连接属性"对话框。

(3)在"这个连接使用下列选定的组件"列表框中选定"Internet 协议(TCP/IP)"组件。

(4)单击"属性"按钮,打开"常规"选项卡,如图 7-18 所示。

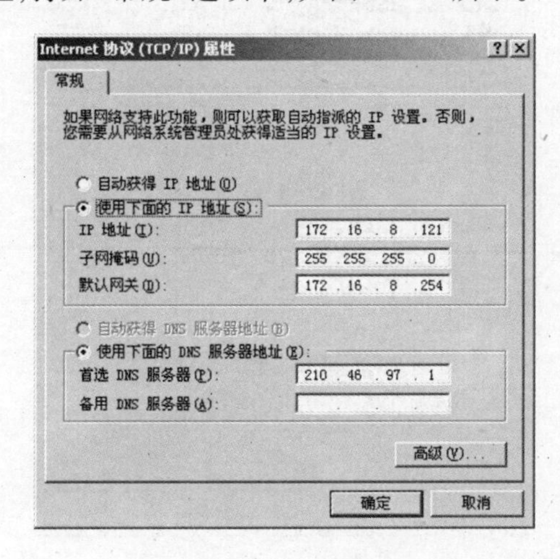

图 7-18 "常规"选项卡

(5)用户需要根据本地计算机所在网络的具体情况以及使用本书前面讲过的信息,决定是否使用网络中的动态主机配置协议(DHCP)提供的 IP 地址和子网掩码。如果是的话,就选定"自动获得 IP 地址"单选按钮,那么用户所在网络中的 DHCP 服务器将会自动地租用一个 IP 地址给计算机;如果不想通过 DHCP 服务器分配一个 IP 地址,也就是说打算手工输入 IP 地址,请选定“使用下面的 IP 地址”单选按钮。

(6)如果用户选择手工输入 IP 地址,就需在“IP 地址”文本框里输入一个 12 位数字的 IP 地址。这时用户一定要正确地输入这些数字,尤其当地址中有零和空格时。如果有疑问就向网络系统管理员询问一下 IP 地址。如果用户是网络系统管理员,则要确保正确输入,因为网络上两个相同的 IP 地址会使两台计算机都出现问题。这里本机输入的 IP 地址为 172.16.8.121。

(7)在“子网掩码”文本框里输入子网掩码。这里本机输入的子网掩码为 255.255.255.0。用户需要注意的是在输入子网掩码时一定要按照正确的顺序输入正确的数字。

(8)在“默认网关”文本框里输入本地路由器或网桥的 IP 地址,确保以正确的顺序输入正确的数字。

(9)如果用户可以从所在网络的服务器那里获得一个 DNS 服务器地址,请选定“自动获得 DNS 服务器地址”单选按钮。

(10)如果用户的计算机不能从本地网络中获得一个 DNS 服务器地址或者用户为网络系统管理员,则可以通过手工输入 DNS 服务器的地址,这时用户需要选定“使用下面的 DNS 服务器地址”单选按钮。

(11)在“首选 DNS 服务器”文本框中输入正确的数字地址。这里本机输入的地址为 210.46.97.1。

(12)在“备用 DNS 服务器”文本框中输入正确的备用 DNS 服务器地址。该服务器能在主 DNS 服务器无法正常工作时代替主服务器为客户机提供域名服务。

(13)在为本地服务器手动配置了 IP 和网关地址后,如果用户又希望为选定的网络适配器指定附加的 IP 地址和子网掩码或添加附加的网关地址的话,请单击“高级”按钮,打开“高级 TCP/IP 设置”选项卡,如图 7-19 所示。

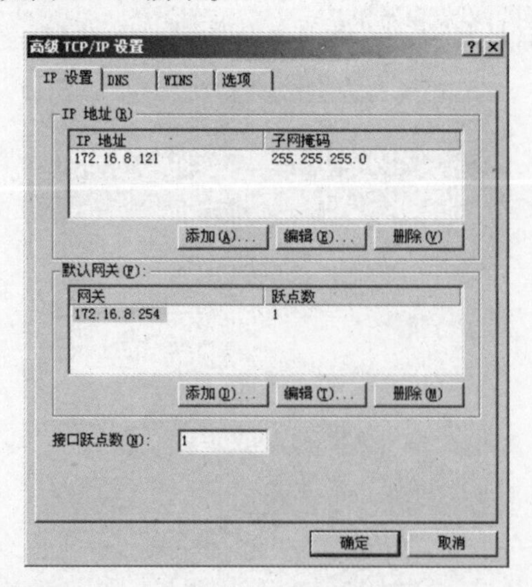

图 7-19 “高级 TCP/IP 设置”选项卡

(14)如果用户希望添加新的 IP 地址和子网掩码,请单击“IP 地址”选项区域中的“添加”按钮,打开“TCP/IP 地址”对话框。

(15)用户可在“IP 地址”和“子网掩码”文本框中输入新的地址,然后单击“添加”按钮,附加的IP地址和子网掩码将被添加到“IP地址”列表框中。用户最多指定五个附加IP地址和子网掩码,这对于包含多个逻辑IP网络进行物理连接的系统很有用。

(16)如果用户希望对已经指定的IP地址和子网掩码进行编辑的话,请单击“IP地址”选项区域中的“编辑”按钮以打开“TCP/IP地址”对话框。

(17)对话框中的“IP地址”和“子网掩码”文本框中将显示用户曾经配置的IP地址和子网掩码,并且IP地址还处于可编辑状态,用户可以对原有的IP地址和子网掩码进行任意编辑,然后单击“确定”按钮以使修改生效。

(18)在“默认网关”选项区域中用户可以对已有的网关地址进行编辑和删除,或者添加新的网关地址。对于多个网关,还得指定每个网关的优先权,可通过使它的IP地址在列表中变高或变低来相应地使它的优先权变高或变低。Windows 2000 Server使用第一个网关地址并接着向下依次查找网关地址,直到它找到一个服务于信宿地址的网关为止。

(19)在“IP设置”选项卡中的“接口指标”文本框中用户可以输入或修改接口指标的数值,该数值是用来设置网关的接口指标以实现网络连接的。如果在“默认网关”列表框中有多个网关选项,则系统会自动启用接口指标数值最小的一个网关,默认情况下接口指标的数值为1。

(20)在“默认网关”列表框中,选定一个网关选项,单击“编辑”按钮,打开“TCP/IP”对话框。在该对话框中,用户可以同时对网关和接口指标数值进行修改,然后单击“确定”按钮以使修改生效。

(21)当用户完成了所有的TCP/IP设置后,系统将自动返回到“常规”选项卡界面,单击“确定”按钮以使所有设置生效。

7.3.7 IP安全设置

IP安全设置主要是为网络通信设置的某种安全策略,它适用于所有启用TCP/IP的连接,通过启用IP安全设置可以保证网络客户在网络上的通信安全。例如,启用“安全服务器”策略后,该策略不允许与不受信任的网络客户机进行不加密的通信。下面给出设置的具体操作步骤:

(1)在如图7-19所示的窗口中,单击“选项”选项卡,如图7-20所示。

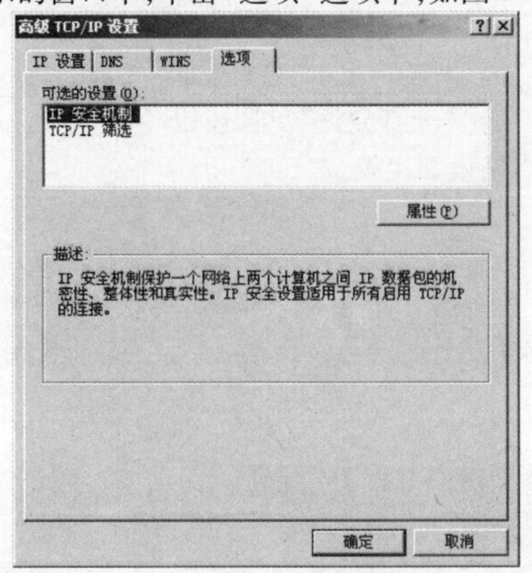

图7-20 “选项”选项卡

(2)在“可选的设置”列表框中选定“IP 安全机制”选项,单击“属性”按钮,打开“IP 安全设置”对话框。

(3)如果不想在网络通信中启用 IP 安全策略,用户可以选定“不使用 IPSEC”单选按钮。

(4)通常系统建议选定“使用以下 IP 安全策略”单选按钮,然后在下面的安全策略下拉列表框中选择一种系统提供给用户的安全策略。

(5)单击“确定”按钮以使设置生效。

7.3.8 TCP/IP 筛选设置

TCP/IP 筛选设置让用户限制计算机所能处理的网络通信量。特别要提到的是,通过设置 TCP/IP 筛选可以限制网络客户不能从特定的 TCP 端口和用户数据报协议(UDP)端口传输数据,而只能使用特定的网际协议来传输。下面我们给出设置的具体操作步骤:

(1)在如图 7-20 所示的窗口中的“可选的设置”列表框中选定“TCP/IP 筛选”选项,单击“属性”按钮,打开“TCP/IP 筛选”对话框,如图 7-21 所示。

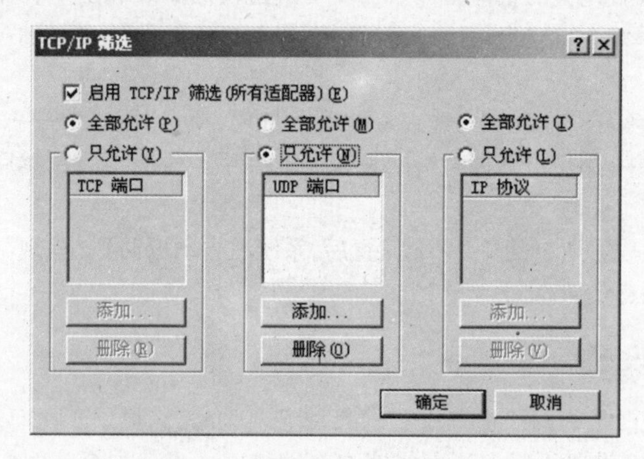

图 7-21 “TCP/IP 筛选”对话框

(2)如果用户的服务器中配置有多个网络适配器,请选定“启用 TCP/IP 筛选(所有适配器)”复选框。需要注意的是,用户必须选定该复选框才能使 TCP/IP 筛选功能应用到所有的网络适配器。

(3)对于初始化配置,为 TCP 端口单击“全部允许”单选按钮,为 UDP 端口单击“全部允许”单选按钮,并为 IP 协议单击“全部允许”单选按钮。

(4)单击“确定”按钮以使设置生效。

7.4 诊断连接

当用户安装、连接了所需的基本网络硬件后,可通过执行某些命令等手段来测试网络是否连通。

7.4.1 使用 Ping 命令测试 TCP/IP 配置

使用 Ping 命令可以进行如下的操作:

(1)要快速获取计算机的 TCP/IP 配置,请打开命令提示符,然后键入“ipconfig”。

(2)在命令提示行中,通过键入"Ping 127.0.0.1"测试环回地址的连通性。如果Ping命令失败,请验证安装和配置TCP/IP之后是否重新启动计算机。

(3)使用Ping命令检测计算机IP地址的连通性。如果Ping命令失败,请验证安装和配置TCP/IP之后是否重新启动计算机。

(4)使用Ping命令检测默认网关IP地址的连通性。如果Ping命令执行失败,请验证默认网关IP地址是否正确及网络路由器是否运行。

(5)使用Ping命令检测远程主机(不同子网上的主机)IP地址的连通性。如果Ping命令失败,请验证远程主机的IP地址是否正确、远程主机是否运行,以及该计算机和远程主机之间的所有网关(路由器)是否运行。

(6)使用Ping命令检测DNS服务器IP地址的连通性。如果Ping命令失败,请验证DNS服务器的IP地址是否正确、DNS服务器是否运行,以及该计算机和DNS服务器之间的网关(路由器)是否运行。

7.4.2 使用tracert命令跟踪路径

使用tracert命令跟踪路径操作如下:

(1)单击"开始",指向"程序"、"附件",然后单击"命令提示符"。

(2)打开命令提示符后键入tracert host_name,或者键入tracert ip_address,其中host_name或ip_address分别是远程计算机的主机名或IP地址。

例如,要跟踪从该计算机到www. applet. com的连接路由,请在命令提示行键入tracert www. applet. com。

说明:(1)tracert命令跟踪TCP/IP数据包从该计算机到其他远程计算机所采用的路径。tracert命令使用ICMP响应请求并答复消息(和Ping命令类似),产生关于经过的每个路由器及每个跃点的往返时间(RTT)的命令行报告输出。

(2)如果tracert失败,可用命令输出来帮助确定是哪个中介路由器转发失败或耗时太多。

7.4.3 使用nbtstat命令查看NetBIOS名称表

使用nbtstat命令查看NetBIOS名称表操作如下:

(1)打开命令提示符。

(2)在命令提示符下,键入nbtstat-n。

该计算机的NetBIOS本地名称表是以命令行输出的形式显示的。列出名称类型以表示每个名称是唯一的还是组名称,同时也给出每个名称的状态,表示该名称是否在网络上注册。

7.4.4 使用nbtstat命令释放和刷新NetBIOS名称

使用nbtstat命令释放和刷新NetBIOS名称操作如下:

(1)打开命令提示符。

(2)在命令提示符下,键入nbtstat-RR。

释放和刷新过程的进度以命令行输出的形式显示。该信息表明当前注册在该计算机的WINS中的所有本地NetBIOS名称是否已经使用WINS服务器释放和续订了注册。nbtstat命

令还具有如下功能:

①显示该计算机或其他远程计算机所注册的 NetBIOS 名称;

②显示该计算机或其他远程计算机上的 NetBIOS 名称缓存的内容;

③使用 Lmhosts 文件中的项目和#PRE 选项手动加载或重载 NetBIOS 名称缓存;

④显示 TCP/IP 上的 NetBIOS 会话统计。

习题七

一、填空题

1. PSTN 指的是____________。

2. 在 TCP/IP 协议中,TCP 指的是____________。

3. 在 TCP/IP 协议中,IP 指的是____________。

4. 网卡的 IP 地址设置可以分为____________和____________两种。

5. 在网络中可用____________命令来测试与某个 IP 地址是否连通。

6. Internet 信息服务在安装之前需要在计算机中已经安装____________协议。

7. 在命令提示行,可以通过键入____________来测试环回地址的连通性。

8. 每个 IP 地址内部分成两部分,分别是____________和____________。

9. 网络拓扑可以根据通信子网中的通信信道类型分为____________和____________两类拓扑。

二、简答题

1. 常见的基本网络拓扑结构有哪几种?

2. 简述调制解调器的工作原理。

3. 网卡的 IP 地址设置可以分为哪两种?

4. IP 地址除了分有 A,B,C,D,E 五类地址以外,还有哪几种具有特殊意义的地址?

5. ISDN 和普通的拨号连接网络有什么区别?

三、上机操作题

1. 找一个内置或外置的 Modem 将它连接到计算机上,正确的进行配置后通过电话线路连接到 Internet 上。

2. 在一台计算机上安装一个网卡,然后配置 TCP/IP 的各项参数。

3. 在命令提示符状态下,用 Ping 命令检测 IP 地址。

第 8 章　配置 DNS,DHCP 和 WINS 服务器

Windows 2000 Server 具有一些非常强大的网络特性和实用工具程序,通过这些服务,用户能够以轻松的方法连接到多种类型的客户机和服务器,以识别网络上的计算机和自动分配网络地址,从而消除许多繁重的人工管理工作。Windows 2000 Server 用户可以通过安装服务、协议与工具并正确地设置它们来把该计算机相应地配置成 Web 服务器、IIS 服务器、FTP 服务器、DNS 服务器、DHCP 服务器和 WINS 服务器等各种服务器为网络中的客户机提供某项服务。

在 Windows 2000 Server 服务器可提供的所有服务当中,DNS 服务、DHCP 服务、WINS 服务这三种服务是非常重要的。DNS 服务是域名服务,DHCP 服务为进入网络的客户机动态地分配 IP 地址,WINS 服务将 NetBIOS 计算机名转换为对应 IP 地址,这些服务分别是由 DNS 服务器、DHCP 服务器和 WINS 服务器来完成的。本章将分别介绍安装和配置 DNS 服务器、DHCP 服务器和 WINS 服务器的相关知识和实现步骤。

8.1　DNS 服务器的安装和配置

在学习 DNS 服务器的安装和配置之前,首先需要了解什么是域名服务。DNS 是域名服务系统(Domain Name System)的缩写,是一种组织成域层次结构的计算机和网络服务命名系统,是使用用户友好的名称定位计算机。

在 Internet 中每台计算机(包括服务器、客户机),都有一个自己的计算机名称。通过这个易识别的名称,网络用户之间进行互相访问,客户机与存储有信息资源的服务器之间建立连接等网络操作就变得很容易。但实际上,网络中的计算机硬件之间真正连接的建立是通过每台计算机各自独立的 IP 地址来完成的。因为计算机硬件只能识别二进制的 IP 地址,所以需要把域名转换成为网络可以识别的 IP 地址。

许多用户喜欢使用友好的名称来定位诸如网络上的邮件服务器或 Web 服务器等这样的计算机,因为友好的名称更容易记住。不过,计算机使用数字地址在网络上通讯,为了更方便地使用网络资源,DNS 的名称服务提供了一种方法,即将用户友好的计算机或服务名称映射为数字地址。当用户在应用程序中输入 DNS 名称时,DNS 服务可以将此名称解析为与此名称相关的其他信息,如 IP 地址。例如,当用户使用 Web 浏览器并输入 www. pku. edu. cn 时,则 Internet 的域名服务(DNS)会将键入的名称转换为 Web 服务器的 IP 地址。www. pku. edu. cn 的 Web 服务器的 IP 地址是 162. 105. 131. 111,用户可通过在 Web 浏览器中直接输入 IP 地址 162. 105. 131. 111 来访问。

在计算机网络中主机标识符分为三类:名字、地址及路径。计算机在网络中的地址又分为 IP 地址和物理地址。因为二进制的地址终究不易被记忆和理解,所以为了向用户提供一种直观的主机标识符,TCP/IP 协议提供了域名服务(DNS),即将主机域名映射成 IP 地址的

过程。

域名服务的引入与 TCP/IP 协议中的层次型命名机制是密切相关的。

所谓层次型命名机制是指在名字中加入结构信息,而这种结构本身又是层次型的。例如,DNS 是以根和树结构组成的,如图 8-1 所示。

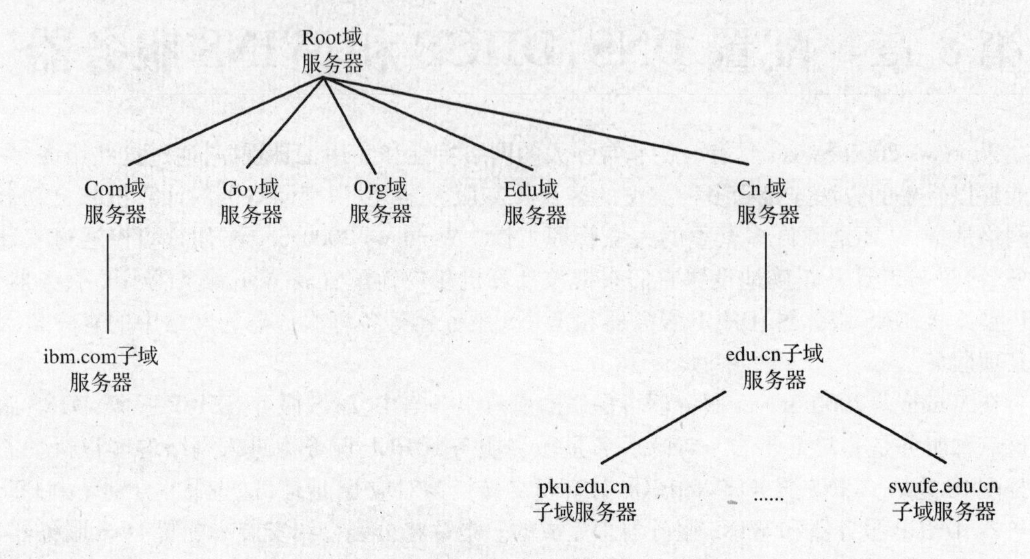

图 8-1 域名系统

在域名服务中,域这个词与 Windows 2000 Server 中的域毫无关系,DNS 中的域构成的是域名空间中的分区。域名服务(DNS)有多个级的域,例如在 pku. edu. cn 或 ibm. com 中,可以只从它们的名称就能够推断出来。因为从右到左. cn 和. com 都是首先被读取的,所以可以把它们认为是顶级的域。一些有效的顶级域包括. com,. edu,. org,. gov 和. mil 以及国家代码,比如. au(澳大利亚),. uk(英国)和. fi(芬兰)。

在顶级域之前隐含的". "叫做根域,每一个顶级域都是根域的下级。下一步是从右到左读取一个地址,例如 ibm. com 或者 wtlx. net。用户遇到的 pku 或者 ibm 构成域的第二级部分。我们从右到左读取可以构成域的第三级部分,以此类推还可以得到域的第四级部分。

层次型命名的过程是从树根(Root)开始向下进行,在每一处选择相应于各标号的名字,然后将这些名字串连起来,形成一个唯一代表主机的特定的名字。例如,在图 8-1 中的 Internet 各网点的标号与组织的对应关系如表 8-1 所示。

表 8-1 网点的标号与组织的对应关系

标号	组织	标号	组织
GOV	政府部门	MIL	军事部门
EDU	教育机构	ORG	非赢利组织
ARPA	ARPANET	INT	国际组织
COM	商业组织		

具体地说,一个网点可以理解为是由若干网络组成的,是整个广域网的一部分。网点中的这些网络在地理位置或组织关系上联系非常紧密,在广域网中将它们抽象成一个点来处

理,各网点内又分成若干个管理组,在组下面才是主机。所以对于DNS的一般格式“本地主机名.组名.网点名”我们就不难理解了。

DNS服务器负责的工作便是将主机名连同域名转换为IP地址,该项功能对于实现网络连接可谓至关重要。当网络上的一台客户机需要访问某台服务器上的资源时,客户机的用户只需在“Internet Explorer”主窗口中的“地址栏”中输入诸如“www.pku.edu.cn”类型的地址,即可与该服务器进行连接。然而,网络上的计算机之间实现连接却是通过每台计算机在网络中拥有的唯一的IP地址来完成的,该地址为数值地址162.105.131.113,它分为网络地址和主机地址两部分。因为计算机硬件只能识别二进制IP地址而不能够识别其他类型的地址,这样在用户容易记忆的地址和计算机能够识别的地址之间就必须有一个转换,DNS服务器便充当了这个转换角色。

在Internet中有很多域名服务器(即DNS服务器)来完成将计算机名转换为对应IP地址的工作,以便实现网络中计算机的连接。因此,DNS服务器在Internet中起着重要作用,下面将对DNS服务器如何安装和配置进行详细介绍。

8.1.1　DNS服务器的安装

对域名空间的实际操作是由名称服务器来完成的,该服务器成为域名(DNS)服务器,用于实现域名解析。如果要安装和配置一台DNS服务器,用户首先需要做的工作便是为该服务器指定一台计算机来作为运行数据和解析网络地址的硬件设备。在Windows 2000 Server系统下,通常将本机作为DNS服务器的硬件设备,所以用户一般需要将本机IP地址或计算机名称指定给DNS服务器,这样DNS服务器会自动与指定的计算机硬件建立连接,并启用所需的设备完成数据运算和解析网络地址的工作。

安装DNS服务器的具体操作步骤如下:

(1)单击“开始”菜单,选择“设置”,并单击“控制面板”,控制面板打开后,双击“添加/删除程序”,然后单击“添加/删除Windows组件”,打开“Windows组件向导”,如图8-2所示。

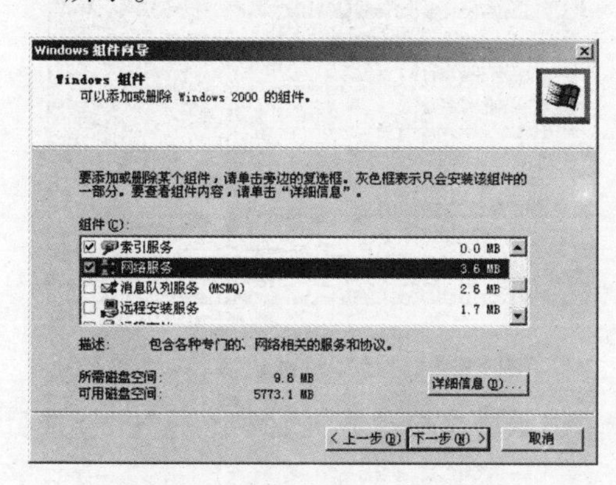

图8-2　Windows组件向导

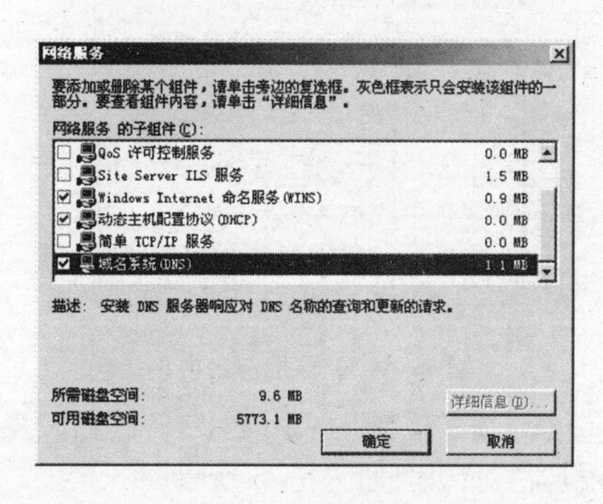

图8-3　网络服务

(2)在“组件”中,单击“网络服务”,然后单击“详细信息”。

(3)在弹出的“网络服务”窗口中的(如图8-3所示)“网络服务的子组件”里,选择“域名系统(DNS)”复选框,单击“确定”返回“Windows组件向导”,然后单击“下一步”。

(4)在“文件复制来源”中,键入Windows 2000分配文件的完整路径,然后单击“确定”。

所需的文件被复制到硬盘上，重新启动系统后就可以使用服务器软件了。

某些 Windows 组件要求在使用之前进行配置。如果安装了一个或多个这样的组件但没有配置它们，当单击“添加/删除 Windows 组件”时会显示一个需要配置的组件列表。要启动“Windows 组件向导”，请单击“组件”。推荐手动配置计算机以使用静态 IP 地址。安装 DNS 服务器之后，可以确定如何管理此服务器及其区域。尽管可以使用文本编辑器对服务器引导和区域文件进行更改，但并不推荐使用这种方法。DNS 控制台简化了这些文件的维护工作，而且应在可能的时候使用。一旦使用基于控制台的文件管理，则不推荐手动编辑这些文件。在使用 Active Directory 集成区域的地方，不能使用基于文件的区域管理。

8.1.2 DNS 服务器的配置

在计算机上使用 Active Directory 安装向导安装 Active Directory 之后，Windows 2000 Server 将提供自动安装并配置 DNS 服务器的选项（还包括自动安装并配置 DHCP 服务器、WINS 服务器）配置 DNS 服务器以便用于 Active Directory。

在 Windows 2000 Server 中，DNS 服务器的服务已集成到 Active Directory 当中，它是由 Microsoft 为使用 Windows NT 技术的网络所设计的目录服务。Active Directory 集成了用于组织、管理和定位网上资源的企业级工具。在配置 Active Directory 和 Windows 2000 DNS 服务器时，定位 Windows 2000 域控制器需要 DNS。Windows 2000 DNS 服务器可使用 Active Directory 来存储和复制区域。

需要注意的是，上述过程仅适用于作为域控制器使用的服务器计算机，如果使用成员计算机作为 DNS 服务器，则它们不与 Active Directory 集成。

1. 连接 DNS 服务器

安装 DNS 服务器及用 DNS 控制台来管理 DNS 服务器的具体操作步骤如下：

（1）打开“开始”菜单，选择“程序”→“管理工具”→“DNS”命令，打开“DNS 控制台窗口”，如图 8－4 所示。

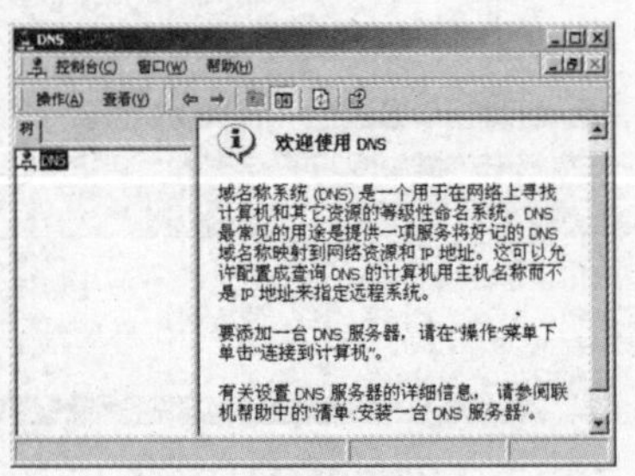

图 8－4　DNS 控制台窗口

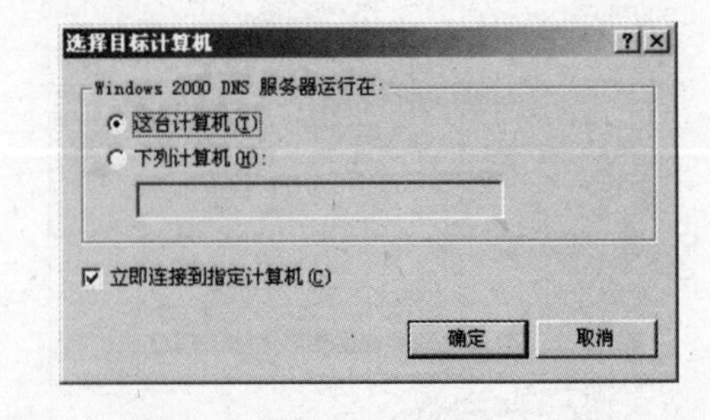

图 8－5　“选择目标机器”对话框

（2）选择控制台树中的“DNS”，打开“操作”选单中的“连接计算机”命令，打开“选择目标机器”对话框，如图 8－5 所示。

（3）如果用户要在本机上运行 DNS 服务器，请选定“这台计算机”单选按钮；如果用户不希望本机运行 DNS 服务器，请选定“下列计算机”单选按钮，然后在“下列计算机”下面的文本框中输入要运行 DNS 服务器的计算机的名称。

（4）如果用户希望立即与这台计算机进行连接，请选定“立即连接到这台计算机”复选框。

（5）单击“确定”按钮，返回到“DNS 控制台窗口”，这时在控制台目录树中将显示代表

DNS 服务器的图标和计算机的名称,如图 8－6 所示。

(6)打开添加 DNS 服务器的“DNS”窗口,在控制台树中单击要进行操作的 DNS 服务器,再单击“操作”→“所有任务”→“启动”命令,出现“服务控制”的对话框。

(7)单击“停止”按钮,DNS 服务器停止服务。

(8)单击“暂停”命令,DNS 服务器中断服务。

安装服务器后,可以启动或停止 DNS 服务器。

另外,可以通过打开“开始”→“程序”→“管理工具”→“组件服务”命令,打开“组件服务”控制台,在控制台树中双击“控制台根目录”,再单击“本地计算机上的服务”,如图 8－7 所示。在右侧窗口中右击“DNS Server”,在弹出的快捷菜单进行相应的操作,包括“启动”、“停止”、“暂停”、“恢复”、“重新启动”等操作。

在添加 DNS 服务器后,向导自动帮助用户添加了正向和反向搜索区域。安装的 DNS 服务需要有一个区域即一个数据库才能正常运作,该数据库提供 DNS 名称和相关数据(如 IP 地址或网络服务)间的映射。该数据库中存储了所有的域名与对应 IP 地址的信息,网络客户机正是通过该数据库的信息来完成从计算机名到 IP 地址的转换。

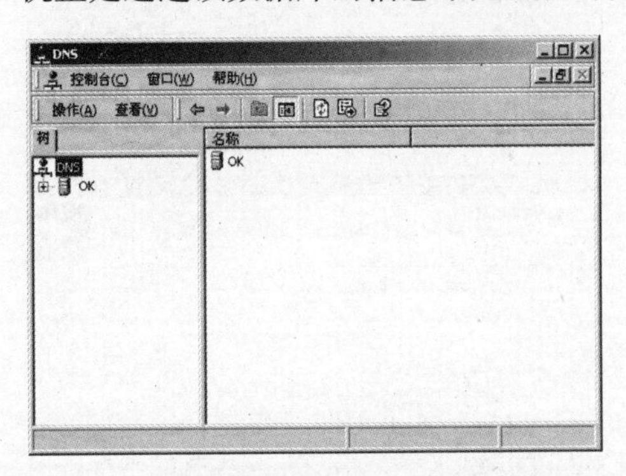

图 8－6 显示 DNS 服务器计算机的名称控制台窗口

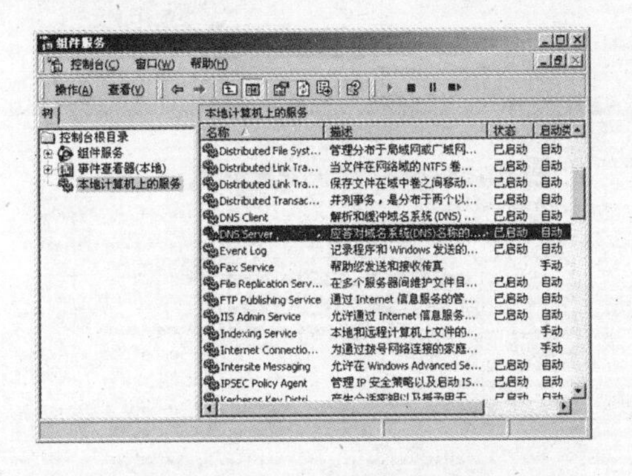

图 8－7 “组件服务”窗口

DNS 允许用户将 DNS 名称空间分成多个区域,每个区域存储一个或多个连续的 DNS 区域,用户可以创建自己的搜索区域,有关搜索区域的设置将在下面进行具体的介绍。

2. 创建搜索区域

具体操作步骤如下:

(1)在“DNS 控制台”窗口的控制台树中选中服务器图标,单击“操作”菜单,选择“创建新区域”命令,打开“欢迎使用创建新区域向导”对话框,如图 8－8 所示。

(2)单击“下一步”按钮,打开“选择一个区域类型”对话框,如图 8－9 所示。

(3)在“选择一个区域类型”对话框中有三个选项:集成的 Active Directory、标准主要区域和标准辅助区域。用户可以根据区域存储和复制的方式选择一个区域类型。如果用户希望新建的区域使用活动目录,可选定“集成的 Active Directory”。在这里我们选择“标准主要区域”单选按钮。

(4)单击“下一步”按钮,打开“选择区域搜索类型”对话框,如图 8－10 所示。

(5)在“选择区域搜索类型”对话框中用户可以选择“反向搜索”或“正向搜索”单选按钮。如果用户希望把名称映射到地址并给出提供的服务的信息,应选定“正向搜索”单选按钮;如果用户希望把机器的 IP 地址映射到用户好记的域名,应选定“反向搜索”单选按钮。

(6)选择“正向搜索按钮”的步骤进行操作会出现“新建区域向导”的“区域名”对话框，在“输入区域的名称”的文本框中，输入区域名称，在这里我们以“mydns. com”为例。单击“下一步”按钮，出现“区域文件”对话框，可以创建一个新区域文件或使用从另一台计算机上复制的文件。区域文件名默认为区域名，扩展名为. dns。选择“创建新文件”选项，输入新建文件名，然后单击“下一步”按钮，出现“正在完成新建区域向导”对话框。该对话框列出了对新建区域所作的设置，最后单击“完成”按钮，创建了“正向搜索”区域。

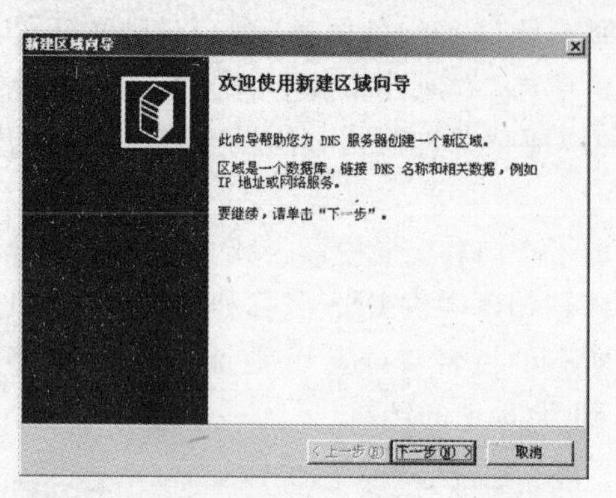

图 8－8 “欢迎使用创建新区域向导”对话框

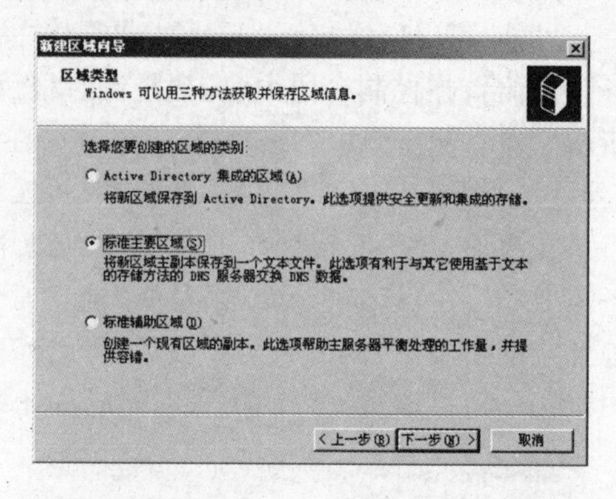

图 8－9 “选择一个区域类型”对话框

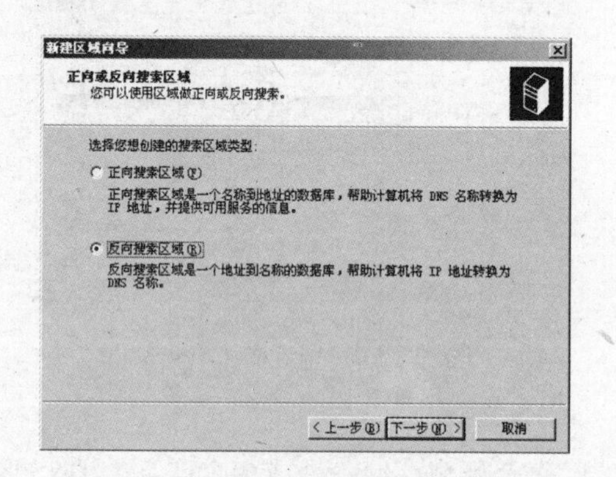

图 8－10 “选择区域搜索类型”对话框

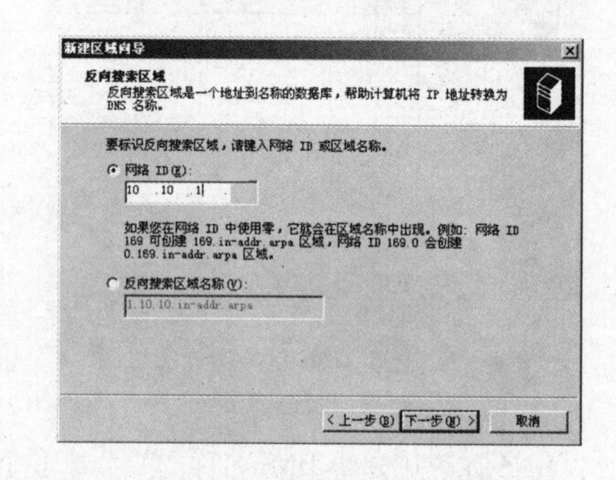

图 8－11 “网络 ID”对话框

(7)以“反向搜索”为例，单击“下一步”按钮，打开“网络 ID”对话框，如图 8－11 所示。

(8)默认情况下“创建新区域向导”会选定“反向搜索区域的网络标识和子网掩码”单选按钮，用户必须在“网络 ID”文本框中输入正确的 IP 地址。例如，如图 8－11 所示的 IP 地址。如果不希望使用系统默认的反向搜索区域的名称，可以单击“输入反向搜索区域的名称”单选按钮，然后在“名称”文本框中输入自己喜欢的名称。

(9)单击“下一步”按钮，打开有关创建区域文件的对话框(如图 8－12 所示)，单击“下一步”，打开“正完成创建新区域向导”对话框(如图 8－13 所示)。

(10)在“正完成创建新区域向导”对话框中显示用户对新建区域进行配置的信息，如果用户认为某项配置需要调整，可单击“上一步”按钮返回到前面的对话框中重新配置；如果确认了自己配置正确的话，可单击“完成”按钮。

(11)创建新区域向导提示用户新区域已经创建成功，用户可单击“确定”按钮完成所有创建工作。如果用户再次打开“DNS 控制台”窗口(如图 8－14 所示)，单击“服务器”根节点展开该节点，然后单击“反向搜索区域”节点展开该节点，用户可以看到新建的区域显示在反向搜索区域节点的下面。

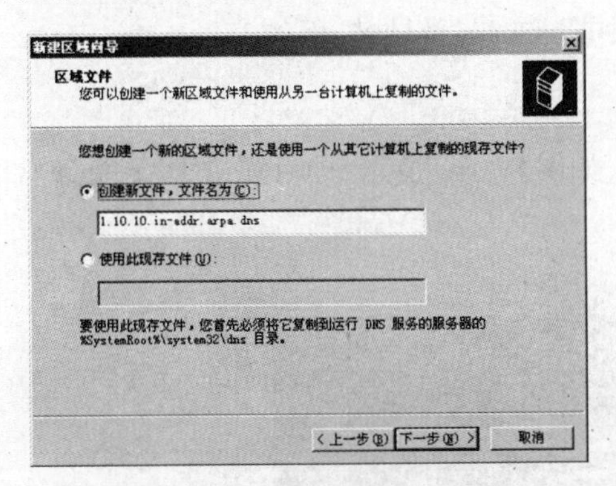

图 8－12 “区域文件”对话框

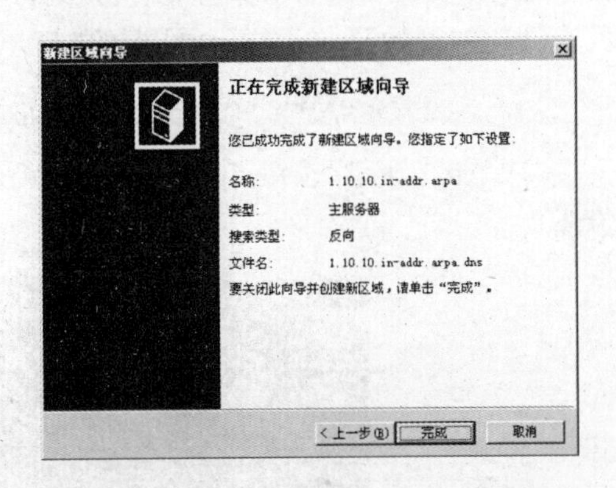

图 8－13 “正完成创建新区域向导”对话框

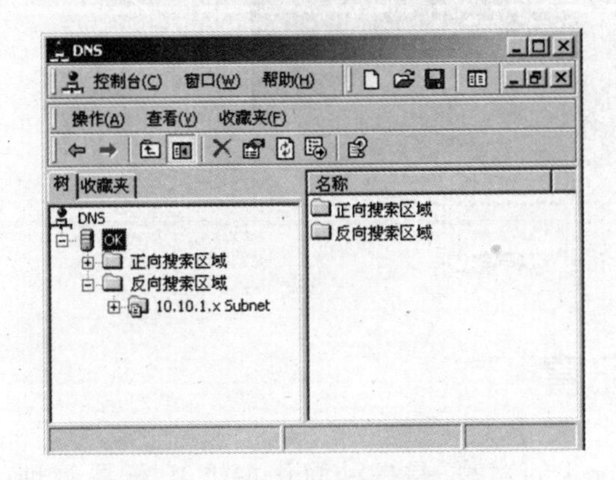

图 8－14 “DNS 控制台”窗口

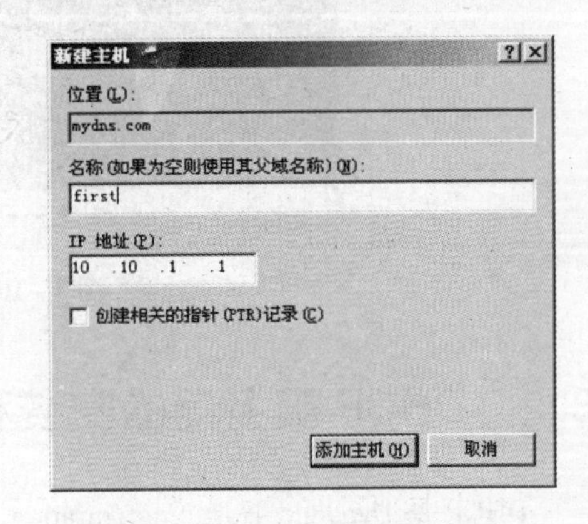

图 8－15 “新建主机”对话框

3. 创建主机

创建主机的具体操作方法如下:

(1)在“DNS”窗口中右键单击新创建的正向的搜索区域“mydns. com”,在弹出的快捷菜单当中单击“新建主机”命令,会出现如图 8－15 所示的“新建主机”对话框。

(2)在“名称”框中输入 DNS 名称,如果不输入则默认为父域名称;在“IP 地址”框中输入新建主机的 IP 地址,以 10.10.1.1 为例,进行设置;还可以选择“创建相关的指针(PTR)纪录”复选框,从而可以根据在“名称”和“IP 地址”中输入的信息在此主机的反向区域中创建相关的指针纪录。

(3)单击添加主机按钮会出现成功创建主机记录对话框。

新建正、反向搜索区域后,要为已经创建的主机新建一个指针,具体操作方法如下:

(1)在“DNS”窗口选择新创建的主机,如“first. mydns. com”,单击“操作”→“新建指针”命令,打开“新建资源记录”对话框。

(2)在“主机 IP 号”框中输入最后一位地址来确定一个计算机 IP,使主机 IP 与主机名一一对应。

(3)单击“确定”按钮,返回“DNS”窗口,在窗口的右边可以看到新建立的指针。

4. 验证服务器

安装和配置 DNS 服务器后,可以利用 Windows 2000 Server 的 ping. exe 命令来测试 DNS

服务器的设置是否成功。具体操作方法如下：

(1)在“开始”→“运行”对话框的“打开”框中输入 ping 及域名，例如：

Ping first. mydns. com -t

(2)单击“确定”按钮，出现“ping”运行窗口，如图 8-16 所示，即可完成 DNS 服务器的验证。

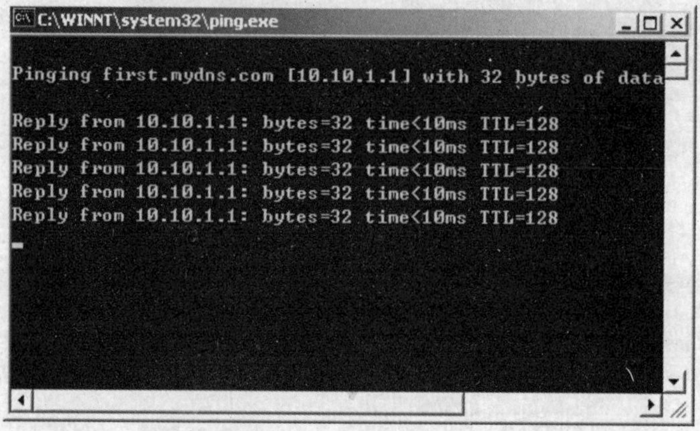

```
C:\WINNT\system32\ping.exe

Pinging first.mydns.com [10.10.1.1] with 32 bytes of data

Reply from 10.10.1.1: bytes=32 time<10ms TTL=128
Reply from 10.10.1.1: bytes=32 time<10ms TTL=128
Reply from 10.10.1.1: bytes=32 time<10ms TTL=128
Reply from 10.10.1.1: bytes=32 time<10ms TTL=128
Reply from 10.10.1.1: bytes=32 time<10ms TTL=128
```

图 8-16 “ping”运行窗口

8.2 DHCP 服务器的安装和配置

DHCP 是 Dynamic Host Configuration Protocol 的缩写，是一种简化主机 IP 配置管理的 TCP/IP 标准。DHCP 标准为 DHCP 服务器的使用提供了一种有效的方法，即管理 IP 地址的动态分配以及在网络上启用 DHCP 客户机的其他相关配置信息。

TCP/IP 网络上的每台计算机都必须有唯一的计算机名称和 IP 地址。IP 地址(以及与之相关的子网掩码)标识主计算机及其连接的子网，当将计算机移动到不同的子网时，必须更改 IP 地址。DHCP 允许从本地网络上的 DHCP 服务器的 IP 地址数据库中为客户机动态指派 IP 地址。对于基于 TCP/IP 的网络，DHCP 减少了重新配置计算机所涉及的管理员的工作量和复杂性。

Windows 2000 Server 提供了符合 RFC 的 DHCP 服务，可用于管理 IP 客户机配置并在网络上自动进行 IP 地址指派。

使用 DHCP 时，必须在网络上有一台 DHCP 服务器，而其他计算机执行 DHCP 客户端。当 DHCP 客户端程序发出一个广播讯息要求一个动态的 IP 地址时，DHCP 服务器会根据目前已经配置的地址，提供一个可使用的 IP 地址和子网掩码给客户端。这样，网络管理员不必再为每个客户计算机逐一设置 IP 地址。DHCP 服务器可自动为连网计算机分配 IP 地址，而且只有客户计算机在开机时才向 DHCP 服务器申请 IP 地址，用毕后立即交回。使用 DHCP 服务器动态分配 IP 地址，不但可节省网络管理员分配 IP 地址的工作，而且可确保分配地址不重复。另外，由于客户计算机的 IP 地址是在需要时才分配，所以提高了 IP 地址的使用率。

为了更进一步了解 DHCP 的作用，我们来看一看它是如何工作的。

DHCP 使用客户/服务器模型。网络管理员建立一个或多个维护 TCP/IP 配置信息,并将其提供给客户机的 DHCP 服务器。服务器数据库包含以下信息:

(1)网络上所有客户机的有效配置参数。

(2)在指派到客户机的地址池中维护的有效 IP 地址,以及用于手动指派的保留地址。

(3)服务器提供的租约持续时间。租约定义了指派的 IP 地址可以使用的时间长度。

(4)通过在网络上安装和配置 DHCP 服务器,启用 DHCP 的客户机可在每次启动并加入网络时动态地获得其 IP 地址和相关配置参数。DHCP 服务器以地址租约的形式将该配置提供给发出请求的客户机。

DHCP 为管理基于 TCP/IP 的网络提供了以下好处:

(1)安全而可靠的配置。DHCP 避免了由于需要手动在每个计算机上键入值而引起的配置错误;还有助于防止由于在网络上配置新的计算机时,重用以前指派的 IP 地址而引起的地址冲突。

(2)减少配置管理。使用 DHCP 服务器可以大大降低用于配置和重新配置网上计算机的时间。可以配置服务器以便在指派地址租约时提供其他配置值的全部范围,这些值是使用 DHCP 选项指派的。

(3)DHCP 租约续订过程还有助于确保客户机配置需要经常更新的情况(如使用移动或便携式计算机频繁更改位置的用户),通过客户机直接与 DHCP 服务器通讯可以高效自动地进行这些改动。

8.2.1 DHCP 服务器的安装

安装 DHCP 服务器具体的操作步骤如下:

(1)单击“开始”→“设置”→“控制面板”,在打开的控制面板窗口里,双击“添加/删除程序”,然后单击“添加/删除 Windows 组件”。

(2)启动“Windows 组件”向导,在“组件”下,滚动列表并单击“网络服务”,单击“详细信息”。

(3)在“网络服务的子组件”下,单击“动态主机配置协议(DHCP)”,然后单击“确定”。

(4)如果出现提示,请键入 Windows 2000 分发文件的完整路径并单击“继续”。

(5)将所需的文件复制到硬盘上,重新启动系统后,可使用服务器软件。

安装 DHCP 服务器需要注意的事项与安装 DNS 服务器相同。如果已经安装的一个或多个 Windows 组件没有进行配置,那么当单击“添加/删除 Windows 组件”时,系统将显示需要配置的组件的列表。建议手动配置计算机以使用静态 IP 地址。

8.2.2 DHCP 服务器的配置

安装一台 DHCP 服务器首先要做的工作便是为 DHCP 服务器指定一台计算机作为服务器的硬件设备。在 Windows 2000 Server 系统下,通常会选择将本机指定给 DHCP 服务器。因此,用户可以将本机的 IP 地址或计算机名称指定给 DHCP 服务器,当 DHCP 服务器需要数据运算或为网络客户机动态分配 IP 地址时,便会与该计算机硬件建立连接,并启用所需设备完成各项服务功能。

1. 添加 DHCP 服务器

添加 DHCP 服务器的具体操作步骤如下:

(1)打开“开始”菜单,选择“程序”→“管理工具”→“DHCP”命令,打开“DHCP 控制台”

窗口,如图 8 –17 所示。

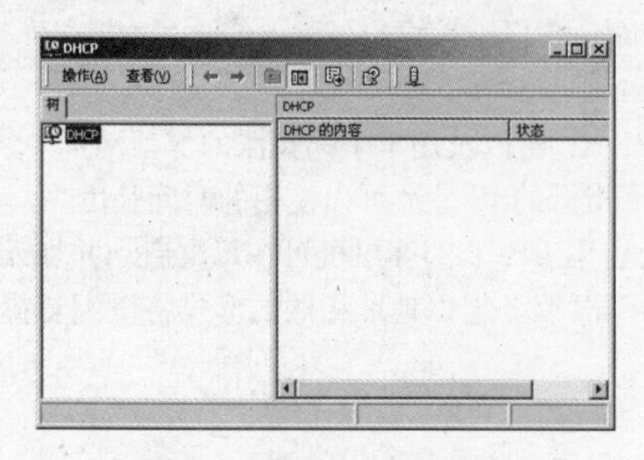

图 8 –17 “DHCP 控制台”窗口

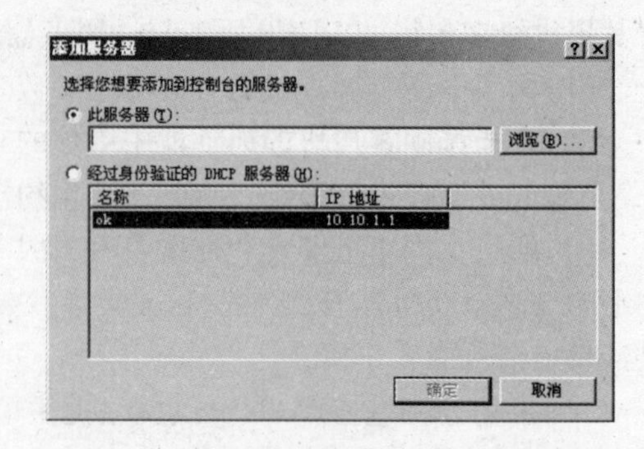

图 8 –18 “添加服务器”对话框

(2)右击“DHCP 控制台”窗口左窗格中的“DHCP”图标,从打开的菜单中选择“添加服务器”命令。

(3)在打开的“添加服务器”对话框中(如图 8 –18 所示),单击“浏览”按钮,选择计算机,单击“确定”按钮,返回“添加服务器”对话框,单击“确定”按钮。添加服务器之后,显示器上出现“DHCP 控制台”窗口,如图 8 –19 所示。

注意:(1)如果 DHCP 已安装并正在该计算机上运行,则不需要使用向导手动连接。在大多数情况下,本地 DHCP 服务器在 DHCP 控制台启动时自动显示在服务器列表上,并且可通过在控制台树中单击它来连接至服务器。

(2)仅属于 DHCP 用户、DHCP 管理员或管理员组的用户可连接至 DHCP 服务器。仅 DHCP 管理员或管理员组中的用户可修改 DHCP 服务器配置。

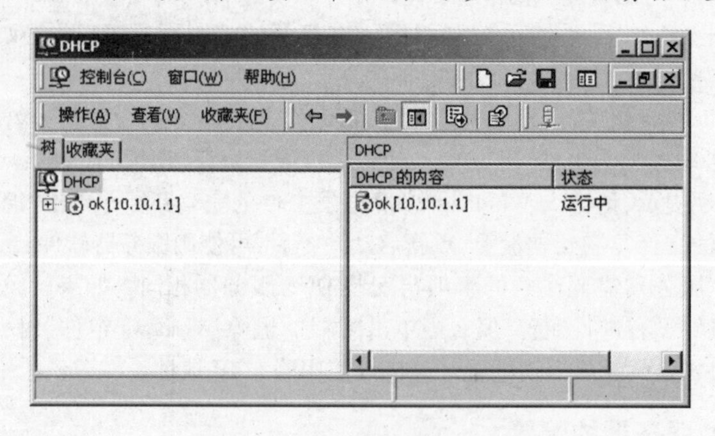

图 8 –19 “DHCP 控制台”窗口

2. 创建作用域

完成一台 DHCP 服务器的创建工作,除了要为 DHCP 服务器指定一台计算机,还需要为该服务器创建一个作用域。创建作用域的主要目的是为服务器指定一段连续的 IP 地址集,这些地址是 DHCP 服务器要分配给网络客户机的动态 IP 地址集。因此,如果没有预先保留的地址,DHCP 服务器也就无可用地址分配了。

要创建 DHCP 作用域,具体操作步骤如下:

(1)在“DHCP 控制台”上,右键单击要创建作用域的 DHCP 服务器,然后选择“新建作用域”命令,打开“欢迎使用创建作用域向导”对话框,此向导会提示用户设置 IP 网络地址。

(2)单击“下一步”按钮,打开“作用域名”对话框,如图8-20所示。

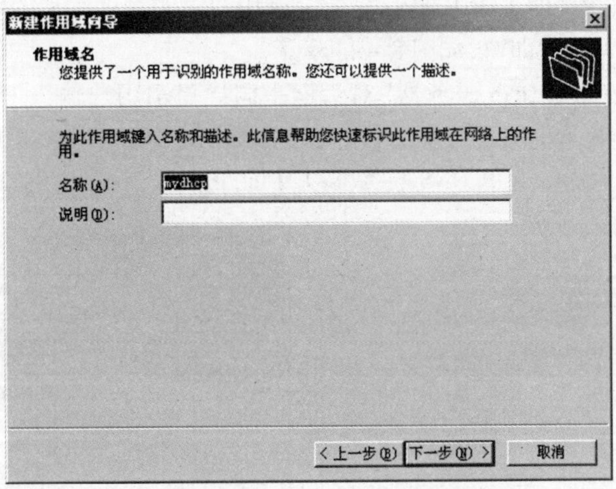

图8-20 “作用域名”对话框

(3)在打开的“添加服务”对话框中,依次添写“配置IP地址范围”、“添加排除”IP地址范围、“租约期限”(如图8-21和图8-22所示),直到出现是否要立即“配置DHCP选项”对话框时,选择“是,我想现在配置这些选项”,单击“下一步”按钮,弹出对话框如图8-23所示。

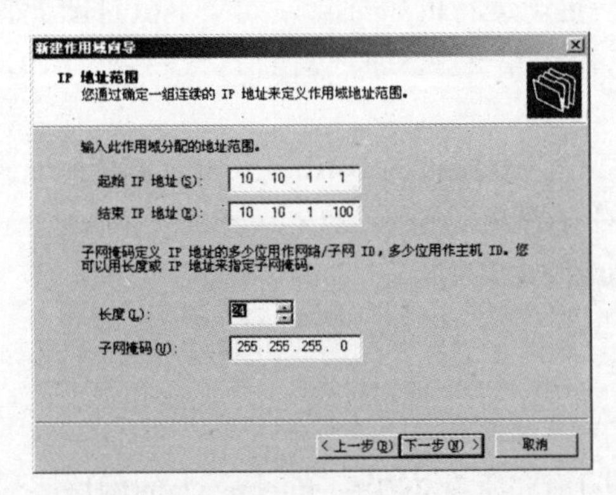

图8-21 “配置IP地址范围”对话框

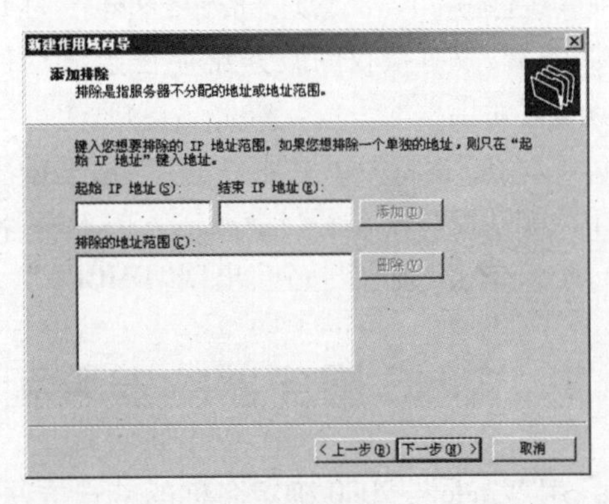

图8-22 “添加排除”IP地址范围对话框

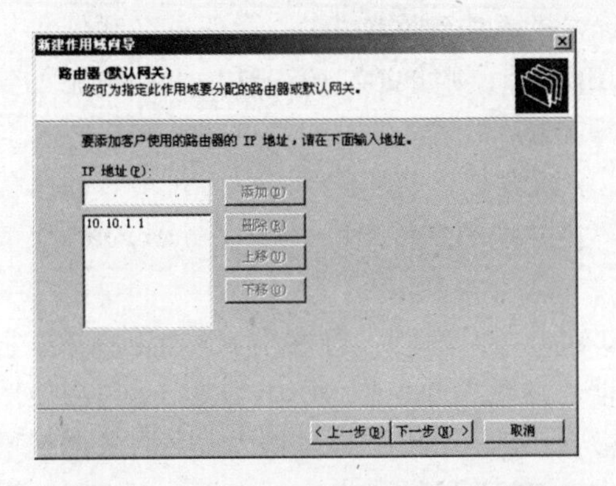

图8-23 “路由器(默认网关)”对话框

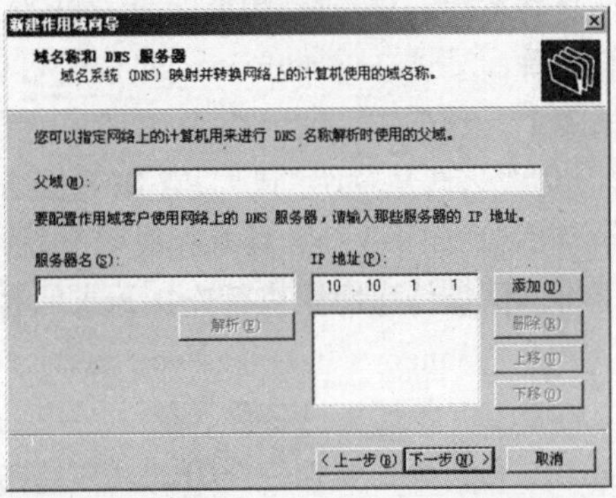

图8-24 “域名称和DNS服务器”对话框

在此输入添加默认的网关、默认的 DNS 服务器地址(它们都是相同的地址)。它将帮助用户找到并连接到想管理的 DHCP 服务器。这里用户只需单击“下一步”按钮,打开“指定一个 DHCP 服务器”对话框即可,如图 8－24 所示。

(4)在“指定域名称和 DNS 服务器”对话框中向导提示用户输入 DNS 名称或 IP 地址。如果用户想使本机作为 DHCP 服务器,可输入与前面配置 TCP/IP 协议和安装活动目录时一致的 DNS 名称或 IP 地址。这里 DNS 服务器以“first. mydns. com”为例,如图 8－25 所示。

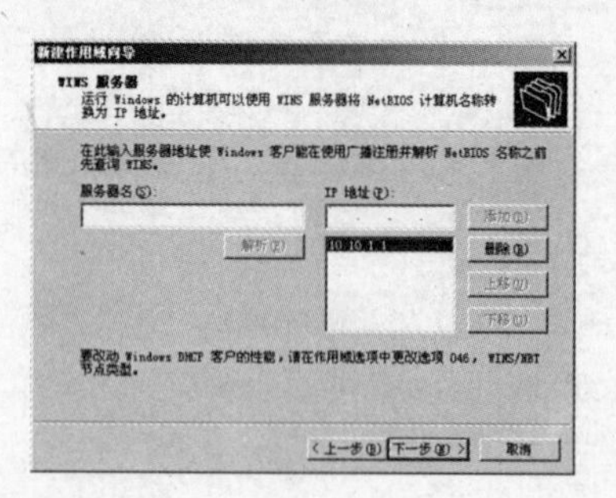

图 8－25 “域名称和 DNS 服务器”对话框

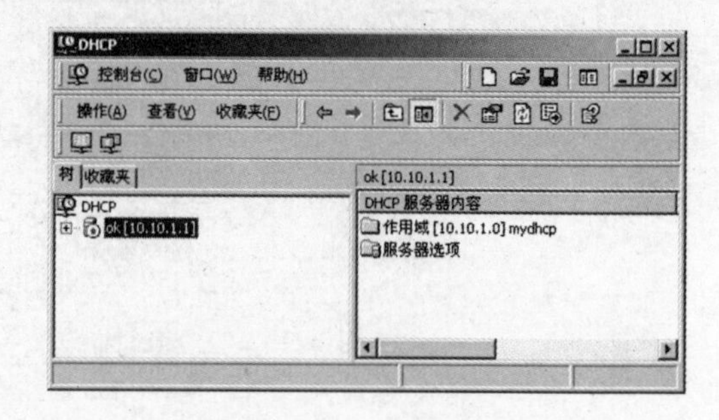

图 8－26 “授权 DHCP 服务器”

(5)如果用户希望在本机配置的活动目录中,寻找已经被授权的服务器作为 DHCP 服务器,可单击“浏览”按钮,打开“目录中授权的服务器”对话框。

(6)如果该对话框中的“服务器名和 IP 地址列表”列表框中存在已经被授权的服务器,用户可选定后单击“管理”按钮,这样便为 DHCP 指定了运行的服务器。如果本机是新配置的服务器,没有授权的服务器存在于活动目录中,需要单击“添加”按钮,打开“授权 DHCP 服务器”对话框。

(7)在“授权 DHCP 服务器”对话框中用户需要输入要授权的 DHCP 服务器的 IP 地址或名称,这里我们输入了与前面输入的 DNS 名称相对应的 IP 地址。

(8)单击“确定”按钮,出现“DHCP”对话框,如图 8－26 所示。

8.3 WINS 服务器的安装和配置

用 Windows 2000 确定名称的首选方法是通过 DNS,所有连接到 Internet 上的网络系统都采用 DNS 地址解析方法,但是域名服务有一个缺点,就是所有存储在 DNS 数据库中的数据都是静态的,不能自动更新。这意味着,当有新主机添加到网络上时,管理员必须把主机 DNS 名称(例如 www. miibeian. gov. cn)和对应的 IP 地址(例如 202. 108. 212. 199)也添加到数据库中。对于较大的网络系统来说这样做是很难的,不过 Windows 2000 通过将 DNS 与 WINS 集成来解决这个问题。当 DNS 服务器不能解析客户计算机的地址时,它将该请求传递给 WINS。如果 WINS 具有相关信息就将地址解析并把消息传递回 DNS 服务器,DNS 服务器再将该信息传递回给执行连接请求的客户。

WINS(Windows Internet Name Service)是由微软公司发展的一种网络名称转换服务,它可以将 NetBIOS 计算机名称转换为对应的 IP 地址。通常 WINS 与 DHCP 一起工作,当使用者向 DHCP 服务器要求一个 IP 地址时,DHCP 服务器所提供的 IP 地址被 WINS 服务器记录下来,使得 WINS 可以动态地维护计算机名称地址与 IP 地址的资料库。本节介绍 WINS 服务和配置 WINS 服务器的方法。

Windows Internet 名称服务(WINS)提供了动态复制数据库服务,此服务可以将 NetBIOS 名称注册并解析为网络上使用的 IP 地址。Windows 2000 Server 提供了 WINS,它启用服务器计算机来充当 NetBIOS 名称服务器,并注册和解析网络上启用 WINS 客户的名称,就像 TCP/IP上的 NetBIOS 标准中描述的一样。

WINS 是为客户机建立并使用的数据库。当客户机连接到网上之后,它将在 WINS 服务中注册。WINS 服务器存储了客户系统的 NetBIOS 名称(例如 jsjzx)以及客户的 IP 地址。当网络上另一个为 WINS 服务器所配置的客户试图连接到 NetBIOS 名为"jsjzx"的计算机时,因为"jsjzx"已在 WINS 数据库中注册,WINS 服务器就能在其数据库中成功地找到其名称并找出"jsjzx"计算机的 IP 地址,然后将该信息传递给最初发出请求的网络客户,网络客户利用 IP 地址连接到"jsjzx"计算机。

在 Windows 2000 Server 中,WINS 服务器除了具备将 NetBIOS 计算机名称转换为对应的 IP 地址的功能,新的 WINS 服务器又增加了一些新的功能与特性,其中主要的新增特性有以下几项:

(1)持续连接

现在可以配置每个 WINS 服务器来维护与一个或更多的复制伙伴的持续连接,这加快了复制速度并消除了打开和中断连接的经常性开支。

(2)手工设置删除记录

可手工为最终删除作记录。记录的陈述通过所有 WINS 服务器复制,这可以防止不同服务器数据库中的未删除副本再次被传播。

(3)改进的管理实用程序

WINS Manager 是一个与微软管理控制台(MMC)完全集成的用户更友好和更强大的环境,可以自定义以便提高效益。

(4)增强的筛选和记录搜索功能

改进的筛选和新的搜索功能有助于定位记录,只显示符合指定标准的记录,这些功能对于分析大型的 WINS 数据库非常有用。

(5)动态记录删除和多项选择

此特性有助于更轻松地管理 WINS 数据库。利用 WINS 的插件,可以轻松地指向、单击和删除一个或多个动态或静态类型的 WINS 项。当使用以前的基于命令的实用程序实现(例如 WINSCL)WINS 管理时,不能使用此功能。

(6)记录验证和版本号验证

此特性可快速检查在 WINS 服务器中存储和复制的名字的一致性。记录验证对由不同的 WINS 服务器进行的 NetBIOS 名称查询返回的 IP 地址进行比较,版本号验证检查用户地址与版本号映射表的对应关系。

(7)导出功能

导出文件时,可将 WINS 数据放在一个以逗号作为分界符的文本文件中,可以将文件导出到 Microsoft Excel、报告工具、脚本程序、或者相似的程序中进行分析和报告。

(8)增强的客户容错性

运行 Windows 2000 或 Windows 98 的客户对于每个接口可以指定远超过两个的 WINS 服务器(最大到 12 个地址)。只有当主和次 WINS 服务器不能响应时,附加的 WINS 服务器才能使用。

(9)动态更新客户

现在,WINS 客户在使用 WINS 重新注册 NetBIOS 名字后,不必重新启动计算机。NBTSTAT 命令包括一个新的选项"-RR",它可提供此功能。如果升级到 Service Pack4 或以后版本,运行 Windows NT 4.0 的 WINS 客户计算机也可以使用"-RR"选项。

(10)控制台对 WINS 管理器的只读访问

此特性提供特殊目的的本地用户组,即 WINS 用户组,当安装 WINS 时,它自动添加。当添加成员到组中时,对于非管理员成员可以通过 WINS 管理器控制台访问此服务器计算机中的与 WINS 相关的信息。这允许在组中具有成员身份的用户查看存储在指定 WINS 服务器中的信息和属性,但不能修改它。

WINS 为管理基于 TCP/IP 的网络提供以下益处:

(1)保持对计算机名称注册和解析支持的动态名称—地址数据库;

(2)名称—地址数据库的集中式管理缓解了对管理 Lmhosts 文件的需要;

(3)通过许可客户查询 WINS 服务器来直接定位远程系统,减少了子网上基于 NetBIOS 的广播通信;

(4)对网络上早期的 Windows 和基于 NetBIOS 客户的支持,允许这些类型的客户在不需要本地域控制器的情况下浏览远程 Windows 域列表;

(5)当执行 WINS 搜索集成时,通过让客户定位 NetBIOS 资源实现对基于 DNS 客户的支持。

8.3.1 WINS 服务器的安装

安装 WINS 服务器的具体操作步骤如下:

(1)单击"开始",指向"设置",单击"控制面板"。当"控制面板"打开时,双击"添加/删除程序",然后单击"添加/删除 Windows 组件",打开"Windows 组件向导"。

(2)启动 Windows 组件向导,在"组件"列表中滚动到"网络服务"并单击"详细信息"。

(3)在"网络服务子组件"下,单击"Windows Internet 名称服务(WINS)",然后单击"确定"按钮。

(4)按提示键入 Windows 2000 安装文件的完整路径并单击"继续"。将所需文件复制到硬盘上,并且在系统重新启动后可以使用服务器软件。

推荐使用静态 IP 地址手动配置计算机。某些 Windows 组件在可以使用之前需要配置,如果已经安装一个或多个组件,但没有对它们进行配置,那么当单击"添加/删除 Windows 组件"时,将显示需要配置的组件列表。

8.3.2 WINS 服务器的配置

1. 将 WINS 服务器添加到控制台

将 WINS 服务器添加到控制台的具体操作步骤如下:

(1)单击"开始",指向"程序",指向"管理工具",然后双击"WINS",打开 WINS 控制台。

(2)在控制台目录树中,单击"WINS"。

(3)在"操作"菜单上,单击"添加服务器"。

(4)在"添加服务器"对话框中,对"WINS 服务器"键入适当的服务器信息,单击"浏览"以根据网络上的名称定位 WINS 服务器计算机。如果在"添加服务器"对话框中添加的是服务器名称,就会要求在“验证服务器”中输入指定服务器名称的IP地址,如图8-27所示。

(5)单击“确定”按钮返回,可以看到如图8-28所示的控制台窗口。

注意:(1)要配置WINS服务器,必须以服务器Administrators组的成员身份登录。

(2)如果将WINS安装到本地服务器上,则会将本地WINS服务器自动添加到控制台中。对于远程WINS服务器,必须将它们添加到控制台然后保存文件。

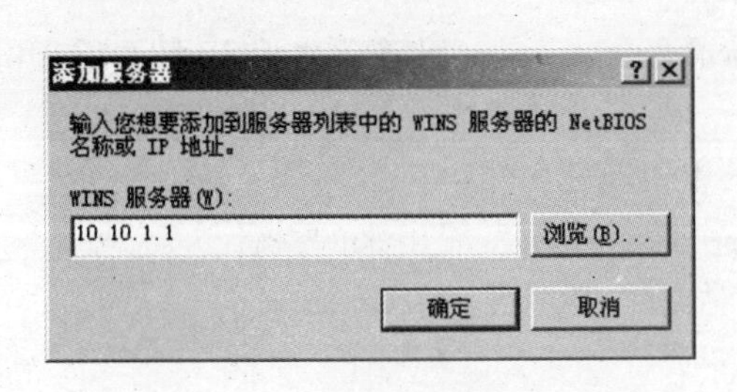

图8-27 “添加服务器”对话框

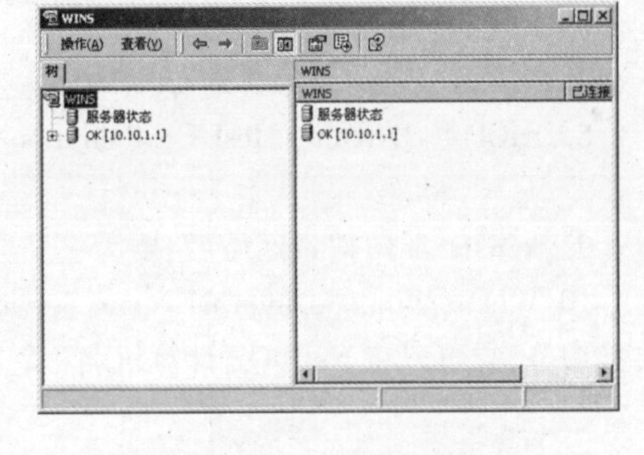

图8-28 控制台窗口

为了监视WINS服务器的活动,同样需要启动控制台。

可以单击“开始”→“程序”→“管理工具”之后再单击WINS。可以看到,WINS服务器已经在服务器上加载。现在,用户已经加载了本地WINS服务器并打开了控制台,如图8-29所示,需要配置用户的客户机以注册到WINS服务器上。

2. 测试WINS服务器

要测试WINS服务器,可按以下方法进行操作:当客户机重新启动时,可以单击“活动注册”,打开“操作”菜单,并选择“按所有者查找”命令,然后从“选择的所有者”中单击“按所有者查找”,并单击“确定”按钮,如图8-29。

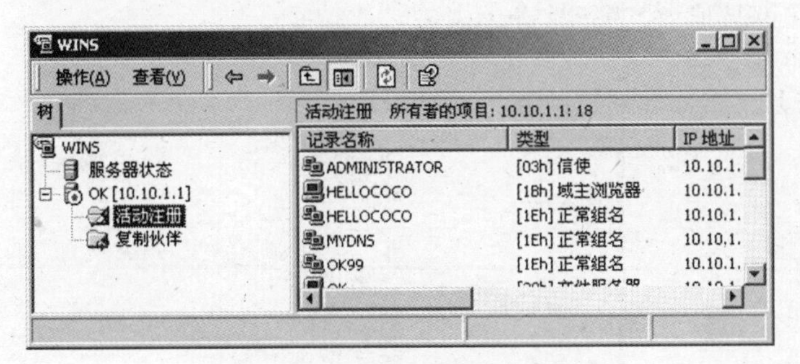

图8-29 WINS活动注册窗口

习题八

一、填空题

1. ____________服务为进入网络的客户机动态地分配IP地址,WINS服务将NetBIOS计算机名转换为对应IP地址。

2. DNS是____________(Domain Name System)的缩写,是一种组织成域层次结构的计

算机和网络服务命名系统。

3. 网络中的计算机硬件之间真正连接的建立是通过每台计算机各自独立的____________来完成的。

4. 在计算机网络中主机标识符分为三类：____________、____________及____________。计算机在网络中的地址又分为 IP 地址和物理地址。

5. TCP/IP 协议提供了域名服务(DNS)，即将____________映射成 IP 地址的过程。

6. DNS 的一般格式：本地____________.____________.网点名。

7. 在顶级域之前是隐含的“.”，叫做____________。

8. DHCP 是 Dynamic Host Configuration Protocol 的缩写，是一种简化主机 IP 配置管理的____________标准。

9. 新建正、反向搜索区域后，要为已经创建的主机新建一个____________。

10. WINS(Windows Internet Name Service)是由微软公司发展出来的一种____________转换服务，它可以将 NetBIOS 计算机名称转换为对应的 IP 地址。

二、简答题

1. 什么是 DNS？它有什么作用？
2. 什么是 WINS？它有什么作用？
3. 请举例说出一些顶级域。
4. 请说明 DHCP 分配 IP 地址的方式。

三、上机操作题

1. 怎样安装 DNS 服务器。
2. 怎样安装 DHCP 服务器。
3. 启动或停止 DNS 服务器的具体操作方法。
4. 连接 DNS 服务器。
5. 将 WINS 服务器添加到控制台。

第9章 Internet 服务

随着 Internet 的发展,传统的局域网资源共享方式已经不能满足人们对信息的需求,创建 Internet 信息服务器无疑是人们的最佳选择,它包括 Web,FTP,SMTP 虚拟服务器以及 NNTP 新闻组等,不但实现了公司内部网络的 Internet 信息服务,而且还可使公司网络连接到 Internet 上,为公司的远程客户或业务伙伴提供信息服务。

9.1 Internet 服务简介

9.1.1 IIS 5.0 的新功能

Windows 2000 Server 操作系统通常采用 IIS(Internet Information Service)5.0 担任服务器。新一代的 IIS 5.0,与 IIS 4.0 相比提供了方便的安装和管理、增强的应用环境、基于标准的发布协议,在性能和扩展性方面有了很大的改进,为客户提供更佳的稳定性和可靠性;在网络安全性、可编程性和管理能力方面作出了相当大的改进,并能支持更多的 Internet 标准。这些可以帮助用户轻松创建和管理站点,并制作易于升级、灵活性更高的 Web 应用程序。下面将分别从安全性、管理、可编程性和 Internet 标准支持等四个方面介绍 IIS 5.0 的新功能与特性。

1. 安全性

为了提高安全性,IIS 5.0 改进了自己安全验证的方法,加强了安全通信功能,并与 Kerberos v5 验证协议完全集成。

在安全验证方面,IIS 5.0 采用分级验证,能够安全可靠地通过代理服务器和防火墙验证用户,此外还使用 Anonymous 和 Windows 验证。

在安全通信方面,IIS 5.0 的安全套接层(SSL)3.0 和传输层安全(TLS)为客户和服务器之间的信息交换提供了安全的方式。此外,SSL 3.0 和 TLS 还为服务器提供了验证在用户登录到服务器之前的客户的方式。在 IIS 5.0 中,ISAPI 和 ASP 都得到了客户证书,进而程序员可以通过他们的站点跟踪用户。同时,IIS 5.0 也可以将客户证书映射到 Windows 用户账号,进而管理员可以根据客户证书控制对系统资源的访问。服务器加密(SGC)是 SSL 的扩展,它允许长达 128 位的数据加密。不过,要使用 SGC 还需要特殊的 SGC 证书才行。

IIS 与 Kerberos v5 验证协议的完全集成,使已经连接并运行 Windows 的不同计算机之间能够传送证书。另外,Windows 的证书管理器提供允许存储、备份和配置服务器证书的单入口点。

2. 可管理性

IIS 的管理工具使用 Microsoft 管理控制台(MMC),有利于进行集中管理。在管理过程中,用户可以在不重新启动计算机的情况下重新启动 Internet 服务,也可备份和保存 Internet

信息服务的设置,以便出现问题后返回到安全、已知状态。另外,用户可以在站点、目录或文件等不同位置来设置信息服务的安全性,减少用户的安全管理工作。

3. 可编程性

IIS 5.0 通过使用服务器端的脚本和组件来创建独立于浏览器的动态内容。ASP 允许内容开发人员将任何脚本语言或服务器组件嵌入到他们的 HTML 页面中,从而可使用方便的 CGI 和 1SAPI 代替部分 ASP 内容。ASP 提供对所有 HTTP 请求和响应的数据流、基于标准的数据库连接的访问,以及为不同浏览器自定义内容的能力。另外,ASP 还有一些新的改进的功能,使用它们可以增强服务器端脚本的性能和流水线化,提高站点配置的灵活性。

4. Internet 标准支持

IIS 5.0 与 HTTP 1.1 标准兼容,支持 PUT 和 DELETE 的功能、自定义 HTTP 错误消息和自定义 HTTP 头等。

(1)通过对 Web DAV(Web 分布式创作程序)的支持,IIS 5.0 还允许远程作者通过 HTTP 连接、编辑、移动或删除服务器上的文件、文件属性、目录和目录属性。

(2)多个站点,一个 IP 地址:由于支持主机头,因此,可以用一个 IP 地址在运行 Windows 2000 Server 的单台计算机上维护多个 Web 站点,这对于 Internet 服务提供商以及维护多个站点的公司 Intranet 非常有用。

(3)新闻和邮件:可以使用 SMTP 服务以及 NNTP 服务设置与 IIS 一同工作的 Intranet 邮件和新闻服务。

(4)PICS 分级:可以将 Platform for Internet Content Selection(PICS)分级应用于内容仅适合于成人的站点。

(5)FTP 重新启动:如果在数据传输中出现中断,则可以恢复"文件传输协议"文件下载,而不必再次下载整个文件。

(6)HTTP 压缩:可以更快地在 Web 服务器与启用了压缩的客户之间进行页面传输,还可以压缩和缓存静态文件,并对动态生成的文件按需进行压缩。

另外,IIS 5.0 支持断点传输,即在数据传输过程中发生中断后,可以在不重复下载整个文件的情况下恢复 FTP 文件下载,大大方便了访问者下载文件。

9.1.2 安装 Internet 信息服务

Internet 信息服务在安装之前需要在计算机中安装 Windows TCP/IP 协议和连接实用程序。要在 Internet 上发布信息,用户的 ISP 必须提供服务器的 IP 地址、子网掩码和默认网关的 IP 地址(默认网关是用户的计算机路由以及所有 Internet 通信所经过的 ISP 计算机)。

推荐以下的可选组件:

(1)域名系统(DNS)服务安装在 Intranet 上的计算机。如果用户的 Intranet 是小型的,可以在网络中的所有计算机上使用 Hosts 或 Lmhosts 文件。此步骤是可选的,但它确实允许用户使用"友好"文本名称而不是 IP 地址。在 Internet 上,Web 站点通常使用域名系统。如果为自己的站点注册一个域名,用户就可以在浏览器中键入该站点的域名,进而连接到用户的站点上。

(2)为了安全,Microsoft 建议用 NTFS 格式化使用 IIS 的所有驱动器。

(3)Microsoft FrontPage 为用户的 Web 站点创建和编辑 HTML 页。FrontPage 是一种"所见即所得"编辑器,它为插入表格、图形、脚本之类的任务提供了友好的图形化界面。

(4) Microsoft Visual InterDev 创建和开发交互式 Web 应用程序。

如果用户在安装 Windows 2000 Server 时没有选择安装 IIS 5.0,并且需要创建 Internet 信息服务器,则可使用控制面板中的"添加/删除程序"向导来安装此组件,具体安装过程如下:

(1) 打开"开始"菜单,选择"设置"→"控制面板"命令,打开"控制面板"窗口,双击"添加/删除程序"图标,打开"添加/删除程序"窗口。

(2) 在左边列表栏中,单击"添加/删除 Windows 组件"按钮,打开如图 9-1 所示的"Windows 组件"对话框。

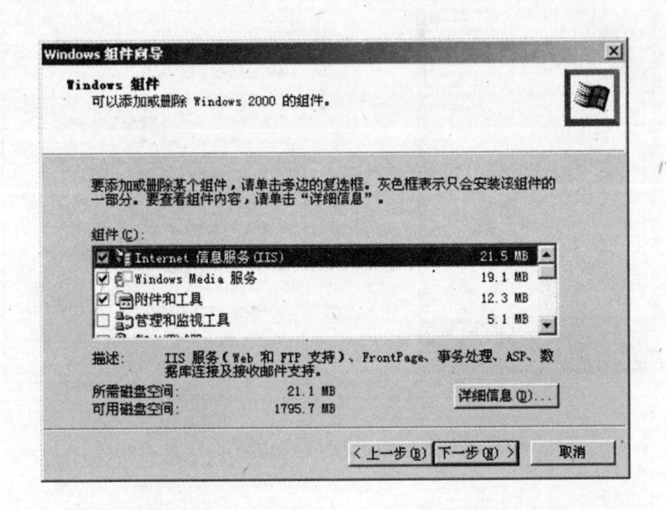

图 9-1 "Windows 组件"对话框

(3) 在"Windows 组件"列表框中启用"Internet 信息服务(IIS)"组件前的复选框,如果要对"Internet 信息服务(IIS)"进行更详细的设置,可点击下面的"详细信息"按钮打开"Internet 信息服务(IIS)"对话框来进行。

(4) 单击"下一步"按钮,系统开始 IIS 5.0 的安装,同时打开如图 9-2 所示的"正在配置组件"对话框;安装过程中,系统会要求插入 Windows 2000 Server 系统安装光盘,只需按要求插入光盘即可。

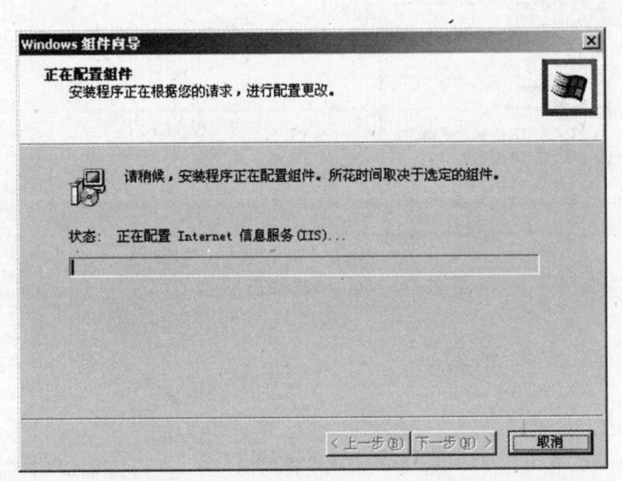

图 9-2 "正在配置组件"对话框

(5)IIS 5.0 的安装完成之后,向导进入最后一步,单击“确定”按钮即可。

如果安装了 IIS,通过在浏览器地址栏中键入 http://localhost/iisHelp/并按 Enter 键,即可获得 IIS 联机文档中的详细信息,如图 9 -3 所示。

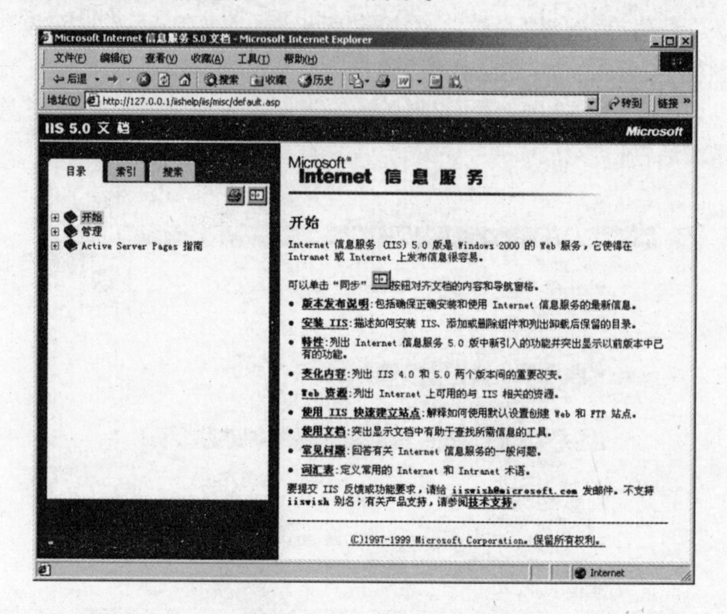

图 9 -3　IIS 联机文档

9.2　WWW 服务

IIS 安装完成后,点击“开始”→“程序”→“管理工具”→“Internet 服务管理器”,即可打开 Internet 信息服务窗口,如图 9 -4 所示。

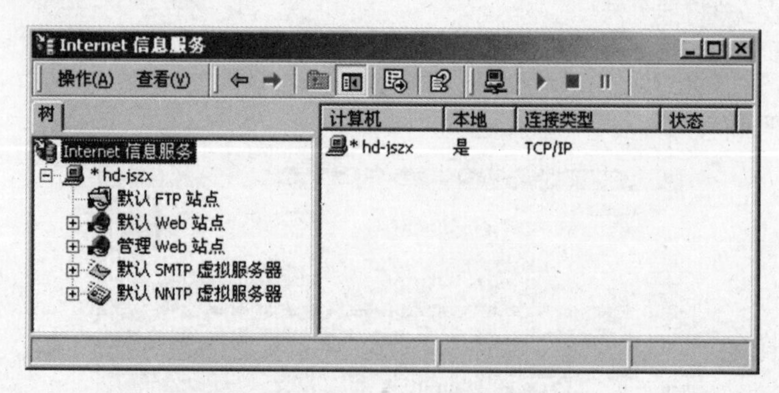

图 9 -4　Internet 信息服务窗口

9.2.1　在 Web 站点上发布内容

具体操作步骤如下:

(1)为 Web 站点创建主页(可使用 Frontpage 等软件)。

(2)将主页文件命名为 Default. htm 或 Default. asp。

(3)将主页复制到 IIS 默认或指定的 Web 发布目录中,默认 Web 发布目录也称为主目录,安装程序提供的默认位置是\Inetpub\wwwroot。

(4)在 Internet 信息服务管理单元中选择"默认 Web 站点",然后单击右键。

(5)在快捷菜单中单击"新建"(如图 9-5 所示),然后单击"Web 站点"启动站点创建向导(如图 9-6 所示)。

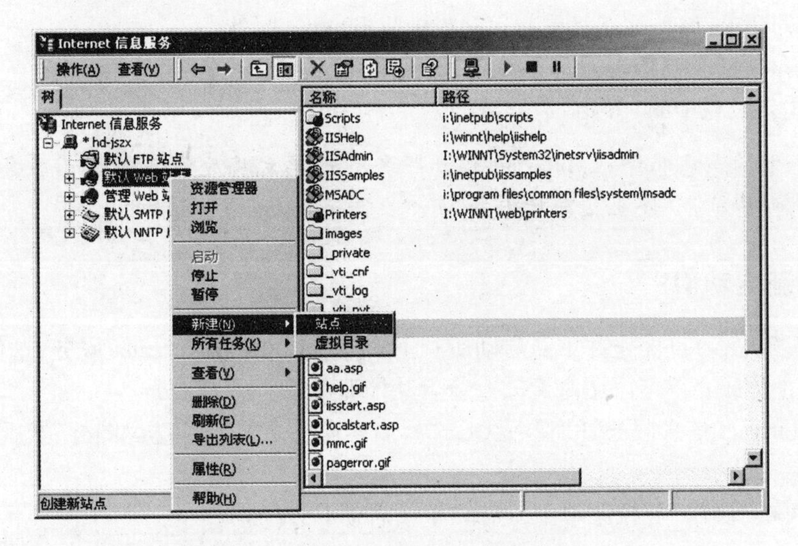

图 9-5 新建站点对话框

图 9-6 "Web 站点"创建向导

(6)单击"下一步",首先输入 Web 新站点的标识信息,然后单击"下一步",在此输入 Web 站点的 IP 地址和 TCP 端口地址。如果通过主机头文件将其他站点添加到单一 IP 地址,必须指定主机头文件名称,然后单击"下一步"输入站点的主目录路径。

(7)单击"下一步"选择 Web 站点的访问权限,单击"下一步"完成设置。

(8)如果网络具有名称解析系统(通常为 DNS),那么访问者可以简单地在其浏览器地址栏中键入计算机名到达站点;如果网络没有名称解析系统,那么访问者必须键入计算机的数字 IP 地址。

9.2.2 启动和停止站点

默认情况下,站点将在计算机重新启动时自动启动。停止站点将停止 Internet 服务,并从计算机内存中卸载 Internet 服务;暂停站点将禁止 Internet 服务接受新的连接,但不影响正在进行处理的请求;启动站点将重新启动或恢复 Internet 服务。

(1)在 Internet 信息服务管理单元中,选择要开始、停止或暂停的站点。

(2)单击工具栏中的"开始"、"停止"或"暂停"按钮。

注意:如果站点意外停止,Internet 信息服务管理单元将无法正确显示服务器的状态。重新启动之前,请单击"停止",而后单击"开始"重新启动站点。

9.2.3 重新启动 IIS

在 IIS 5.0 中,可以停止并重新启动所有 IIS 管理单元中的 Internet 服务,这使得在应用程序运行不正常或变得不可用时无需重新启动计算机。

(1)在 Internet 信息服务管理单元中,选择内容窗格中的"计算机"图标,然后单击右键。

(2)在右键快捷菜单中选择"重新启动 IIS…"。

(3)也可从"操作"下拉菜单中,选择"重新启动 IIS…"。

注意:重新启动 Internet 服务必须使用上述方法,而不用 Windows 2000 服务管理单元。由于多个 Internet 服务在一个进程中运行,Internet 服务的关闭和重新启动与其他 Windows 服务有所不同。为了按计划重启或与第三方或自定义工具集成,我们也可以使用命令行方式的 IIS 管理单元重新启动功能:Iisreset. exe。重新启动将停止所有的 Drwtsn32. exe,Mtx. exe 和 Dllhost. exe 进程,目的是重新启动 Internet 服务。无法使用基于浏览器的 Internet 服务管理器(HTML)来重新启动 IIS。

9.2.4 Web 站点属性

1. Web 站点属性页

在 Web 站点上单击右键选择"属性",打开如图 9－7 所示的 Web 站点的主属性页,主属性页用于设置 Web 站点的标识参数、连接、启用日志纪录等。

(1)Web 站点标识

单击"高级"按钮配置 IP 地址、TCP 端口号和主机头名称。

①IP 地址:对于要在该框中显示的地址,必须已经在"控制面板"中定义为在该计算机上使用。如果不指定特定的 IP 地址,该站点将响应所有指定到该计算机并且没有指定到其他站点的 IP 地址,这将使该站点成为默认 Web 站点。

②TCP 端口:确定正在运行服务的端口。默认情况下为端口 80。可以将该端口更改为任意唯一的 TCP 端口号,但是客户必须事先知道请求该端口号,否则其请求将无法连接到用户的服务器。端口号是必需的,而且该文本框不能置空。

(2)连接

①无限:选择该选项允许同时发生的连接数不受限制。

②限制到:选择该选项限制同时连接到该站点的连接数。在该对话框中,键入允许连接的最大数目。

③连接超时:设置服务器断开未活动用户的时间(以秒为单位)。这将确保 HTTP 协议在关闭连接失败时可关闭所有连接。

④启用保持 HTTP 激活:允许客户保持与服务器的开放连接,而不是使用新请求逐个重新打开客户连接。禁用保持 HTTP 激活会降低服务器性能,默认情况下启用保持 HTTP 激活。

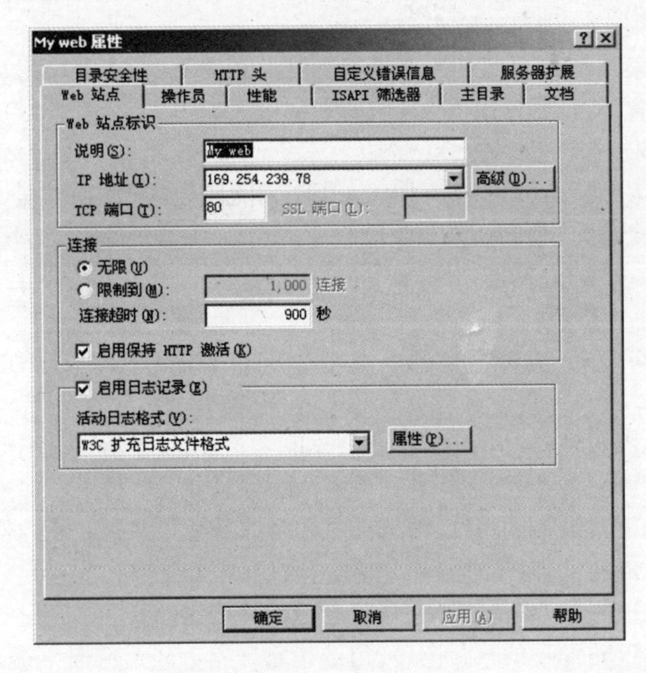

图 9-7 Web 站点的主属性页

(3)启用日志记录

选择该选项将启用 Web 站点的日志记录功能,该功能可记录用户活动的细节并以用户选择的格式创建日志。启用日志记录后,请在“活动日志格式”列表中选择格式。活动日志格式有以下几种:

①Microsoft IIS 日志格式固定为 ASCII 格式。

②ODBC 日志(仅在 Windows 2000 Server 中提供)。

③记录到数据库的固定格式。

④W3C 扩充日志文件格式。该格式是可自定义的 ASCII 格式,默认情况下选择该格式。而且必须选择该格式才能使用“进程帐号”。

若要配置日志文件创建选项(如每周、或按文件大小),或者配置 W3C 扩充日志记录、ODBC 日志记录的属性,请单击“属性”。

2. Web 站点操作员

使用该属性表可指定拥有该站点操作员权限的 Windows 用户账户。

(1)添加。若要将用户账户添加到操作员列表中,请单击“添加”。

(2)删除。若要删除目前选择的用户账户,请单击“删除”。要选择多个账户,请在选择单个账户时按住 Ctrl 键,或者选择一系列账户时按住 Shift 键。

3. 性能属性页

使用该属性页可以设置影响内存和带宽使用的属性。

(1)性能调整

将该设置调整为期望站点每日连接的数目。如果该数目设置得略小于实际连接数，则连接速度会更快并且服务器性能也将提高；如果该数目设置得远远大于实际连接数，则将浪费服务器内存并降低服务器的整体性能。

(2)启用带宽限制

选择该选项以限制 Web 站点使用的带宽。仅对该 Web 站点而言，此处键入的带宽值将覆盖在计算机级设置的值，尽管该值大于计算机级设置的值。

(3)启用进程限制

选择该选项以限制该 Web 站点可用于处理应用程序之外的 CPU 处理时间的百分比。如果选择了该框但未选择“强制性限制”，则唯一的后果将是在超过指定限制时把事件写入事件记录中。

4. ISAPI 过滤器属性页

使用该属性页可设置 ISAPI 过滤器的选项。ISAPI filter 是在处理 HTTP 请求过程中响应事件的一个程序。

(1)要添加 ISAPI 过滤器，请单击“添加”按钮。

(2)要删除 ISAPI 过滤器，请选择它并单击“删除”按钮。

(3)要更改 ISAPI 过滤器的属性，请选择它并单击“编辑”按钮。

(4)要启用 ISAPI 过滤器，请选择它并单击“启用”按钮。

(5)要禁用 ISAPI 过滤器，请选择它并单击“禁用”按钮。

(6)要更改 ISAPI 过滤器的执行顺序，请选择它并单击向上或向下箭头。注意：只能更改具有相同优先级的过滤器的装载顺序。

5. 主目录属性页

使用该属性页如图 9-8 所示，可以更改 Web 服务器主目录的位置(默认主目录为 Inetpub/Wwwroot)。

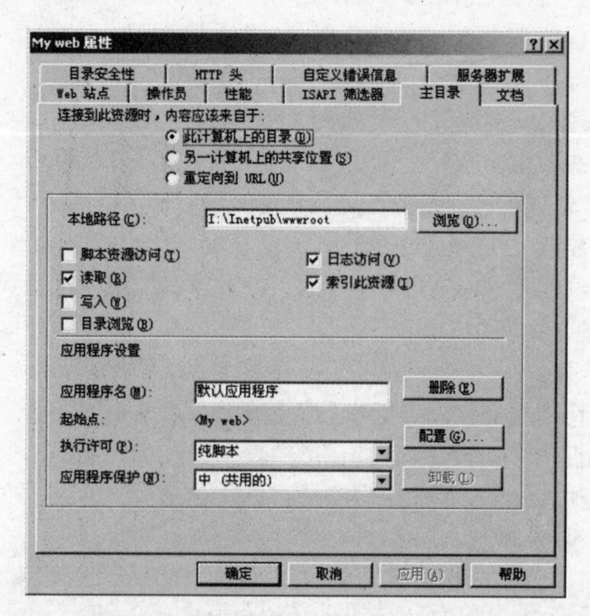

图 9-8 更改 Web 服务器主目录属性页

(1)此计算机上的目录或另一计算机上的共享位置

①脚本资源访问:若要允许用户访问已经设置了“读取”或“写入”权限的资源代码,请选中该选项,资源代码包括 ASP 应用程序中的脚本。

②读取:若要允许用户读取或下载文件(目录)及其相关属性,请选中该选项。

③写入:若要允许用户将文件及其相关属性上载到服务器上已启用的目录,或者更改可写文件的内容,请选中该选项。“写入”操作只能在支持 HTTP 1.1 协议标准的 PUT 功能的浏览器中进行。

④目录浏览:若要允许用户查看该虚拟目录中文件和子目录的超文本列表,请选中该选项。虚拟目录不会显示在目录列表中,用户必须知道虚拟目录的别名。

⑤日志访问:若要在日志文件中记录对该目录的访问,请选中该选项。只有启用了该 Web 站点的日志访问才会记录访问。

⑥索引此资源:若允许 Microsoft Indexing Service 将该目录包含在 Web 站点的全文本索引中,请选中该选项。

⑦应用程序设置:基于 Web 的 IIS 应用程序由其所在的目录结构定义。

⑧执行许可:此项权限可以决定对该站点或虚拟目录资源执行何种级别的程序。不只允许访问静态文件,如 HTML 或图像文件;纯脚本只允许运行脚本,如 ASP 脚本;脚本和可执行程序可以访问或执行各种文件类型。

⑨应用程序保护:选择运行应用程序的保护方式,包括与 Web 服务在同一进程中运行(低)的、与其他应用程序在独立的共用进程中运行(中)的,或者在与其他进程不同的独立进程中运行(高)的。

(2)选中“重定向到 URL”后将出现“客户将被送到”属性。其中有如下选项:

①上面输入的准确 URL。将虚拟目录重定向到目标 URL,但不会添加原始 URL 的任何其他部分,使用该选项可以将整个虚拟目录重定向到一个文件。例如,若要将对“/scripts”虚拟目录的所有请求都重定向到主目录中的文件 Default. htm,请在“重定向到”文本框中键入/Default. htm,然后选中该选项。

②在这之下的目录。将父目录重定向到子目录。例如,若要将主目录(由/指定)重定向到子目录“/newhome”,请在“重定向到”文本框中键入“/newhome”,然后选中该选项。如果不选中该选项,Web 服务器会继续将父目录映射为其自身。

③此资源的永久重定向。将消息“301 永久重定向”发送到客户。重定向被认为是临时的,而且客户浏览器收到消息“302 临时重定向”。某些浏览器会将“301 永久重定向”消息作为信号来永久地更改 URL,如书签。

6. 文档属性页

使用该属性页定义站点的默认 Web 页和将页脚附加到站点的文档中。

(1)启用默认文档

要在浏览器请求指定文档名的任何时候提供一默认文档,请选择该复选框。默认文档可以是目录的主页或包含站点文档目录列表的索引页。

要添加一个新的默认文档,请单击“添加”。可以使用该特性指定多个默认文档。按出现在列表中的名称顺序提供默认文档。服务器将返回所找到的第一个文档。要更改搜索顺序,请选择一个文档并单击箭头按钮。要从列表中删除默认文档,请单击“删除”。

(2)启用文档页脚

要自动将一个 HTML 格式的页脚附加到 Web 服务器所发送的每个文档中,请选择该选项。页脚文件不应是一个完整的 HTML 文档,而应该是只包括需用于格式化页脚内容外观和功能的 HTML 标签。要指定页脚文件的完整路径和文件名,请单击"浏览"。

7. 目录安全性属性页

使用该属性页可设置 Web 服务器的安全特性。

(1)匿名访问和验证控制

要配置 Web 服务器的验证和匿名访问功能,请单击"编辑"。使用该功能可配置 Web 服务器在授权访问受限制之前确认用户的身份,但首先必须创建有效的 Windows 用户账户,然后配置这些账户的 Windows 文件系统(NTFS)目录和文件访问权限,这样服务器才能验证用户的身份。

(2)IP 地址及域名限制

要允许或阻止特定用户、计算机、计算机组或域访问该 Web 站点、目录或文件,单击"编辑"。

(3)安全通信

要使用新证书向导创建服务器证书请求,单击"服务器证书",安装有效服务器证书后才能使用 Web 服务器的安全通信功能。

8. HTTP 头属性页

使用 HTTP 头属性页可以设置返回到浏览器 HTML 页头部中的值。

(1)启动内容失效

选择该复选框以包括失效信息。在对时间敏感的资料中包括日期,诸如专门报价或事件公告。浏览器将当前日期与失效日期进行比较,以便确定是显示高速缓存页还是从服务器请求一个更新过的页面。

(2)自定义 HTTP 头

使用该属性将自定义 HTTP 头从 Web 服务器发送到客户浏览器。自定义 HTTP 头可用来发送当前 HTML 规范中尚不支持的指令,诸如产品发布时 IIS 尚不支持的更新的 HTML 标签。可以使用自定义 HTTP 头允许客户浏览器高速缓存页,但却防止代理服务器高速缓存该页。

要使 Web 服务器发送自定义 HTTP 头,请单击"添加",然后在"添加自定义 HTTP 头"对话框中键入头的名称和值。

要编辑现存的自定义 HTTP 头,请选择自定义 HTTP 头并单击"编辑"。

要终止发送自定义 HTTP 头,请选择自定义 HTTP 头并单击"删除"。

(3)内容分级

使用内容分级可在 Web 页的 HTTP 头中嵌入描述性标签。诸如 Microsoft Internet Explorer 3.0 版本或更高版本的浏览器将检测内容分级,以帮助用户识别可能有异议的 Web 内容。

要为 Web 站点、目录或文件设置内容分级,请单击"编辑分级"。

(4)MIME 映射

选择"文件类型"按钮配置多用途网际邮件扩充(MIME)映射。

这些映射设置各种 Web 服务返回到浏览器的文件类型。将在"文件类型"对话框中列出以默认方式安装在 Windows 中的注册文件类型。在"文件类型详细信息"框中将列出所选文件类型的文件类型扩展名和 MIME 映射。

要配置其他 MIME 映射，请单击"文件类型"对话框中的"新类型"按钮。

①在"文件类型"对话框中，键入与"关联扩展名"框中相关联的扩展名。

②在"内容类型(MIME)"框中，以"mime 类型/文件扩展名"形式输入后面跟有扩展名的 MIME 类型。

要删除 MIME 映射，请在"已注册的文件的类型"框中选择文件类型并单击"删除"。

要编辑现存的 MIME 映射，请在"已注册的文件类型"框中选择文件类型，而后单击"编辑"按钮并按要求修改"关联扩展名"和"内容类型(MIME)"框中的内容。

如果在主属性页中设置计算机的 MIME 映射，则计算机中的 Web 站点和目录将使用相同的映射。可以修改 Web 站点或目录的 MIME 映射，然而，如果又重新应用主属性，主属性将完全取代 Web 站点或目录已修改的属性。也就是说，属性未得到合并。

9. 自定义错误信息属性页

当 Web 服务器出现错误时，使用"自定义错误信息"属性页自定义发送给客户的 HTTP 错误。管理员可使用 IIS 提供的常规 HTTP 1.1 错误或详细自定义错误文件，或创建自己的自定义错误文件。

要更改自定义错误信息的属性，请单击"编辑属性"按钮。如果输出类型是 URL，则该 URL 必须存在于本地服务器上。

要配置自定义错误以便使用默认 HTTP 1.1 错误返回，请单击"设为默认值"按钮。要选择多个自定义错误，请在选择时按住 Ctrl 键。

10. FrontPage 服务器扩展

FrontPage 服务器扩展主要由三个程序组成，分别固定执行管理、创建和查看等有用的任务。

9.3 FTP 服务

9.3.1 在 FTP 站点上发布内容

要在 FTP 站点上发布内容，可执行下列步骤：

(1)将文件复制或移动到默认的 FTP 发布目录，安装程序提供的默认目录是\Inetpub\Ftproot。

(2)在 Internet 信息服务管理单元中选择计算机或站点，然后单击"操作"按钮。

(3)单击"新建"，然后单击"FTP 站点"启动站点创建向导如图 9-9 所示。

(4)单击"下一步"，首先输入 FTP 新站点的标识信息，然后单击"下一步"，在此输入 FTP 站点的 IP 地址和 TCP 端口地址，然后单击"下一步"输入 FTP 站点的主目录路径。

(5)单击"下一步"选择 FTP 站点的访问权限，单击"下一步"完成设置。

(6)如果网络具有名称解析系统(通常为 DNS)，那么访问者可以在其浏览器地址栏中键入后面跟有计算机名的"ftp://到达站点"；如果没有，那么访问者必须键入"ftp://计算机的数字 IP 地址"。在 FTP 站点建立完毕后，它们自动开始运行。

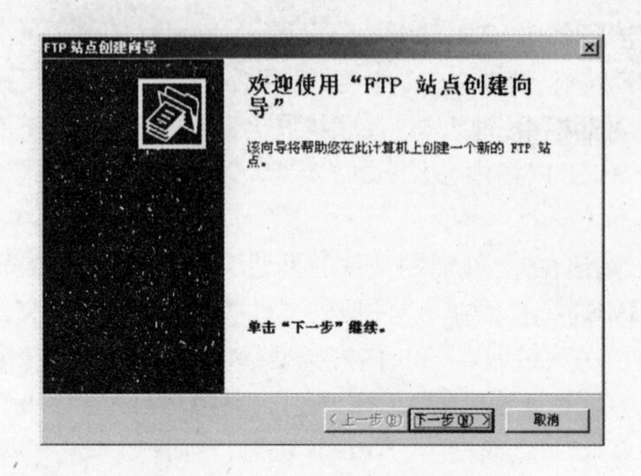

图 9-9 “FTP 站点”创建向导

9.3.2 FTP 站点属性

1. FTP 站点属性页

使用此属性页可设置服务器的标识参数,如图 9-10 所示。

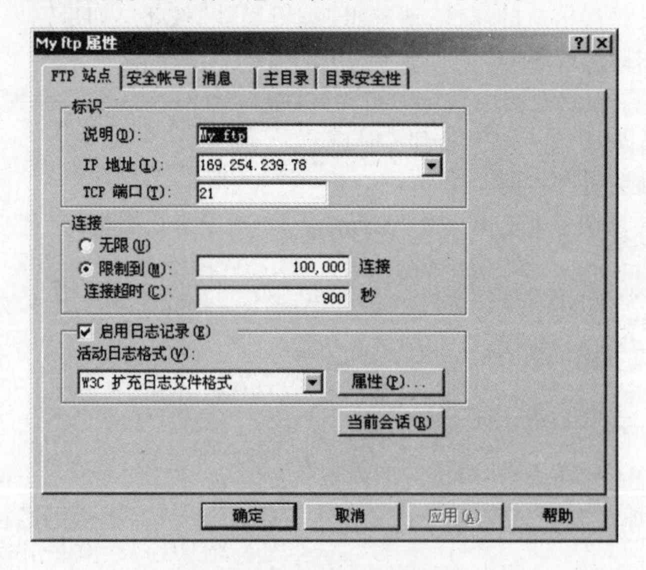

图 9-10 FTP 站点属性

(1)标识说明:可以随意选取服务器的名称,此名称主要用来标识个人和组织身份。

(2)IP 地址:对于显示在此框中的地址,必须先在“控制面板”中定义才可使用。

(3)TCP 端口:确定运行服务所在的端口。默认值是端口 21,可以将此端口更改为任意的唯一 TCP 端口号。但是,客户在请求端口号之前,必须知道这个端口号,否则,请求将无法连接到服务器。

(4)连接无限:同时连接到服务器的连接数不受限制。

(5)限制到:设置允许同时连接到服务器的最大连接数。

(6)连接超时:设置服务器断开不活动用户前的时间。如果 HTTP 协议关闭连接失败,此选项可确保关闭所有连接。

(7)启用日志记录:选择此复选框以启用 FTP 站点日志记录,它可以记录有关用户活动

的详细资料,并可以创建多种格式的日志文件。启用日志之后,请在"活动的日志格式"列表中选择一种格式。格式如下所示:

①Microsoft IIS 日志格式:固定的 ASCII 格式。

②W3C 扩充日志文件格式:自定义的 ASCII 格式,默认情况下选择此格式。

③ODBC 记录:记录到数据库的固定格式(仅用于 Windows 2000 Server)。

要配置创建日志文件的选项(例如,每周或按文件大小)、配置 W3C 扩充日志或 ODBC 日志的属性,请单击"属性"。

(8)当前会话:单击该按钮以查看目前连接到站点的用户列表,Internet 服务管理器(HT-ML)中不提供该功能。

2. 安全账号属性页

使用此属性页来控制可使用服务器的用户,并指定用于登录到计算机的匿名客户请求的账号。

(1)允许匿名连接。选择此选项以允许使用"匿名"用户名的用户登录到 FTP 服务器。

(2)用户名。键入在匿名连接时使用的用户名。要查找特定 Windows 用户账号,请单击"浏览"。

(3)密码。键入匿名连接账号使用的密码,如果选中了"允许 IIS 控制密码"选项,密码将不能更改。

(4)只允许匿名连接。选中此复选框之后,用户就不能使用用户名和密码登录。此选项可避免具有管理权限的账号访问,而仅允许指定为匿名的账号访问。

(5)允许 IIS 控制密码。选择此选项,可以使 FPT 站点能够自动将匿名密码设置与 Windows 中的设置相同。

(6)FTP 站点操作员。FTP 站点操作员是一组特殊的用户,他们在各自的 FTP 站点具有有限的权限。操作员可以管理只影响自己站点的属性,操作员不能访问涉及 IIS、Windows 服务器计算机宿主 IIS 或网络的属性。

(7)添加。要向操作员列表中添加用户账号,请单击"添加"。

(8)删除。要删除当前选定的用户账号,请单击"删除"。如果想同时选定多个账号,可以在选择每一帐号的同时按住 Ctrl 键,也可以按住 Shift 键同时选择一个范围的账号。

3. 消息属性页

使用该属性页创建自己的消息,当用户访问用户的站点时会将这些消息显示给用户。

(1)欢迎。首次连接到 FTP 服务器时将显示此文本。默认情况下此消息为空。

(2)退出。客户从 FTP 服务器注销时将显示此文本。默认情况下此消息为空。

(3)最大连接数。当 FTP 服务的连接数已达到所允许的最大值时,如果客户仍试图进行连接,则显示此文本。默认情况下此消息为空。

4. FTP 主目录属性页

使用此属性页可更改 FTP 站点的主目录或修改其属性,如图 9－11 所示。

(1)设置主目录位置

主目录是 FTP 站点中用于已发布文件的中心位置。在安装 FTP 服务时,会创建一个名为\Inetpub\Ftproot 的默认主目录。可以将主目录的位置更改为下列某个位置:

①此计算机上的目录。

②另一计算机上的共享位置。出现提示时,请键入访问那台计算机所需的用户名和密

码。如果要更改用户名和密码,请单击“连接为”。

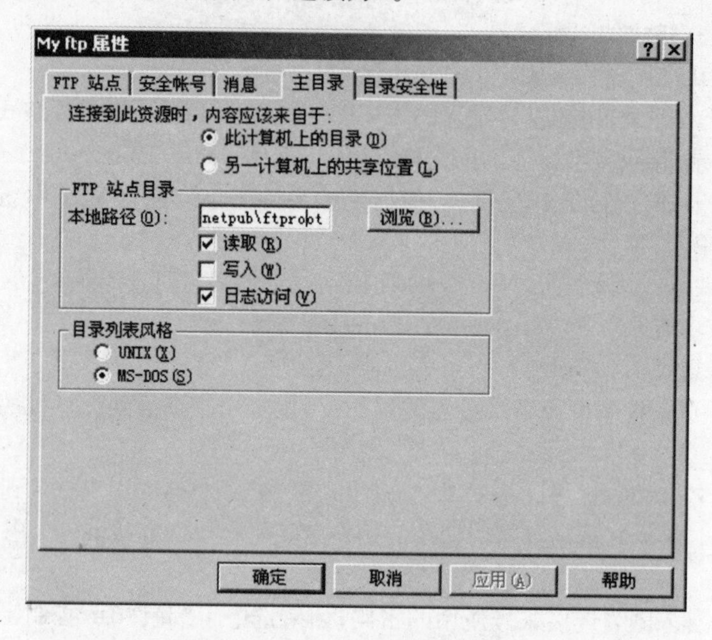

图 9-11　FTP 站点的主目录属性页

(2)FTP 站点目录

在此文本框中键入目录路径或目标 URL。语法必须与所选的路径类型相匹配:

对于本地目录,请使用完整路径,如 C:\Catalog\Song,也可以单击“浏览”按钮选择本地路径而不用键入路径。

对于网络共享目录,使用 Universal Naming Convention(UNC)服务器和共享名,如\\Webserver\Htmlfiles。

①浏览:通过单击“浏览”选择本地的目录而不用在“路径”文本框中键入路径。

②读取:选择此选项,允许用户阅读或下载存储在主目录或虚拟目录中的文件。

③写入:允许用户向服务器中已启用的目录上载文件。仅对那些可能接收用户文件的目录选择该选项。

④日志访问:如果需要将对目录的访问活动记录在日志文件中,请选中该复选框。只有对此 FTP 站点启用了日志记录,才能记录访问活动。默认情况下日志是启用的。要关闭日志,请选择该 FTP 站点,打开其属性页,单击“FTP 站点”选项卡,然后清除“启用日志”复选框。

(3)目录列表风格

①MS-DOS:默认情况下 MS-DOS 目录列表风格以两位数格式显示年份,也可以更改这种显示年份的设置。

②UNIX:UNIX 目录列表风格在文件日期与 FTP 服务器的年份有区别时以四位数格式显示年份。如果文件日期与 FTP 服务器相同,则不会返回年份。

5. 目录安全性属性页

使用此属性页设置特定 IP 地址的访问权限来阻止某些个人或群组访问服务器。

(1)TCP/IP 访问限制。通过指定允许或禁止访问的 IP 地址、子网掩码、一台或多台计算机的域名,就可以控制对 FTP 资源(如站点、虚拟目录或文件)的访问。

(2)授权访问。要列出被拒绝访问的计算机,请选择该选项。

(3)拒绝访问。要列出允许访问的计算机,请选择该选项。

(4)添加。要添加拒绝访问的计算机,请选择“授权访问”按钮,然后单击“添加”;相反,要添加允许访问的计算机,请选择“拒绝访问”按钮,然后单击“添加”。

9.4 SMTP 的配置

SMTP 为简单邮件传输协议,可以在 LAN 或 Internet 上传送邮件。下面以为 nt2000. com 域建立 SMTP 虚拟服务器为例,说明如何配置 SMTP 服务器。

(1)在 Internet 信息服务管理器中选择需要建立虚拟服务器的域控制器,单击“操作”,然后选择“新建”,选择“SMTP 虚拟服务器”,启动配置向导。

(2)输入 SMTP 虚拟服务器的描述,如图 9－12 所示。

(3)选择服务器的 IP 地址。

(4)为虚拟服务器选择主目录,默认目录为\Inetpub\mailroot。

(5)输入虚拟服务器的默认域,单击“完成”。

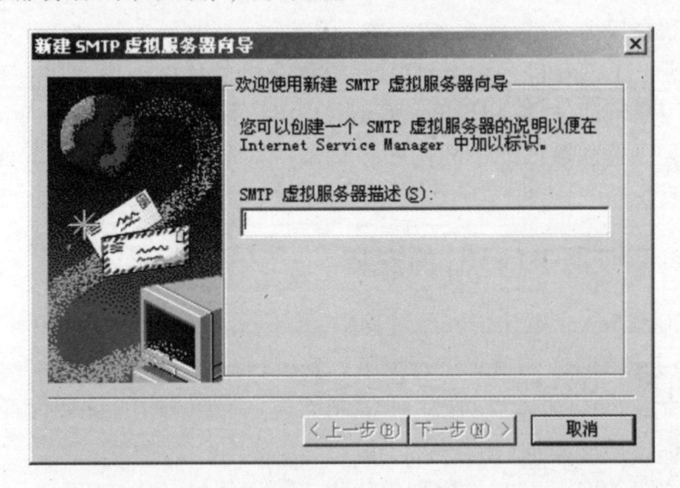

图 9－12 新建 SMTP 虚拟服务器

在安装完成后,可以通过 SMTP 虚拟服务器的属性页配置本服务器与其他服务器的连接方式、邮件的传送和接收方式。

如果安装了电子邮件服务(简单邮件传输协议或 SMTP),就可以通过在浏览器地址栏中键入“file:\\% systemroot% \help\mail. chm”并按 Enter 键来查看产品文档。

9.5 NNTP 的配置

通过配置 NNTP(网络新闻传输协议)服务器可以让客户通过 OutLook 等应用程序阅读新闻组。配置 NNTP 虚拟服务器的具体步骤如下:

(1)在 Internet 信息服务管理器中选择需要建立虚拟服务器的域控制器,单击“操作”,然后选择“新建”,选择“NNTP 虚拟服务器”,启动配置向导;

(2)输入虚拟 NNTP 服务器的描述;

(3)选择服务器的 IP 地址和 TCP 端口地址,缺省的端口地址为 119,如果使用 SSL 则端口地址变为563；

(4)为虚拟服务器选择主目录，默认目录为\Inetpub\nntpfile；

(5)选择存储 NNTP 的媒体；

(6)选择存储 NNTP 的路径，单击“完成”。

在安装完毕后，利用 NNTP 虚拟服务器的属性设置可以修改相关参数，如限制新闻客户的同时连接数、修改客户机的张贴参数。

如果已安装了新闻组（网络新闻传送协议或 NNTP），用户就可以通过在浏览器的地址栏键入“file：\\%systemroot%\help\news. chm”并按 Enter 来查看产品文档。

9.6 Internet 验证服务

“远程身份验证拨入用户服务（RADIUS）”是一个工业标准协议，它为分布式拨号网络提供身份验证、授权和计账服务。RADIUS 客户机通常是 Internet 服务提供商（ISP）使用的拨号服务器，它向 RADIUS 服务器发送用户和连接信息。RADIUS 服务器对 RADIUS 客户机的请求进行验证和授权。

Internet 验证服务（IAS）是一种 RADIUS（远程身份验证拨入用户服务）服务器。IAS 允许用户集中管理用户验证、授权和记账，而且用户可以使用它验证位于 Windows NT 4.0 或 Windows 2000 域控制器的数据库中的用户。它支持各种不同的网络访问服务器（NAS），包括路由选择和远程访问。

9.6.1 Internet 验证服务（IAS）的安装

在 Windows 2000 Server 默认的安装过程中，并不安装 Internet 验证服务（IAS），因此要使用 Internet 验证服务（IAS）必须重新进行安装。安装过程如下：

(1)打开“开始”菜单，选择“设置”→“控制面板”命令，打开“控制面板”窗口，双击“添加/删除程序”图标，打开“添加/删除程序”窗口。

(2)在“添加/删除程序”窗口左边列表栏中，单击“添加/删除 Windows 组件”按钮，打开“Windows 组件”对话框。

(3)在“Windows 组件”列表框中选择“网络服务”，点击下面的“详细信息”按钮，打开“网络服务”对话框，在这个对话框中选中“Internet 验证服务（IAS）”前的复选框，然后按向导即可完成对“Internet 验证服务（IAS）”的安装。

IAS 安装完成后，点击“开始”→“程序”→“管理工具”→“Internet 验证服务”，即可打开 Internet 验证服务窗口，如图 9－13 所示。

9.6.2 注册 RADIUS 客户机

注册 RADIUS 客户机的步骤如下：

(1)打开 Internet 验证服务。

(2)用右键单击“客户端”，然后单击“新建客户端”。

(3)在“好记的名称”中，输入一个描述性名称。

(4)在“协议”中，单击“RADIUS”，然后单击“下一步”。

(5)在“客户端地址（IP 或 DNS）”中，输入客户端的 DNS 或 IP 地址。如果打算使用

DNS 名称,请单击"验证"。单击"解析 DNS 名"对话框中的"解析",然后选择用户想要与来自"搜索结果"中的名称相关联的 IP 地址。

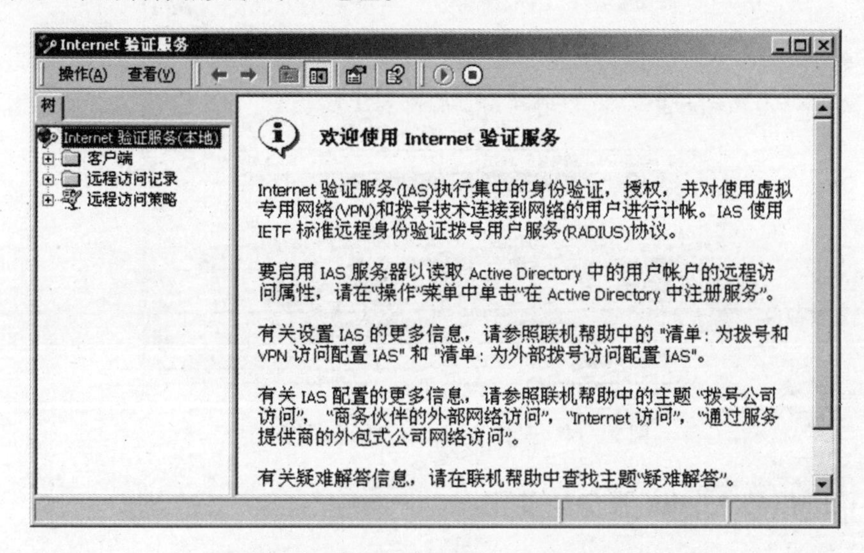

图 9-13 Internet 验证服务窗口

(6)如果客户机是一个 NAS,而且用户打算利用 NAS 特定远程访问策略进行配置(例如,包括供应商特定属性的远程访问策略),请单击"客户端 - 供应商",然后选择制造商的名称;如果用户不知道制造商名称或没有列出制造商名称,请单击"RADIUS Standard"。

(7)在"共享的机密"中,输入客户机的共享机密,然后在"确认共享的机密"中再次输入共享机密。

(8)如果 NAS 支持使用数字签名进行验证(利用 PAP,CHAP 或 MS-CHAP),请单击"客户端必须总是在请求中发送签名属性";如果 NAS 不支持 PAP,CHAP 或 MS-CHAP 的数字签名,则不要单击该选项。

9.7 Windows Media 服务

在 Windows 2000 中使用 Windows Media 服务,用户就可以创建、管理和通过 Intranet 或 Internet 发布 Windows 媒体内容。Windows Media 服务在 Windows 2000 安装期间不是默认安装的。因此,在 Windows 2000 中要使用 Windows Media 服务,我们首先要做的工作就是安装 Windows Media 服务。

9.7.1 安装 Windows Media 服务

安装 Windows Media 服务的过程如下:

(1)单击"开始",指向"设置",单击"控制面板"打开"控制面板"窗口,在"控制面板"窗口中双击"添加/删除程序"。

(2)单击"添加/删除 Windows 组件"。

(3)在"Windows 组件"向导中,选中"Windows Media 服务"前面的复选框,如图 9-14 所示。

(4)单击"下一步"按钮,按向导提示即可完成 Windows Media 服务的安装。

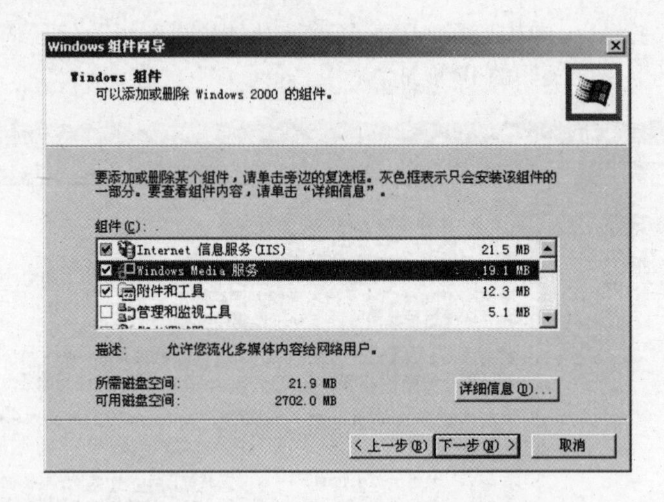

图 9 – 14 安装 Windows Media 服务向导

9.7.2 Windows Media 服务的使用

安装后要打开“Windows 媒体管理器”，请单击“开始”，指向“程序”，指向“管理工具”，然后单击“Windows Media”就可以打开“Windows Media 管理器”，如图 9 – 15 所示。在这里我们可以对 Windwos Media 服务进行详细的设置。

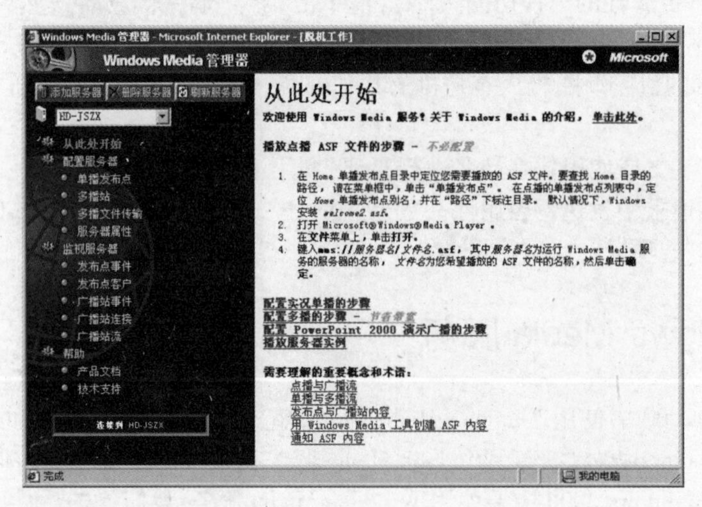

图 9 – 15 Windows Media 管理器

有关使用 Windows Media 服务的详细信息，请单击“Windows 媒体管理器”窗口上方的“单击此处”超链接，会弹出“Windows Media 服务”的帮助信息窗口，如图 9 – 16 所示。

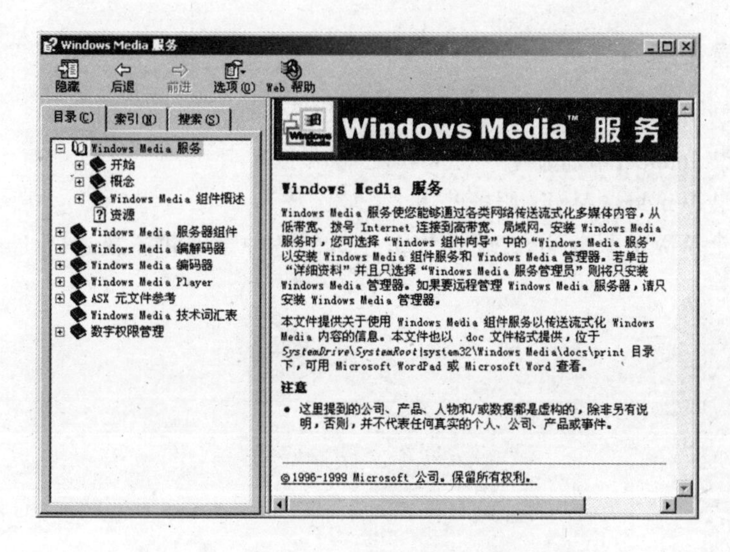

图 9-16 Windows Media 服务帮助信息窗口

习题九

一、填空题

1．IIS 指的是____________。

2．FTP 服务器就是专门提供____________的服务器。

3．电子邮件的协议为____________。

4．新闻组的协议为____________。

5．IIS 中默认的主页文件名通常是____________。

6．IIS 的主要功能就是帮助我们创建____________。

7．IAS 指的是____________。

8．FrontPage 是用来创建____________的程序。

9．WWW 服务主要应用于____________协议，它是通过____________端口来监听用户的请求。

10．Internet 验证服务(IAS)是一种____________服务器。

二、简答题

1．Windows 2000 Server 的 IIS 可以实现的功能有哪些？

2．Web 服务器默认的主目录位置是什么？

3．Internet 信息服务在安装之前需要在计算机上已经进行了哪些设置？

4．如果安装了 IIS，怎样通过浏览器地址栏获得 IIS 联机文档中的详细信息？

5．怎样启动 Windows 媒体管理器？

6．在 Windows 2000 中使用 Windows Media 服务有什么作用？

三、上机操作题

1. 怎样安装 IIS？

2. 怎样安装 Internet 验证服务？

3. 怎样安装 Windows Media 服务？

4. 创建一个 WWW 服务器，实现对 Web 主页的各种管理和控制，然后通过客户机使用域名进行访问。

第10章 路由和远程访问

具有相同网络号的主机处于同一个网络内组成了一个个局域网,局域网和局域网之间的连接必须通过路由器。本章将详细介绍有关路由的一些基本概念,以及基于 Windows 2000 Server 的软件路由和远程访问的应用。

10.1 路由基础

10.1.1 路由概述

路由器是能够进行数据包转发的设备,通常的路由器有两种:一种是硬件路由器,是专门设计用于路由的设备,该设备不能运行应用程序;另外一种是软件路由器,软件路由器又称多宿主计算机(或多宿主路由器),软件路由器可以看成带有两个以上网卡(或有两个以上 IP 地址)的服务器,它的作用与硬件路由器类似,可控制性很强,可以对网络之间的访问进行控制,例如可以设置允许哪些 IP 地址访问。

Windows 2000 Server 就可以作为软件路由器。Windows 2000 Server 路由和远程访问服务(Route& Remote Access Service,简称 RRAS)是一个全功能的软件路由器,是一个开放式路由和互联网平台,它提供了以下的服务:

(1)多协议 LAN 到 LAN、LAN 到 WAN、虚拟专用网络(VPN)和网络地址转换(NAT)路由服务;

(2)拨号和 VPN 远程访问服务。

"路由和远程访问"服务的优点之一就是与 Windows 2000 Server 操作系统的集成。"路由和远程访问"服务通过多种硬件平台和数以百计的网卡,提供了很多经济功能和工作。"路由和远程访问"服务可以通过应用程序编程接口(API)进行扩展,开发人员可以使用 API 创建客户网络连接方案,新供应商可以使用 API 参与到不断增长的开放式互联网络商务中。Windows 2000 路由器是专门为已经熟悉路由协议和路由选择服务的系统管理员设计的。通过"路由和远程访问"服务,管理员可以查看和管理他们网络上的路由器和远程访问服务器。

10.1.2 单播路由概述

单播路由是通过路由器将到网际网络上某一位置的通信从源主机转发到目标主机,网际网络至少有两个通过路由器连接的网络。路由器是网络层中介系统,它基于公用网络层协议(如 TCP/IP 或 IPX)将网络连接在一起。网络是通过路由器连接,并与称为网络地址或网络 ID 的同一网络层地址相关联的联网基础结构(包括中继器、集线器和桥/2 层交换机)的一部分。

典型的路由器是通过 LAN 或 WAN 媒体连接到两个或多个网络的。网络上的计算机通过将数据包转发到路由器来实现将数据包发送到其他网络上的计算机。路由器将检查数据包,并使用数据包报头内的目标网络地址来决定转发数据包所使用的接口。通过路由协议(OSPF,RIP 等),路由器可以从相邻的路由器获得网络信息(如网络地址),然后将该信息传播给其他网络上的路由器,从而使所有网络上的所有计算机之间都连接起来。

Windows 2000 路由器可以路由 IP,IPX 和 AppleTalk 通信。

(1)IP 路由

IP 网络协议是一组称为"传输控制协议/网际协议(TCP/IP)"的 Internet 协议的一部分,IP 用来通过任意一组互相连接的 IP 网络进行通讯。IP 路由器可以是静态路由器(由管理员建立路由,而且只能由管理员进行更改),也可以是动态路由器(通过路由协议来动态地更新路由)。IP 路由就是通过 IP 路由器将 IP 通信从源主机转发到目标主机的路由。在每个路由器上,通过将数据包中的目标 IP 地址与路由选择表中的最佳路由进行匹配来确定下一个跃点。

Windows 2000 路由器支持以下两个 IP 单播路由协议:

①IP 路由信息协议(RIP);

②先打开最短路径(OSPF)。

但是 Windows 2000 路由器不仅支持 IP 的 RIP 和 OSPF,还是一个可扩展的平台,其他供应商可以创建其他的 IP 路由协议,如"内部网关路由协议(IGRP)"和"边界网关协议(BGP)"。

(2)IPX 路由

网际网络数据包交换(IPX)主要用于 Novell NetWare 环境中,但它也可用于基于 Microsoft Windows 的网络连接中。

Windows 2000 路由器支持以下两个 IPX 路由协议:

①IPX 路由信息协议(RIP),用于传播 IPX 路由信息;

②IPX 服务广告协议(SAP),用来传播服务位置信息。

在运行 Windows 2000 Server 的计算机上执行 IPX,RIP 和 SAP(通过NWLinkIPX/SPX/NetBIOS 兼容传输协议,也称为 NWLink)是符合"Novell IPX 路由器规范"的。Windows 2000 路由器也有转发 IPX 广域网(WAN)广播数据包(也称为 IPX 20 型广播)的能力。基于 IPX 的 NetBIOS 应用程序、Windows 2000 的"Microsoft 网络客户端"和"Microsoft 网络的文件和打印机共享"网络组件都使用 IPX 20 型广播进行名称解析和公布。可以通过"路由和远程访问"向导或"路由和远程访问"中的"NetBIOS 广播"接口属性禁止转发 IPX 20 型广播。如果禁止转发 IPX 20 型广播,则可能削弱基于 IPX 的 NetBIOS 应用程序或 Windows 2000 的"Microsoft 网络客户端"和"Microsoft 网络的文件和打印机共享"网络组件在 IPX 网际网络中正常工作的能力。

(3)AppleTalk 路由

AppleTalk 主要用于 Apple Macintosh 环境中。

Windows 2000 路由器还支持"路由表维护协议(RTMP)"。

10.1.3 多播转发和路由概述

单播就是将网络通信发送到某个特定的终结点,而多播是将网络通信发送到一组终结点。只有监听多播通信的终结点组(多播组)的成员才可以处理多播通信,所有其他节点都会忽略该多播通信。

多播通信可以实现如下功能：

①发现网际网络上的资源；

②支持数据广播应用程序，如文件分配或数据库同步；

③支持多播多媒体应用程序，如数字音频和视频。

多播转发就是智能化转发的多播通信，多播路由就是传播监听信息的多播组，Windows 2000 Server 支持多播转发和有限的多播路由。

1. 多播转发

通过多播转发，路由器将多播通信转发到节点侦听的网络或向节点侦听的方向转发。多播转发可以防止多播通信转发到节点没有侦听的网络上。

为使多播转发通过网际网络正常工作，节点和路由器必须能进行多播。

(1)可以进行多播的节点

可以进行多播的节点必须能够实现下面功能：

①发送和接收多播数据包；

②通过本地路由器注册节点侦听的多播地址，以便多播数据包可以转发到该节点所在的网络上。

所有运行 Windows 2000 的计算机都可以进行 IP 多播，而且能够发送和接收 IP 多播通信。在运行 Windows 2000 并发送多播通信的计算机上，IP 多播应用程序必须使用适当的 IP 多播地址作为目标 IP 地址构建 IP 数据包。在运行 Windows 2000 并接收多播通信的计算机上，IP 多播应用程序必须通知 TCP/IP 协议它们正在侦听到指定 IP 多播地址的所有通信。IP 节点使用“Internet 组管理协议(IGMP)”注册它们要接收来自 IP 路由器的 IP 多播通信的意图。使用 IGMP 的 IP 节点通过发出“IGMP 成员身份报告”数据包，来通知其本地路由器它们正在特定 IP 多播地址上侦听。

(2)可进行多播的路由器

可进行多播的路由器必须能够实现如下功能：

①侦听所有连接的所有网络上的所有多播通信。一旦接收到多播通信，就将该多播数据包转发到所连接的有侦听节点的网络，或其下游路由器上有侦听节点的网络。在 Windows 2000 Server 中，TCP/IP 协议提供了侦听所有多播通信和转发多播数据包的功能。TCP/IP 协议通过使用多播转发表来决定将传入的多播通信转发到何处。

②侦听“IGMP 成员身份报告”数据包和更新 TCP/IP 多播转发表。在 Windows 2000 Server 中，以 IGMP 路由器模式进行操作的接口上的 IGMP 路由协议提供了侦听“IGMP 成员身份报告”数据包和更新 TCP/IP 多播转发表的功能。

③通过多播路由协议，将侦听信息的多播组传播到其他可进行多播的路由器上。Windows 2000 Server 不支持任何多播路由协议。但“路由和远程访问”服务是一个可扩展的平台，支持多播路由协议。

(3)Windows 2000 IGMP 路由协议

要维护 TCP/IP 多播转发表中的项，可以通过 IGMP 路由协议来执行。使用“路由和远程访问”可以将该组件添加为 IP 路由协议。添加了 IGMP 路由协议之后，还要将路由器接口添加到 IGMP 中。可以使用以下两种操作模式中的任一种，来配置添加到 IGMP 路由协议的每个接口：

①IGMP 路由器模式;

②IGMP 代理模式。

(4)IGMP 路由器模式

在 Windows 2000 Server 中,以 IGMP 路由器模式运行的接口提供了侦听"IGMP 成员身份报告"数据包和跟踪组成员身份的功能。用户必须在分配了侦听多播主机的接口上启用 IGMP 路由器模式。

(5)IGMP 代理模式

以 IGMP 代理模式运行的接口充当着代理多播主机的作用,它将某个接口上的"IGMP 成员身份报告"数据包发送出去,以接收 IGMP 路由器模式下运行的所有其他接口上所接收的"IGMP 成员身份报告"数据包。连接到 IGMP 代理模式接口所在网络的上游路由器将接收 IGMP 代理模式"成员身份报告"数据包,并将它们添加到自己的多播表中。通过这种方式,上游路由器将多播组的多播数据包转发到 IGMP 代理模式接口所在的网段,这些多播组已经由连接到 IGMP 代理模式路由器的主机进行了注册。当上游路由器将多播通信转发到 IGMP 代理模式接口网络时,该通信会根据 TCP/IP 协议转发到 IGMP 路由器模式接口网络上合适的主机。

在所有运行 IGMP 路由器模式的接口上接收到的所有非本地多播通信,都使用 IGMP 代理模式接口转发。接收转发的多播通信的上游路由器可以选择转发该多播通信,或是丢弃它。使用 IGMP 代理模式连接到 Windows 2000 路由器的网络上的多播源可以将多播通信发送给连接到上游多播路由器的多播主机。IGMP 代理模式用于将"IGMP 成员身份报告"数据包从只有一个路由器的 Intranet 传递到有多播功能的 Internet 部分。有多播功能的 Internet 部分称为 Internet 多播主干网或 MBone。通过在 Internet 接口上启用 IGMP 代理模式,只有一个路由器的 Intranet 上的主机可以从 Internet 上的多播源接收多播通信,以及给 Internet 上的主机发送多播通信。

2. 多播路由

通过多播路由,有多播功能的路由器互相交换多播组成员身份信息,以便通过网际网络作出智能化多播转发决定。多播路由器使用多播路由协议互相交换多播组成员身份信息。

多播路由协议包括"远程向量多播路由协议(DVMRP)"、"OSPF 的多播扩展(MOSPF)"、"协议无关的疏多播模式(PIM-SM)"和"协议无关的密多播模式(PIM-DM)"。Windows 2000 Server 不包括任何多播路由协议,但是 Windows 2000 路由器是一个可以扩展的平台,其他供应商也可以创建多播路由协议。

10.1.4 Internet 连接共享和网络地址转换

要将小型办公室或家庭办公室(SOHO)网络连接到 Internet,可以使用下面两种方法之一。

(1)路由连接

对于路由连接,运行 Windows 2000 Server 的计算机作为在 SOHO 主机和 Internet 主机间转发数据包的 IP 路由器。路由连接需要有关 SOHO 主机和 Windows 2000 路由器的 IP 地址和路由配置的知识。路由连接允许 SOHO 主机和 Internet 主机间所有的 IP 通信。

(2)转换连接

对于转换连接,运行 Windows 2000 Server 的计算机可作为网络地址转换器,IP 路由器转换在 SOHO 主机和 Internet 主机之间转发的数据包地址。使用 Windows 2000 Server 转换连接不需要了解 IP 地址和路由的很多知识,只需提供 SOHO 主机和 Windows 2000 路由器的简化配置。但转换连接可能不允许 SOHO 主机和 Internet 主机之间所有的 IP 通信。在 Windows 2000 Server 中,使用"网络和拨号连接"的 Internet 连接共享功能,或与"路由和远程访问"服务一起提供的"网络地址转换"路由协议,可以将转换的连接配置到 Internet。Internet 连接共享和网络地址转换将转换、寻址和名称解析服务提供给 SOHO 主机。

Internet 连接共享设计用于在运行 Windows 2000 的计算机上提供单步配置(单个复选框),它为 SOHO 网络上的所有主机都提供到 Internet 的转换连接。但是,一旦启用,Internet 连接共享不允许超越 SOHO 网络上应用程序和服务的配置进一步进行配置。例如,Internet 连接共享是为从 Internet 服务提供商(ISP)获得的单个 IP 地址而设计的,并且不允许更改指派给 SOHO 主机的 IP 地址范围。

"网络地址转换(NAT)"路由协议是为运行 Windows 2000 Server 计算机的配置提供最大灵活性设计的,它提供到 Internet 的转换连接。网络地址转换需要更多配置步骤,每个配置步骤都是可自定义的。

10.1.5 Internet 专用地址

要在 Internet 上通讯,就必须使用"Internet 网络信息中心(InterNIC)"分配的地址。"Internet 网络信息中心(InterNIC)"分配的地址可以从 Internet 位置接收通信,称为公用地址。一般的小型公司或家庭办公室由"Internet 服务提供商(ISP)"分配公用地址,ISP 可以接收某个范围内的公用地址。

为了使小型办公室或家庭办公室中的多个计算机能通过 Internet 进行通讯,每个计算机都必须有自己的公用地址。此要求给可用的公用地址池造成了较大的压力。为了缓解这种压力,InterNIC 已经通过为专用网际网络保留网络 ID 提供了一个地址重用方案。专用网络 ID 包括:

(1)子网掩码为 255.0.0.0 的 10.0.0.0;

(2)子网掩码为 255.240.0.0 的 172.16.0.0;

(3)子网掩码为 255.255.0.0 的 192.168.0.0。

专用地址不能从 Internet 位置接收通信。因此,如果某个 Intranet 使用的是专用地址,又要与 Internet 位置进行通讯,则该专用地址必须转换成公用地址。"网络地址转换(NAT)"位于使用专用地址的 Intranet 和使用公用地址的 Internet 之间。从 Intranet 传出的数据包由 NAT 将专用地址转换为公用地址,从 Internet 传入的数据包由 NAT 将它们的公用地址转换为专用地址。

10.2 配置路由服务

要安装和配置 Windows 2000 路由器,必须以 Administrators 组的成员身份登录。

10.2.1 硬件需求

在安装 Windows 2000 远程访问路由器之前,需要安装所有硬件并使其正常工作。根据网络和需要,可能需要下列硬件:

(1)带有合格网络驱动器接口规范(NDIS)驱动程序的 LAN 或 WAN 适配器;

(2)一个或多个兼容的调制解调器和一个可用的 COM 端口;

(3)带有多个远程连接的可接受性能的多端口适配器;

(4)X.25 智能卡(如果使用 X.25 网络);

(5)ISDN 适配器(如果使用 ISDN 线路)。

10.2.2 配置路由服务

在 Windows 2000 Server 中配置路由服务的步骤如下:

(1)点击“开始”→“程序”→“管理工具”→“路由和远程访问”,打开“路由和远程访问”窗口,如图 10-1 所示。

在 Windows 2000 产品的家族中,只有 Windows 2000 Server 以上的版本才提供路由服务功能,并且“路由和远程访问”组件在 Windows 2000 Server 计算机上是默认安装的。

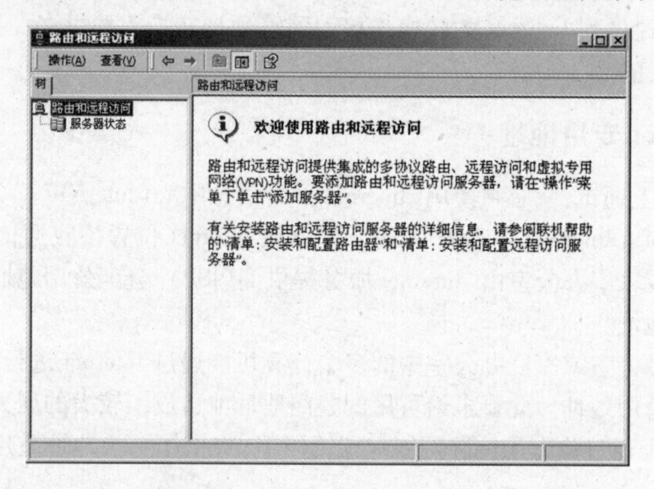

图 10-1 “路由和远程访问”窗口

(2)右击“服务器状态”,在弹出的快捷菜单中选择“添加服务器”命令,打开如图 10-2 所示的对话框。

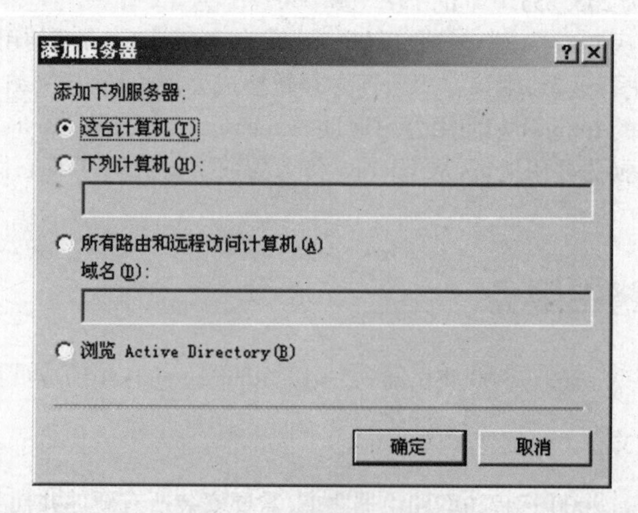

图 10-2 “添加服务器”对话框

选择要承担路由器功能的计算机,如果用本机作为路由器,选择“这台计算机”单选按钮,然后单击“确定”按钮即可,本机的名字会自动进入到“服务器状态”中。

(3)在“路由和远程访问”窗口中,右击刚刚添加的计算机名,如“HD - JSZX(本地)”,然后在弹出的快捷菜单中选择“配置并启用路由和远程访问”菜单命令,在“路由和远程访问服务器安装向导”对话框中,点击“下一步”按钮,弹出如图 10 - 3 所示对话框。

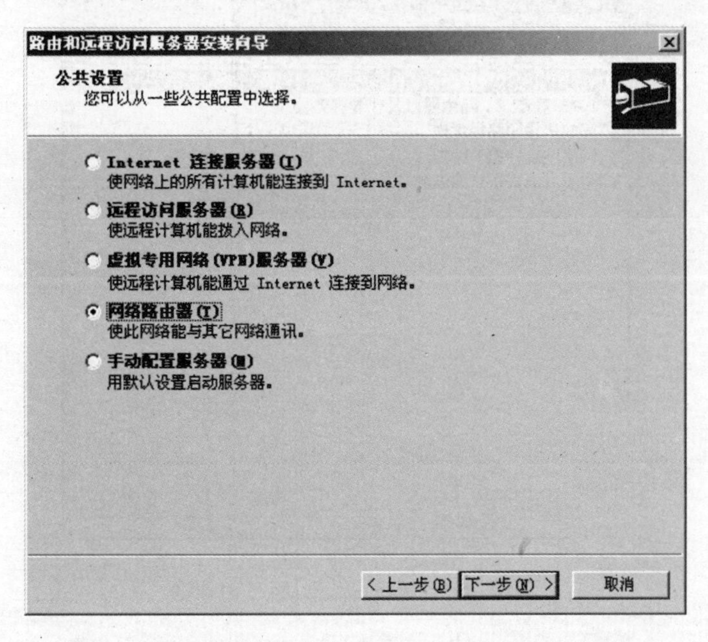

图 10 - 3 “路由和远程访问服务器安装向导”对话框

(4)在“路由和远程访问服务器安装向导”对话框中,可以对路由和远程访问分别进行配置,这里我们选用“网络路由器”单选按钮,单击“下一步”按钮,选择路由协议,我们会看到 TCP/IP 协议在窗口中。默认单选按钮是“是,所有可用的协议都在列表中”。

(5)单击“下一步”按钮,表示路由协议是 TCP/IP(会出现如图 10 - 4 所示的信息框),系统开始启动路由和远程访问服务。

图 10 - 4 开始启动路由和远程服务信息框

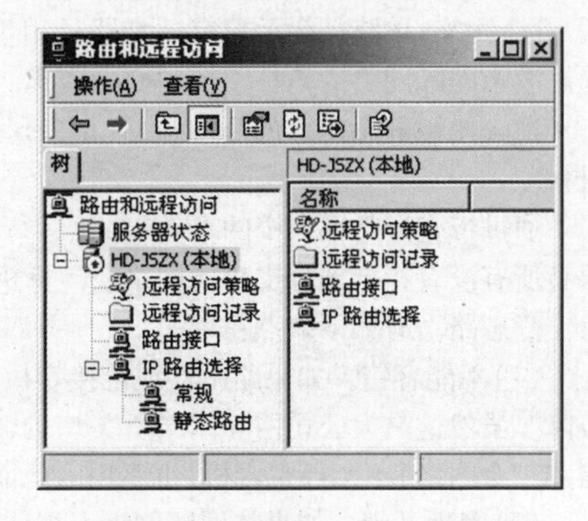

图 10 - 5 “路由和远程服务”窗口

(6)路由和远程访问服务启动后,将出现如图 10 - 5 所示的“路由和远程访问”服务窗口,在这里我们可以进行有关路由器的各种配置操作。

右键单击“IP 路由选择”下的“常规”按钮,在弹出的快捷菜单中选择“新路由选择协议...”,出现如图 10－6 所示的“新路由选择协议”对话框,这里我们可以选择各种路由协议进行相应的设置。

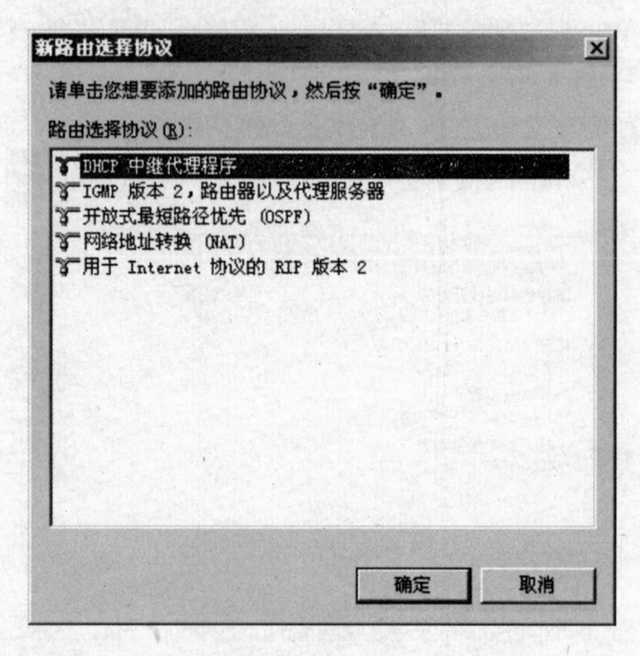

图 10－6 “新路由选择协议”对话框

10.2.3 设置静态路由的 IP 网际网络

静态路由的 IP 网际网络不使用路由协议(如 IP 的 RIP 或 OSPF)在路由器间传递路由信息,所有的路由信息存储在每个路由器的静态路由选择表中。需要确保每个路由器在其路由表中有适当的路由,这样可以在 IP 网际网络的任意两个终点之间交换通讯。

1. 静态路由环境

静态路由的 IP 环境最适合小型、单路径、静态 IP 网际网络。小型网际网络的定义是 2 到 10 个网络;单路径表示只有一个路径用于网际网络上的任意两个终点之间传送数据包;静态表示网际网络的拓扑不随时间而变化。

适合使用静态路由的环境包括:小公司、家庭办公室 IP 网际网络、使用单个网络的分支机构。

通过带宽通常很狭窄的 WAN 链接运行路由协议,分支机构路由器上的单个默认路由确保将所有没有指定到分支机构网络上计算机的通信都路由到总部。

静态路由有如下缺点:

(1)不能容错。如果路由器或链接宕机,静态路由器不能感知故障并通知其他路由器该故障。虽然这是大公司网际网络所关切的,但小型办公室(在 LAN 链接基础上的两个路由器和三个网络)不会经常宕机,也不用因此而配置多路径拓扑和路由协议。

(2)管理开销。如果从网际网络上添加或清除新网络,必须手动添加或清除到该新网络的路由。如果添加新路由器,则必须正确配置网际网络的路由。

2. 静态路由选择设计注意事项

要防止出现问题,在执行静态路由选择之前应考虑以下设计问题:

(1)外围路由器配置

要简化配置,可以按照默认路由,即指向邻接路由器来配置外围路由器。外围路由器是连接到若干网络的路由器,在这些网络中,只有一个有邻接路由器。

(2)默认路由和路由选择循环

建议不要使用彼此指向对方的默认路由来配置两个邻接的路由器,因为默认路由将不直接相连的网络上的所有通信传递到已配置的路由器。具有彼此指向对方的默认路由的两个路由器对于不能到达目的地的通信可能产生路由循环。

(3)请求拨号环境

可以通过请求拨号链接实现静态路由,通常采用以下两种方法之一:

①默认路由

可以在使用请求拨号接口的分支机构中配置默认路由。默认路由的好处是单个路由只需添加一次,缺点是任何不在分支机构网络上的通信,包括不能到达目标位置的通信,都会引起分支办公室路由器呼叫总部。

②自动静态路由

自动静态路由是在通过请求拨号连接使用IP的RIP路由协议请求路由之后,自动添加到路由器的路由表中的静态路由。自动静态路由的好处是不能到达目标位置的通信不会导致路由器呼叫总部,缺点是必须定期更新以反映总部可以到达的网络。如果新网络已添加到总部,但分支办公室还没有执行自动静态更新,总部网络上所有新的目标位置都不能从分支办公室到达。

3. 静态路由选择安全

要防止故意或无意地修改路由器上的静态路由,应该做到以下两点:

(1)使用物理安全性,让用户无法访问路由器;

(2)只对那些将要运行路由和远程访问的用户指派管理员权限。

4. 部署静态路由

如果静态路由适合IP网际网络,可以执行以下步骤来部署静态路由:

(1)绘制一张IP网际网络的拓扑图,显示独立的网络和路由器及主机(运行TCP/IP的非路由器的计算机)的布局。

(2)对于每个IP网络(由一个或多个路由器绑定的电缆系统),指派唯一的IP网络ID(也称为IP网络地址)。

(3)向每个路由器接口指派IP地址。工业上常用的操作方法是将给定IP网络的第一个IP地址指派到路由器接口,例如,对于一个带有子网掩码为255.255.255.0的IP网络ID 192.168.100.0,将路由器接口的IP地址指派为192.168.100.1。

(4)对于外围路由器,在具有邻接路由器的接口上配置默认路由。在外围路由器上使用默认路由是可选的。

(5)对于每个非外围路由器,编辑需要作为静态路由添加到路由器的路由表中的路由清单。每个路由由目标网络ID、子网掩码、网关(或转发)IP地址、跃点数(到达网络的路由器跃点数)以及用于到达网络的接口组成。

(6)对于非外围路由器,将步骤5中编辑的静态路由添加到每个路由器。可以使用路由和远程访问或route命令添加静态路由。如果使用route命令,请使用“-p”选项使静态路由保持持续。

(7)当完成配置时,请使用 ping 和 tracert 命令测试主机之间的连通性,以便检查所有的路由路径。

10.2.4 设置 IP 的 RIP 路由的网际网络

IP 的 RIP 路由的网际网络使用 IP 的 RIP 路由协议在路由器之间动态传输路由信息。正确部署以后,IP 的 RIP 环境将根据从网际网络添加或删除网络自动添加或删除路由。需要确保每个路由器正确配置,这样基于 RIP 的路由发布才能被网际网络上的所有 RIP 路由器发送和接收。

1. IP 的 RIP 环境

IP 的 RIP 路由环境最适合小型到中型的、多路径、动态 IP 网际网络,其中小型到中型网际网络定义为 10 ~ 50 个网络,多路径表明在网际网络的任意两个终点之间有多个路径可以传播数据包,动态表明由于添加或删除网络并且链接时有时无,因此网际网络的拓扑随时会更改。

IP 的 RIP 环境包括:中型企业、有多个网络的大型分支办公室或卫星办公室。

2. IP 的 RIP 设计考虑

要防止出现问题,在执行 IP 的 RIP 之前,应当考虑以下设计问题:

(1)直径减小到 14 个路由器以下

RIP 网际网络的最大直径为 15 个路由器。直径是网际网络大小的量度,可根据跃点或其他跃点数来确定。但是,Windows 2000 路由器认为所有的非 RIP 获知的路由都有固定跃点数 2。静态路由,甚至是直接连接到网络的静态路由,都被认为是非 RIP 获知的路由。当 Windows 2000 RIP 路由器公布其直接连接的网络时,即使只越过一个物理路由器,也会公布跃点数为 2 个。因此,使用 Windows 2000 RIP 路由器的基于 RIP 的网际网络,其最大物理直径为 14 个路由器。

(2)RIP 开销

RIP 将跃点数作为决定最佳路由的一个指标,使用通过的路由器数作为选择最佳路由的基础,可能会导致不需要的路由操作。例如,如果通过使用 T1 链接将两个站点连接在一起,并以较低速的卫星链接作为备份,那么这两个链接都被认为是有相同的跃点数。当路由器在具有相同最低跃点数的两个路由中选择时,路由器可以任选一个。

如果路由器选择卫星链接,则使用较慢的备份链接,而不是较高带宽的链接。若要防止选择卫星链接,应该为卫星接口指派自定义开销。例如,如果指派卫星接口的开销为 2(而不是默认的 1),那么最佳路由通常是 T1 链接。如果 T1 链接断开,则卫星链接被选做下一个最佳路由。

如果使用自定义开销来表示链接速度、延迟或可靠性因素,请确保网际网络上任意两个终点之间的累计开销(跃点数)不要超过 15。

(3)RIP 版本 1 和 RIP 版本 2 的混合环境

为获得最大适应性,应在 IP 的 RIP 网际网络上使用 RIP 版本 2。如果在网际网络上有不支持 RIP 版本 2 的路由器,可以使用 RIP v1 和 RIP v2 的混合环境,但是,RIP v1 不支持执行无级别的域内路由选择(CIDR)或可变长度的子网掩码(VLSM)。如果网际网络的一部分支持 CIDR 和 VLSM,而另外部分不支持,则可能会出现路由问题。如果网络使用混合的 RIP v1 和 RIP v2 的路由器,则必须配置 Windows 2000 路由器接口以通过使用 RIP v1 广播或 RIP v2 广播,并接受 RIP v1 或 RIP v2 的宣告来进行公布。

(4)RIP 版本 2 身份验证

如果使用 RIP 版本 2 的简单密码验证,则必须将同一网络上的所有 RIP v2 接口配置为相同的密码(区分大小写)。可以在网际网络上对所有网络使用相同密码,或对每个网络使用不同的密码。

(5)通过请求拨号链接的 RIP 版本 2

如果使用 RIP 来跨越请求拨号链接执行自动静态更新,那么必须配置每个请求拨号接口使用 RIP v2 多播公布并接受 RIP v2 公布;否则,请求拨号链接另一端上的路由器将不会响应请求路由器发送的 RIP 路由请求。

(6)RIP 帧中继

因为 RIP 主要是广播和基于多播的协议,所以正确操作 RIP 需要有非广播技术上的特殊配置,如帧中继。如何为帧中继配置 RIP 取决于帧中继虚电路在运行 Windows 2000 的计算机的网络接口上如何显示。帧中继适配器或者对所有虚电路显示成单适配器(单适配器模型),或者对每个虚电路显示成单独的适配器(多适配器模型)。

(7)单适配器模型

使用单适配器模型,也叫做非广播的多访问(NBMA)模型,帧中继服务提供商(也叫做帧中继云)的网络被认为是 IP 网络,并且从指定的 IP 网络 ID 将 IP 地址指派到终点。若要确保云上所有合适的终点都接收到 RIP 通信,必须配置帧中继接口以将 RIP 公告单播到所有合适的终点。可通过配置 RIP 邻居完成该项。

另外,在分散和集中帧中继拓扑中,集线器路由器的帧中继接口必须禁用 split-horizon 处理,否则,分散路由器永远都不能接收彼此的路由。

(8)多适配器模型

使用多适配器模型,每个帧中继虚电路显示为带有自己网络 ID 的点对点链接,并且从指定的 IP 网络 ID 将 IP 地址指派到终点。因为每个虚电路都是自己的点对点连接,所以可以广播(假定终点两端都在相同的 IP 网络 ID 上)或者多播 RIP 公告。

(9)静态 RIP 主机

静态 RIP 主机(非路由器)可处理接收的 RIP 公告,但不发布 RIP 公告。处理过的 RIP 公告用来建造主机的路由表,不需要配置带有默认网关的静态 RIP 主机。静态 RIP 通常用于 Unix 环境。如果网络上有静态 RIP 主机,必须确定它们所支持的 RIP 版本。如果静态 RIP 主机只支持 RIP v1,那么该主机的网络上必须使用 RIP v1。

3. IP 的 RIP 安全

除了静态路由安全中列出的安全步骤,还可以通过以下步骤加强 IP 的 RIP 安全性。

(1)RIP 版本 2 身份验证

要防止 RIP 路由被 RIP 2 环境下没有身份验证的 RIP 路由器破坏,可以将 RIP 2 路由器接口配置为使用简单密码身份验证。这将丢弃所接收的与配置密码不匹配的 RIP 公告并以明文方式发送密码。任何使用网络探测器的用户,例如 Microsoft 网络监视器,都可以捕获 RIP 2 公告并查看密码。

(2)对等安全性

可以使用接收 RIP 公告的路由器列表(通过 IP 地址)配置每个 RIP 路由器。默认情况下,来自所有源的 RIP 公告都被接收。通过配置 RIP 对等列表,来自未经授权的 RIP 路由器的 RIP 公告将被丢弃。

(3)路由筛选器

可以配置每个 RIP 接口上的路由筛选器,这样添加到路由表中的路由只是那些反映网际网络中可以到达网络 ID 的路由。例如,如果某个组织使用专用网络 ID 10.0.0.0 的子网,则可以使用路由筛选器,让 RIP 路由器丢弃所有 10.0.0.0 网络 ID 外的路由。

(4)邻居

默认情况下,RIP 可以广播(RIP 版本 1 或 RIP 版本 2)或多播(只有 RIP v2)公告。为了防止 RIP 通讯被邻接的 RIP 路由器之外的节点接收,Windows 2000 路由器可以单播 RIP 公告。由于最初就计划使用非广播多路访问(NBMA)网络技术,例如帧中继,因此 RIP 邻居配置将确保 RIP 公告直达邻近的 RIP 路由器。

4. 部署 IP 的 RIP

尽管基本 RIP 版本 1 功能很容易配置和部署,但 RIP 版本 2 和高级 RIP 功能,例如对等安全性和路由筛选,需要其他配置和测试。要较容易地解决和隔离问题,推荐用户按照以下步骤配置基于 RIP 的网际网络:

①设置基本 RIP 并确保其正在运行;

②每次添加一个高级功能,在每个功能添加后都进行测试。

(1)部署 RIP

要部署 RIP,请执行以下步骤:

①绘制一张 IP 网际网络的拓扑图,显示独立的网络和路由器及主机(运行 TCP/IP 的非路由器的计算机)布局。

②对于每个 IP 网络(由一个或多个路由器绑定的电缆系统),指派唯一的 IP 网络 ID(也称为 IP 网络地址)。

③向每个路由器接口指派 IP 地址。工业上常用的操作方法是将 IP 网络的第一个 IP 地址指派给路由器接口。例如,对于子网掩码为 255.255.255.0 的 IP 网络 ID 192.168.100.0,将路由器接口的 IP 地址指派为 192.168.100.1。

④对每个 Windows 2000 路由器接口,请指出接口是否配置为用于 RIP 1 或 RIP 2。如果为 RIP 2 配置接口,则请指定是否广播或多播 RIP 2 公告。

⑤通过使用路由和远程访问,为每个 Windows 2000 路由器的 RIP 1 或 RIP 2 添加路由协议并配置适当的接口。

⑥配置完成时,允许路由器用几分钟更新彼此的路由选择表,然后测试网际网络。

(2)测试 RIP 网际网络

要测试 RIP 网际网络,请执行以下步骤:

①要验证某个 Windows 2000 RIP 路由器正在从所有邻近 RIP 路由器接收 RIP 公告,请查看路由器的 RIP 邻居;

②对于每个 RIP 路由器,查看 IP 路由表,并验证所有应从 RIP 获知的路由都存在;

③使用 ping 和 tracert 命令来测试主机计算机之间的连通性,以便检查所有的路由路径。

10.2.5 设置 OSPF 路由的网际网络

“开放式最短路径优先(OSPF)”路由的网际网络使用 OSPF 路由协议在路由器之间动态通讯路由信息。正确部署以后,OSPF 环境将根据网际网络自动添加和删除路由。必须确保每个路由器都正确配置，这样基于 OSPF 的路由公告才能传播到网际网络的 OSPF 路由器上。

1. OSPF 环境

"开放式最短路径优先（OSPF）"路由环境适合较大型到特大型、多路径、动态 IP 网际网络。其中大型到特大型网际网络包含 50 个以上的网络，多路径表明在网际网络的任意两个终点之间有多个路径可以传播数据包，动态表明由于添加和删除网络并且链接时有时无，因此网际网络的拓扑会随时更改。

适用于 OSPF 路由的环境包括：企业或校园、全球性企业或网际网络。

2. OSPF 设计注意事项

为防止出现问题，在执行"开放式最短路径优先（OSPF）"连接前应考虑以下设计问题：

（1）OSPF 设计

有三个级别的 OSPF 设计：自治系统设计、区域设计、网络设计。

（2）自治系统设计

设计 OSPF 自治系统时，推荐使用以下原则：

①将 OSPF 自治系统细分成可以概括的区域；

②如果可能，将 IP 地址空间按"网络"/"区域"/"子网"/"主机"分层；

③让主干区域成为高带宽网络；

④只要可能就创建存根区域；

⑤只要可能就避免虚拟链接。

（3）区域设计

设计每个 OSPF 区域时，推荐使用以下原则：

①确保所有区域都指派了网络 ID，并能表示成少数概括路由；

②如果某区域可以被概括为单路由，则让该区域 ID 成为公布的单路由；

③确保相同区域的多个区域边界路由器（ABR）概括相同路由；

④确保区域和经过主干区域的所有区内通讯之间没有后门；

⑤将网络维护在 100 个区域以下。

（4）网络设计

设计每个网络时，推荐使用以下原则：

①指派路由器的优先级，这样最不忙碌的路由器就是指定的路由器，并备份指定的路由器；

②指定链接开销以反映比特率、延迟或稳定性；

③指派密码。

（5）基于帧中继的 OSPF

尽管 OSPF 数据包通常是多播，但 OSPF 设计常用于基于非广播技术（例如帧中继）的操作。如何配置用于帧中继的 OSPF，取决于帧中继虚电路在运行 Windows 2000 的计算机的网络接口上如何显示。帧中继适配器对所有虚电路显示成单适配器（单适配器模型），或者对每个虚电路显示成独立的适配器（多适配器模型）。

（6）单适配器模型

单适配器模型也叫非广播的多路访问（NBMA）类型。帧中继服务提供商（也叫帧中继云）的网络被认为是 IP 网络，并且云上的终点从指定的 IP 网络 ID 指派 IP 地址。为确保云上所有合适的终点接收到 RIP 通信，必须配置帧中继接口以将 OSPF 公告单播到所有合适的终点。对于 Windows 2000 路由器，是通过将接口指定为非广播的多路访问（NBMA）网络和添加 OSPF 邻居来实现的。另外，在分散和集中帧中继拓扑中，集中路由器的帧中继接口必须将路由器优先级设置为 1 或更大，并且分散路由器的帧中继接口必须将路由器优先级设置为 0。否则，唯一能和所有分散路由器通讯的集中路由器。

(7)多适配器模型

使用多适配器模型时，每个帧中继虚电路显示成带有自己网络 ID 的点对点链接，并且从指定的 IP 网络 ID 将 IP 地址指派到终点。因为每个虚电路都是自己的点对点连接，所以可以配置用于点对点网络类型的接口。

(8)使用虚拟链接

OSPF 路由的网际网络可以细分成区域，它们是邻近网络的集合。所有区域通过公用区域（也叫做主干区域）连接在一起。连接区域和主干区域的路由器叫做区域边界路由器（ABR）。通常，ABR 和主干区域之间都有物理连接。当不可能或无法实现将区域的 ABR 物理连接到主干区域时，可以使用虚拟链接将 ABR 连接到主干区域上。虚拟链接是区域的 ABR 和物理连到主干区域的 ABR 之间的逻辑点对点连接，例如，在区域 2 的 ABR 和区域 1 的 ABR 之间配置虚拟链接，区域 1 的 ABR 物理连到主干区域上。区域 1 也叫传送区域，通过该区域创建虚拟链接，以便逻辑上将区域 2 连到主干区域。若要创建虚拟链接，则称做虚拟链接邻居的两个路由器，都要配置中转区域、虚拟链接邻居的路由器 ID、匹配的呼叫和停顿间隔以及匹配的密码。

(9)外部路由和 ASBR

组织内的一组 OSPF 路由定义了 OSPF 自治系统（AS）。默认情况下，只有相应的直接连接网段的 OSPF 路由在 AS 内传播。外部路由是不在 OSPF AS 内的任何路由，它可以有许多来源：

①其他路由协议，例如 IP 的 RIP（版本 1 和版本 2）；

②静态路由；

③通过 SNMP 在路由器上设置路由。

外部路由通过一个或多个自治系统边界路由器（ASBR）遍历整个 OSPF AS。ASBR 在 OSPF AS 内部公布外部路由。例如，如果需要公布 Windows 2000 路由器的静态路由，需要将路由器启用为 ASBR。

(10)外部路由筛选器

默认情况下，作为 ASBR 的 OSPF 路由器导入和公布所有外部路由。筛选器可以筛选出外部路由，以便阻止 ASBR 公布不正确的路由。外部路由可以在 ASBR 上筛选，筛选的根据如下：

①外部路由来源：可以配置 ASBR 接受或忽略某个外部来源的路由，例如路由协议（RIP 2）或其他来源（静态路由或 SNMP）。

②单独路由：通过配置一个或多个“目标位置、网络掩码”对，可以配置 ASBR 以接受或丢弃指定的路由。

(11)远程访问服务器上的 OSPF

如果配置使用 OSPF 的 Windows 2000 路由器以用做远程访问服务器，并且静态 IP 地址池范围用于独立子网，目的是为了正确地公布代表所有远程访问客户的路由，则：

①启用 Windows 2000 路由器为自治系统边界路由器(ASBR);

②将 OSPF 路由筛选器配置为“接受列出的路由”,然后添加与静态 IP 地址池的地址范围对应的路由。

(12)回答请求拨号路由器上的 OSPF

如果将使用 OSPF 的 Windows 2000 路由器配置为兼用做单向初始连接的回答路由器,可以对正确公布代表呼叫路由器网段的路由进行如下操作:

①启用 Windows 2000 路由器作为自治系统边界路由器(ASBR);

②如果还使用了用于独立子网的静态 IP 地址池地址范围配置 Windows 2000 路由器,则请添加与呼叫路由器使用的用户账户上的静态路由对应的路由。

3. OSPF 安全性

除了在静态路由安全性中列出的安全步骤以外,还可以通过以下步骤增强“开放式最短路径优先(OSPF)”安全。

(1)身份验证

默认情况下,配置 Windows 2000 路由器上的 OSPF 接口在 OSPF 呼叫消息中发送“12345678”这样的简单密码,简单密码有助于防止 OSPF 数据被网络上没有身份验证的 OSPF 路由器破坏。当以明文方式发送密码时,任何拥有网络探测器(如 Microsoft 网络监视器)的用户,都可以捕获 OSPF 呼叫消息并查看密码。

(2)ASBR 上的外部路由筛选器

要防止将无效路由从外部来源;如 RIP 或静态路由,传播到 OSPF 自治系统(AS),可以配置带有路由筛选器的自治系统边界路由器(ASBR),以便丢弃任何与配置清单匹配的路由或任何与配置清单不匹配的路由。

4. 部署 OSPF

部署“开放式最短路径优先”(OSPF)需要仔细地计划并在三种级别上配置。

(1)计划自治系统

对于 OSPF 自治系统(AS),需要做到以下几点:

①将 OSPF AS 细分成容易被摘要路由总结的区域;

②指定主干区域;

③指派区域 ID;

④标识虚拟链接;

⑤标识区域边界路由器(ABR);

⑥标识存根区域;

⑦标识自治系统边界路由器(ASBR)。

(2)计划每个区域

对每个路由器,需要做到以下几点:

①将该区域添加到所连接的路由器上;

②如果该区域为存根区域,将该区域启用为存根区域;

③如果路由器是 ABR,可选择地配置该区域内 IP 网络的范围;

④如果路由器是使用虚拟链接的 ABR,则添加虚拟接口;

⑤如果路由器是 ASBR,则启用 ASBR 并配置可选的外部路由筛选器。

(3)计划每个网络

对于使用 OSPF 的每个路由器接口的每个 IP 地址,需要做到以下几点:

①将接口添加到 OSPF 路由协议;

②启用接口上的 OSPF;

③为接口配置适当的区域 ID;

④为接口配置适当的路由器优先级;

⑤为接口配置适当的链接开销;

⑥为接口配置适当的密码;

⑦为接口配置适当的网络类型;

⑧如果接口是单适配器帧中继(X.25 或 ATM)接口,则应配置非广播的多个访问(NBMA)邻居。

(4)测试 OSPF

要测试 OSPF 网际网络,可以使用如下方法:

①要验证 Windows 2000 路由器正接收来自其邻近 OSPF 路由器上的 OSPF 公告,请查看路由器的 OSPF 邻居;

②对每个路由器,查看 IP 路由表并验证所有应从 OSPF 获知的路由都存在;

③使用 ping 和 tracert 命令来测试主机计算机之间的连通性,以便检查所有路由路径。

5. 部署单个区域 OSPF 网际网络

尽管"开放式最短路径优先"(OSPF)是为特大型的网际网络设计的路由协议,但计划和执行大型 OSPF 网际网络是很复杂和耗时的。不过,要利用 OSPF 的高级功能,并不需要一个大型或特大型的网际网络。在 Windows 2000 执行 OSPF 中,全局和接口设置的默认值使得创建最低配置的单个区域 OSPF 网际网络变得很容易。单个区域就是主干区域(0.0.0.0)。

(1)OSPF 的默认全局设置

OSPF 的默认全局设置如下:

①路由器标识被设置成安装 OSPF 路由协议时第一个 IP 绑定的 IP 地址;

②不将路由器配置为 OSPF 自治系统边界路由器;

③单个区域,即主干区域,配置并启用明文密码,不配置成存根地区,并且没有地址范围;

④没有配置虚拟接口,并且不筛选外部路由。

对于单个区域 OSPF 网际网络,不要求更改 OSPF 的默认全局设置。

(2)OSPF 的默认接口设置

LAN 接口的 OSPF 默认接口设置如下:

①默认情况下,OSPF 不能在接口上运行;

②区域 ID 设定为主干区域(0.0.0.0);

③路由器的优先级设定为 1。在同一网络上,多个 OSPF 路由器有相同路由器优先级时,OSPF 所指定的路由器以及备份所指定的路由器根据具有最高路由器 ID 的路由器进行选择;

④开销设为 2;

⑤将密码设置为 12345678;

⑥网络类型设置为 LAN 接口的广播；

⑦没有配置的邻居；

⑧呼叫间隔设为 10 秒；

⑨停顿间隔设为 40 秒。

对于单个区域 OSPF 网际网络，唯一需要更改 OSPF 默认接口设置的就是让 OSPF 在接口上运行。

(3)部署 OSPF

要部署由 LAN 接口组成的 OSPF 单个区域网际网络，请在每个 Windows 2000 路由器上执行以下步骤：

①启用路由和远程访问服务；

②添加 OSPF 路由协议详细信息；

③将路由器的路由接口添加到 OSPF 路由协议，对每个接口启用 OSPF。

(4)测试 OSPF

测试 DSPF 的方法在前面已经介绍过，此处不再重复。

10.2.6 设置网络地址转换

1. 网络地址转换设计注意事项

为防止出现问题，在执行网络地址转换之前应考虑以下设计问题：

(1)专用网络地址

应当使用以下 InterNIC 专用 IP 网络 ID 的 IP 地址：10.0.0.0 的子网掩码是 255.0.0.0，172.16.0.0 的子网掩码是 255.240.0.0，192.168.0.0 的子网掩码是 255.255.0.0。默认情况下，网络地址转换使用专用网络 ID 192.168.0.0，专用网络的子网掩码是 255.255.255.0。

如果使用的不是由 InterNIC 或 ISP 分配的公用 IP 网络，那么可能使用了 Internet 上其他组织的 IP 网络 ID，而这被认为是非法的或是重叠的 IP 地址。如果使用重叠的公用地址，用户将不能访问重叠地址的 Internet 资源，例如，如果使用 1.0.0.0，子网掩码是 255.0.0.0，那么用户将不能访问使用 1.0.0.0 网络的组织的任何 Internet 资源。

(2)单个或多个公用地址

如果使用 ISP 指派的单个公用 IP 地址，则不需要其他 IP 地址配置；如果使用 ISP 分配的多个 IP 地址，就必须配置公用 IP 地址范围的网络地址转换（NAT）接口。对于 ISP 给定的 IP 地址范围，必须确定公用 IP 地址的范围是否可用 IP 地址和掩码表示。

如果分配的地址号为 2 的 n 次幂（2，4，8，16 等等），则可以用单个 IP 地址和掩码表示范围。例如，如果 ISP 给出四个公用 IP 地址，分别为 200.100.100.212，200.100.100.213，200.100.100.214 和 200.100.100.215，那么可以把这四个地址表示成 200.100.100.212，掩码为 255.255.255.252。

如果 IP 地址不能用 IP 地址和子网掩码表示，可以通过指出起始和终结 IP 地址按范围输入。

(3)允许入站连接

通常家庭或小公司使用的网络地址转换（NAT）允许从专用网络到公用网络的出站连接。从专用网络运行的应用程序，如 Web 浏览器和创建到 Internet 资源的连接，因为连接通过专用网络初始化，所以从 Internet 返回的通信可以通过 NAT。

为允许 Internet 用户访问专用网络上的资源,必须执行以下步骤:

①配置资源服务器上的静态 IP 地址配置,包括 IP 地址(从 NAT 计算机分配的 IP 地址范围)、子网掩码(从 NAT 计算机分配的 IP 地址范围)、默认网关(NAT 计算机的私有 IP 地址)以及 DNS 服务器(NAT 计算机的私有 IP 地址)。

②从 NAT 计算机指派的 IP 地址范围排除资源计算机使用的 IP 地址。

③配置特殊端口。特殊端口是公用地址和端口号到专用地址和端口号的静态映射。特殊端口映射从 Internet 用户到专用网络的指定地址的入站连接。使用特殊端口,可以在从 Internet 访问的专用网络上创建 Web 服务器。

(4)配置应用程序和服务

要在 Internet 上正确工作,可能需要配置应用程序和服务。例如,若小型办公室或家庭办公室(SOHO)网络上的用户想和 Internet 上的其他用户玩"暗黑破坏神"游戏,必须为"暗黑破坏神"应用程序配置网络地址转换。

(5)从转换的 SOHO 网络访问 Intranet VPN 连接

要使用专用网络(VPN)连接从转换的 SOHO 网络访问专用 Intranet,可以使用点对点隧道协议(PPTP),并在 Internet 上创建从 SOHO 网络主机到专用 Intranet 的 VPN 服务器的 VPN 连接。NAT 路由协议有用于 PPTP 通讯的 NAT 编辑器。通过网际协议安全(IPSec)连接的第二层隧道协议(L2TP)不能跨越 NAT 计算机工作。

2. 部署网络地址转换

要部署小型办公室或家庭办公室网络的网络地址转换,需要进行如下操作。

(1)配置网络地址转换计算机

要配置网络地址转换(NAT)计算机,请完成以下步骤:

①安装并启用路由和远程访问服务。在路由和远程访问服务器安装向导中,选择用于 Internet 连接服务器的选项,以及用来安装带有网络地址转换(NAT)路由协议的路由器的选项。向导完成之后,网络地址转换(NAT)的所有配置就完成了,不必再完成第二到第八步;如果已经启用了路由和远程访问服务,则按照需要完成第二到第八步。

②配置家庭网络接口的 IP 地址。对于连接到家庭网络的 LAN 适配器的 IP 地址需要以下配置:

- IP 地址:192.168.0.1;
- 子网掩码:255.255.255.0;
- 没有默认网关。

③在拨号端口上启用路由。如果到 Internet 的连接是永久性连接,在 Windows 2000 中是 LAN 接口(如 DDS、T-Carrier、帧中继、永久 ISDN、xDSL 或电缆调制解调器),或者运行 Windows 2000 的计算机连接到 Internet 之前先连接到其他路由器,而 LAN 接口静态地或通过 DHCP 配置 IP 地址、子网掩码和默认网关,请跳过第六步。

④创建请求拨号接口来连接 Internet 服务提供商。需要创建对 IP 路由启用的请求拨号接口并使用拨号设备和用于拨打 Internet 服务提供商(ISP)的凭据。

⑤创建使用 Internet 接口的默认静态路由。对于默认的静态路由,需要选择用于连接 Internet 的请求拨号接口(用于拨号连接)或 LAN 接口(用于永久性或中介路由器连接)。目标位置是0.0.0.0,网络掩码是0.0.0.0。对于请求拨号接口,网关的 IP 地址是不可配置的。

⑥添加 NAT 路由选择协议。

⑦将 Internet 及家庭网络接口添加到 NAT 路由协议。

⑧启用网络地址转换寻址和名称解析。

(2)配置小型办公室或家庭网络上的其他计算机

需要在小型办公室或家庭网络的其他计算机上配置 TCP/IP 协议以自动获得 IP 地址，然后重新启动计算机。当家庭网络上的计算机从网络地址转换计算机接收 IP 地址配置时，使用以下内容进行配置：

①IP 地址(地址范围为 192.168.0.0,子网掩码为 255.255.255.0)；

②子网掩码(255.255.255.0)；

③默认网关(小型办公室或家庭网络上的网络地址转换计算机接口的 IP 地址)；

④DNS 服务器(小型办公室或家庭网络上网络地址转换计算机接口的 IP 地址)。

10.2.7 实例：路由选择方案

本部分描述使用 Windows 2000 路由器的一种典型网络配置。方案会检查网络媒体的配置、地址、路由协议和其他服务，方案中的网络地址使用由 RFC 1597、“专用 Internet 地址分配”指定的专用地址范围。如果网络已连接到 Internet，那么可以与 Internet 服务提供商(ISP)联系以接收从 Internet 网络信息中心(InterNIC)获得的网络地址。

注意：这里我们把运行 Windows 2000 Server“路由和远程访问”服务的计算机称为 Windows 2000 路由器。

本方案仅以小型办公室网络为例。小型办公室网络具有以下特征：

(1)网络段很少，例如一栋楼的每层或每个侧楼一个分段；

(2)与诸如 Internet 之类的其他网络无往来连接的封闭网络；

(3)支持 IP 协议、IPX 协议、或同时支持两个协议。

用户支持 IP 协议、IPX 协议，还是同时支持这两个协议，取决于连接的网络资源类型。例如，如果没有 Novell NetWare 服务器或客户机，则不需要 IPX 支持。这种方案假定同时需要 IP 和 IPX 支持。如果在应用中不需要 IPX 支持，则可以忽略涉及 IPX 配置的部分。

图 10-7 显示了一个小型办公室网络的例子。在这种小型办公室网络方案中，为网络 A,B 和 C 中使用的每种媒体使用网卡来配置 Windows 2000 路由器 1 和 2。具体方案如下。

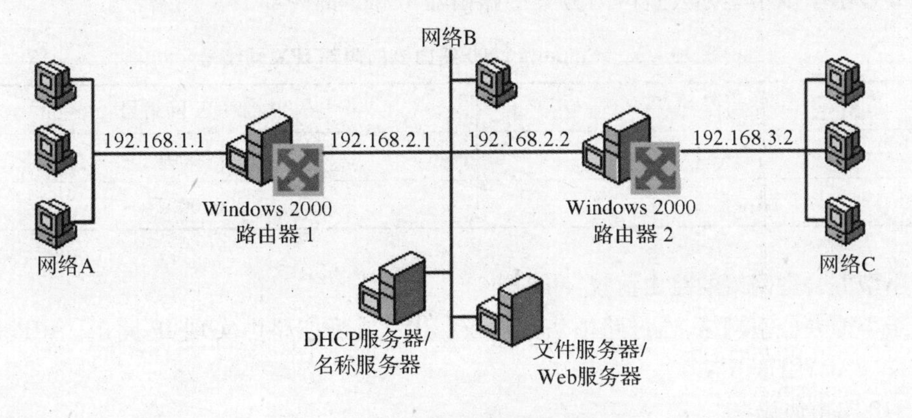

图 10-7 小型办公室网络的例子

1. 计划小型办公室网络的地址

下面几节描述了如何为该小型办公室网络方案分配 IP 和 IPX 地址。

(1)IP 寻址

为基于使用子网掩码为 255.255.255.0 的每个网段的专用网络 ID 192.168.0.0 指派 IP 地址,这表明在每个网段上最多增加到 254 台计算机。

表 10-1 显示了此方案的 IP 地址分配。

表 10-1 小型办公室网络的 IP 地址

分段	具有子网掩码的 IP 地址	主 ID 范围
网络 A	192.168.1.0, 255.255.255.0	192.168.1.1, 192.168.1.254
网络 B	192.168.2.0, 255.255.255.0	192.168.2.1, 192.168.2.254
网络 C	192.168.3.0, 255.255.255.0	192.168.3.1, 192.168.3.254

在计划完该小型办公室的网络后,需要给网络 A,B 和 C 上的所有其他计算机分配地址(手动或使用 DHCP),所分配的地址在表 10-1 描述的地址范围内。

(2)IPX 寻址

小型办公室中的每个网络必须拥有一个唯一的外部 IPX 网络号,此外,每个路由器必须有唯一的内部 IPX 网络号。表 10-2 显示了小型办公室网络中的网络 A,B 和 C 的外部 IPX 网络号。

表 10-2 小型办公室网络的外部 IPX 网络号

分段	外部 IPX 网络号
网络 A	00000001
网络 B	00000002
网络 C	00000003

在计划完该小型办公室的网络之后,需要给 Windows 2000 路由器分配内部 IPX 网络号。表 10-3 显示了该小型办公室网络方案中路由器 1 和 2 的内部 IPX 网络号。

表 10-3 Windows 2000 路由器的内部 IPX 网络号

路由器	内部 IPX 网络号
路由器 1	80000001
路由器 2	80000002

2. 小型办公室网络的路由协议

对于小型办公室网络,通过路由信息协议(RIP)或静态路由实现 IP 路由。RIP 和服务公布协议(SAP)用于 IPX。

(1)IP 路由协议

在此方案中,配置 IP 的 RIP 比配置静态路由更容易。具体见下面“配置小型办公室网络”。

(2)IPX 路由协议

即使对于小型办公室网络,也应该使用 IPX 的 RIP 和 IPX 的 SAP 来提供到路由器和 SAP 服务器的可用 IPX 网络和服务的动态支持。在这种方案中,在路由器 1 和路由器 2 的所有接口上启用 IPX 的 RIP 和 IPX 的 SAP。

3. 小型办公室网络的其他服务

在这种方案中,Windows 2000 DHCP 服务用于自动配置 IP 地址和客户机上的其他信息。因为使用了 DHCP,所以必须在网络 A 上的 Windows 2000 路由器 1 接口以及网络 C 上的 Windows 2000 路由器 2 接口上配置“DHCP 中继代理程序”。当使用“DHCP 中继代理程序”时,网络 A 和 C 上的 DHCP 客户机可以从网络 B 上的 DHCP 服务器获得地址。

4. 配置小型办公室网络

要配置此方案中的小型办公室网络,需完成以下几个步骤:

(1)安装和配置网卡

要安装和配置网卡,请执行以下步骤:

①在每个路由器中安装两个网卡。

②安装网卡驱动程序。

③安装 TCP/IP 和 IPX/SPX 协议。

④在网卡上配置 IP 地址。

表 10 -4 显示该小型办公室网络方案的 IP 地址。

表 10 -4 小型办公室网络方案的 IP 地址

路由器	网卡已连接到	IP 地址
路由器 1	网络 A	192.168.1.1
	网络 B	192.168.2.1
路由器 2	网络 B	192.168.2.2
	网络 C	192.168.3.1

(2)安装“路由和远程访问”服务

对于小型办公室网络方案,安装“路由和远程访问”服务。

(3)配置 IPX 网络号

必须对每个网络指派唯一的十六进制 IPX 网络号并配置帧类型。IPX 帧类型和外部 IPX 网络号是通过“NWLink IPX/SPX/NetBIOS Compitible Transport Protocol”的属性来配置的。表 10 -5 显示该小型办公室网络方案的外部 IPX 网络号。

表 10 -5 小型办公室网络方案的外部 IPX 网络号

路由器	网卡已连接到	外部 IPX 网络号
路由器 1	网络 A	00000001
	网络 B	00000002
路由器 2	网络 B	00000002
	网络 C	00000003

必须对每个 IPX 路由器指派一个唯一的十六进制内部网络号。如果指派默认的内部网络号 00000000,则 Windows 2000 路由器自动选择唯一的 IPX 内部网络号。通过"NWLink IPX/SPX/NetBIOS Compitable Transport Protocol"的属性手动配置 IPX 内部网络号。

表 10-6 显示该小型办公室网络方案的内部 IPX 网络号。

表 10-6 小型办公室网络方案的内部 IPX 网络号

路由器	内部 IPX 网络号
路由器 1	80000001
路由器 2	80000002

网络 A,B 和 C 上的所有计算机将自动检测 IPX 外部网络号和 IPX 帧类型。

(4)配置动态 IP 路由的 RIP

要实现该小型办公室网络的动态 IP 路由,需添加 RIP 路由协议,然后将两种 LAN 接口添加到 RIP。

(5)安装和配置 DHCP 中继代理

在该小型办公室网络方案中,对于路由器 1,将对网络 A 上的接口启用"DHCP 中继代理程序";对于路由器 2,将对网络 C 上的接口启用"DHCP 中继代理程序",也会配置 DHCP 服务器以便所有网络上的客户都可以使用 DHCP。

(6)安装 WINS 或 DNS 名称服务器

要通过使用 NetBIOS 或域名访问网络资源,必须安装 WINS 或 DNS 名称服务器。

10.3 设置远程访问服务

Windows 2000 服务器的远程访问功能,使得使用拨号通信连接的远程或移动工作者可以访问企业网络,就像它们是直接连接的一样。远程访问服务也提供虚拟专用网络(VPN)服务,以便用户可以在 Internet 上访问企业网络。

10.3.1 打开路由和远程访问

如果此服务器是 Windows 2000 Active Directory 域成员,并且用户不是域管理员,则请指示域管理员将此服务器的计算机账户添加到域中的"RAS 和 IAS 服务器"安全组,此服务器就成为了该域中的成员。通过使用 Active Directory 用户和计算机或使用 netsh ras add registeredserver 命令,域管理员可以将计算机账户添加到"RAS 和 IAS 服务器"安全组。

单击"开始",指向"程序",指向"管理工具",然后单击"路由和远程访问",打开"路由和远程访问"控制台。默认状态下,将本地计算机列为服务器。要添加其他服务器,请在控制台目录树中,右键单击"服务器状态",然后单击"添加服务器"。在"添加服务器"对话框中,单击适当的选项,然后单击"确定"。

10.3.2 启用远程访问服务

在"路由和远程访问"控制台目录树中,右键单击要启用的服务器,然后单击"配置并启用路由和远程访问"。按照"路由选择和远程访问向导"中的指示进行操作即可,这部分操作与配置路由服务基本相同,可参考 10.2.2。

右键单击要启用远程访问的服务器名,如“HD-JSZX”(本地),然后单击“属性”,在“常规”选项卡上,选中“远程访问服务器”复选框,如图 10-8 所示,在这个对话框中我们可以选择启动此计算机作为“远程访问服务器”。点击“确定”按钮,出现如图 10-9 所示“路由和远程访问”窗口。在这个窗口中,我们就可以对远程访问服务进行相应的设置。

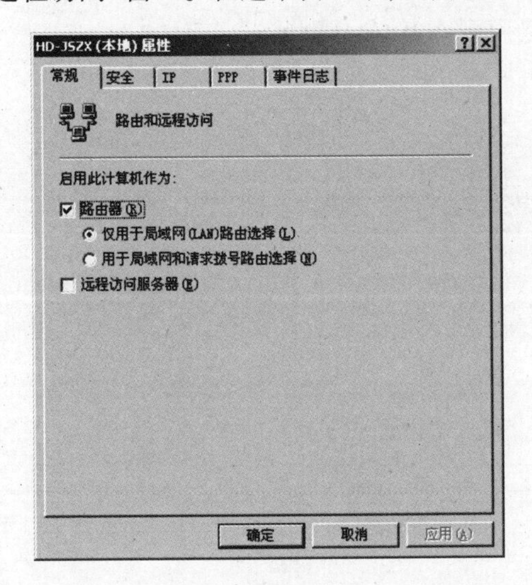

图 10-8 启动此计算机作为“远程访问服务器”对话框

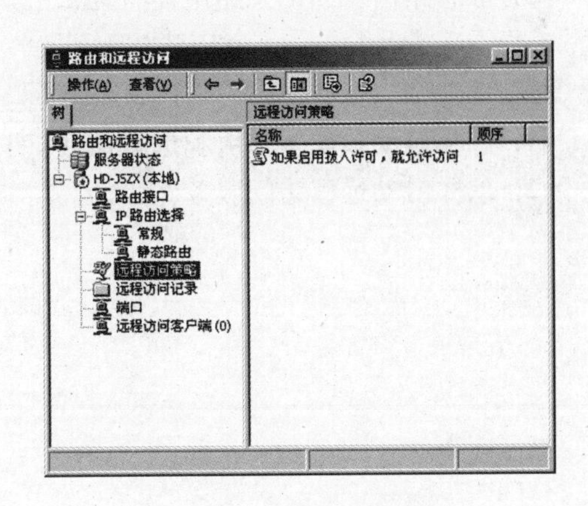

图 10-9 远程访问服务窗口

习题十

一、填空题

1. 要安装和配置 Windows2000 路由器,必须以____________身份登录。

2. 路由器是能够进行____________的设备。

3. ____________可以将专用内部地址转换成公共外部地址。

4. ____________是通过路由器将到网际网络上某一位置的通信从源主机转发到目标主机。

5. 单播就是将网络通信发送到某个特定的终结点,而____________是将网络通信发送到一组终结点。

6. 专用地址不能从 Internet 位置接收通信,因此,如果某个 Intranet 使用的是专用地址,又要与 Internet 位置进行通讯,则该专用地址必须转换成____________。

7. 所有的路由信息存储在每个路由器的____________中。

8. ____________最适合小型到中型的、多路径、动态 IP 网际网络。

9. ____________最适合较大型到特大型、多路径、动态 IP 网际网络。

10. Windows 2000 服务器的____________,使得使用拨号通信连接的远程或移动工作者可以访问企业网络,就像它们是直接连着的一样。

二、简答题

1. 在安装 Windows 2000 远程访问路由器之前,需要安装所有硬件并使其正常工作,一般需要哪些硬件?

2. 常用的路由器有哪两种?

3. Internet 网络信息中心(InterNIC)分配的专用网络 ID 包括哪些?

4. 在路由器中使用网络地址转换有什么好处?

5. 静态路由器和动态路由器有什么区别?

三、上机操作题

1. 怎样启动和配置路由和远程访问?

2. 怎样启动远程访问服务?

第11章 数据存储

随着Internet的迅猛发展,用户的数量不断增长,多媒体数据及基于内容的数据日趋普及,造成了对大型存储空间的需求,同时用户也希望管理一个具有快速存取、灵活增减存储设备功能的网络系统。

11.1 磁盘管理

磁盘管理程序是用于管理它们所包含的硬磁盘和卷或者分区的系统实用程序的。通过磁盘管理,用户可使用文件系统创建卷、格式化卷、初始化磁盘以及创建容错磁盘系统等。"磁盘管理"取代了Windows NT 4.0及更早版本中使用的"磁盘管理器"实用程序,它提供了许多新的功能,具体包括以下内容:

(1)动态磁盘。使用动态磁盘,用户可在不关闭系统或中断用户操作的情况下完成管理任务。例如,用户可在不重新启动计算机的情况下添加新的磁盘。多数配置的更改几乎马上就能生效。

(2)本地和网络驱动器管理。可从用户网络上的任何Windows 2000计算机上管理任何其他网络上运行的Windows 2000或Windows NT 4.0,此时用户是其管理员的计算机。

(3)简化的任务和直观的用户界面。

(4)装入的驱动器。可使用"磁盘管理"在本地NTFS卷上的任何空文件夹中连接或装入本地驱动器。装入驱动器使数据更易访问,并可根据用户的网络环境和系统使用情况为用户提供管理数据存储的灵活性。

11.1.1 基本磁盘和动态磁盘

磁盘管理支持基本磁盘和动态磁盘。安装Windows 2000时,用户的硬盘自动初始化为基本磁盘。安装完成后,用户可使用升级向导将它们转换为动态磁盘。可在同一个计算机系统上使用基本和动态磁盘,但在包含多个磁盘的卷(如镜像卷)中只能使用一种类型的磁盘。

基本磁盘遵守Windows NT Server 4.0磁盘组织结构中面向分区的方案。对于升级为动态磁盘的磁盘,分区的磁盘自动初始化为基本磁盘,所以用户可以保持用Windows NT Server 4.0创建的分区和卷。新的或空的磁盘可在安装后初始化为基本或动态磁盘,但是,若要安装新的容错磁盘系统,或在不重新启动计算机的情况下更改磁盘,则必须使用动态磁盘。

只能在基本磁盘上执行以下任务:

(1)创建和删除主分区和扩展分区;

(2)创建和删除扩展分区中的逻辑驱动器;

(3)格式化分区并将其标记为活动状态;

(4)删除卷集、带区集、镜像集和带有奇偶校验的带区集；

(5)从镜像集中分割镜像；

(6)修复镜像集或带有奇偶校验的带区集。

动态磁盘是一种包含使用“磁盘管理”创建的动态卷的物理磁盘，它不包括分区或逻辑驱动器，也不能使用 MS-DOS 访问。

只能在动态磁盘上执行以下任务：

(1)创建和删除简单卷、跨区卷、带区卷、镜像卷和 RAID-5 卷；

(2)扩展简单卷或跨区卷；

(3)从镜像卷中删除镜像或将该卷分成两个卷；

(4)修复镜像卷或 RAID-5 卷；

(5)重新激活丢失的磁盘或脱机的磁盘。

基本磁盘和动态磁盘均可执行的任务如下：

(1)检查磁盘属性，如容量、可用空间和当前状态；

(2)查看卷和分区属性，如大小、驱动器号指派、卷标、类型和文件系统；

(3)为磁盘卷或分区以及 CD-ROM 设备指派驱动器号；

(4)为卷或分区建立磁盘共享和安全设置；

(5)将基本磁盘更新为动态磁盘或将动态磁盘转换为基本磁盘。

11.1.2 动态磁盘和动态卷的限制

在便携机上不支持动态磁盘。如果使用便携机，则在“磁盘管理”的图形或列表视图中右键单击磁盘时，不会看到把磁盘升级到动态磁盘的选项。

对动态磁盘的限制出现在下列情况中。

1. 安装 Windows 2000

如果动态卷是从动态磁盘上的未分配空间创建的，则不能在这个卷上安装 Windows 2000，但是可以扩展该卷（如果该卷是简单卷或跨区卷）。由于 Windows 2000 安装程序只能识别包含分区表的动态卷，所以出现安装限制。分区表会出现在基本卷以及从基本卷升级的动态卷中。如果在动态卷上创建新的动态卷，则新的动态卷不包含分区表。

2. 扩展卷时

如果磁盘是从基本卷升级为动态卷（通过把基本磁盘升级到动态磁盘）的，则可以在该卷上安装 Windows 2000，但是不能扩展该卷。由于包含 Windows 2000 文件的引导卷不能是跨区卷的一部分，所以才出现对扩展卷的限制。如果扩展包含分区表的简单卷（即从基本卷升级到动态卷的卷），则 Windows 2000 安装程序能够识别该跨区卷，但是由于引导卷不是跨区卷的一部分，因此不能将 Windows 2000 安装到该卷上。可以安装 Windows 2000 的动态卷只能是简单卷和镜像卷，而且这些卷必须包含分区表（这意味着这些卷必须从基本卷升级到动态卷）。

用户可以通过磁盘管理窗口以图形和列表的方式显示磁盘和卷。通过更改显示在上下窗格中的内容以及选择用于显示卷和磁盘区域的颜色及图案，用户可以自定义查看磁盘和卷的方式，而且 Windows 2000 还支持连接至远程计算机的磁盘管理。要管理远程计算机上的磁盘，使用客户机的用户必须是远程计算机上的管理员或服务器操作员组的成员，同时，用户账户和服务器计算机必须是相同的域或信任域中的成员。

11.1.3 磁盘管理控制台

通过点击“开始”→“程序”→“管理工具”→“计算机管理”，打开如图 11－1 所示的“计算机管理”控制台，双击“存储”，单击“磁盘管理”进入磁盘管理控制台，如图 11－2 所示。在磁盘管理控制台的右侧窗格中，分为上、下两个窗口，它们以不同的格式显示磁盘的有关信息。通过“查看”菜单中的“顶端”和“底端”的相应设置来控制显示磁盘的方式：磁盘列表、卷列表和图像视图。用户可以通过图 11－3 了解图形视图中所显示的内容的意义，通过“查看”菜单中的“设置”项，用户可以调整显示颜色和显示比例。

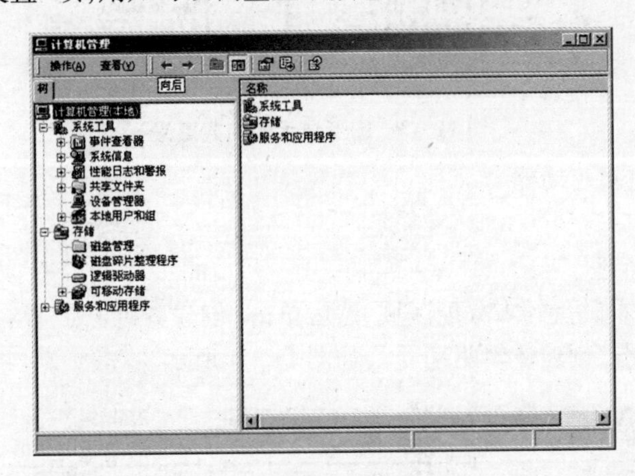

图 11－1 计算机管理

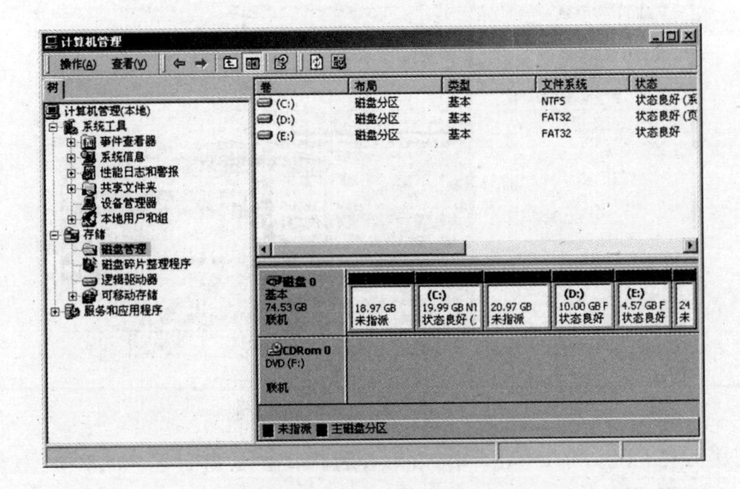

图 11－2 磁盘管理控制台

11.1.4 磁盘管理

1. 磁盘存储类型的选择

在计算机上添加新的磁盘时，用户需要在创建卷或分区之前初始化磁盘。如果用户想在磁盘上创建简单卷或计划与其他磁盘共享磁盘以创建跨区卷、带区卷、镜像卷或 RAID-5 卷，请使用动态存储区；如果用户想在磁盘上创建分区和逻辑驱动器，请使用基本存储区。MS-DOS，Windows 95 和 Windows 98 只能访问基本磁盘，基本存储器是默认创建的。仅动态磁盘上的镜像卷和 RAID 卷具有容错能力。

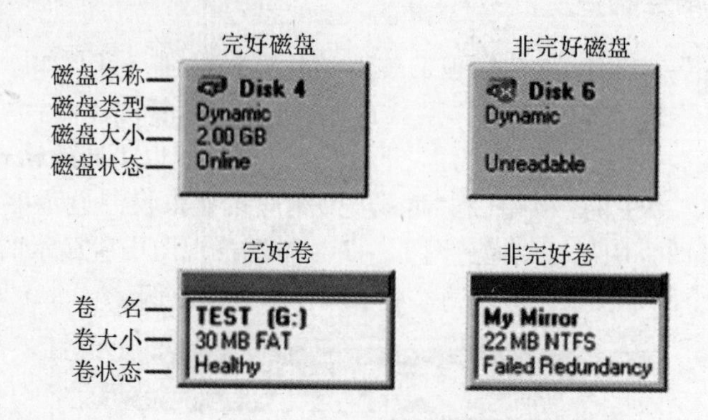

图 11-3　图形显示的内容意义

2. 创建分区或逻辑驱动器

具体操作步骤如下：

(1)打开"磁盘管理"。

(2)右键单击基本磁盘的未分配区域,然后单击"创建分区",或者右键单击扩展分区中的可用空间,然后单击"创建逻辑驱动器",如图 11-4 所示。

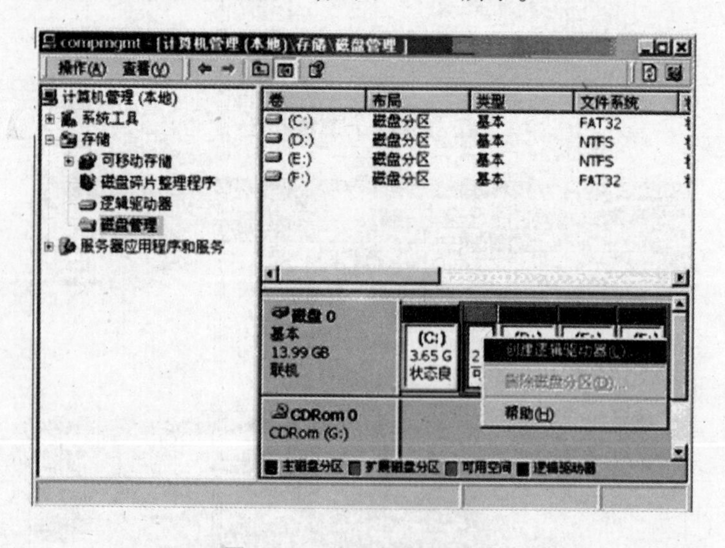

图 11-4　创建逻辑驱动器

(3)在"创建分区向导"中,单击"下一步",选择"主磁盘分区"、"扩展磁盘分区"或"逻辑驱动器",然后按照屏幕上的指示操作。

3. 将基本磁盘升级到动态磁盘

具体操作步骤如下：

(1)打开"磁盘管理"。

(2)右键单击需要升级的基本磁盘后,在快捷菜单中单击"升级到动态磁盘",然后按照屏幕上的指令操作,如图 11-5 所示。

(3)如果没有看到这个命令,可以右键单击卷而不是磁盘,因为磁盘可能以前升级到动态磁盘,或者该计算机是便携机(便携机不支持动态磁盘)。

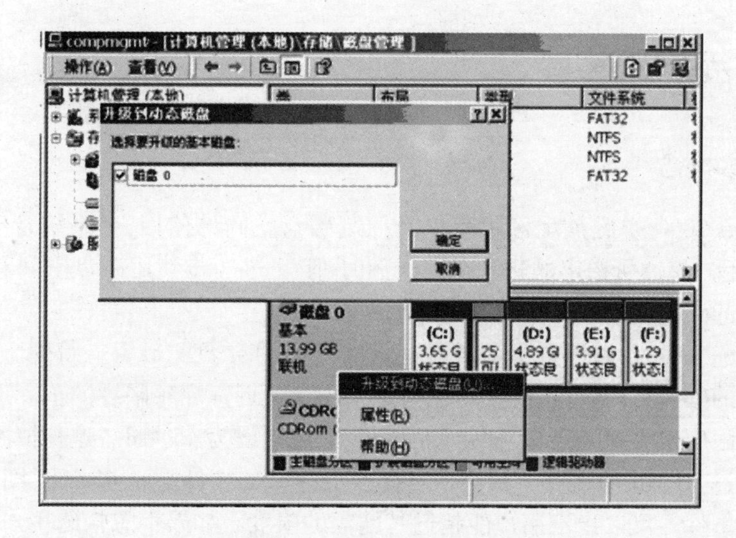

图11－5 升级到动态磁盘

注意:(1)必须以管理员或管理组成员的身份登录才能完成该过程。如果计算机与网络连接,则网络策略设置也可能阻止用户完成此步骤。

(2)将基本磁盘升级到动态磁盘后,不能将动态卷改回到分区,相反,必须删除磁盘上的所有动态卷,然后使用"还原为基本磁盘"命令。

(3)在升级磁盘之前,关闭在那些磁盘上运行的程序。

(4)为使升级成功,任何要升级的磁盘都必须至少包含1 MB的未分配空间。在磁盘上创建分区或卷时,"磁盘管理"将自动保留这个空间,但是带有其他操作系统创建的分区或卷的磁盘上可能没有这个空间(这个空间即使在"磁盘管理"中看不到也存在)。

(5)一旦升级,动态磁盘就不能包含分区或逻辑驱动器,也不能被MS-DOS或Windows 2000以外的其他Windows操作系统访问。

(6)将基本磁盘升级到动态磁盘时,基本磁盘上已有的全部分区都变为动态磁盘上的简单卷、已有的镜像卷(镜像集)、带区卷(带区集)、RAID-5卷(具有奇偶校验的带区集)或跨区卷(卷集)分别变成动态镜像卷、动态带区卷、动态RAID-5卷或动态跨区卷。

4. 将动态磁盘改为基本磁盘

具体操作步骤如下:

(1)打开磁盘管理界面。

(2)右键单击要改回基本磁盘的动态磁盘,然后单击"还原成基本卷"。

注意:(1)在把动态磁盘改回基本磁盘之前,必须从动态磁盘中删除所有卷。

(2)一旦把动态磁盘改回基本磁盘,就只能在该磁盘上创建分区和逻辑驱动器。

11.2 磁盘配额管理

11.2.1 基本概念

在 Windows 2000 中磁盘配额跟踪以及控制磁盘空间的使用,令系统管理员可将 Windows 配置为:用户超过所指定的磁盘空间限额时,阻止进一步使用磁盘空间和记录事件;当用户超过指定的磁盘空间警告级别时记录事件。

启用磁盘配额时,可以设置两个值:磁盘配额限度和磁盘配额警告级别。该限制指定了允许用户使用的磁盘空间容量,警告级别指定了用户接近其配额限度的值。例如,可以把用户的磁盘配额限度设为 50 MB,并把磁盘配额警告级别设为 45 MB。这种情况下,用户可在卷上存储不超过 50 MB 的文件。如果用户在卷上存储的文件超过 45 MB,则把磁盘配额系统记录为系统事件。可以指定用户能超过其配额的限度。如果不想拒绝用户访问卷但想跟踪每个用户的磁盘空间使用情况,启用配额但不限制磁盘空间使用将非常有用。也可指定不管用户超过配额警告级别还是超过配额限度时是否要记录事件。

启用卷的磁盘配额时,系统从那个值起自动跟踪新用户卷使用。但是,磁盘配额不应用到现有的卷用户上。可以通过在"配额项目"窗口中添加新的配额项目将磁盘空间配额应用到现有的卷用户上,也可以在本地卷和网络卷上启用配额,但是只能在从卷的根目录共享以及用 NTFS 文件系统格式化的卷上启用配额。

1. 配额和用户

由于磁盘配额监视单个用户的卷使用情况,因此每个用户对磁盘空间的利用都不会影响同一卷上的其他用户的磁盘配额。例如,如果用户把 50 MB 的文件保存到 F 卷上,则那个用户必须从该卷删除或移动一些过时文件,才能把其他数据写到这个卷上。但是,其他用户在那个卷上可继续存储文件直到 50 MB。

磁盘配额是以文件所有权为基础的,并且不受卷中用户文件的文件夹位置的限制。例如,如果用户把文件从一个文件夹移到相同卷上的其他文件夹,则卷的空间用量不变;但是,如果用户将文件复制到相同卷上的不同文件夹中,则卷的空间用量加倍。

2. 文件夹和磁盘

磁盘配额只适用于卷,且不受卷的文件夹结构及物理磁盘上布局的限制。

如果卷有多个文件夹,则分配给该卷的配额将整个应用于所有文件夹。例如,如果 \\Production\QA 和\\Production\Public是 F 卷上的共享文件夹,则用户对这两个文件夹的使用不能超过已指派的 F 卷配额。

如果单个物理磁盘包含多个卷,并把配额应用到每个卷,则每个卷配额只适于特定的卷。例如,如果用户共享两个不同的卷,分别是 F 卷和 G 卷,则即使这两个卷在相同的物理磁盘上,系统也分别对这两个卷的配额进行跟踪。

如果一个卷跨越多个物理磁盘,则整个跨区卷使用该卷的同一配额。例如,如果 F 卷有 50 MB 的配额限度,则不管 F 卷是在物理磁盘上还是跨越三个磁盘,都不能把超过 50 MB 的文件保存到 F 卷。

3. 配额详细信息的更新

在 NTFS 文件系统中,卷使用信息按用户安全标识(SID)存储,而不是按用户账户名称存储。第一次打开“配额项目”窗口时,磁盘配额必须从网络域控制器或本地用户管理器上获得用户账户名称,将这些用户账户名与当前卷用户的SID匹配,并组装带有用户名的“名称”列上的项目。从域控制器或本地用户管理器中获得这些名称时,名称将显示在该区域中。第一次查看配额项目时,这个过程立即开始。

获得这些名称之后,名称将保存在卷上的文件中,以便下次打开“配额项目”窗口时可立即使用。但是,因为此文件可能持续几天使用而没有被Windows更新,所以“配额项目”窗口可能不反映查看配额项目后对域用户账户列表所做的更改。

4. 配额和转换的NTFS卷

因为磁盘配额都是以文件所有权为基础的,所以对影响文件所有权状态的卷做任何更改,包括文件系统转换,都可能影响该卷的磁盘配额。因此,在现有的卷从一个文件系统卷转换到另一文件系统之前,用户应该了解这种转换可能引起的所有权的变化。

因为它们使用存储在NTFS文件系统字段的数据来识别文件所有者,所以磁盘配额可以在用于Windows 2000的NTFS版本和用于Windows NT 4.0及更早版本的NTFS中工作。但是,由于FAT和FAT32卷上的文件归该系统所有,因此从FAT或FAT32转换到NTFS的卷上的文件不是根据拥有文件的用户来计算的。在这种情况下,这些文件由管理员账户负责。因为管理员拥有无限的卷使用权限,因此这几乎不是问题。

5. 本地和远程实现

用户可在本地计算机和远程计算机的卷上启用磁盘配额。在本地计算机上,可以使用配额限制登录本地计算机的不同用户可使用的卷空间容量;在远程计算机上,可以使用配额限制远程用户的卷使用情况。

使用配额可以确保登录到相同计算机的多个用户不干涉其他用户的工作能力,以及公用服务器上的磁盘空间不由一个或多个用户独占。

在个人计算机的共享文件夹中,用户不使用过多的磁盘空间。

要启用远程计算机卷上的配额,这些卷必须是通过在Windows 2000中使用的NTFS版本格式化的,并且是从卷的根目录共享的。同样,用户必须是远程计算机卷上的Administrators组的成员才能启用和管理配额。

11.2.2 磁盘配额管理

1. 启用磁盘配额

启动磁盘配额的过程如下:

(1)打开“我的电脑”。

(2)右键单击要启用磁盘配额的磁盘卷,然后在菜单中单击“属性”。

(3)在“属性”对话框中,单击“配额”选项卡,如图11-6所示。

(4)在“配额”选项卡上,单击“启用配额管理”复选框,然后单击“确定”。

通过“配额”选项卡用户可以执行以下任务:

(1)禁用磁盘配额。

(2)拒绝超过限制的用户使用磁盘空间。

(3)指派默认配额值。

(4)查看磁盘配额设置。

(5)添加新配额项目。操作方法如下:

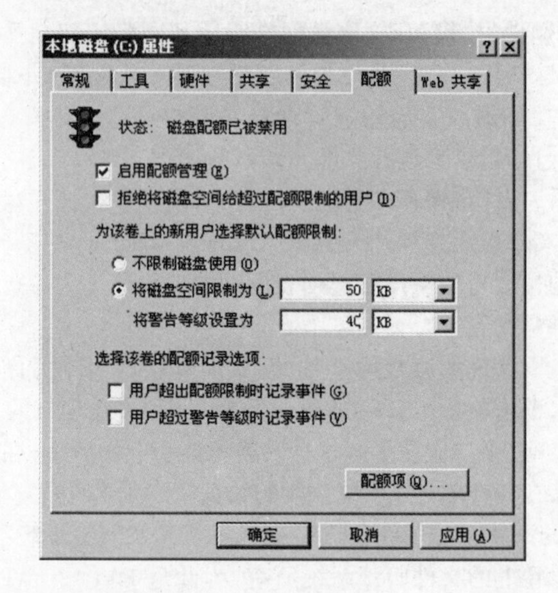

图 11－6　配额选项卡

①在“配额”选项卡上,单击“配额项”。

②在打开的“配额项目”窗口中,单击“配额”菜单上的“新建配额项”如图 11－7。

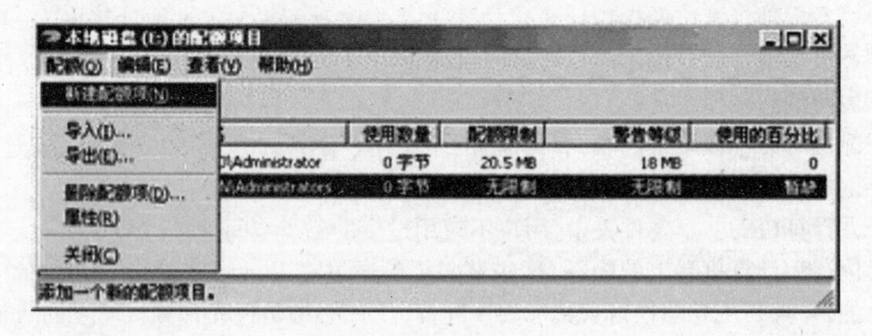

图 11－7　新配额项目

③在“选择用户”对话框的“搜索范围”列表框中,选择要从中选择用户名的域或工作组的名称,单击“添加”,然后单击“确定”。

④在如图 11－8 所示“添加新配额项目”对话框中,指定下列选项之一,然后单击“确定”按钮:不限制磁盘的使用(不限制磁盘空间而跟踪磁盘空间的使用);将磁盘空间限制为(激活限制磁盘空间以及设置警告级别的字段)。在文本字段中键入一个数值,然后从下拉列表中选择磁盘空间的限制单位。可使用十进制值(例如 20.5 MB),输入的值不能超过卷的最大容量。

在“配额项目”窗口中,用户还可以实现以下任务:

(1)查看卷用户的磁盘配额信息;

(2)删除配额项目;

(3)修改用户磁盘空间限制和警告级别;

(4)在“配额项目”窗口中查找配额项目;

(5)排序配额项目;

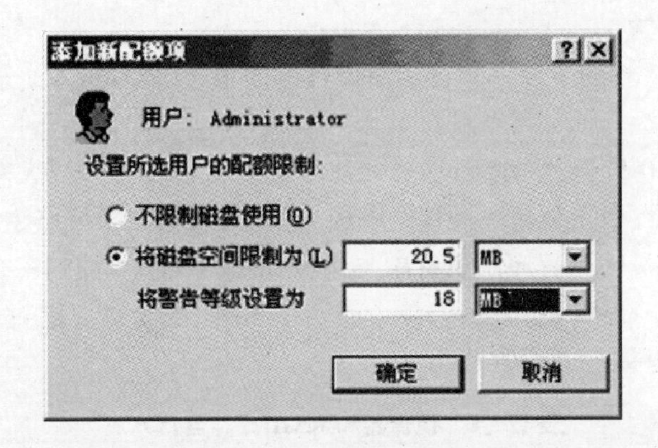

图11－8　添加新配额项目

(6)更改"配额项目"窗口中的列顺序；

(7)创建配额报告；

(8)从其他卷导入配额设置；

(9)将配额设置导出到其他卷上。

11.3　容错技术

当硬件出现故障时,计算机或操作系统具有确保数据完整性的能力。在"磁盘管理"中,镜像卷和RAID-5卷是容错的。对于服务器群集,容错系统总是可用的。容错系统一般通过配置主要系统的备份来执行,它保持空闲直到出现故障为止。下面介绍如何使用RAID磁盘以及不间断电源UPS。

容错是当部分系统发生故障时系统继续工作的功能。通常,容错用于描述磁盘子系统,但也可用于系统的其他部分或整个系统。完全容错系统使用冗余磁盘控制器和电源以及容错磁盘子系统,也可以使用不间断电源(UPS)来防止本地电源故障。

尽管数据在完全容错系统中是可用和当前的,但仍然需要备份数据以保护磁盘上的信息免受用户错误和破坏性事件的影响。磁盘容错对远程存储的备份策略是不恰当的,可以使用动态存储创建面向卷的容错磁盘系统,新的"磁盘管理"结构允许联机更改,而不必重新启动计算机。

11.3.1　容错概述

1. RAID阵列

实现自主磁盘冗余阵列(RAID)的策略可以使用硬件或软件解决方案。在硬件解决方案中,控制器接口处理冗余信息的创建和重新生成(在Windows中,该活动可以由软件执行)。在任意情况下,数据可以跨磁盘阵列存储。

磁盘阵列由控制器协调的多个磁盘驱动器组成。单个数据文件通常写在多个磁盘上,在某种意义上可以提高性能或可靠性,这取决于所使用的RAID级别。

然而,除非修复错误,否则没有容错性。少数RAID可以经受住两个同时发生的故障。当替换发生故障的磁盘时,可以通过使用冗余信息重新生成数据。当完成重新生成数据时,所有数据都是当前的,并且RAID阵列将再次保护磁盘防止错误。

2. 选择 RAID 方法

镜像卷和 RAID-5 卷的主要差异在于对硬件的需求、性能和成本。表 11 –1 显示两种容错方法的主要特性。

在镜像卷和 RAID-5 卷之间进行选择取决于计算机的环境。当大多数活动由读取数据组成时,RAID-5 卷对数据冗余是一种好的解决方案。例如,如果网络上有服务器,在此服务器上维护该站点的人员使用程序的所有副本,这是使用 RAID-5 卷的一个好的示例。它允许用户保护程序,以防止在带区卷中丢失单个磁盘。另外,因为可以通过组成 RAID-5 卷的所有磁盘并发读取,所以提高了读取性能。

表 11 –1　镜像卷和 RAID-5 卷容错方法

镜像卷	RAID-5 卷
支持 FAT 和 NTFS	支持 FAT 和 NTFS
可以镜像系统或启动卷	不能将系统或启动卷划分为带区集
需要两个硬盘	至少需要三个硬盘
每兆字节开销较高(50% 的利用率)	每兆字节开销较低
有良好的读写性能	写性能一般,读取性能优良
使用较少的系统内存	需要较多的系统内存
只支持两个硬盘	最多支持 32 个硬盘

在信息经常更新的环境中,使用镜像卷通常更好。然而,如果需要冗余,并且如果限制镜像的存储管理开销,则可以使用 RAID-5 卷。

3. 不间断电源(UPS)

本地电源发生故障时,UPS 可以供电,通常是额定提供特定时间特定量的电源,其电量来自主电源可用时持续充电的电池,对 UPS 的要求是提供依次退出进程并关闭会话继而关闭系统的时间。

许多 UPS 设备可以与操作系统通信,启用操作系统以自动通知用户未决的关闭过程或提供电源已恢复而不需要关闭的通知。

在断电过程中,UPS 设备立即暂停服务器服务以阻止任何新建连接,并发送消息通知用户即将断电,然后 UPS 服务在通知用户退出会话之前等待指定间隔的时间。如果在间隔期间恢复电源,将发送其他消息通知用户电源已恢复并可以继续操作。

11.3.2　使用 RAID 磁盘

RAID 即自主磁盘冗余阵列,它是用于标准化和分类容错磁盘系统的方法。有六个等级用来衡量各种性能和花费的组合。Windows 2000 提供三个 RAID 等级:等级 0(带区)、等级 1(镜像)和等级 5(RAID-5),本节主要介绍如何修复 RAID 磁盘以及管理 RAID 磁盘。

1. 修复 RAID 磁盘

使用 Windows 2000 容错实用程序以快速、方便地从错误中恢复。使用镜像卷,可以立即访问在有损坏磁盘信息冗余副本的其他磁盘。使用 RAID-5 卷,如果磁盘损坏,可以使用奇偶校验带区重新生成数据。坏扇区映射功能允许系统修复扇区故障,而不需要用户干涉。

下面我们就来简要讨论如何从镜像卷或 RAID-5 卷的损坏磁盘或扇区中恢复数据。

(1)修复镜像卷和 RAID-5 卷

当镜像卷或 RAID-5 卷的成员损坏时,它将成为孤儿。然后 Windows 决定可以不再使用该成员,并将所有新数据的读取和写入定向到容错卷的剩余成员中。

注:孤儿是指由于服务器的原因(如断电或硬盘磁头完全失败)而失败的镜像卷或 RAID-5 卷的一个成员。当该情况发生时,容错驱动程序决定不再使用孤立成员,并将新的读取和写入定向到容错卷的其他成员。

当镜像卷的成员成为孤儿时,必须首先打破镜像卷关系,并将剩余的卷作为独立的卷显露出来。镜像卷的其余工作成员接收以前指派到整个镜像卷的驱动器号,孤儿卷接收下一个可用的驱动器号或指派的任何驱动器号,然后可以在其他磁盘上的可用空间中创建新的镜像卷关系。当重新启动计算机时,好卷的数据将被复制到镜像卷的新成员中。

RAID-5 卷的成员成为孤儿时,可以从剩余成员中重新生成孤儿成员的数据。在"磁盘管理"中,选择新的可用空间(该可用空间与 RAID-5 卷的其他成员必须有相同或更大的容量),然后重新生成数据。如果要求重新启动计算机,容错驱动程序将从其他成员磁盘上的带区中读取信息,然后重新创建丢失成员的数据并将它写到新成员中去。要重建 RAID-5 卷,操作系统必须先锁定卷。在重新生成卷时,所有到卷的网络连接都将丢失。

(2)修复扇区故障

文件系统在格式化卷时,会验证所有的扇区,服务将避开所有的扇区。Windows 2000 容错服务将扇区恢复功能添加到系统中。

当在带有数据冗余副本的容错系统中发生扇区 I/O 故障时,容错驱动程序将舍弃坏扇区而不再使用。小型计算机系统接口(SCSI)设备可以执行此操作,但是 AT 设备例如集成设备电路(IDE)和增强型小型设备接口(ESDI)却不能。

当不能舍弃扇区时,将从冗余副本中获得的正确信息返回到在 I/O 中带有显示错误扇区状态信息的文件系统中。然后文件系统将尝试定位故障,并通过从文件系统的扇区映射表中删除坏扇区的方法来舍弃该坏扇区。如果包含冗余副本的分区也损坏了,则有关潜在数据丢失的错误信息将记录在事件查看器中。

可以使用"磁盘管理"来检查磁盘上的错误。在磁盘的"属性"对话框中,选择"工具"→"错误检查"菜单即可。

2. 使用 RAID 磁盘

创建和管理镜像卷时,必须在运行 Windows 2000 Server 的计算机上创建,并且至少拥有两个动态磁盘。

创建 RAID-5 卷时,至少需要三个动态磁盘,RAID-5 卷最多可以跨越 32 个磁盘。RAID-5 卷提供容错能力,成本只是该卷额外增加一个磁盘,这意味着如果使用三个 10 GB 磁盘创建 RAID-5 卷,则该卷将拥有 20 GB 的容量,剩余的 10 GB 备用。

使用方法如下:

(1)打开"计算机管理"窗口,在控制树中双击"存储",再单击"磁盘管理"。

(2)在要创建镜像卷或 RAID-5 卷的动态磁盘上的未分配空间上单击鼠标右键,从弹出的快捷菜单中选择"创建卷"菜单项。

(3)在创建卷向导对话框中,根据提示选择创建镜像卷或 RAID-5 卷。

(4)如果要将镜像添加到现有的简单卷中,这时在要做镜像的简单卷上单击鼠标右键,从弹出的快捷菜单中选择"添加镜像"菜单项,然后按照提示操作。

(5)如果要将镜像卷分成两个卷,在镜像卷上单击鼠标右键,从弹出的快捷菜单中选择"分割镜像"菜单项即可。分割镜像卷时,组成镜像卷的两个卷副本就会成为两个单独的简单卷,这些卷不再具有容错能力。

(6)如果要从镜像卷中删除镜像,可以在要删除的镜像卷上单击鼠标右键,从弹出的快捷菜单中选择"删除镜像"菜单项,然后按提示操作。一旦从镜像卷中删除镜像,被删除的镜像就变成未分配的空间,而且剩余镜像变成不具备容错能力的简单卷。已删除镜像中的所有数据也都将被删除。

11.3.3 使用不间断电源 UPS

UPS 也被称为不间断电源,是连接在计算机和电源之间以保证电流不受干扰的设备。UPS 设备使用电池保持计算机在断电之后仍能正常运行一段时间,通常对电压过高和过大低都提供保护。

1. 在 Windows 中使用 UPS 设备

计算机在使用 UPS、报警器、信使和事件日志这些 Windows 服务时,应当与为计算机所选择的不间断电源(UPS)设备结合使用。要配置 UPS 设备,可在"控制面板"中,单击"UPS",根据所使用的 UPS 设备支持的特性来进行配置。Windows 2000 支持三种特性:

- 主电源故障检测;
- 电量不足检测;
- UPS 关闭功能。

要确定正确的设置,须仔细阅读 UPS 设备的用户手册或与制造商联系。根据 UPS 支持特性的不同,可能需要在 UPS 对话框中的"UPS 特征"下输入其他设置。

控制 UPS 服务的一种方法是在 UPS 对话框中配置设置、显示消息并询问是否需要启动 UPS 设备。另一种启动设备的方法是单击"控制面板"中的"服务"。

当启动 Windows 2000 时,将自动启动报警器和信使服务。报警器服务将警报发送到所选的用户,"信使"服务将消息发送到基于本地 Windows 2000 的计算机和网络上的其他用户。所有检测的电源波动和电源故障,以及 UPS 服务启动故障和服务器关闭都记录在事件日志中。

要确保计算机不发生电源故障,可以通过模拟电源故障(即断开到 UPS 设备的主电源供应)进行测试。连接到 UPS 设备的计算机和外设应该保持运行并被显示,并且要记录其事件,等待 UPS 电量不足以验证计算机是否正常关闭,还原 UPS 设备的主电源,然后检查事件日志以验证已记录所有的操作并且没有操作错误。

2. 在 UPS 关闭后,运行命令文件

可以为 Windows 不间断电源(UPS)设备定义命令文件。然而,只有在系统关闭之前系统需要特殊操作时,才应该指定命令文件。例如,如果正在运行连接到其他计算机的自定义程序,则可以使用命令文件在系统关闭之前自动结束会话并断开连接。不能指定导致显示对话框的命令文件,因为需要用户输入的对话框将会阻碍系统正常关闭。

命令文件必须驻留在 systemroot \System32 目录中,并且具有以下扩展名之一:. exe, . com,. bat。

注：命令文件必须在30秒内完成运行。如果运行时间超过30秒将威胁到 Windows 完成正常系统关闭功能，应该在最坏情况的方案下测试命令文件的运行情况。

3. 安装不间断电源 UPS

通过电源属性对话框，可以安装不间断电源，方法如下：

（1）选择“开始”→“设置”→“控制面板”，打开“控制面板”窗口，双击“电源选项”图标，打开“电源选项属性”对话框，然后选择 UPS 选项卡，如图 11－9 所示。

（2）单击“选择”按钮，打开“UPS 选择”对话框（如图 11－10 所示），在“选择制造商”下拉列表框中选择计算机所连 UPS 的制造商，在“选择型号”列表框中选择使用的 UPS 的型号，然后在“端口”下拉列表框中选择连接 UPS 的串行端口。

（3）单击“完成”按钮。

注意：使用“控制面板”中的“电源选项”，可以调整计算机硬件配置所支持的任何电源管理选项。因为对不同计算机而言，这些选项可能都有很大的不同，所以，在这里描述的选项可能不同于用户计算机上的可用选项。“电源选项”能自动检测用户计算机上的可用选项，并将只显示那些可以控制的选项。

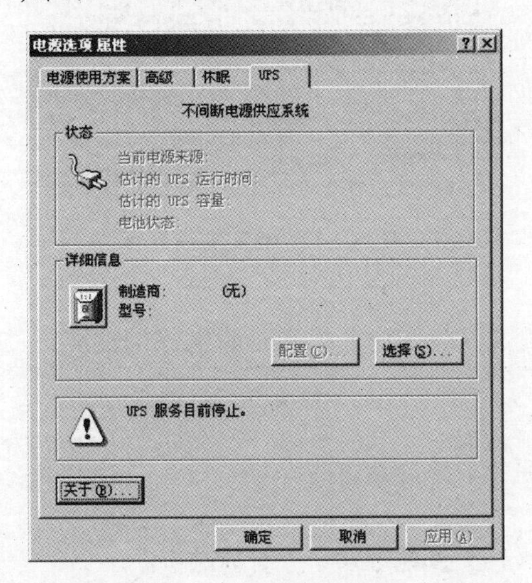

图 11－9　电源选项属性

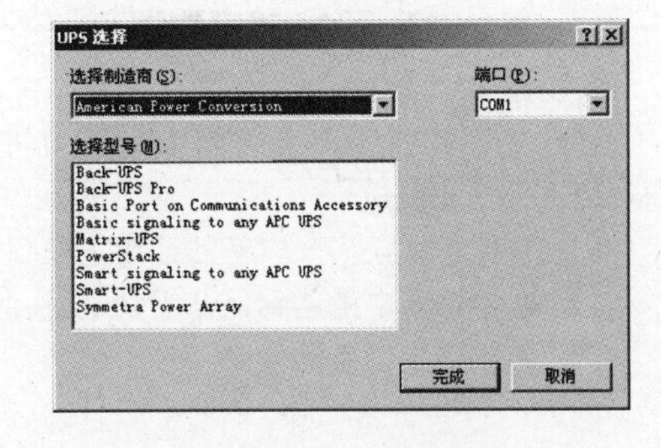

图 11－10　选择制造商

4. 配置 UPS

配置 UPS 的方法如下：

（1）在“控制面板”中打开“电源选项”。

（2）在 UPS 选项卡上，单击“配置”按钮，在“UPS 配置”对话框中，更改下面的一项或多项设置，如图 11－11 所示。

（3）对于“启用所有通知”复选框，如果想在计算机切换到 UPS 电源时让 Windows 2000 显示一条警告消息，选中此复选框。可以指定在显示最初电源故障警告消息之前等待的秒数，以及在显示后续电源故障消息之前必须经过的秒数。

（4）在“严重警报”选项区中如果想让计算机使用 UPS 电源运行一段指定的时间后，Windows 2000 再发出严重警报，则应选中“严重警报前，电池使用的分钟数”复选框；如果希望当 UPS 激活电源严重不足警报时 Windows 2000 运行程序或任务，则应选中“当出现警报时，运行这个程序”复选框。

单击“配置”按钮，在“UPS 系统关闭程序”对话框的“运行”文本框中输入 UPS 关闭计算机前要运行的程序或任务，或单击“浏览”搜索程序或任务。在“日程安排”选项卡上，自定义适当的任务安排。在“设置”选项卡中，适当自定义已计划任务的完成、空闲时间和电源管理的设置，如图 11－12 所示。

(5)在“下一步，指示计算机去做”下拉列表框中，选择在电源严重短缺警报发生时想让计算机进入的系统状态。

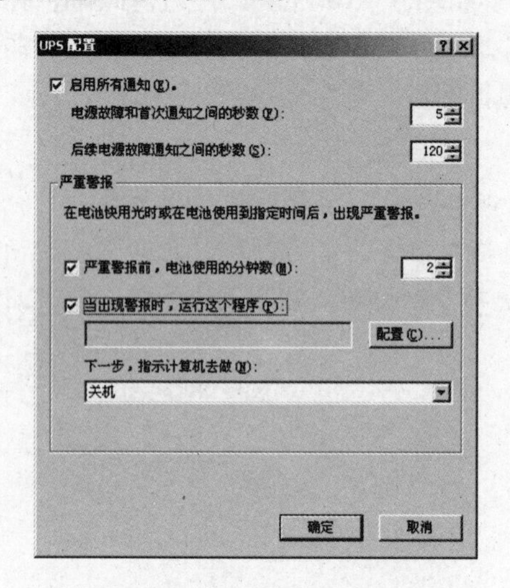

图 11－11　更改 UPS 设置项

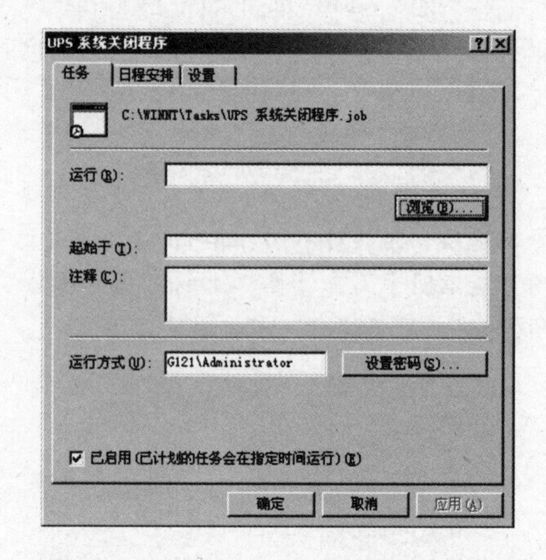

图 11－12　自定义设置项

5. 测试 UPS 配置

在配置好 UPS 后，一定要对 UPS 配置进行测试以确认计算机具备断电保护功能，可以通过以下方法来测试：

(1)断开电源与 UPS 设备的连接来模拟断电。

(2)等待 UPS 电池达到最低级别电量，此时系统应该开始关闭。

(3)恢复 UPS 设备的电源。

(4)检查“事件查看器”中的系统日志，确保准确无误地记录了所有的操作。

11.4　远程存储

Windows 2000 Server 提供的“远程存储”使用户不需要添加更多硬盘就能轻松扩充服务器计算机的磁盘空间。“远程存储”将本地卷上的合格文件自动复制到磁带库中，然后“远程存储”监视本地卷上的可用空间。文件数据缓存在本地，以便需要时可以快速访问。当被管理卷上的可用空间量下降到需要的级别以下时，“远程存储”将自动从缓存文件中删除内容，以提供用户需要的磁盘空间。当从文件中删除数据时，文件所使用的磁盘空间将减少到零。直到需要更多的磁盘空间时，才删除缓冲文件中的数据。当需要打开其数据已经被删除的文件时，数据将自动从远程存储中撤回。由于库中的可移动磁带每兆字节(MB)的成本开销比硬盘少，所以这是提供最多数据存储量和最佳本地磁盘性能的最为经济的方法。

1. 数据存储的级别

“远程存储”的数据存储具有层次结构，有两个经过定义的等级。上一级，称为本地存储器,包含在 Windows 2000 Server 上运行"远程存储"的计算机上的 NTFS 磁盘卷;下一级,称为远程存储,位于连接到服务器计算机的自动磁带库或独立磁带驱动器上。

"远程存储"支持所有 SCSI 类 4 毫米、8 毫米和 DLT 磁带库,不推荐使用 Exabyte 8200 磁带库的"远程存储","远程存储"不支持 QIC 磁带或光盘库。

2. 检索存储的文件

当需要访问"远程存储"所管理的卷上的文件时,只要简单地打开该文件即可。如果文件数据不再被缓存在本地卷中,"远程存储"将从磁带库中撤回数据。由于这样做要花费比通常更多的时间,"远程存储"将根据用户设定的标准,仅从本地卷上最不可能需要的文件中删除数据。

3. 与其他工具的配合

"远程存储"使用"可移动存储"来访问包含在库中的可应用磁带。远程存储还能与 Windows 协作以便进行数据恢复。"远程存储"同时提供某些数据还原特性,包括在远程存储中生成多个副本的能力。

11.4.1 基本概念

"远程存储"作为 Windows 2000 服务器的服务运行,并使用"可移动存储"来访问远程存储的库中的可应用磁带。用户可以从 Microsoft 管理控制台(MMC)管理"远程存储",使用"远程存储"管理单元执行所有任务,图 11-13 说明了"远程存储"与服务器计算机之间的关系。

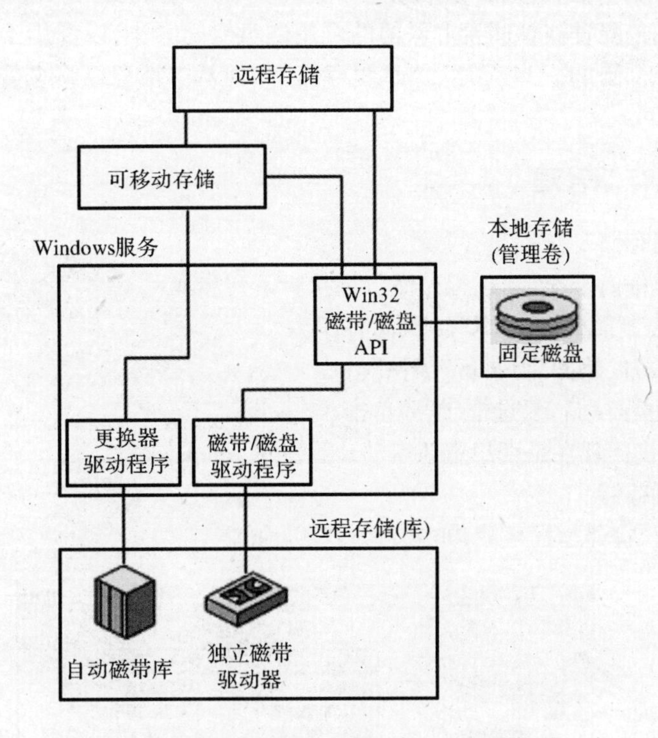

图 11-13 远程存储与服务器计算机之间的关系

"远程存储"使用 Windows 2000 的安全性来授予或拒绝对存储管理的访问。只有有管理员权限的用户账户才能管理"远程存储",但是有适当权限的用户可以打开"远程存储"所管理的卷中的文件。"远程存储"将"远程存储"选项卡添加到 Windows 资源管理器的卷"属性”对话框，以及本地计算机的“磁盘管理”管理单元中，该选项卡显示本地和远程的存储统计信息和设置。在从其他计算机远程管理卷时，“远程存储”选项卡只显示在运行“远程存储”服务的计算机中。

在使用 Windows 文件管理器(Winfile. exe)时，不显示“远程存储”所管理的文件，这将影响运行 Windows 以前版本的客户端计算机，服务器计算机上只能存在一个“远程存储”安装。在“远程存储”控制之下的服务器计算机上的本地磁盘卷称为被管理卷。例如，可以将 D 盘配置为被管理卷。如果用户在其他驱动器中有辅助硬盘，例如 E 和 F 等，也可以将其配置为附加的被管理卷。

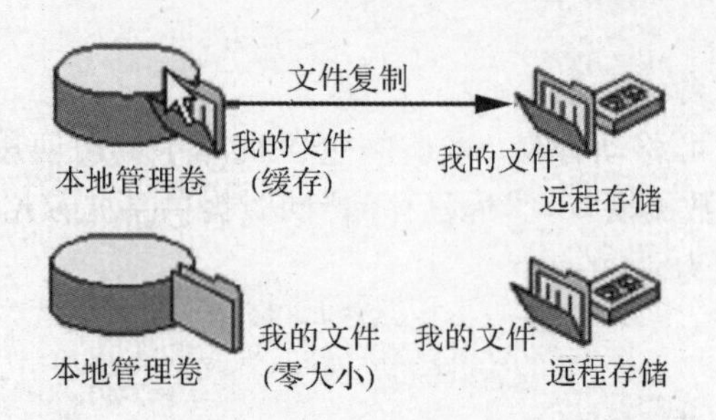

图 11－14 从本地存储将文件复制到远程存储的过程

由“远程存储”管理的磁盘卷必须是不可移动的，同时也必须用 Windows 2000 所使用的 NTFS 版本格式化。“远程存储”按照用户指定的计划和规则，自动从被管理卷将数据复制到远程存储。由用户配置被管理卷上保留的可用磁盘空间大小，以及用于将特定文件复制到远程存储的标准。图 11－14 显示了“远程存储”如何从本地存储将文件复制到远程存储的过程。

11.4.2 远程存储管理

1. 安装远程存储

如果计算机中尚未安装“远程存储”，请执行下列步骤：

(1)打开“控制面板”中的添加/删除程序。

(2)单击“添加/删除 Windows 组件”。

(3)选中“远程存储”复选框，然后单击“下一步”。

(4)当系统询问现在是否想重新启动计算机时，请单击“是”。

2. 打开远程存储

安装完毕后，打开远程存储，如图 11－15 所示。

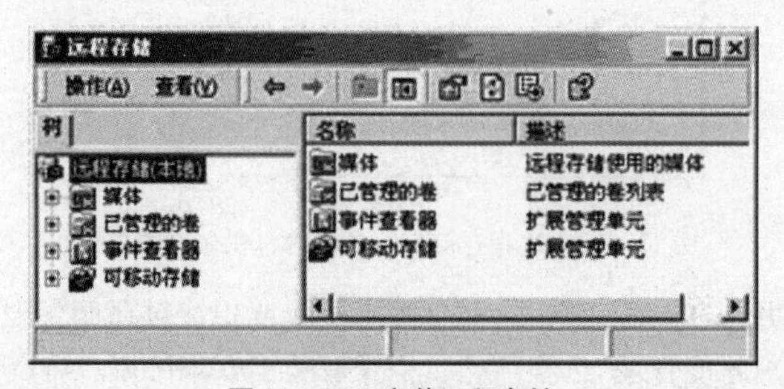

图 11－15 安装远程存储

注意:(1)在安装远程存储后第一次打开它时,远程存储安装向导会指导用户按照所需步骤全部完成配置以便进行操作。

(2)请预先确定想用于远程存储的媒体类型,因为以后不能改变此项目。

(3)不要在 Windows 服务器群集上安装"远程存储"。

3. 用户操作

通过远程存储管理器用户可以进行以下操作:

(1)查看或设置"远程存储"的属性。

(2)监视"远程存储"的任务。

(3)查看"远程存储"的事件。

(4)管理本地磁盘卷。

(5)管理远程存储媒体。

11.5 可移动存储方法

"可移动存储"使用户可以轻松地跟踪可移动存储媒体(磁带或磁盘/光盘),并管理硬件库(如更换器和自动光盘机)。"可移动存储"可以标注、分类并跟踪媒体,可以控制驱动器、插槽和门,并且提供驱动器清洗操作。"可移动存储"与数据管理程序(如"备份")协同工作。使用数据管理程序可管理存储在媒体上的实际数据。"可移动存储"使多个程序可以共享相同的存储媒体资源,从而减少用户的开销。"可移动存储"将库中的所有媒体组织到不同的媒体池中,"可移动存储"也会在媒体池之间移动媒体,以提供应用程序需要的数据存储空间。

"可移动存储"不提供卷管理,如带区。可移动存储也不提供文件管理,例如数据备份或磁盘扩展器操作。这些服务由数据管理应用程序(例如"备份"或"远程存储")完成,必须在连接到库的同一台计算机上运行所有数据管理程序。"可移动存储"不支持在连接到相同库的不同计算机上运行的多个数据管理程序。

1. 可移动存储组件

"可移动存储"由管理接口即 Microsoft 管理控制台(MMC)管理单元、带有 API 的 Windows 2000 服务以及数据库组成。"可移动存储"服务通过 API 向数据管理程序提供媒体服务。

可以使用"可移动存储"管理单元执行下列任务:

(1)创建媒体池并设置媒体池属性;

(2)插入和弹出自动库中的媒体;

(3)装入和卸除媒体;

(4)查看媒体和库的运作状态;

(5)执行库的列出清单操作;

(6)为用户设置安全权限。

2. 库

在"可移动存储"最简单的形式中,库是由数据存储媒体和用于读写该媒体的设备组成的。由"可移动存储"安装管理的一组库及其相关媒体叫做"可移动存储系统"。库主要有两种类型:

(1)自动库。它是拥有多个磁带或磁盘/光盘的一些自动单元(有一些拥有多个驱动器)。这些库有时称为“更换器”或“自动光盘机”,并且一般使用自动子系统或驱动器机架以移动存储在库存储插槽中的媒体。驱动器机架定位所需的磁带或磁盘/光盘,将其装入可用驱动器中,在任务完成后将其返回分配的存储插槽中。自动库也可以包括“可移动存储”所管理的其他硬件组件(例如门、插入/弹出端口、清洗磁带和条码阅读器)。

(2)独立驱动器库或独立驱动器。它们都是单驱动器、非自动单元(如磁带机或CD-ROM驱动器),均可装入单个的磁带或磁盘/光盘。对于这些驱动器单元,可手工插入磁带或磁盘/光盘。

可移动存储不仅能够管理多个库,还能够跟踪库中当前不包含的脱机媒体。

3. 媒体池

媒体池是应用相同管理属性的磁带或磁盘/光盘的集合。“可移动存储”系统中的所有媒体均属于媒体池,每个媒体池只包含一种类型的媒体。数据管理程序使用媒体池访问库中的指定磁带或磁盘/光盘。

使用媒体池可以定义应用于一组媒体的属性。因为“可移动存储”允许多个程序共享单个库中的相同媒体,所以这一点十分有用。一个库可以包含不同媒体池中的媒体,每一个都具有不同的属性。单一的媒体池可以跨越多个库。也可以创建分层的媒体池,即形成包含其他媒体池的媒体池。例如,用户可以为程序所需的每种特定媒体类型建立一个媒体池,然后创建另一个包含这些媒体池的媒体池。媒体池可以包含媒体或其他的媒体池,但不能同时包含这两者。

可移动存储系统提供了两种类型的媒体池:系统媒体池和应用程序媒体池。

(1)系统媒体池包括可用媒体池、无法识别媒体池和导入媒体池。“可移动存储”在用户的“可移动存储”系统中给每种媒体类型创建一个可用媒体池、一个无法识别媒体池和一个导入媒体池。系统媒体池用于管理应用程序当前未使用的媒体。

(2)应用程序媒体池由数据管理程序创建,例如“备份”和“远程存储”。

4. 媒体标识

“可移动存储”使用两种标识方法跟踪媒体和列出清单:媒体上的标识符和条码。

(1)媒体上的标识符

当磁带或者磁盘/光盘第一次插入库的时候,媒体上的标识符以电子方式记录到媒体上。当下一次将媒体插入库中时,“远程存储”使用媒体上的标识符来识别并跟踪磁带或磁盘/光盘。

(2)条码

如果库支持条码,则“可移动存储”可以使用它们来标识媒体。带条码的媒体也有位于媒体上的标识符,可移动存储可以使用其中的任意一个。使用条码跟踪媒体一般要快得多,原因是在读取媒体上的标识符时不必装入每个磁带或磁盘/光盘。

11.5.1 管理库

1. 启用或禁用库

启用或禁用库时按以下步骤进行操作:

(1)在命令提示符下键入“mmc”,打开MMC控制台。在“控制台”下的文件菜单中选择“添加/删除管理单元”,在对话框中选择“将管理单元添加到(S)”下拉菜单中的“可移动存储(本地)”,然后点击“添加”按钮,将“可移动存储”添加到控制台中,然后打开“可移动存储”,如图 11 - 16 所示。

(2)在控制台树中,双击“物理位置”。

(3)右键单击要启用或禁用的库,然后单击“属性”,屏幕上出现该库的“属性”对话框,如图 11 - 17 所示。

(4)在“常规”选项卡上,确认“启用库”复选框已被选中。如果要禁用库,请清除“启用库”复选框。

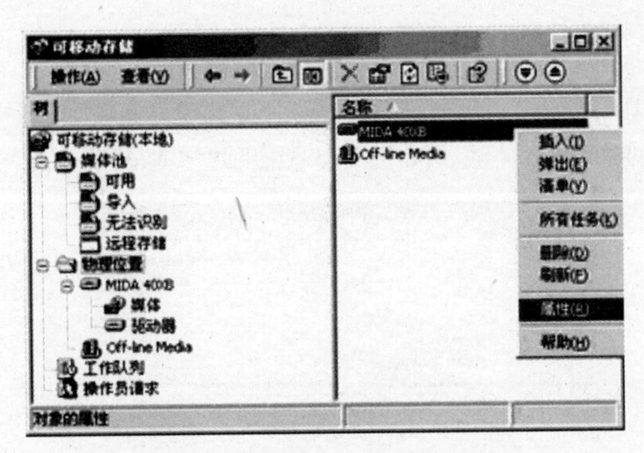

图 11 - 16 “可移动存储”窗口

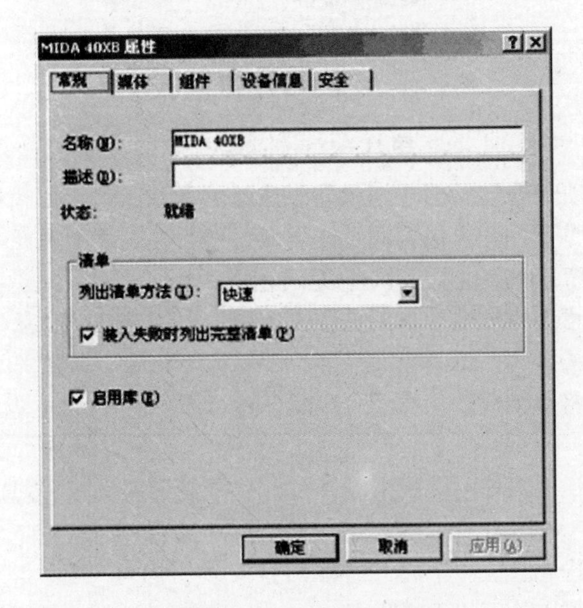

图 11 - 17 “属性设置”窗口

2. “属性”对话框

在“属性”对话框中还可以执行以下任务:

(1)启用或禁用驱动器;

(2)更改库媒体类型;

(3)检查库的清单;

(4)设置默认的库清单;

(5)打开库门;

(6)设置库门和端口超时;

(7)清洗独立驱动器;

(8)清洗自动库。

11.5.2 管理媒体池

1. 创建新媒体池

具体操作步骤如下:

(1)打开“可移动存储”。

(2)在控制台树中,右键单击“媒体池”,再单击“创建媒体池”,如图 11-18 所示。如果要在另一个媒体池中创建新的媒体池,请右键单击适用的媒体池,然后单击“创建媒体池”。

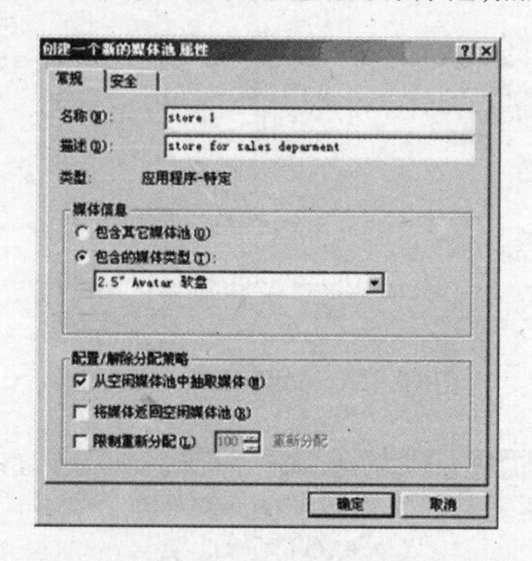

图 11-18 创建媒体池

(3)在“常规”选项卡的“名称”中输入新媒体池的名称,然后在“描述”中输入相关说明。

(4)在“媒体信息”下,单击“包含的媒体类型”,然后在列表中选择适当的媒体类型。

(5)在“配置/解除分配策略”下,执行以下操作:

①要在需要时从可用媒体池中自动抽取未使用的媒体,请选中“从空闲媒体池中抽取媒体”复选框。

②要在不需要时将媒体自动返回到可用媒体池,请选中“将媒体返回到空闲媒体池”复选框。

③要设置该媒体池中媒体的分配限制,请选中“限制重新分配”复选框,然后根据需要更改默认值。

2. 对媒体池的操作

对创建的媒体池可以执行以下操作:

(1)删除应用程序媒体池;

(2)从可用媒体池中自动抽取媒体;

(3)将媒体自动返回可用媒体池;

(4)设置媒体池的分配限制。

11.5.3 管理磁带和磁盘/光盘

1. 启用或禁用磁带或磁盘/光盘

启用或禁用磁带或磁盘/光盘的方法如下：

(1)打开“可移动存储”。

(2)在控制台树中，单击“媒体”。

(3)在详细信息窗格中，右键单击磁带或磁盘/光盘，再单击“属性”。

(4)在“媒体”选项卡上，确认“启用媒体”复选框已被选中。如果要禁用磁带或者磁盘/光盘，请清除“启用媒体”复选框。

2. 对磁带和磁盘/光盘的操作

用户还可以对磁带和磁盘/光盘执行以下操作：

(1)将媒体移到另一个媒体池；

(2)插入磁带或磁盘/光盘；

(3)从独立驱动器中弹出磁带或磁盘/光盘；

(4)从自动化库中弹出磁带或磁盘/光盘；

(5)装入磁带或磁盘/光盘；

(6)从独立驱动器上卸除磁带或磁盘/光盘；

(7)从自动库中卸除磁带或磁盘/光盘。

11.5.4 管理操作员请求和排队工作

1. 响应操作员请求

操作步骤如下：

(1)打开“可移动存储”。

(2)在控制台树中，单击“操作员请求”。

(3)在详细信息窗格中，右键单击适当的请求，然后执行下列操作之一：

①要完成该请求，请单击“完成”，然后在提示时执行该操作。

②要取消请求，请单击“拒绝”。

2. 对管理操作员请求和排队工作的操作

还可以对管理操作员请求和排队工作执行以下操作：

(1)更改操作员请求的显示方式；

(2)删除操作员请求；

(3)取消工作队列中的挂起操作；

(4)更改工作队列中的装入顺序。

11.5.5 管理可移动存储的安全性

1. 更改“可移动存储”的用户权限

具体操作步骤如下：

(1)打开“可移动存储”。

(2)在控制台树中，右键单击要更改其用户权限的特定项目，再单击“属性”。

(3)在“属性”对话框中，单击“安全”选项卡，如图 11－19 所示。

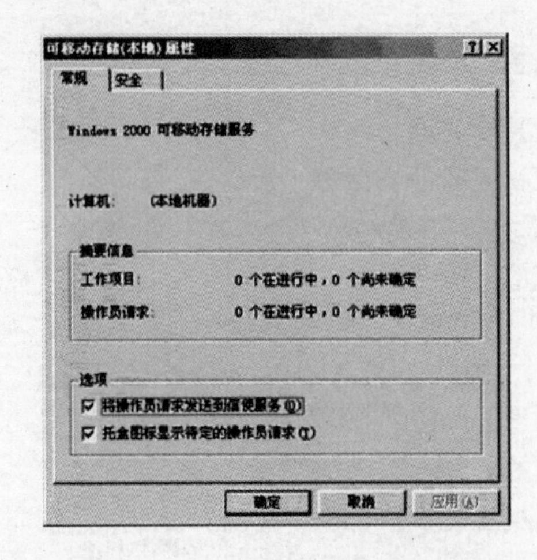

图 11－19 可移动存储属性设置

(4)单击想要更改权限的用户或组的名称,然后执行下列操作之一:

①要更改特定的权限,请选中或清除每个三级访问权限的“允许”或“拒绝”复选框:“使用”、“修改”和“控制”。

②要拒绝所有权限,请单击“删除”。

2. 添加访问“可移动存储”的用户

具体操作步骤如下:

(1)打开“可移动存储”。

(2)在控制台树中,右键单击要添加访问用户的特定项目,然后单击“属性”,如图11－20所示。

(3)在“安全”选项卡上,单击“添加”。

(4)在“选择用户、计算机或组”对话框的“名称”中,单击适当的用户或组,再单击“添加”,然后单击“确定”。

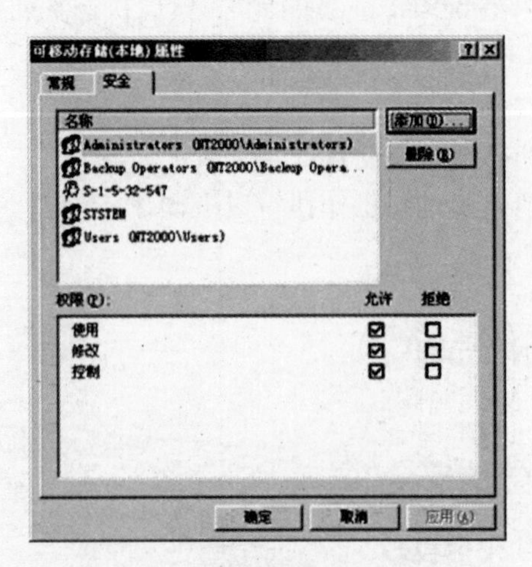

图 11－20 访问用户的特定项目

(5)单击刚刚添加的用户或组名,然后执行以下任一项操作:

①要更改特定的访问权限,请选中或清除每个三级访问权限的“允许”或“拒绝”复选框:“使用”、“修改”和“控制”。

②要拒绝所有访问权限,请单击“删除”。

习题十一

一、填空题

1. 磁盘管理程序是用于管理它们所包含的硬磁盘和____________,或者分区的系统实用程序。

2. 在计算机上添加新的磁盘时,用户需要在创建卷或分区之前做____________操作。

3. Windows 2000 支持____________文件系统、文件分配表 FAT 和 FAT32。

4. 用户想在磁盘上创建简单卷或计划与其他磁盘共享磁盘以创建跨区卷、带区卷、镜像卷或 RAID-5 卷,应使用____________存储区。

5. 启用磁盘配额时,可以设置的两个值是________________________。

6. 在 NTFS 文件系统中,卷使用____________存储,而不是按用户账户名称存储。

7. 在“磁盘管理”中,____________卷和____________卷是容错的。

8. ____________功能使用户不需要添加更多硬盘就能轻松扩充服务器计算机的磁盘空间。

9. 如果想使用“可移动存储”,应在 Windows 2000 操作系统中的____________功能内开始启动。

10. 欲创建磁盘镜像需运行“管理工具”中的____________。

二、简答题

1. 使用磁盘配额的意义是什么?

2. “远程存储”有什么作用?

3. 什么是媒体池?

4. 可以使用“可移动存储”管理单元执行的任务有哪些?

三、上机操作题

1. 用“磁盘管理控制台”功能看一下用户使用计算机的相关信息。

2. 使用“磁盘配额”功能在计算机上建立一个新的配额项目。

3. 配置和测试计算机上的 UPS 服务。

4. 在计算机建立一个新的“媒体池”。

第12章　高级管理

Windows 2000 Server 具有很多的高级管理应用,本章介绍其中的几种。

12.1　组策略

12.1.1　组策略概述

在 Windows 2000 环境中,组策略设置定义了系统管理员需要管理的用户桌面环境的多种组件,例如,用户可用的程序、用户桌面上出现的程序以及“开始”菜单选项。使用组策略管理单元,可以为特定用户组创建特定的桌面配置。所指定的组策略设置包含在组策略对象中,而组策略对象又和所选择的站点、域或组织单位的 Active Directory 对象相关联。组策略包括影响用户的“用户配置”和影响计算机的“计算机配置”(如图 12-1)。

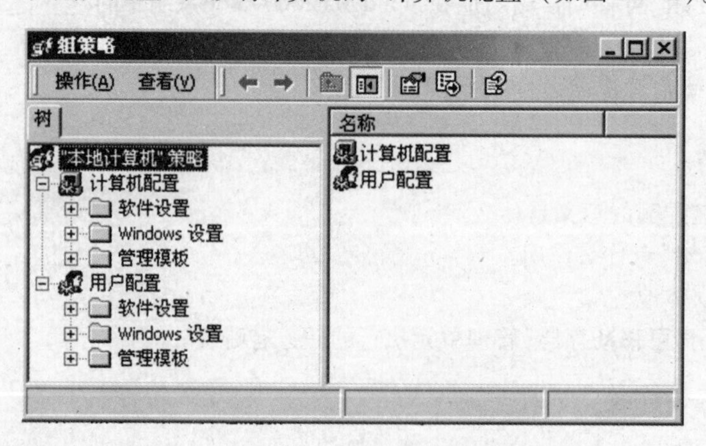

图 12-1　组策略控制台

1. 组策略及其扩展的作用

利用组策略及其扩展,可以完成如下任务:

(1)通过管理模板管理基于注册表的策略。组策略创建包含注册表设置的文件,这些注册表设置被写入到注册表数据库的“用户或本地计算机”部分。登录到给定的工作站或服务器用户特定的用户配置文件写在注册表的 HKEY_CURRENT_USER(HKCU)下,而计算机特定设置写在 HKEY_LOCAL_MACHINE(HKLM)下。

(2)“指派脚本”(例如启动或关机,登录和注销)。

(3)重定向文件夹从本地计算机上的“Documents and Settings”文件夹到网络位置。

(4)管理应用程序(分配、发布、更新或者修复)。为此,用户可以使用软件安装扩展。

(5)指定安全选项有关安全组选项的设置,请参阅安全设置联机帮助。

2. 策略应用顺序

策略按如下顺序应用:

(1)唯一的本地组策略对象。

(2)站点组策略对象,按照行政管理指定的顺序。

(3)域组策略对象,按照行政管理指定的顺序。

(4)对于组织单位组策略对象,按照从大组织单位到小的组织单位顺序(从父组织单位到子组织单位),而在每个组织单位级别中,则按照行政管理指定的顺序。

(5)默认情况下,这些策略不一致时,后应用的策略将覆盖以前应用的策略。但是,如果这些设置不一致,前后策略都将作为有效策略。

12.1.2 用户配置

不管用户登录到哪一台计算机上,组策略中的"用户配置"节点都将设置适用于用户的策略。"用户配置"通常包含软件设置、Windows 设置和管理模板三个子节点,但由于组策略可向它添加或删除管理单元扩展组件,因此子节点的确切数目可能不同。

(1)"软件设置"(\User Configuration\Software Settings)是无论用户登录到哪台计算机上都适用的软件设置。该节点带有"软件安装"子节点,也可能有独立软件供应商放置的其他子节点。

(2)"Windows 设置"(\User Configuration\Windows Settings)不管用户登录到哪台计算机都适用于用户。这个节点有三个子节点:文件夹重定向、安全设置和脚本。

(3)"管理模板"包括所有基于注册表的策略信息,用户配置保存在 HKEY_CURRENT_USER(HKCU)中。组策略的管理模板扩展件将信息保存在 Registry. pol 文件中,该文件包含指定 HKEY_CURRENT_USER 注册表项的设置,该文件存储在 GPT\User 子目录中。其中软件策略设置包括用于程序、Windows 2000 操作系统及其组件的组策略。用户配置如图 12-2。

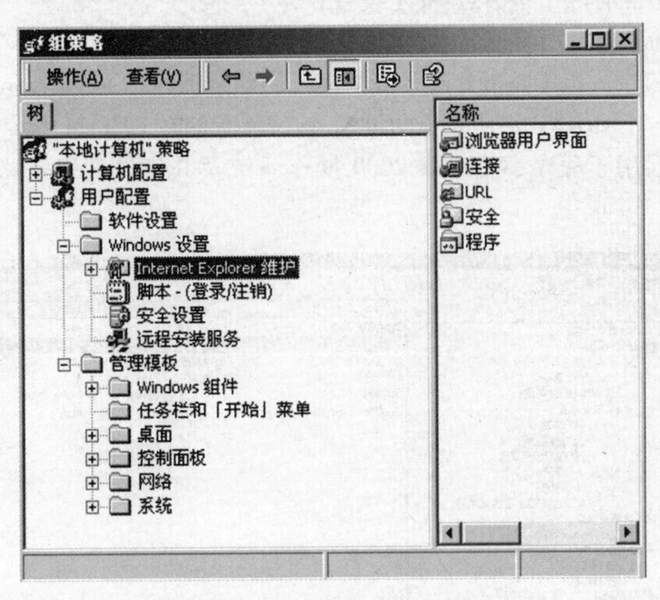

图 12-2 组策略用户配置控制台

例如,用户要实现无论登录任何计算机登录用户的浏览器标题统一设置成"博学慎思,参天尽物”，则在如图 12－2 的左侧窗口中点击“浏览器用户界面”，将弹出如图 12－3 窗口，在其中输入相应文字，点击“确定”按钮。

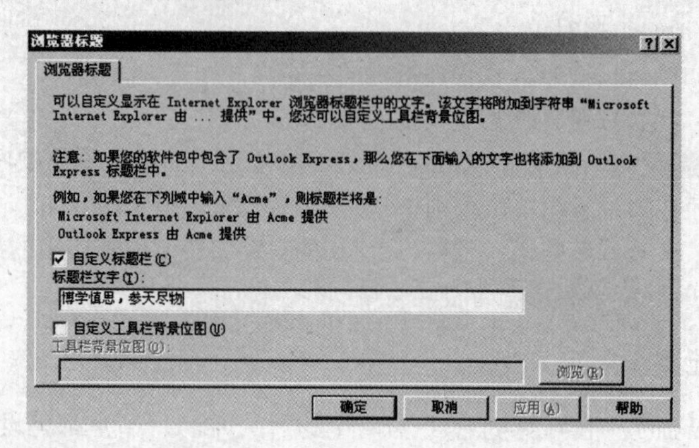

图 12－3　浏览器标题统一设置窗口

12.1.3　计算机配置

无论谁登录到计算机，管理员都使用组策略中的“计算机配置”节点设置应用于计算机的策略。典型的计算机配置包括三个子节点：软件设置、Windows 设置和管理模板。但是，由于组策略可以从中添加或删除扩展名，因此子节点的准确设置可能不同。

（1）“软件设置”（\Computer Configuration\Software Settings\）是适用于登录该计算机的所有用户的软件设置。该节点带有“软件安装”子节点，也可能有独立软件供应商放置的其他子节点。

（2）“Windows 设置”（\Computer Configuration\Windows Settings）适用于登录到该计算机的所有用户。该节点有两个子节点：安全设置和脚本。

（3）“管理模板”包括所有基于注册表的策略信息，计算机配置保存在 HKEY_LOCAL_MACHINE（HKLM）中。组策略的管理模板扩展件将信息保存在 Registry. pol 文件中，包含用于 HKEY_LOCAL_MACHINE 注册表项的设置，该文件存储在 GPT\Machine 文件夹中。其中软件策略设置包括用于程序、Windows 2000 操作系统及其组件的组策略。用户配置如图 12－4 所示。

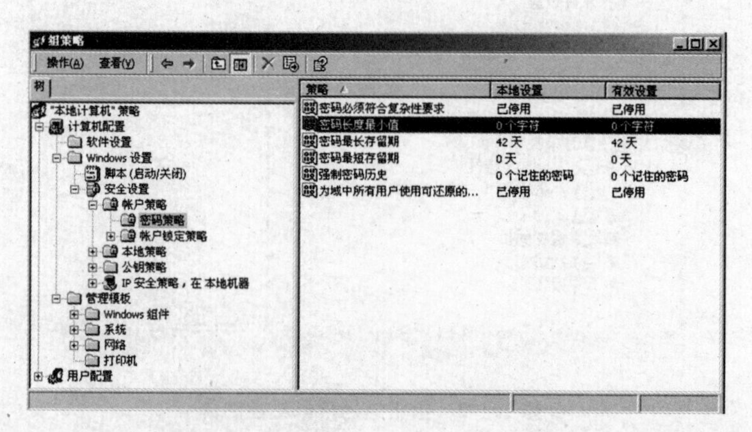

图 12－4　组策略计算机配置控制台

例如,我们要实现任何登录该计算机的用户其密码至少10个字符以上,则在如图12-4的左侧窗口中点击“密码长度最小值”,将弹出如图12-5的窗口,在其中输入密码最小长度值,点击“确定”按钮。

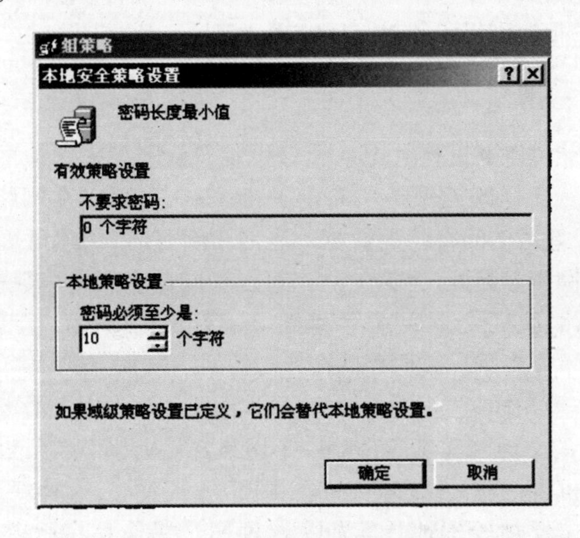

图12-5 组策略密码设置窗口

12.2 智能镜像

智能镜像(Intellmirror)是Windows 2000 Sever桌面更改和配置管理技术所固有的一组强大的功能。智能镜像将集中计算的优点和分布式计算的性能及灵活性结合起来。

12.2.1 智能镜像概述

所谓镜像就是卷的副本,卷的每个副本都驻留在磁盘上,如果一个镜像不可用,我们可以用另一个镜像来访问卷中的数据。

智能镜像是一组用于改变和配置管理的功能总称,其功能强大,可以同时发挥服务器与客户机的作用,综合了中央计算与分布计算的特点。其目的是可以使每个用户的数据和设置跟随用户,以后可以在任何地方登录后使用自己的桌面。

为了降低成本,系统管理员需要最高级别的控制权,从而可以完全控制所有的系统。智能镜像就可以提供对运行Windows 2000 Professional客户端系统的控制权。我们可以使用智能镜像按照各个用户的职务、组成员身份和位置为用户定义一些策略,使用这些策略,用户每次不论其在何处登录网络,都可将Windows 2000 Professional桌面自动重新配置为符合该用户特定需求的系统。Windows 2000 server改变和配置管理由智能镜像和远程操作系统安装服务组成。智能镜像有四种核心功能:

(1)远程安装服务:Windows 2000 server可以为整个企业的计算机完成远程安装操作系统。除采用了上述相同的技术外,还采用了漫游用户配置文件技术。

(2)软件安装和维护:智能镜像支持管理软件的安装、修复等。也采用了活动目录等技术。

(3)用户数据管理:智能镜像支持用户数据镜像到所选定的网络数据的本地缓冲中,采用了活动目录、组策略、脱机文件夹、同步更新磁盘配额等新技术。

(4)用户设置管理:Windows 2000 Server 允许系统管理员为用户和计算机定义环境设置。

依据环境的需求,智能镜像功能既可单独使用,也可一同使用。这样无论用户使用哪台计算机工作,都可以为他们提供一致可靠的系统。

12.2.2 用户数据管理

用户数据管理功能可以通过将数据从计算机镜像到网络来保护重要的工作,使个人和网络管理员从中受益。这样既能保护所有的关键工作,又可以在网络中任何安装有 Windows 2000 的计算机上登录访问自己的数据。当网络断开时,仍然可以工作,可以在与网络再次连接时保持数据同步。因此,无论怎样都可以访问数据。用户数据管理特性功能使用 Active Directory、组策略、脱机文件、同步管理器、磁盘配额、漫游用户配置文件等技术。

由于智能镜像技术能将用户数据存储在特定的网络位置,并使用了组策略技术,因此对于用户而言,就像在本地一样,这就是所谓的"数据跟随用户",其操作步骤是:首先将用户本机的文件夹(比如"我的文档")重新定向到一个网络文件夹,然后将该网络文件夹设置为脱机使用。当用户在本机将一般文件存入"我的文档"文件夹时,这种保存操作是在网络文件夹中进行的,并且同步反馈给本地计算机。这种同步操作是在后台进行的,并且对用户透明。

12.2.3 软件安装和维护

软件安装和维护的功能允许管理员使用智能镜像的软件安装和维护功能在服务器上安装和维护计算机上的应用程序,并将应用程序发布到计算机和用户。使用该方法管理软件时,如果有任何应用程序需要更新,可从服务器上对其进行所有操作,用户下次登录网络时,将自动在本机安装应用程序或进行更新。智能镜像的软件安装和维护功能使用 Active Directory、组策略、Windows 安装服务等技术。

需要安装的应用程序跟随用户或计算机,使同样的应用程序对用户登录的所有计算机都有效。从用户角度看,根据选择的方法不同,安装软件时不需要复杂的安装或配置过程。将应用程序指派给用户后,用户下一次登录到工作站时,应用程序被公布给该用户。应用程序的公布始终跟随着该用户,而不管他实际使用的是哪台物理计算机。该应用程序将在以下三种情况下安装:用户第一次在这台计算机上激活应用程序时;在"开始"菜单上选择该应用程序时;启动与应用程序相关联的文档时。

12.2.4 用户设置管理

智能镜像的用户设置管理功能是为保存用户的桌面喜好和系统设置而提供的,与用户文档管理及软件安装和维护相同的基本功能。也就是说无论用户登录到网络上的哪台计算机,都将保持自己的喜好和设置不变,还允许管理员代表单位定义设置,并强制执行这些设置。智能镜像的用户和计算机设置管理特性功能使用 Active Directory、组策略、脱机文件、漫游用户配置文件等技术。

与用户数据一样,用户设置可以跟随用户而不管用户在何处登录。管理员可以利用设置定制来控制用户的计算机环境。可以授予和拒绝以后具有定制自己计算机环境的能力。这些设置可以应用于用户和计算机。

12.2.5 远程安装服务

Windows 2000 远程安装服务功能简化了在全单位范围内的所有计算机上安装操作系统这一任务。它提供了在初始启动过程中计算机连接到网络服务器的机制，并允许服务器控制 Windows 2000 专业版的本地安装。这既可以用于在新的计算机上安装正确的操作系统配置，也可以将失败的计算机还原到已知的操作系统配置。利用远程安装服务，可以远程设置新用户机。要特别指出的是可以利用计算机与网络连接，打开有效用户账户注册等方法在远程启动激活的客户机上安装操作系统。远程安装服务使用 Active Directory、组策略、远程安装服务等技术。

远程安装服务和智能镜像是 Windows 2000 Server 新配置管理特性。通过将远程安装服务与智能镜像中的用户和文档设置、软件安装、组策略进行组合，用户将从中受益。

12.3 远程管理

12.3.1 远程管理概述

依据不同的手段和方式，远程管理的模式和内容也不尽相同，Windows 2000 主要有以下几个方面的远程管理方式与手段：

(1)通过终端服务远程管理

此种管理方式使用终端服务，可以从网络的任何地方以远程登录的方式管理 Windows 2000 系统，而不是仅限于在本地服务器上工作，但是在执行此任务时，需要网络连接速度大于等于 28.8 Kb/s。

(2)通过管理工具远程管理

使用 Windows 2000 管理工具，可以从运行 Windows 2000 的计算机上远程管理服务器。这套管理工具包含在 Windows 2000 Server 光盘中。

(3)远程安装服务

管理模式使安装多个客户机变得非常简单。它利用远程安装服务，可在任何能远程启动的客户端上远程安装 Windows 2000 Professional。

(4)通过 Microsoft Management Console 组织和委派任务

此管理模式可以通过控制台(MMC)在统一的界面内组织需要的管理工具和程序，也可以通过为一些任务创建预配置的 MMC 控制台，将它们委派给指定的用户。该控制台将为用户提供我们预先选中的一些工具。

(5)使用 Windows 脚本宿主编写脚本

我们可以使用 Windows 脚本宿主(WSH)，自动完成连接或与网络服务器断开连接等操作。WSH 与语言无关，可以用一般的脚本语言，例如 Visual Basic(R) Scripting Edition 和 Jscript 来编写脚本。

下面我们重点讲解远程安装服务。

12.3.2 远程安装服务概述

使用远程安装服务，用户不用物理地访问每一台客户机即可设置新的客户机。特别是，用户可以在允许远程引导的客户机上安装操作系统。具体方法是将计算机连接到网络，然后启动客户机,用有效的用户账户登录。

远程安装服务和 IntelliMirror 是 Windows 2000 服务器中新变化和配置的管理功能。通过远程安装服务与其他 IntelliMirror 功能(如用户文档和设置、软件安装及组策略)的结合,每个单位都会从改进的灾难性恢复、更简便的操作系统和应用程序管理中受益,其结果直接导致所需的技术支持服务减少。

远程安装服务的使用对服务器、客户机和网卡有一定的系统要求。

(1)服务器的硬件

①拥有奔腾或奔腾 II 200 MHz 或更快处理器(最低是奔腾 166)的个人计算机。

②推荐最少使用 256 MB 内存(支持的内存数最少 128 MB、最大 4 GB)。

③远程安装服务的服务器文件夹目录树需要 2 GB 的磁盘驱动器。

④10 Mb/s 或 100 Mb/s 的网卡(建议使用 100 Mb/s)。

⑤CD-ROM 驱动器。

(2)客户机硬件要求

①奔腾 166 MHz 或者更快的网络 PC 客户机。

②至少 32 MB RAM,建议使用 64 MB。

③一个 800 MB 的硬盘驱动器。

④基于版本.99c 或更高版本引导 ROM 的 PXE DHCP。

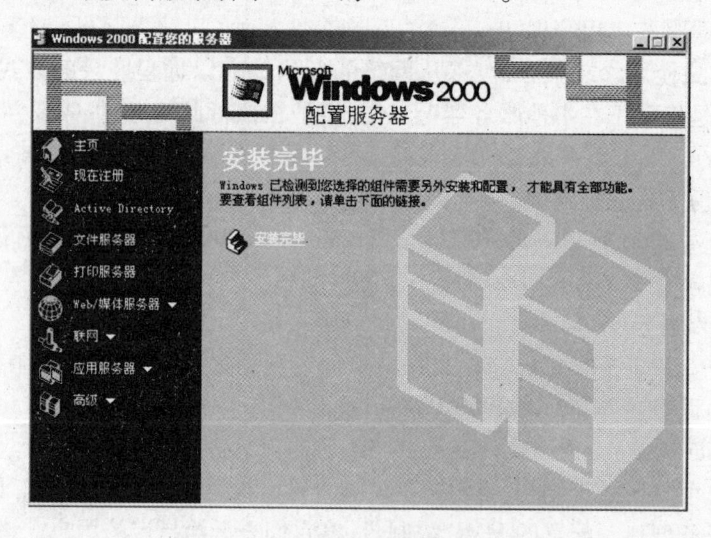

图 12-6　服务器配置窗口

12.3.3　远程安装服务

在安装远程安装服务时,具体操作步骤如下:

(1)在“开始”菜单中,选择“程序”→“管理工具”→“配置服务器”,弹出服务器配置窗口(如图 12-6)。

(2)点击“安装完毕”,在弹出对话框中选择“配置远程安装服务”(如图 12-7)。

(3)点击配置,弹出远程安装服务安装向导,然后按照系统远程安装服务安装向导的提示安装完成就可以了。

在“远程安装服务安装向导”中,系统将会提示我们输入如下信息:

①Windows 2000 Professional 的源路径——输入 Windows 2000 Professional 文件的位置，可以是包含安装文件的 Windows 2000 Professional 光盘或共享网络。

②远程安装服务驱动器和目录——输入我们希望安装远程安装服务的驱动器和目录位置。

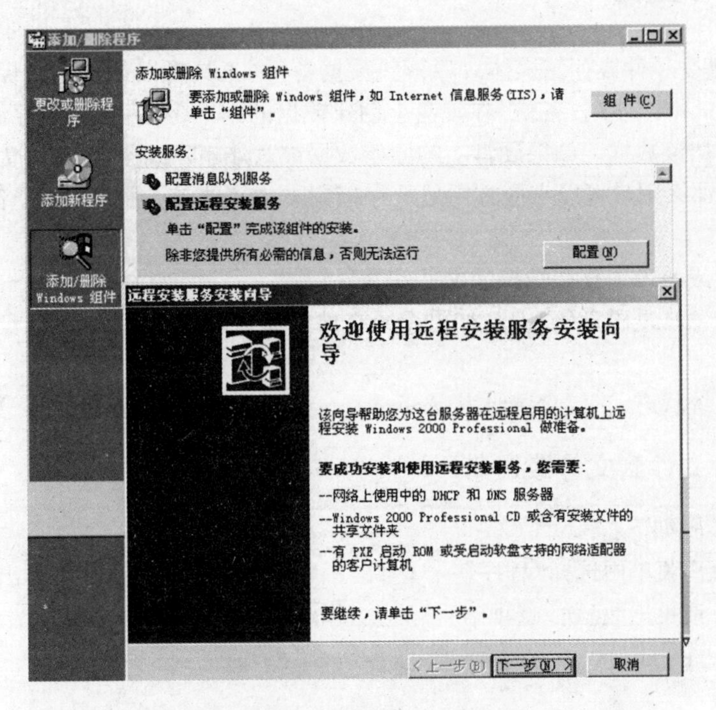

图 12-7 配置远程安装服务窗口

12.3.4 远程管理服务器

远程管理服务的项目很多，使用 Windows 2000 Server 光盘上的 Windows 2000 管理工具，用户可以从运行 Windows 2000 的任何计算机上远程管理服务器。Windows 2000 管理工具包含 Microsoft 管理控制台的管理单元和用于管理运行 Windows 2000 Server 的计算机的其他管理工具。

要在本地计算机上安装 Windows 2000 管理工具，则要打开相应的 Windows 2000 Server 光盘上的"I386"(或 Alpha)文件夹，然后双击 Adminpak. msi 文件。按照 Windows 2000 管理工具安装向导中的指示操作。安装 Windows 2000 管理工具之后，系统会把 Active Directory 域和信任、Active Directory 架构、Active Directory 站点和服务、Active Directory 用户和计算机、证书授权机构、群集管理器、连接管理器管理工具包、DHCP、分布式文件系统、DNS、Internet 验证服务、Internet 服务管理器、QoS 许可控制、远程引导盘生成程序(远程安装服务的一部分)、远程存储、路由和远程访问、电话服务、终端服务管理器、许可证和客户端连接管理器、WINS 等服务放入 Windows 2000 管理工具中的服务器管理工具列表中，我们可通过单击"开始"，指向"程序"，然后指向"管理工具"来访问服务器管理。

在 Windows 2000 Server 中，可以使用软件安装管理单元以两种方式将 Windows 2000 管理工具配置给单位中的其他计算机：

(1)将 Windows 2000 管理工具指派给其他计算机，它将自动安装在远程计算机上。

(2)在 Active Directory 中发布 Windows 2000 管理工具,在完成之后,管理员可在需要时使用远程计算机控制面板中的“添加/删除程序”进行安装。

12.4 数据备份

如果系统遭受硬件或存储媒体故障,则“数据备份”工具可以帮助用户保护数据免受意外的损失。例如,可以使用“备份”在硬盘上创建数据的副本,然后在其他存储设备(例如硬盘或磁带)上存档该数据。如果硬盘上的原始数据被意外删除或覆盖,或因为硬盘故障而不能访问该数据,那么用户可以十分方便地从存档副本中还原该数据。使用“备份”可以有以下多种形式:

(1)在硬盘或磁带上存档选择的文件和文件夹;

(2)创建紧急修复磁盘(ERD),如果系统文件损坏或意外被擦除,该磁盘可以帮助用户修复它们;

(3)备份系统状态,它包含注册表、Active Directory 数据库和“证书服务”数据库。

12.4.1 备份文件到文件或磁带

具体操作步骤如下:

(1)在“开始”菜单中选择“程序”→“附件”→“系统工具”→“备份”,弹出数据备份窗口(如图 12-8)。请单击“备份”选项卡,然后在“作业”菜单上,单击“新建”。

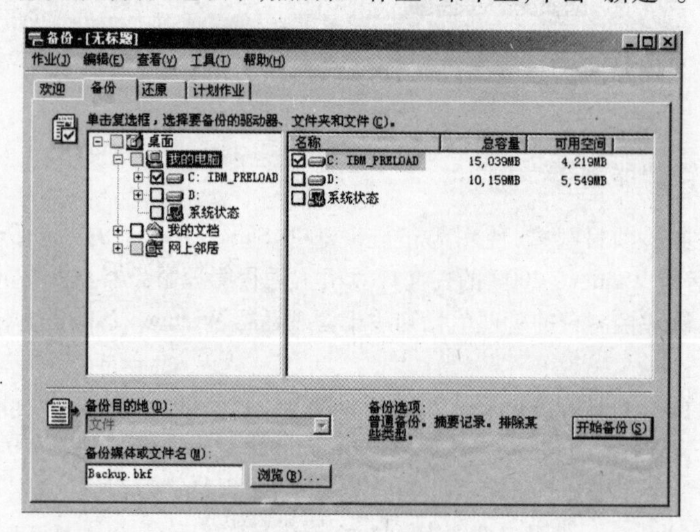

图 12-8 数据备份

(2)通过单击在“单击复选框,选择要备份的驱动器、文件夹和文件”中的文件或文件夹左边的复选框,选择要备份的文件或文件夹。

(3)在“备份目的地”中,执行以下操作之一:如果要将文件或文件夹备份到文件,请选择“文件”,计算机在默认情况下将选择它;如果要将文件或文件夹备份到磁带,请选择磁带设备。

(4)在“备份媒体或文件名”中,键入备份(.bkf)文件的路径和文件名,或者单击“浏览”按钮寻找文件;如果要将文件和文件夹备份到磁带,请选择要使用的磁带。

(5)单击“工具”菜单,然后单击“选项”,选择所有需要的备份选项,例如备份分类和日志文件类型。当完成选择备份选项后，请单击“确定”（如图 12－9）。

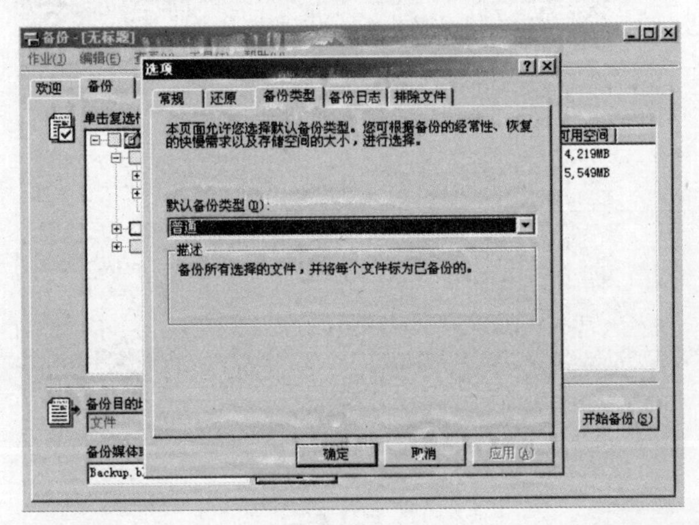

图 12－9 数据备份

(6)单击“开始备份”，弹出“备份作业信息”对话框，对所有要执行的操作进行修改。如果想要设置高级备份选项，例如数据验证或硬件压缩，请单击“高级”。完成设置高级备份选项后，请单击“确定”（如图 12－10），单击“开始备份”启动备份操作。

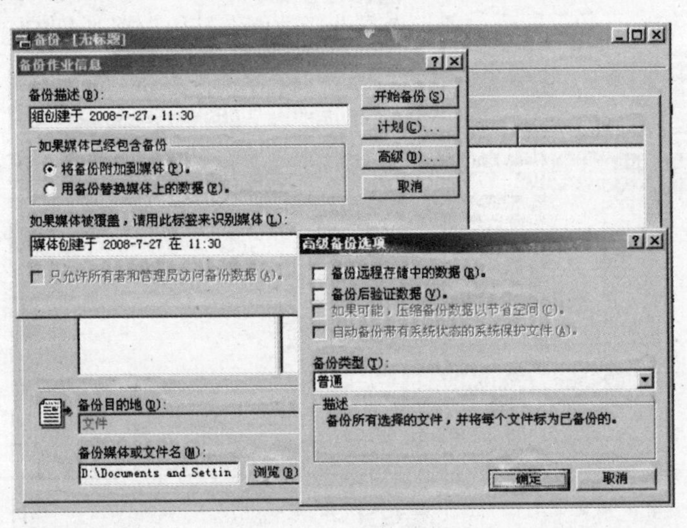

图 12－10 高级数据备份

12.4.2 创建紧急修复磁盘

创建紧急修复磁盘的方法如下：

(1)把一张 1.44 MB 的空白软盘插入软驱，作为创建紧急修复磁盘。

(2)在“系统工具”中单击“备份”，弹出数据备份窗口（如图 12－11），在“工具”菜单中，单击“创建一张紧急修复软盘”。

按屏幕指示操作就可以完成创建紧急修复磁盘的工作。

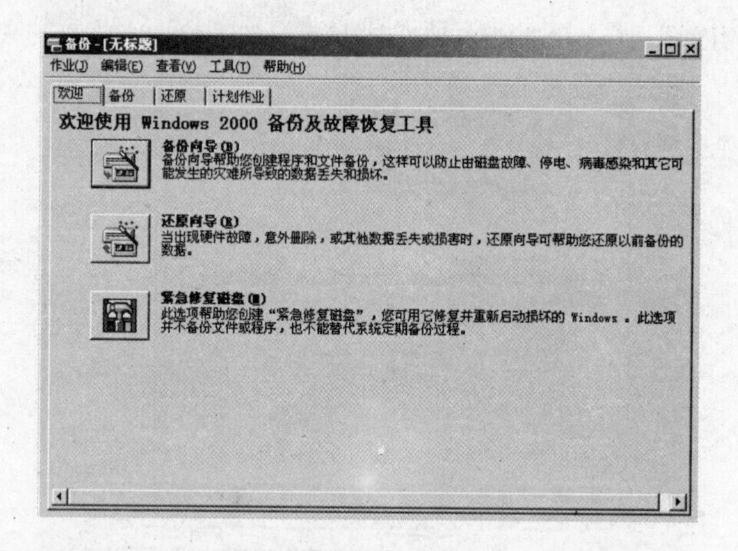

图 12－11　创建紧急修复磁盘

12.4.3　备份系统状态

在“系统工具”中单击“备份”，弹出数据备份窗口(如图 12－8)，单击“备份”选项卡，然后在“单击复选框，选择任何要备份的驱动器、文件夹或文件”中单击“系统状态”旁边的复选框。这将把系统状态数据同当前备份操作选择的所有其他数据一起备份(如图 12－12)。

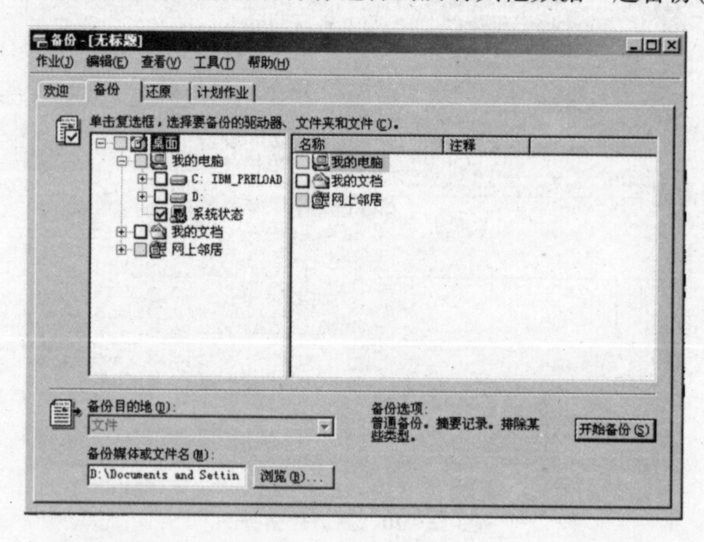

图 12－12　数据备份

此项操作要注意以下几点：

(1)只有管理员或备份操作员才可以备份文件和文件夹；

(2)只能备份本地计算机中的“系统状态”数据，不能备份远程计算机中的“系统状态”数据。

习题十二

一、填空题

1. 组策略包括影响用户的____________和影响计算机的____________。

2. "用户配置"通常包含____________、____________和____________三个子节点。

3. 用户数据管理特性功能使用____________、____________、____________、____________、____________、____________等技术。

二、简答题

1. 请简单描述组策略中的用户配置和计算机配置。

2. 什么是智能镜像?

3. Windows 2000 主要有几个方面的远程管理方式与手段?

三、上机操作题

1. 如何创建紧急修复磁盘?

2. 如何备份文件到文件或磁带?

3. 例如我们要实现无论登录任何计算机,登录用户的浏览器标题统一设置成"微软公司"。

第13章　系统安全

计算机网络的应用越来越广泛，随之而来的就是网络的安全问题，本章我们来详细地介绍 Windows 2000 Server 的安全管理。

实现计算机环境中的安全性有以下几个重要好处：

首先，好的安全系统可确认试图访问计算环境的个人身份。这样可以有效地防止冒名顶替者的访问、盗窃或者破坏系统资源，如敏感数据或实现关键任务的计算机程序。

其次，好的安全系统将保护环境中的特定资源免受用户的不正当访问。例如，通过实现系统的安全性，可以确保只有企业的管理人员才能访问雇员的薪金信息。

最后，好的安全系统为设置和维护用户工作环境中的安全性提供了一种简单而有效的方法。例如，可以设置能全面应用于用户所在环境中的所有用户的密码策略。

通过正确实施为特殊商业需要而设计的系统安全机制，用户可以创建一种计算环境，为用户提供顺利工作所需的全部信息和资源，同时防止信息和资源被损坏以及有人进行未授权访问。

13.1　身份验证

Windows 2000 安全模型的主要功能是用户身份验证和访问控制。

身份验证是系统安全性的一个基本方面，它负责确认试图登录域或访问网络资源的任何用户的身份。Windows 2000 的身份验证允许对整个网络资源进行单独登记，采用单独登记的方法，用户可以使用单个密码或智能卡一次登录到域，然后通过身份验证向域中的所有计算机表明身份。

1. 身份验证过程

在 Windows 2000 计算环境中成功的用户身份验证包括两个独立的过程：交互式登录向域账户或本地计算机确定用户的身份；网络身份验证对该用户试图访问的任何网络服务确定用户身份。

2. 身份验证类型

Windows 2000 支持几种工业标准的身份验证类型。验证用户身份时，Windows 2000 依据多种要素使用不同种类的身份验证。Windows 2000 支持的身份验证类型有：

(1) Kerberos V5 身份验证。对交互式登录使用密码或智能卡，这也是为系统服务提供的默认网络身份验证方法。

注：Kerberos 是希腊语的译音，是希腊神话中长了三个头的狼。

(2) 安全套接字层(SSL)和传输层安全性(TLS)的身份验证。这种验证在用户试图访问安全的 Web 服务器时使用。

(3)NTLM 身份验证。在客户端或服务器使用旧版本的 Windows 时使用。

3. 用智能卡进行身份验证

在计算机上安装智能卡阅读器的步骤如下:

(1)关闭系统并关闭计算机。

(2)根据购买的阅读器类型,将阅读器连接到可用的串口,或者将 PC 卡阅读器插入到可用的 PCMCIA II 型插槽中。

(3)重新启动计算机,并作为管理员登录。

(4)执行以下任意一项操作:

①如果 driver. cab(安装 Windows 2000 时安装在硬盘中)文件中提供了智能卡阅读器的设备驱动程序,那么无需用户提示就会进行驱动程序的安装,这可能需要几分钟。

②当工具栏上出现"拔出或弹出硬件"图标(如果以前没有),以及"拔出或弹出硬件"对话框的硬件设备列表中出现刚刚安装的阅读器时,可以确认安装成功了。

③如果智能卡阅读器的设备驱动程序不在 driver. cab 文件中,则会启动"添加/删除硬件向导",请根据指示来安装设备驱动程序。

注意:如果智能卡阅读器没有自动安装,或"添加/删除硬件向导"没有自动启动,用户的智能卡阅读器可能不兼容即插即用。用户应该与智能卡阅读器的制造商联系,以获取设备驱动程序及安装和配置设备的说明。

在使用"添加/删除硬件向导"安装智能卡阅读器时,可能需要智能卡阅读器制造商提供的包含设备驱动程序的媒体(例如 CD 或软盘),或者管理员可能会为用户提供网络共享,用户可以从中获得驱动程序。

安装完成后,用智能卡登录计算机。在出现 Windows 登录屏幕时,将智能卡插入智能卡阅读器。

当计算机提示时键入智能卡的个人识别码(PIN)。

注意:如果输入的 PIN 被识别为合法,将根据域管理员指派给用户的权限使之登录到计算机和 Windows 域。

如果连续几次输入的智能卡 PIN 都不正确,用户将无法用该智能卡登录到计算机。在锁住之前允许的无效登录尝试次数根据智能卡厂商的设置不同而不同,请与管理员联系进行更换。

管理员可以使用下列步骤部署智能卡,以便登录到 Windows,保护电子邮件以及其他公钥加密功能:

(1)使用"证书服务颁发机构(CA)"功能,这个功能在 Windows 2000 Server 的默认安装过程中是不安装的,要使用这个功能,需要单独安装,安装过程如下:

点击"开始"→"设置"→"控制面板",选择"添加/删除程序",打开"添加/删除程序"窗口,在其中选择"添加/删除 Windows 组件",在"Windows 组件向导"中选择"证书服务"后,点击"详细信息",在弹出的"证书服务"窗口中选中"证书服务颁发机构(CA)"复选框,按向导安装即可,如图 13 -1 所示。

(2)安装完成后,用管理员权限单击"开始",指向"程序",指向"管理工具",然后单击"证书颁发机构",打开"证书服务颁发机构(CA)"。

(3)确认在智能卡登录、智能卡用户和注册代理等证书模板上设置了正确的安全权限。

(4)如果要颁发只能用于通过智能卡进行 Windows 登录的证书,在控制台树中,单击"策略设置",在"操作"菜单上,指向"新建",然后单击"颁发证书",单击"智能卡登录"证书模板,再单击"确定"。

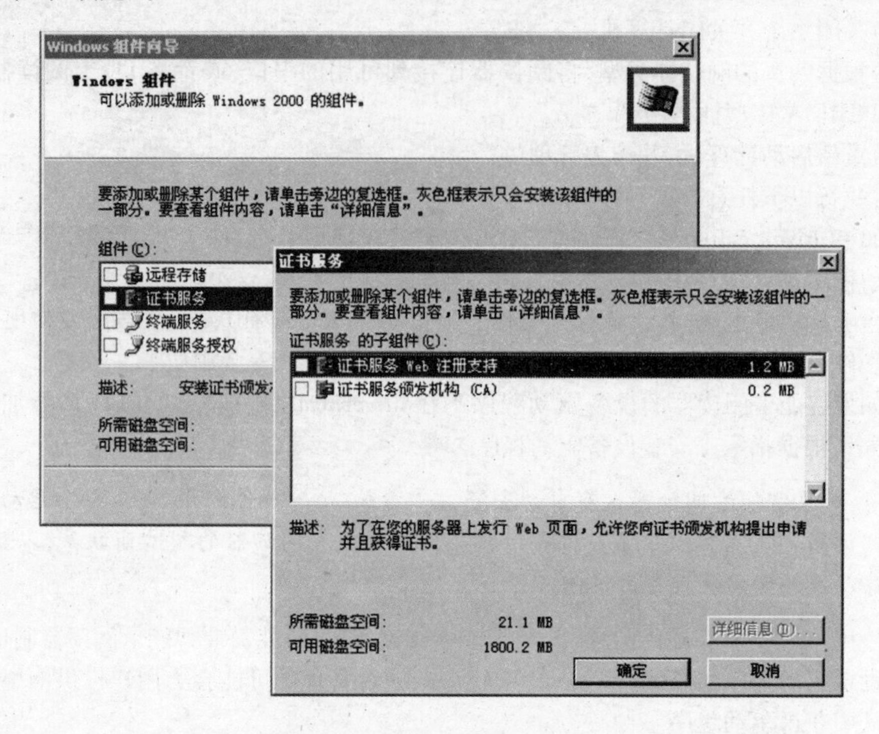

图 13-1 安装"证书服务"窗口

(5)如果要颁发可用于安全电子邮件和通过智能卡的 Windows 登录的证书,在控制台树中单击"策略设置",在"操作"菜单上,指向"新建",然后单击"颁发证书",单击"智能卡用户"证书模板,再单击"确定"。

13.2 访问控制

访问控制是对访问网络上对象的用户和组进行身份验证的过程。建立访问控制的重要概念由以下部分描述:

(1)对象的所有权

当对象创建时,Windows 2000 为对象指定所有者,所有者被默认为对象的创建者。

(2)附加到对象的权限

访问控制的主要意义是权限或访问权力,权限允许或拒绝用户或组进行特定操作。权限主要由安全描述符实现,安全描述符还定义了审核和所有权。文件的读权限就是附加在对象中的权限的一个典型例子。

(3)权限的继承

Windows 2000 提供了使管理员轻松指派权限和管理权限的功能。这一功能被称为继承,它自动使容器内的对象继承该容器的权限。例如,文件夹中的文件,一经创建就继承了文件夹的权限。

(4)对象管理者

如果用户需要更改个别对象的权限，只要启动适当的工具和更改对象的属性即可。例如，要更改文件的权限，可以启动 Windows 资源管理器，用鼠标右键单击文件名，然后单击“属性”，可以使用此对话框更改文件的权限。

（5）对象审核

Windows 2000 允许审核用户对对象的访问。可以使用事件查看器在安全日志中查看这些与安全相关的事件。

13.2.1 安全描述符

网络的每个容器和对象都附加有一组访问控制信息。安全描述符控制用户和组所允许的访问类型。创建容器或对象时，Windows 2000 将自动创建安全描述符。带有安全描述符的对象的典型范例就是文件。

13.2.2 所有权

每个对象（无论是在 Active Directory 中还是在 NTFS 卷中）都有所有者，所有者控制如何设置对象的权限以及将权限授予谁。

对象一经创建，创建对象的人将自动成为其所有者。管理员将创建并拥有 Active Directory 中和网络服务器上（在服务器上安装程序时）的多数对象。用户将在其主目录和网络服务器上创建和拥有数据文件。

所有权可以用以下方式转换：

（1）当前所有者可以授予其他用户“获得所有权”权限，允许这些用户在任何时候取得所有权。

（2）管理员可以获得其管理级控制下的任何对象的所有权。例如，如果员工突然离开公司，管理员可以控制该员工的文件。

（3）尽管管理员可以取得所有权，但是管理员不能将所有权转让给其他人。此限制可以让管理员对其操作负责任。

13.2.3 权限

权限定义了授予用户或组对某个对象或对象属性的访问类型。例如，财务组可以被授予对 payroll. dat 文件的读取、写入和删除权限。

附加到对象的权限取决于对象的类型。例如，附加给文件的权限与附加给注册表的权限不同。

但是，某些权限对于所有类型的对象都是公用的。这些公用权限有：

（1）读取权限；

（2）修改权限；

（3）更改所有者；

（4）删除。

1. 设置、查看、更改或删除文件和文件夹权限

具体操作步骤如下：

（1）打开“Windows 资源管理器”，然后定位到用户要设置权限的文件和文件夹。

（2）右键单击该文件或文件夹，单击“属性”，然后单击“安全”选项卡，如图 13－2 所示。

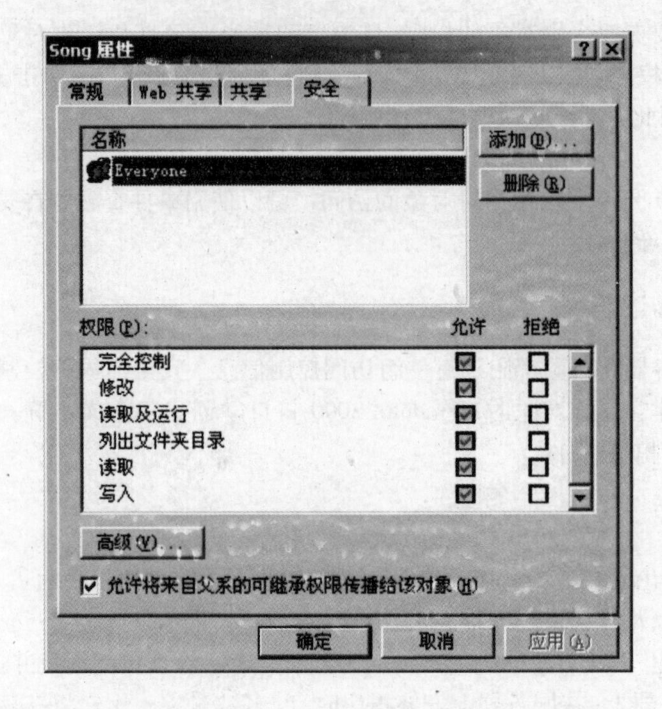

图 13－2 “安全”选项卡

(3)执行以下任一项操作:

①要设置新组或用户的权限,请单击“添加”,按照域名\名称的格式键入要设置权限的组或用户的名称,然后单击“确定”关闭对话框;

②要更改或删除现有的组或用户的权限,请单击该组或用户的名称。

(4)如果有必要,请在“权限”中单击每个要允许或拒绝的权限的“允许”或“拒绝”。若要从权限列表中删除组或用户,请单击“删除”。

注意:(1)只能在格式化为使用 NTFS 的驱动器上设置文件和文件夹权限。

(2)要更改访问权限,用户必须是所有者或已经由所有者授权执行该操作。

(3)无论保护文件和子文件夹的权限如何,被准许对文件夹进行完全控制的组或用户都可以删除该文件夹内的任何文件和子文件夹。

(4)如果“权限”下的复选框为灰色,或者没有“删除”按钮,则文件或文件夹已经继承了父文件夹的权限。

2. 设置、查看或删除共享文件夹或驱动器的权限

具体操作步骤如下:

(1)打开“Windows 资源管理器”,然后定位到要设置权限的共享文件夹或驱动器。

(2)右键单击共享文件夹或驱动器,然后单击“共享”。

(3)在“共享”选项卡上,单击“权限”。

(4)要设置共享文件夹权限,请单击“添加”,键入要设置权限的组或用户的名称,然后单击“确定”关闭对话框。要删除权限,请在“名称”中选择组或用户,然后单击“删除”。

(5)在“权限”中,如果需要,请对每个权限单击“允许”或“拒绝”,如图 13－3 所示。

注意:要共享文件夹和驱动器,必须以管理员、服务器操作员、有权限的用户或用户组的成员的身份登录。

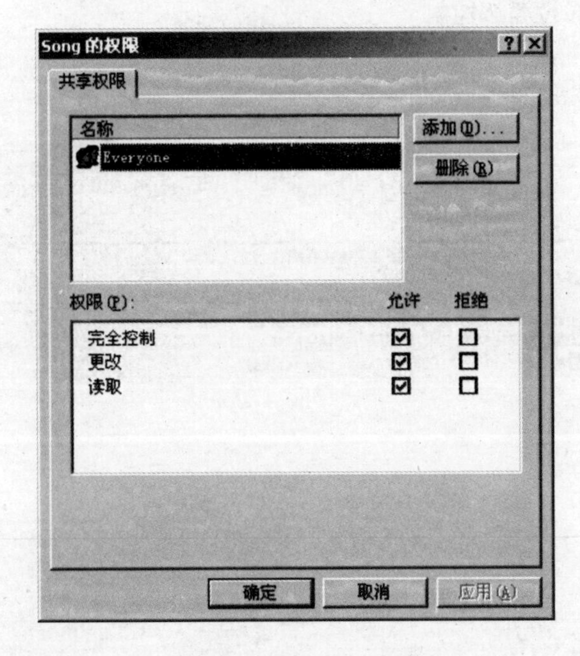

图13-3 “权限”对话框

共享文件夹权限应用于该共享文件夹中的所有文件和子文件夹,并且仅当通过网络访问该文件夹或文件时才有效。当在本地打开该文件夹或文件时,共享文件夹权限不起保护作用。要保护本地计算机上的文件或文件夹,请使用NTFS权限,该权限包括共享文件夹权限以外的其他权限。

无论驱动器格式化为使用NTFS,FAT还是FAT32文件系统,其上的文件夹都可以设置共享文件夹权限。注意,不能更改根目录(如C$)的权限。用户可以使用“共享文件夹”管理单元来创建和管理共享文件夹,查看通过网络连接到共享文件夹的所有用户的列表;还可以断开其中的一个或全部用户,以及查看远程用户打开的文件的列表及关闭一个或全部打开的文件;还可以更改远程计算机上共享文件夹的权限。

3. 取得文件或文件夹的所有权

具体操作步骤如下:

(1)打开“Windows资源管理器”,然后定位到要取得其所有权的文件或文件夹。

(2)右键单击该文件或文件夹,单击“属性”,然后单击“安全”选项卡。

(3)单击“高级”,然后单击“所有者”选项卡,如图13-4所示。

(4)单击新的所有者,然后单击“确定”。

注意:选中“替换子容器和对象的所有者”复选框,可以更改目录树中所有子容器和对象的所有者。

可以两种方式转让所有权:

(1)当前所有者可以授予其他人“取得所有权”权限,允许这些用户在任何时候取得所有权;

(2)管理员可以获得计算机中任何文件的所有权,但不能将所有权转让给其他人,该限制可以约束管理员的权力。

4. 对子域或组织单位委派控制

具体操作步骤如下：

(1)打开 Active Directory 用户和计算机。

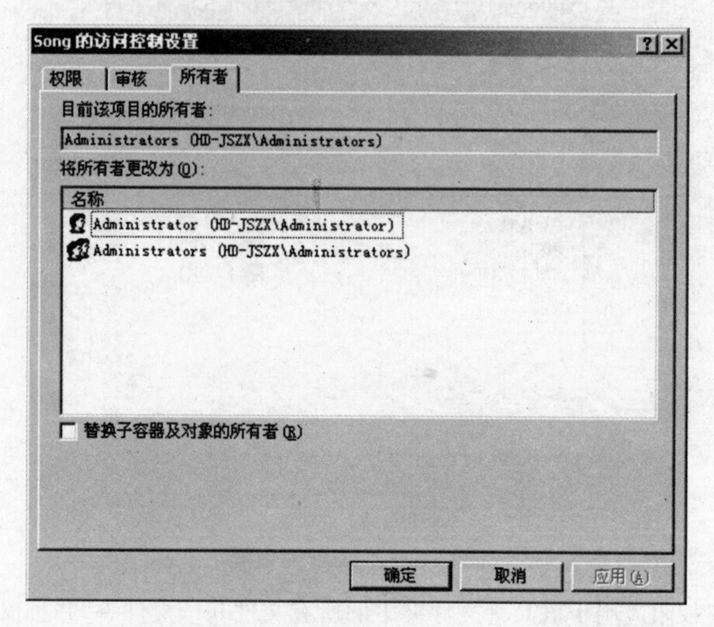

图 13－4　访问控制设置“所有者”选项卡

(2)在控制台树中，展开域对象以显示子域或组织单位。

(3)右键单击要委派管理的子域或组织单位，然后单击“委派控制”。

(4)完成控制委派向导中的步骤。

13.3　审核

13.3.1　审核

安全审核是 Windows 2000 的一项功能，负责监视各种与安全性有关的事件。监视系统事件对于检测入侵者以及危及系统数据安全性的尝试是非常必要的，失败的登录尝试就是一个应该被审核的事件的范例。

应该被审核的最普通的事件类型包括：

(1)访问对象，例如文件和文件夹；

(2)用户和组账户的管理；

(3)用户登录以及从系统注销。

除了审核与安全性有关的事件，Windows 2000 还生成安全日志并提供查看日志中所报告的安全事件的方法。

Windows 2000 的审核功能会生成一个审核指针来帮助用户追踪发生在系统上的所有安全管理事件。例如，如果系统管理员将审核策略更改为不再审核失败的登录尝试，那么审核指针将显示这一事件。

13.3.2 审核安全事件

建立审核的跟踪记录是安全性的重要内容。监视对象的创建和修改为用户提供了追踪潜在安全性问题的方法,帮助用户确保用户账户的可用性并在可能出现安全性破坏事件时提供证据。

对系统执行与安全性相关的审核有三个主要步骤:

(1)必须打开要审核的事件类别。用户登录注销和账户管理就是事件类别的典型例子。选定的事件类别组成了审核策略。第一次安装 Windows 2000 时,没有选中任何类别,也就没有强制的审核策略。在"计算机管理"中列出了可以审核的事件类别。

(2)必须设置安全日志的大小和行为。

(3)如果用户已经选择了审核目录服务访问类别或审核对象访问类别,则必须确定要监视访问的对象,并相应地修改其安全描述符。例如,如果要审核用户为打开特定文件所做的尝试,可以针对特定事件在该文件上直接设置成功或失败属性。

13.3.3 设置、查看、更改或删除文件或文件夹的审核

设置、查看、更改或删除文件或文件夹的审核方法如下:

(1)打开 Windows 资源管理器,然后定位到想要审核的文件或文件夹。

(2)右键单击该文件或文件夹,单击"属性",然后单击"安全"选项卡。

(3)单击"高级",然后单击"审核"选项卡,如图 13-5 所示。

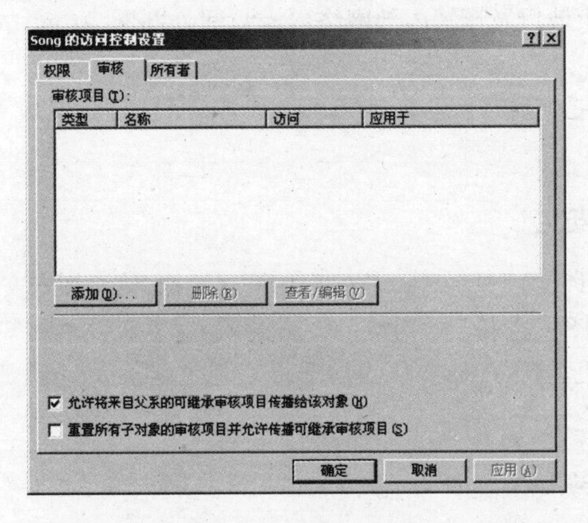

图 13-5 "审核"选项卡

打开"审核"选项卡后可执行以下任一项操作:

①要设置新组或用户的审核,请单击"添加",在"名称"中键入新的用户名,然后单击"确定",将自动打开"审核项"对话框;

②要查看或更改现有组或用户的审核,请单击相应的名称,然后单击"查看/编辑";

③要删除现有组或用户的审核,请单击相应的名称,然后单击"删除";

④如果有必要,请在"审核项"对话框中的"应用到"列表中选择要进行审核的位置。"应用到"列表只能用于文件夹;

⑤在"访问"下,单击要审核的访问的"成功"或"失败"或这两项;

⑥如果要阻止目录树中的文件和子文件夹继承这些审核项,请选中“仅对此容器内的对象和/或容器应用这些审核项”复选框。

在 Windows 2000 审核对文件和文件夹的访问之前,用户必须使用“组策略”管理单元来启用“审核策略”中的“审核对象访问”设置;否则,在设置文件和文件夹的审核时,将收到错误信息且不会审核任何文件或文件夹。启用了“组策略”中的审核之后,请查看“事件查看器”中的安全日志,以检查试图访问审核的文件和文件夹是成功还是失败。

注意:要审核文件或文件夹,用户必须以 Administrators 组成员的身份登录,或已在“组策略”中被授予了“管理审核和安全日志”权限。只能在格式化为使用 NTFS 的驱动器上设置文件和文件夹审核。

如果“审核项”对话框中“访问”下的复选框为灰色,或“访问控制设置”对话框中没有“删除”按钮,则表示已经从父文件夹继承了审核。

因为安全日志有大小限制,用户应当仔细选择要审核的文件和文件夹。还应该考虑到用于安全日志的磁盘空间的大小,其最大空间是在“事件查看器”中定义的。

13.4 网络数据的安全性

网络数据可以在线上或在网络接口上被保护,在线上保护数据要求加密方法和支持协议,这就是“网际协议安全(IPSec)”和“路由器服务”的目的。在网络接口上保护数据要求对代理服务器提供防火墙以及调解内部网络(LAN)和外部网络(Internet)之间的连接,这就是代理服务器的目的。

所有这些功能都集成到 Windows 2000 Server 中,而且完全融入 Windows 2000 的安全框架。

13.4.1 网际协议安全

“网际协议安全(IPSec)”是一种开放标准的框架结构,使用加密安全服务可确保通过 IP 网络安全保密通讯。IPSec 是基于端对端的安全模型,这意味着只有知道 IPSec 的计算机才是发送和接收的计算机。Windows 2000 的 IPSec 实现是基于 Internet 工程任务组(IETF)IPSec 工作组开发的标准。

13.4.2 路由器服务

Windows 2000 路由器服务使用安全虚拟专用网络(VPN)连接,提供在 LAN 和 WAN 环境中以及通过 Internet 的路由服务,VPN 连接基于点对点隧道协议(PPTP)和第二层隧道协议(L2TP)。

路由器服务是为那些已经熟悉路由协议和路由服务的系统管理员使用而准备的,用户使用路由和远程访问功能查看并管理路由器和拨号服务器。

13.4.3 代理服务器

Intranet 应用程序(如 Web 浏览器)在其局域网连接到 Internet 时更有价值,但安装不受控制的 Internet 连接可能会降低局域网的安全性。Microsoft 代理服务器通过控制局域网到

Internet 的通讯使 Intranet 应用程序的安全性和使用效率达到最高,从而有助于减少这种潜在的危险。Microsoft 代理服务器充当了在用户的网络和 Internet 之间带有防火墙类型安全的网关。

代理服务器管理一个网络上的程序和另一网络上的服务器之间的通讯。当客户程序发出请求时,代理服务器通过转换请求并将其传送到 Internet 进行响应。当 Internet 上的计算机响应时,代理服务器将此响应传回发出请求的计算机上的客户程序。代理服务器计算机有两个网络接口,一个连接到局域网,一个连接到 Internet。

代理服务器的主要安全功能是:

(1)阻止入站连接;

(2)局域网客户机可以初始化到 Internet 服务器的连接,但 Internet 客户机无法初始化到局域网服务器的连接;

(3)限制出站连接。

局域网客户机使用其标准 Windows NT 安全凭据进行身份验证。代理服务器可以用多种方式限制出站连接,包括通过用户、程序协议、TCP/IP 端口号、当天时间和目标域名或 IP 地址进行限制。

程序在使用代理服务器时和直接访问网络资源时的表现一定有所不同,通常 Web 浏览器必须重新配置,但不需要其他软件。其他 WinSock 程序不需要重新配置,但客户机系统要求替换 WinSock 驱动程序。

13.5 管理安全模板

13.5.1 启动安全模板

启动安全模板的步骤如下:

(1)单击“开始”,单击“运行”,然后在打开的文本框中键入“MMC”,再单击“确定”,即可创建新控制台。

(2)在“控制台”菜单上,请单击“添加/删除管理单元”,然后单击“添加”。

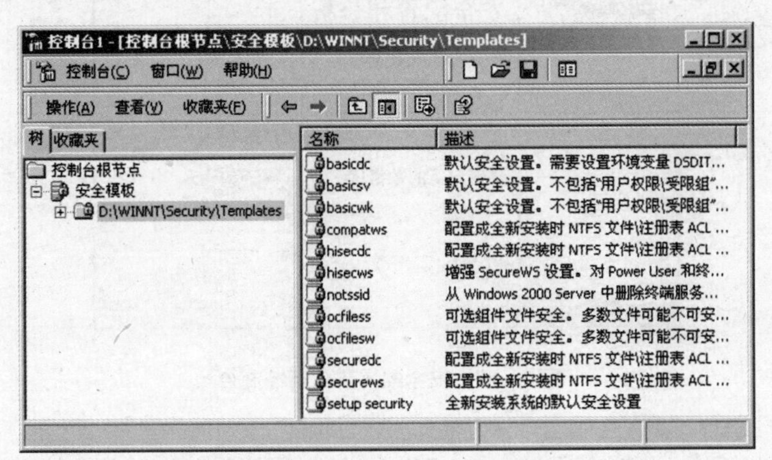

图 13-6 “安全模板”控制台

(3)选择“安全模板”,单击“添加”,单击“关闭”,然后单击“确定”,如图 13-6 所示。

(4)在"控制台"菜单上,单击"保存"。

(5)输入指派给此控制台的名称,然后单击"保存"。

13.5.2 管理安全模板

在安全模板启动后,用户可以执行以下操作:

(1)自定义预定义安全模板;

(2)定义安全模板;

(3)删除安全模板;

(4)刷新安全模板列表;

(5)设置安全模板说明;

(6)将安全模板应用到本地计算机;

(7)将安全模板导入到"组策略"对象;

(8)查看有效的安全设置。

13.6 安全配置和分析

13.6.1 开始安全配置和分析

打开安全配置和分析的步骤如下:

(1)打开"控制台"若要将安全配置和分析添加到控制台,请单击"开始",单击"运行",然后键入"MMC"并单击"确定"。

(2)在"控制台"菜单上,单击"添加/删除管理单元",然后单击"添加"。

(3)选中"安全配置和分析",然后单击"添加"。

(4)单击"关闭",然后单击"确定",如图 13-7 所示。

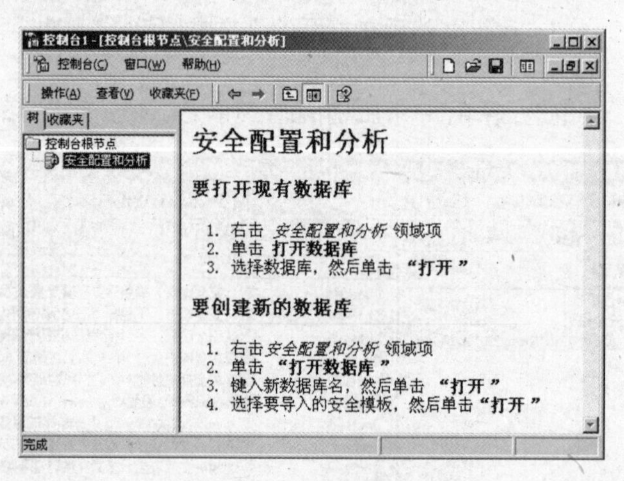

图 13-7 安全配置和分析控制台

(5)在"控制台"菜单上,单击"保存"。

(6)输入指派给此控制台的名称,然后单击"保存",控制台将保存在"管理工具"中,也可单独指定一个存储位置。

13.6.2 设置工作的安全数据库

设置工作的安全数据库的方法如下：

(1)在安全配置和分析管理单元中,用右键单击“安全配置和分析”。

(2)请单击“打开数据库”,如图13-8所示。

图13-8 “打开数据库”对话框

(3)选择现有的个人数据库,或键入文件名创建新的个人数据库。

(4)单击“打开”。

(5)如果这不是当前配置使用的数据库,系统将提示用户选择要加载到数据库的安全模板。

(6)如果选择可能已包含模板的现有个人数据库,并且要替换此模板中,而不是将它合并到已存储的模板,请选中“覆盖数据库中现有的配置”。

(7)单击“打开”。

此数据库现在可以用于配置系统。

13.6.3 分析系统的安全性

分析系统的安全性过程如下：

(1)在安全配置和分析中,设置工作数据库(如果当前没有设置的话)。

(2)右键单击“安全配置和分析”,然后单击“立即分析系统”。

(3)单击“确定”使用默认的分析日志,或输入日志的文件名和有效路径,当分析它们时,将显示不同的安全区域,如图13-9所示,一旦完成操作,就可以检查日志文件或复查结果。

利用“安全配置和分析”用户还可以执行以下任务：

(1)设置工作的安全数据库；

(2)导入安全模板；

(3)检查安全性分析结果；

(4)配置系统安全性；

(5)编辑基本安全配置；

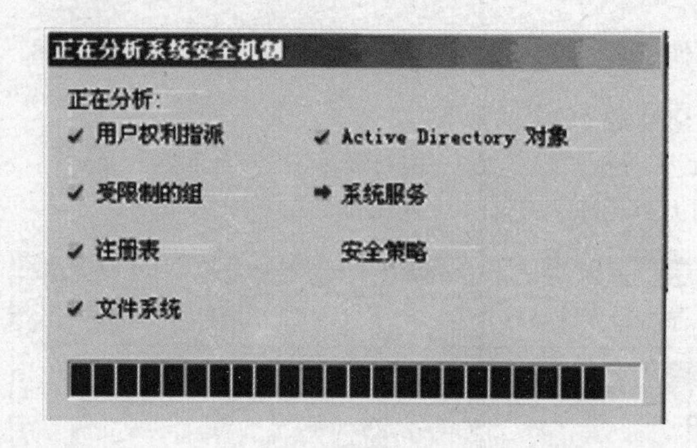

图 13－9 分析系统安全机制

(6)查看有效的安全设置;
(7)导出安全模板。

习题十三

一、填空题

1. Windows 2000 安全模型的主要功能是____________和访问控制。
2. ____________是对访问网络上对象的用户和组进行身份验证的过程。
3. ____________定义了授予用户或组对某个对象或对象属性的访问类型。
4. ____________管理一个网络上的程序和另一个网络上的服务器之间的通讯,它相当于局域网和 Internet 之间带有防火墙类型安全的网关。
5. Windows 2000 Server 中管理员可使用____________来定义和使用安全模板。

二、简答题

1. Windows 2000 支持的身份验证类型有哪几种?
2. 好的安全系统实现计算环境中的安全性中有哪些重要优点?
3. 在 Windows 2000 计算机环境中成功的用户身份验证包括的两个独立的过程是什么?
4. 代理服务器有哪些主要功能?

三、上机操作题

1. 设置文件或文件夹的权限。
2. 设置和删除文件或文件夹的审核。
3. 打开安全配置和分析。
4. 安装和配置证书服务。

第14章 打印服务器

网络上的打印机可以是共享的资源。Windows 2000 Server 联网的一个主要的优点就是可以共享打印机,只要在网络中安装一台高端打印机,就可以让网络上所有用户使用它。以前的操作系统版本如 Windows NT,就能够对其他服务器和客户机提供打印服务。事实上,正是由于 Windows NT 的打印和文件服务器能力,Windows NT 时常被带入企业。Windows 2000 Server 中分布式文件系统的应用,使用户更能够很容易地访问和管理跨网络分布的文件。另外,Windows 2000 支持数以百计的打印机,并提供来自于打印机制造商的最新的驱动程序。下面我们来学习 Windows 2000 Server 是如何为用户提供打印服务和管理的。

14.1 打印概述

在 Windows 2000 环境中,我们可以在整个网络上共享打印机资源。Windows 2000 可以在本地打印机或网络打印机上打印,它还可以使打印机成为网络用户可利用的打印服务器。Windows 2000 能区分打印机和打印设备,打印机是处理打印作业的子程序软件,打印设备是输出打印作业到用户要打印的介质的实际硬件。

如果安装有 Windows 2000 Server 的计算机用做打印服务器,它就可以用来处理打印作业并与打印设备进行通讯。常常把 Windows 2000 Server 系统中的打印机叫做逻辑打印机,以便和物理打印机相区别。在打印机和打印设备之间进行翻译通讯的子程序叫做打印机驱动程序。用户在使用“添加打印机向导”时,就是在安装打印机驱动程序,并把打印机与打印驱动程序相关联。Windows 2000 的一个特性是当客户端计算机通过 Windows 2000 打印机服务器连接到打印机时,打印驱动程序就被自动地下载到客户机上。当从 Windows 应用程序“打印”到打印机时,打印服务器就会开始处理应用程序的操作,并把打印作业的详细数据发送到打印机。打印机提取打印作业,包括数据传输、数据翻译、目的端口、输出类型、打印计划和打印作业队列,然后打印服务器提取打印机输出,并把打印作业发送到打印设备上。

功能完善的网络打印机常常会包含它们自己内部的计算机或处理打印作业的 CPU,以及附加的用于特殊图形翻译的处理器,如 PostScript 页面说明语言(PDL)翻译,对于打印命令翻译的支持也内置在打印机驱动文件中。

打印机能够直接通过打印机服务器上的物理端口连接到 Windows 2000 Server 或其他以 Windows 为基础的计算机上。通常是通过 LPT 端口连接,偶尔也通过 SCSI 或 COM 端口连接。由于 USB 端口变得越来越普遍,连接打印机 USB 端口的使用最终将代替 LPT 并行口。USB 只需要对端口进行简单的中断设置,便能够提供更高的通讯速度,并允许多达 127 台设备的第一流链接。另外,Windows 2000 也支持红外线打印机。打印机能够直接连接到 Windows 2000 Server,然而更重要的是能够创建共享打印机,从而使设备对于连接到网络上的计算机都可用。

如果打印机是即插即用设备，Windows 2000 Server 将自动识别它；如果打印机没有被识别到，或者它是一台串行设备，请通过“添加打印机向导”人工配置该打印机。网络打印机带有它们自己的网卡，大多数是以太网，并且通过网络集线器连接到网络上。它们获取自己的网络地址，就像是独立的计算机。通过网络计算机，用户的客户端不仅能够跨网络打印，也能够跨 Internet 打印。

下面介绍比较重要的网络打印及打印过程：

(1)打印作业是在应用程序内指定的，并且从中选取特定的打印机。

(2)文档被指定，应用程序调用图形设备界面(GDI)以翻译该文档为某种打印格式，从而使打印机驱动程序能够以打印设备所理解的页面描述语言与指定的打印机通讯。如果打印机是一台非 Windows 计算机，则会用另外一组图形子程序代替 GDI。

(3)打印作业被发送到客户端池，然后发送到打印服务器池。池是打印作业的队列，客户端池使用远程过程调用(RPC)到服务器池，以便初始化通讯。把打印作业发送到服务器上之前，客户端上的路由器查询打印服务器以获得它的可利用性。对于 Windows 系统，打印作业是作为增加的源码文件数据类型而被传送的；对于非 Windows 系统，打印作业则是作为 RAW(准备好打印)文件而被传送的。

(4)服务器传递打印作业到逻辑打印机，并通过把打印作业写到磁盘而加入到打印队列中。

(5)逻辑打印机首先获得打印设备的打印进程，并且在完成协商之后确定数据已被认识，打印作业便被发送到打印设备。在某些实例中，打印数据类型可能被逻辑打印机翻译以启用数据传输。

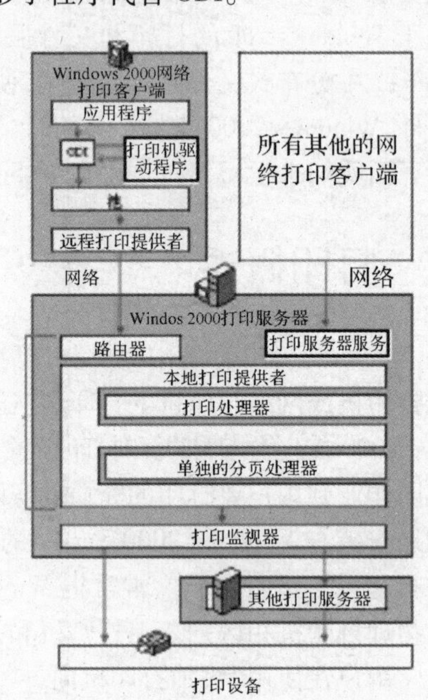

图 14－1　Windows 打印体系结构

(6)当作业进行时，打印作业就被从池中取出并出现在打印监视器中。当使用双向打印机时，语言监视器担当翻译器，然后传递打印作业到端口监视器，而到单向打印机的打印作业直接进入端口监视器。

(7)打印作业从端口监视器传送到打印机，在此处打印编码被创建并同数据流一道发送到物理打印机。打印处理器的工作是把数据流转换成位图，其打印引擎能够把该位图映射到输出介质。在某些情况下，打印处理器是一组运行在服务器上的子程序。而在其他情况下，打印处理器是被嵌入在物理打印机(如 PostScript 打印机、功能完善的网络打印机)内的。如图 14－1 所示是 Windows 打印体系结构的示意图。

14.2　安装打印机

用 Windows 2000 Server 管理打印机的操作比较方便，对打印机进行管理主要涉及修改打印机的属性、指定缺省打印机、与网络用户共享打印机等工作。

打印机的共享是将网络中的打印机设置为共享，以供所有有使用权限的用户使用。共享的打印机通常成为网络打印机。Windows 用户在使用网络打印机时,不必考虑打印机所处的位置,也不必考虑自己从何处上网,只需要添加网络打印机即可。

在网络中,不仅客户机上的打印机可设置为共享,服务器上的打印机也可设置为共享。通过在服务器上创建打印机共享,用户就可以将服务器配置成打印服务器。

下面来介绍配置打印服务器时经常需要进行的几项工作。

14.2.1 安装并共享本地打印机

Windows 2000 操作系统为用户提供了一个添加打印机向导,用户使用该向导可以很方便地将打印机安装在自己的计算机上并设置为共享。打印机安装好之后,在“打印机”窗口中会出现新安装的打印机的图标,网络用户就可以使用该打印机打印自己的文档。要安装并共享打印机,具体操作步骤如下:

(1)打开“开始”菜单,选择“程序”→“管理工具”→“配置服务器”命令,打开“Windows 2000 配置服务器”窗口,再单击“打印服务器”超级链接(如图 14-2),使右边的窗格中显示出打印服务器的内容。

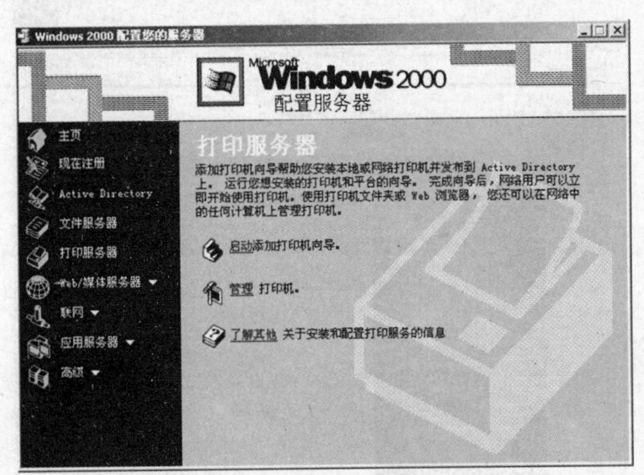

图 14-2 安装打印机

(2)单击“启动”超级链接,打开“添加打印机向导”对话框(如图 14-3)。

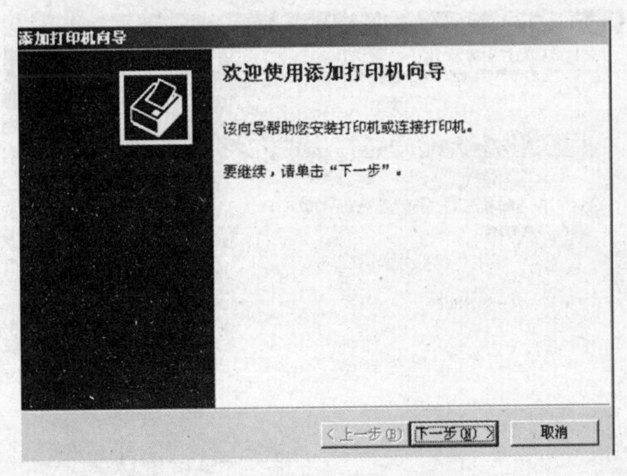

图 14-3 添加打印机向导

(3)另外可以通过打开“我的电脑”窗口,双击“控制面板”图标打开“控制面板”,再双击“打印机”图标,打开“打印机”窗口,然后双击“添加打印机”图标也可打开“添加打印机向导”对话框(如图 14-4)。

(4)单击“下一步”按钮,打开“本地或网络打印机”对话框,选择“本地打印机”单选按钮。如果要安装向导自动检测打印机,可启用“自动检测并安装我的即插即用打印机”复选框(如图 14-5)。

(5)单击“下一步”按钮,打开“选择打印机端口”对话框。在“选择打印机端口”对话框中,可为打印机选择一种端口。系统为用户提供了许多打印端口,但比较常用的是 LPT1 和 LPT2,一般选择“LPT1”打印端口。如果用户想创建新的端口,可选择“创建新端口”单选按钮进行创建,具体操作不再细讲(如图 14-6)。

(6)单击“下一步”按钮,打开“添加打印机向导”对话框,可进行打印机选择。管理员可从“制造商”列表框中选择自己安装的打印机的生产厂商,在“打印机”列表框中选定打印机的型号(如图 14-7)。

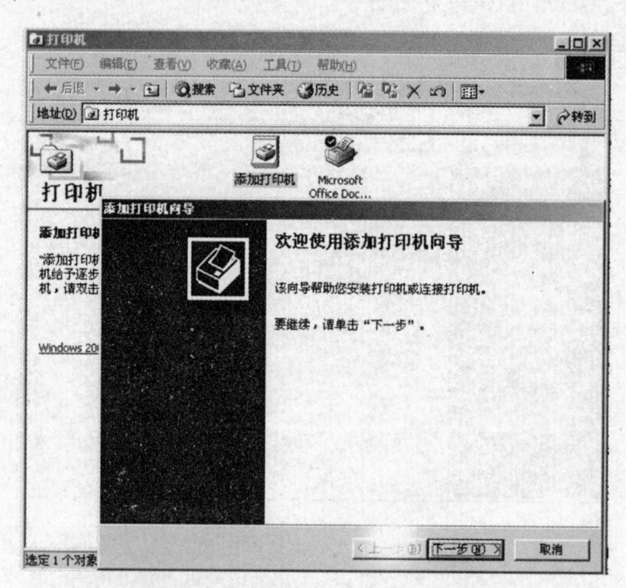

图 14-4　安装打印机欢迎界面

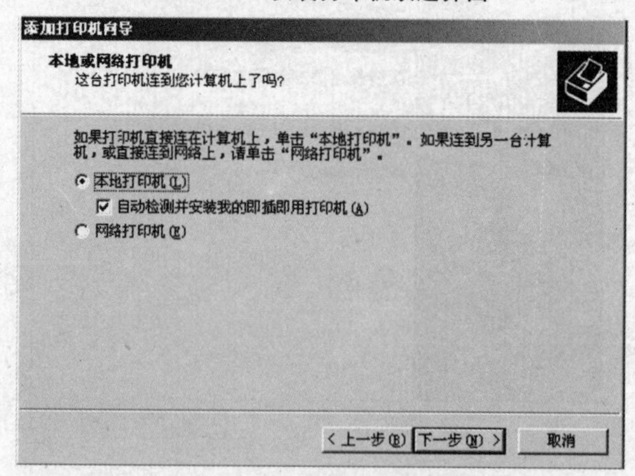

图 14-5　选择打印机类型窗口

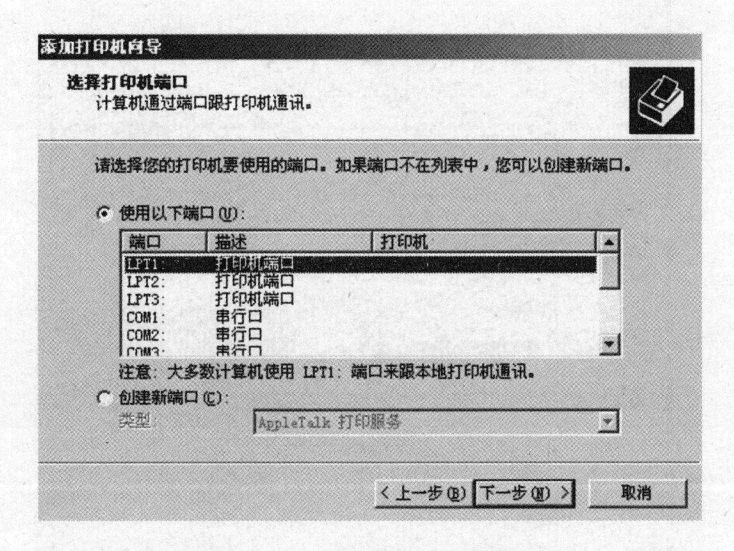

图 14-6　选择打印机端口窗口

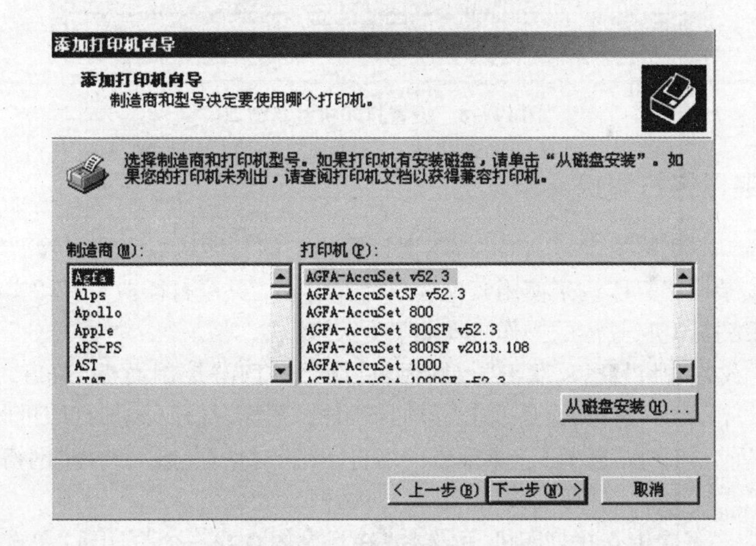

图 14-7　选择打印机窗口

(7)如果系统没有该打印机的驱动程序,可单击“从磁盘安装”按钮,在打开的对话框中选定驱动程序文件来源后单击“确定”按钮,进行磁盘安装。

(8)单击“下一步”按钮,打开“打印机共享”对话框。如果要使这台打印机为共享打印机,选择“共享为”单选按钮,并在文本框中输入一个共享名;如果用户选择“不共享这台打印机”单选按钮,那么这台打印机将不能被网络上的其他用户使用。这里,选择“共享为”单选按钮,并在文本框中输入一个共享名(如图 14-8)。

(9)单击“下一步”按钮,打开“打印测试页”对话框。如果想打印一张测试页,选择“是”单选按钮;如果不想打印测试页,可选择“否”单选按钮。

(10)单击“下一步”按钮,打开“正在完成添加打印机向导”对话框,单击“完成”按钮,即在用户的计算机上添加一台本地打印机。

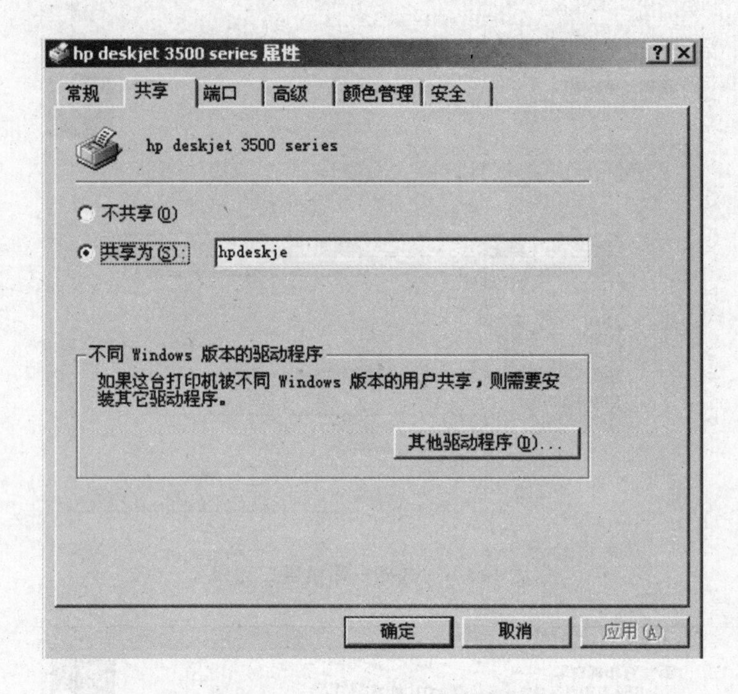

图 14-8 设置打印机共享窗口

14.2.2 安装网络打印机

在 Windows 2000 网络中，用户可将本地计算机上的打印机设置为共享，供网络用户使用，也可通过安装网络打印机来使用其他客户计算机上的共享打印机来打印文档。

要安装网络打印机，具体的操作步骤如下：

(1)打开“我的电脑”窗口，双击“控制面板”图标，打开“控制面板”窗口，再双击“打印机”图标，打开“打印机”窗口，然后双击“添加打印机”图标，打开“添加打印机向导”对话框。

(2)单击“下一步”按钮，打开“本地或网络打印机”对话框，然后选择“网络打印机”单选按钮，单击“下一步”按钮，打开“查找打印机”对话框。

(3)如果要在目录中查找打印机，可选择“在目录内查找一个打印机”单选按钮；如果要进行 Internet 打印，可选择“连接到 Internet 或您的 Intranet 上的打印机”单选按钮并在 URL 文本框中输入网络地址；如果要直接进行打印机的输入和选择，选择“键入打印机名，或者单击‘下一步’，浏览打印机”单选按钮，如果用户知道共享打印机名称，可直接键入到“名称”文本框中(如图 14-9)。

(4)如果不知道共享打印机的名称，可直接单击“下一步”按钮。这里，选择“键入打印机名，或者单击‘下一步’，浏览打印机”单选按钮，直接单击“下一步”按钮，打开“浏览打印机”对话框(如图 14-10)。

(5)在“共享打印机”列表框中，选择要安装的网络打印机，然后单击“下一步”按钮，打开“默认打印机”对话框，如果希望这台共享打印机为默认的打印机，可选择“是”单选按钮。一般选择“否”单选按钮，即不将共享打印机设置为默认打印机。

(6)单击“下一步”按钮，进入最后一步，单击“确定”按钮，即在本地计算机上配置一台网络共享打印机，共享打印机的图标将出现在“打印机”窗口中。

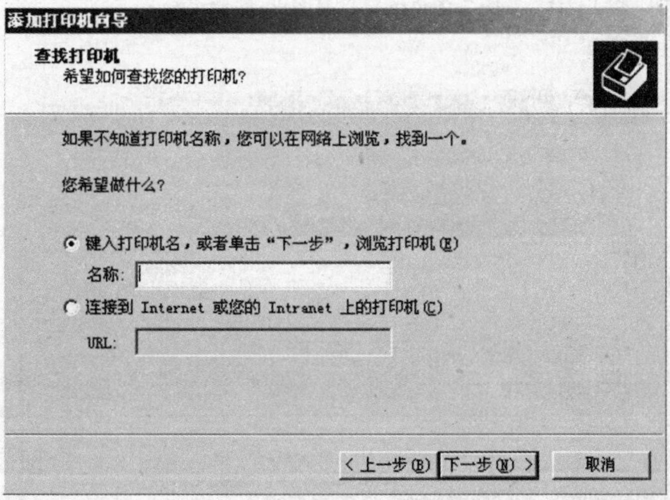

添加打印机向导

查找打印机

希望如何查找您的打印机?

如果不知道打印机名称，您可以在网络上浏览，找到一个。

您希望做什么?

键入打印机名，或者单击“下一步”，浏览打印机(E)

名称:

连接到 Internet 或您的 Intranet 上的打印机(C)

URL:

< 上一步(B)　下一步(N) >　取消

图 14－9　“查找打印机”对话框

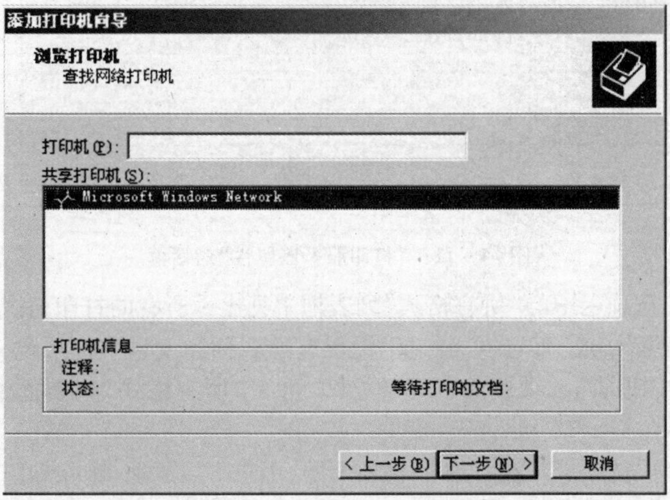

添加打印机向导

浏览打印机

查找网络打印机

打印机(P):

共享打印机(S):

Microsoft Windows Network

打印机信息

注释:

状态:　等待打印的文档:

< 上一步(B)　下一步(N) >　取消

图 14－10　“浏览打印机”对话框

14.3　管理打印机

14.3.1　设置打印服务器属性

Windows 2000 服务器在安装了本地打印机和网络打印机之后，该服务器就可作为打印服务器来使用了。为了更利于网络用户使用网络打印机，必须通过“打印机”窗口来设置打印服务器属性，增强服务器的打印功能。

要设置打印服务器属性，具体的操作步骤如下：

(1) 打开“开始”菜单，选择“程序”→“管理工具”→“配置服务器”命令，打开“Windows 2000 配置服务器”窗口，再单击“打印服务器”超级链接，使右边的窗格显示出打印服务器的内容，然后单击“管理”超级连接，打开“打印机”窗口。

(2)在“打印机”窗口中,选择“文件”→“服务器属性”命令,打开“打印服务器属性”对话框(如图 14 - 11)。

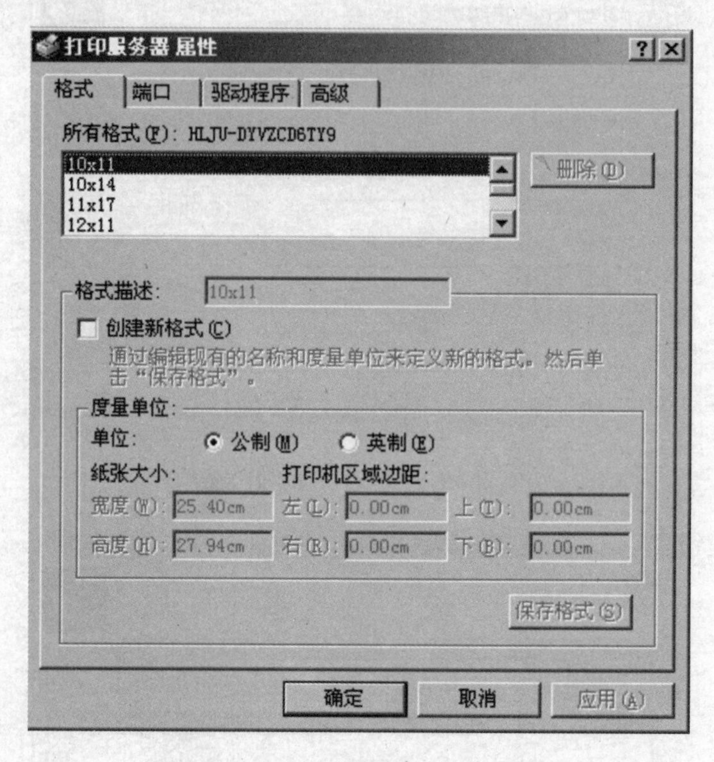

图 14 - 11 “打印服务器属性”对话框

(3)在“格式”选项卡中的“所有格式”列表框中列出了所有的打印格式。用户要创建新格式,可启用“创建新格式”复选框,通过编辑现有的名称和度量单位来定义新的格式,然后单击“保存格式”按钮即可。要删除创建的格式,可在“所有格式”列表框中选择该格式,单击“删除”按钮即可。

(4)单击“端口”选项卡。在“端口”选项卡中,用户可以添加、删除和配置端口。

(5)单击“驱动程序”选项卡。在该选项卡中,管理员可以更新、添加和删除服务器上打印机驱动程序,并能查看和更改打印机驱动程序的属性(如图 14 - 11)。

(6)单击“高级”选项卡,在“高级”选项卡中的“后台打印文件夹”文本框中输入暂时保存后台打印文件的文件夹路经,并通过启用复选框来选择打印策略。例如,启用“远程文档打印完成时发出通知”复选框,则在用户的文档打印完毕时发出通知(如图 14 - 11)。

(7)打印服务器属性设置好之后,单击“确定”按钮保存设置。

14.3.2 设置共享打印机属性

在打印服务器上安装并共享打印机之后,应根据网络需求来设置打印机的属性,才能使服务器上的打印机很好地被网络用户所使用。

要设置共享打印机的属性,可参照下面的步骤:

(1)打开“开始”菜单,选择“程序”→“管理工具”→“配置服务器”命令,打开“Windows 2000 配置服务器”窗口,再单击“打印服务器”超级链接,使左边的窗格显示出打印服务器的内容,然后单击“管理”超级链接,打开“打印机”窗口。在“打印机”窗口中,右击打印机图标,从弹出的下拉菜单中选择“属性”命令,打开打印机属性对话框(如图14-12)。

(2)在“常规”选项卡中,用户可以更改打印机名称、位置和注释,还可以单击“打印首页选项”按钮来打印首页,单击“打印测试页”按钮来打印测试页(如图14-12)。

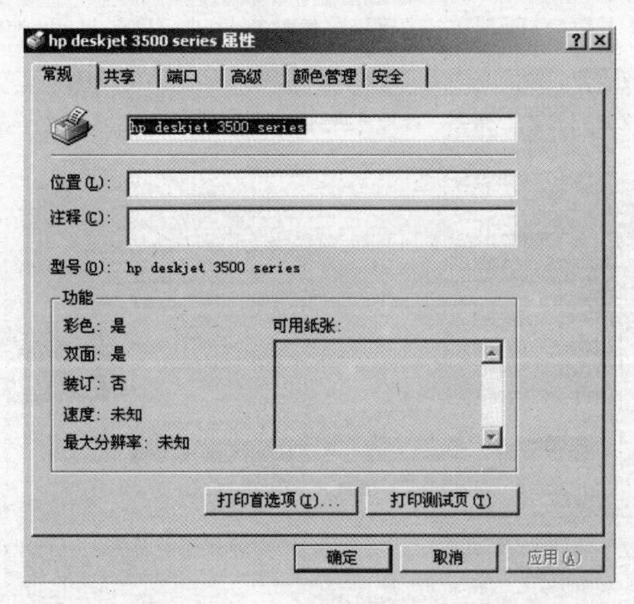

图14-12 打印机属性窗口——常规

(3)选择“共享”选项卡。通过该选项卡,用户不但可设置打印机的共享状态,还可更换驱动程序(更换驱动程序是因为打印机被不同Windows版本的用户共享时需安装其他驱动程序)。选择“不共享”按钮,则该打印机不能被其他用户所使用;如果选择“共享为”单选按钮并在“共享为”文本框中输入共享名,则该打印机为共享打印机。单击“其他驱动程序”按钮可以改变打印机的驱动程序(如图14-13)。

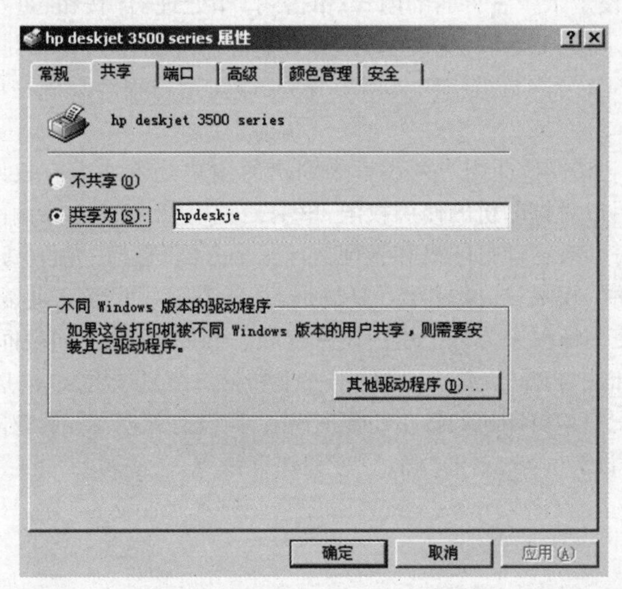

图14-13 打印机属性窗口——共享

(4)选择“端口”选项卡。通过该选项卡可添加、删除和配置端口。单击“添加端口”可进行端口的添加。选择端口列表框中的端口,然后单击“删除端口”按钮可删除该端口。单击“配置端口”按钮,可打开“配置 LPT 端口”对话框,在“传输重试”文本框中可输入传输重试的时间。选择“启用后台打印”单选按钮,可使计算机进行后台打印(如图 14-14)。

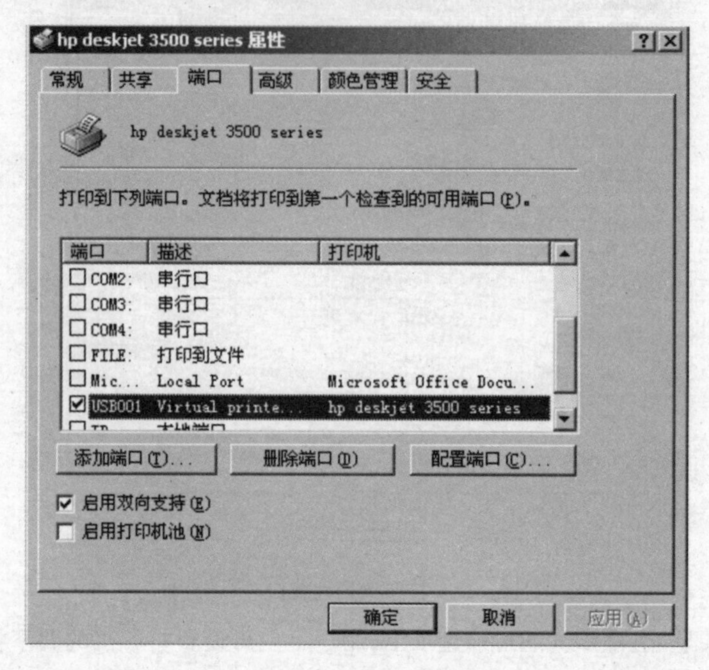

图 14-14 打印机属性窗口

(5)选择“高级”选项卡,用户不但可以设置使用来源、优先级、后台打印和高级打印功能,而且还可以进行其他设置。例如,单击“打印默认值”按钮,可打开“打印默认值”对话框,通过该对话框可设定纸张各方面的内容;单击“打印处理器”按钮,可打开“打印处理器”对话框,进行打印处理器和默认数据类型的选择;单击“分隔页”按钮,可打开“分隔页”对话框,进行分隔页的设定(分隔页被用在文档的开头,可使用户很容易地在所有文档中找到某个文档)(如图 14-15)。

(6)选择“安全”选项卡,在用户列表框中列出的用户是网络上有权使用该打印机的用户。可以设置网络用户对打印机的使用权限:单击某一用户,然后在下面的“权限”文本框中设置他的权限,包括打印、管理打印机和管理文档三个方面;选择“允许”复选框,意味着该用户拥有此复选框前面的权限;选择“拒绝”复选框,意味着该用户没有此复选框前面的权限。用户可根据网络的使用情况来为每个用户设置权限。例如,在用户列表框中选择 PowerUsers 用户,在“权限”文本框中选择“允许”下面的第一个和第二个复选框,取消选择第三个复选框,则 Power Users 用户只有该打印机的打印和管理权限,而没有管理文档的权限(如图 14-16)。

(7)打印机属性设置完毕,单击“确定”按钮保存设置。

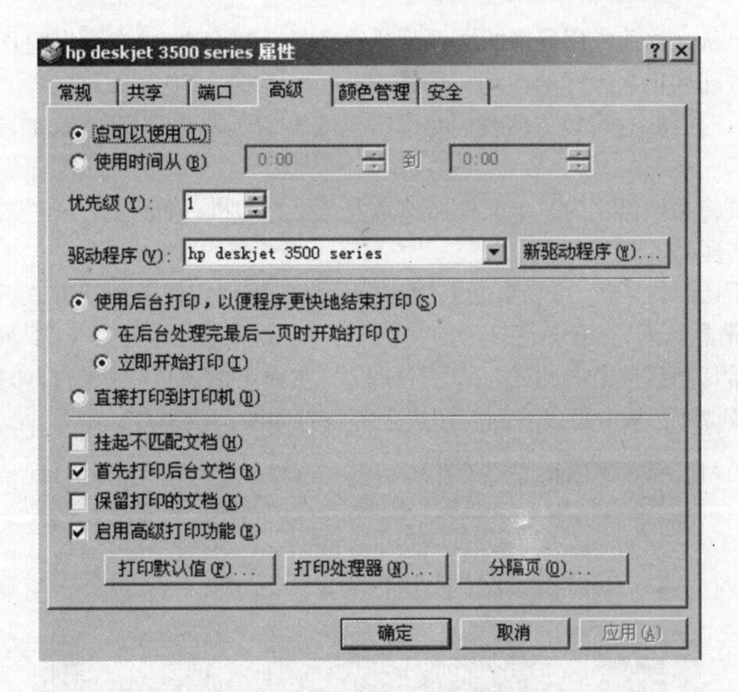

图 14－15　打印机属性窗口——高级

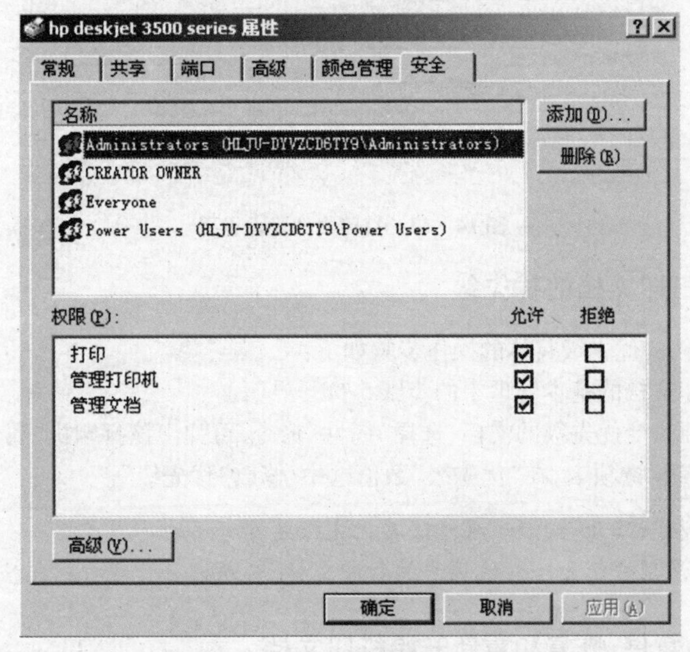

图 14－16　打印机属性窗口——安全

14.4　管理打印文件

14.4.1　打印文档的基本管理

打印文档相关的操作步骤如下：

(1)打开需要打印的文档。

(2)一般可从文档的应用程序的文件菜单选择“打印”命令,则会弹出“打印”对话框。

(3)如果登陆到正在运行的活动目录的 Windows 2000 域上,可以在打印对话框中找到“查找打印机...”按钮,这可以方便我们在网络上搜索到所需要的打印机,如高速、彩色打印等(如图 14-17)。

(4)如果要将文档保存为一个文件而不是发送至打印机,请选中“打印”对话框中的“打印到文件”复选框(如图 14-17)。

(5)为便于访问打印机,可在桌面上创建一个指向该打印机的快捷方式,以后双击它就可以打开打印消息队列,查看等待打印的文档。否则,就要在“配置服务器”界面,单击左侧的“打印服务器”,然后单击右侧的“管理打印机”,在弹出的窗口中双击打印机图标就会出现打印消息队列界面,从中可以看到打印机上等待打印的文档个数。

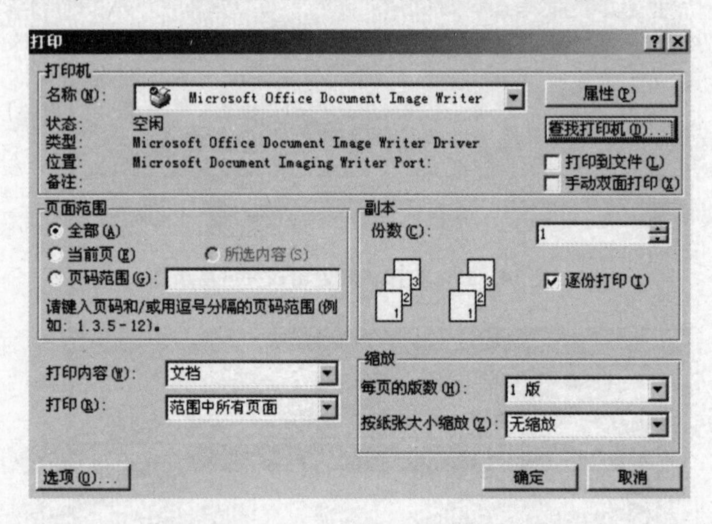

图 14-17 打印文件管理界面

14.4.2 改变打印文档的优先级

改变打印文档的优先级具体的操作步骤如下:

(1)按照打印文档的基本管理中的步骤 5 打开界面。

(2)右击需要改变优先级的文档,选择“属性”命令,可弹出该打印机“属性”对话框。

(3)单击“高级”选项卡,在“优先级”数值框中,修改“优先级”。

注意:(1)文档一旦开始打印,再修改其优先级是没有用的。

(2)如果用户想管理其他用户的打印文档,必须拥有管理打印文档的权限。

14.4.3 取消、暂停、恢复和重新开始打印文档

取消、暂停、恢复和重新开始打印文档的具体操作步骤如下:

(1)按照打印文档的基本管理中的步骤 5 打开界面。

(2)右击需要处理的文档,选择“取消”、“暂停”、“恢复”、或“重新开始”的命令。

注意:(1)如果用户想管理其他用户的打印文档,必须拥有管理打印文档的权限。

(2)按住 Ctrl 键再选择一个或多个文档,可同时处理这些被选中的文档。如果要对所有文档进行取消、暂停或恢复,需要右击正在使用的打印机,从弹出的快

捷菜单上选择需要的命令。

14.4.4 把文档交给另一台打印机

把文档交给另一台打印机的具体操作步骤如下：

(1)按照打印文档的基本管理中的步骤5打开界面。

(2)右击需要改变优先级的文档，选择“属性”命令，可弹出该打印机“属性”对话框。

(3)单击“端口”选项卡，选中目标打印机端口的复选框，再单击“确定”按钮，就会将文案发送至同一打印服务器的另一台打印机。

注意：(1)为了让文档重新定位到另一台打印机，用户必须具有管理这两台打印机的权限。

(2)通常，打印机出现故障和文档停止打印的时候，才把文档交给另一台打印机。

(3)应用程序已经把文档变成了一种特殊的语言传送到了一台特别的打印机上，所以必须重新将这些文档定位到同一类型的打印机上。

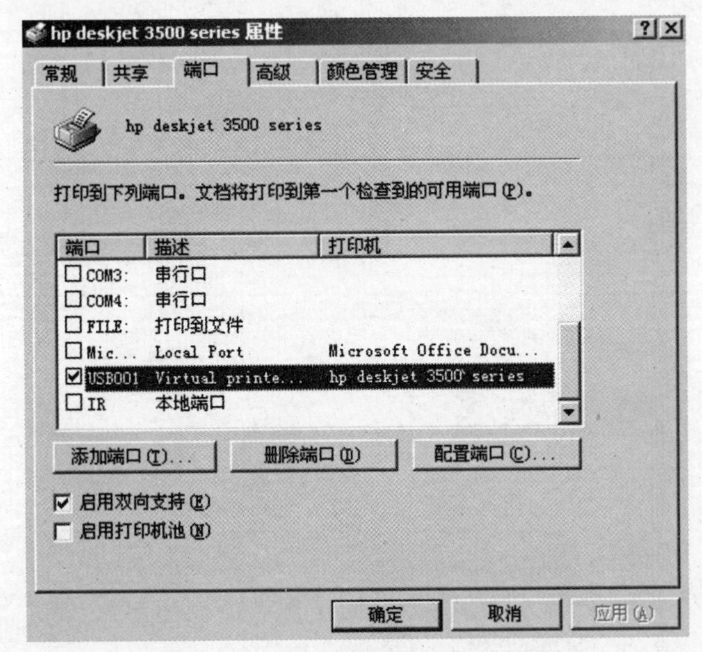

图14-18 打印机属性对话框——端口

习题十四

一、填空题

1. 我们常常把Windows 2000 Server系统中的打印机叫做__________。

2. 添加打印机时，可以选择__________打印机和__________打印机两种方式。

3. 在打印机属性窗口的“安全”选项卡中，默认情况下，默认组Everyone成员只有__________权限。

二、简答题

1. 请简单描述网络打印的打印过程。
2. 怎样设置打印机的使用权限？
3. 怎样设置打印服务器？

三、操作题

1. 用户如何看到计算机上所安装的打印机中有多少文档正等待打印？
2. 如何更改待打印文档的打印优先级？
3. 如何取消文档打印？
4. 如何将文档传送到另一台打印机？
5. 如何共享打印机？

第15章 系统的诊断与修复

保护系统安全稳定的运行，当系统发生故障时能够及时的发现故障并排除，是系统管理员的一项重要职责。管理员可以利用事件查看器、网络监视器、系统信息实时监视系统，从而及时发现问题、解决问题，保证系统的安全稳定。管理员可以通过设定系统异常的反应措施、制作紧急修复盘、安全模式启动、故障恢复控制台、自动系统恢复等措施，保证当系统发生问题的时候及时排除问题。管理员还可以通过任务管理器和性能监视器监测系统的运行性能，发现系统的瓶颈，提高系统的性能。

15.1 事件查看器

通过使用“计算机管理”中的“事件查看器”，如图15-1所示，用户可以收集有关硬件、软件、系统问题的信息并监视Windows 2000安全事件。

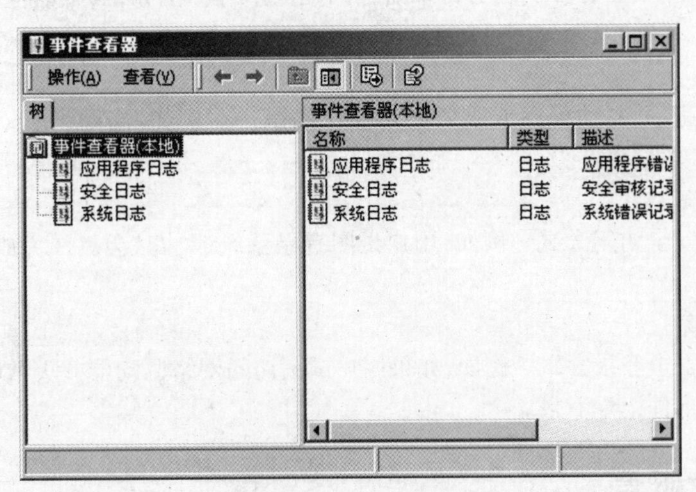

图15-1 事件查看器

15.1.1 Windows 2000以三种日志方式记录事件

Windows 2000以三种日志方式记录事件：

(1)应用程序日志

应用程序日志包含程序所记录的事件。例如，数据库程序可记录程序日志中的文件错误，程序开发人员可因此决定监视哪个事件。

(2)安全日志

安全日志包括有效和无效的登录尝试以及与资源使用相关的事件，如创建、打开或删除文件或其他对象。例如，若用户已经启用登录和注销审核，则登录到系统的尝试将记录在安全日志中。

(3)系统日志

系统日志包含 Windows 2000 的系统组件记录的事件。例如,在启动过程中将加载的驱动程序或其他系统组件的失败记录存放在系统日志中。Windows 2000 预先确定由系统组件记录的事件类型。

注意:(1)启动 Windows 2000 时,事件日志服务会自动启动。

(2)所有用户都可查看应用程序和系统日志,只有系统管理员才能访问安全日志。

(3)在默认情况下,安全日志是关闭的。要启用安全日志,请使用组策略来设置审核策略。管理员也可在注册表中设置审核策略,以便当安全日志溢出时使系统停止响应。

15.1.2 事件查看器显示事件的五种类型

事件查看器显示事件的五种类型是:

(1)错误

重要的问题,如数据丢失或功能丧失。例如,如果在启动过程中某个服务加载失败,这个错误将会被记录下来。

(2)警告

并不是非常重要,但有可能说明将来潜在问题的事件。例如,当磁盘空间不足时,将会记录警告。

(3)信息

描述了应用程序、驱动程序或服务成功操作的事件。例如,当网络驱动程序加载成功时,将会记录一个信息事件。

(4)成功审核

成功的审核安全访问尝试。例如,用户试图登录系统成功时会被作为成功审核事件记录下来。

(5)失败审核

失败的审核安全登录尝试。例如,如果用户试图访问网络驱动器并失败时,则该尝试将会作为失败审核事件记录下来。

15.2 事故恢复

计算机故障就是任何导致计算机无法启动或继续运行的事件。计算机出现故障的原因小到一个硬件损坏,大到整个系统丢失(例如在发生火灾或类似事件时)。Windows 2000 在遇到此类事件时,会报告一个“停止”错误消息,并显示一些必要的信息,用户和 Microsoft 产品支持服务工程师可利用这些信息确定并识别问题所在。

1. 故障恢复选项

故障恢复就是在发生故障后恢复计算机,使用户能够登录并访问系统资源。Windows 2000 提供以下选项可帮助用户识别计算机故障并进行恢复。

(1)安全模式

用户可以使用安全模式启动选项来启动系统,在该模式下只启动最少的必要的服务。

安全模式选项包括最后一次的正确配置，如果新安装的设备驱动程序在启动系统时出现问题，该选项就显得尤其有用。

(2)故障恢复控制台

如果安全模式不起作用，用户可以考虑使用故障恢复控制台选项，建议只有高级用户和管理员才使用该选项。使用安装光盘或从光盘创建的软盘来启动系统，然后就可以访问"故障恢复控制台"，这是一个命令行界面，可从该处执行诸如启动或停止服务、访问本地驱动器(包括格式化成 NTFS 文件系统的驱动器)等任务。

(3)紧急修复盘

如果安全模式和故障恢复控制台不起作用，而且事先已作了适当的高级准备，则可以试着用紧急修复磁盘来修复系统。紧急修复磁盘可以帮助修复内核系统文件。

安全模式允许用最少的设备驱动程序和服务设置启动系统。安全模式选项包括"最后一次的正确配置"，如果新安装的设备驱动程序在启动系统时出现问题，该选项显得尤其有用。以安全模式启动 Windows 2000 方法如下：

(1)单击"开始"，然后单击"关闭系统"。

(2)单击"重新启动"，然后单击"确定"。

(3)在看到消息"请选择要启动的操作系统"后，请按 F8 键。

(4)使用箭头键高亮显示适当的安全模式选项，然后按 Enter 键，必须关闭 Num Lock 键，数字键盘上的箭头键才能工作。

(5)使用箭头键高亮显示操作系统，然后按 Enter 键。

注意：(1)在安全模式下，Windows 2000 只使用基本文件和驱动程序(鼠标、监视器、键盘、大容量存储器、基本视频、默认系统服务并且不连接网络)。可以选择"网络安全模式"选项(该选项加载上面所有的文件和驱动程序，加上启动网络所必要的服务和驱动程序)，或者"命令提示符安全模式"选项(该选项除了是启动命令提示符而不是启动 Windows 2000 以外，与安全模式完全相同)，也可以选择"最近一次的正确配置"，它使用 Windows 2000 在上次关闭时保存的注册表信息来启动计算机。

(2)安全模式可帮助用户诊断问题。如果以安全模式启动时没有再出现故障，用户可以将默认设置和最小设备驱动程序排除在可能的原因之外。如果新添加的设备或已更改的驱动程序产生了问题，用户可以使用安全模式删除该设备或还原更改。

(3)某些情况下安全模式不能帮助用户解决问题，例如当启动系统所必需的 Windows 系统文件已经毁坏或损坏时。在此情况下，紧急修复磁盘(ERD)能够提供帮助。

2. 安全模式选项

安全模式选项包括以下几个方面：

(1)安全模式

只使用基本文件和驱动程序[鼠标(串行鼠标除外)、监视器、键盘、大容量存储器、基本视频、默认系统服务，并且无网络连接]启动 Windows 2000。如果计算机没有使用安全模式成功启动，则可能需要使用紧急修复磁盘(ERD)功能以修复用户的系统。

(2)网络安全模式

只使用基本文件和驱动程序以及网络连接来启动 Windows 2000。

(3)命令提示符的安全模式

使用基本的文件和驱动程序启动 Windows 2000。登录后,屏幕出现命令提示符,而不是 Windows 桌面、“开始”菜单和任务栏。

(4)启用启动记录

启动 Windows 2000,同时将由系统加载(或没有加载)的所有驱动程序和服务记录到文件 ntbtlog. txt,它位于% windir% 目录中。安全模式、网络安全模式和命令提示符的安全模式会将一个加载的所有驱动程序和服务的列表添加到启动日志。启动日志对于确定系统启动问题的准确原因很有用。

(5)启用 VGA 模式

使用基本 VGA 驱动程序启动 Windows 2000。当安装了使 Windows 2000 不能正常启动的新视频卡驱动程序时,这种模式十分有用。当用户在安全模式(安全模式、网络安全模式或命令提示符安全模式)下启动 Windows 2000 时,总是使用基本的视频驱动程序。

(6)最近一次的正确配置

使用 Windows 上一次关闭时所保存的注册表信息来启动 Windows 2000,这种方式只在配置不正确时使用。最近一次的正确配置不解决损坏或缺少驱动程序或文件所导致的问题,最后一次成功启动以来所作的任何更改也将丢失。

(7)目录服务恢复模式

不适用于 Windows 2000 Professional,只针对 Windows 2000 Server 操作系统,并且只用于还原域控制器上的 SYSVOL 目录和 Active Directory 目录服务。

(8)调试模式

启动 Windows 2000,同时将调试信息通过串行电缆发送到其他计算机。

使用“最后一次正确的配置”启动 Windows 2000,其步骤与在安全模式下启动 Windows 2000 一致。

15.3 故障恢复控制台

如果安全模式和其他启动选项都不能工作,则可以考虑使用“恢复控制台”,然而,只有用户是高级用户或管理员时,才推荐用户使用该方法。“恢复控制台”是命令行控制台,在使用计算机 CD 驱动器中的启动光盘或使用从创建的软盘启动计算机后即可使用。

要使用“恢复控制台”,用户需要以 Administrator 账户登录。该控制台提供了可用于执行简单操作的命令(例如转到不同的目录中或查看目录)和功能更强大的操作命令(例如修复启动扇区)。通过在“恢复控制台”的命令提示符下,键入 help,可以获得这些命令的帮助信息。

使用“恢复控制台”,可以启动和停止服务,在本地驱动器(包括用 NTFS 文件系统格式化的驱动器)上读、写数据,从软盘或 CD 上复制数据,修复启动扇区或主引导记录,并执行其他管理任务。如果需要通过从软盘或 CD-ROM 上复制文件来修复系统,或需要重新配置使计算机无法正常启动的服务,则“恢复控制台”特别有用。例如,可以使用“恢复控制台”用软盘中的正确副本替换被覆盖或损坏的驱动程序文件。

15.3.1 启动计算机并使用“恢复控制台”

启动计算机并使用“恢复控制台”的过程如下：

(1)在驱动器中，插入“Windows 2000 安装”光盘或用该光盘创建的第一张软盘。对于不能从 CD 驱动器中启动的系统，必须使用软盘。对于可从 CD 驱动器中启动的系统，可以使用 CD 或软盘。

(2)重新启动计算机，如果使用软盘，要在系统提示下依次插入每张软盘。

(3)当开始基于文本部分的安装时，请根据提示，按 R 键选择修复或恢复选项。

(4)当系统提示时，按 C 键选择“修复控制台”。

(5)按照屏幕上的说明，重新插入为启动系统而创建的一张或多张软盘。

(6)如果有双启动或多启动系统，请选择需要从“恢复控制台”中访问的 Windows 2000 安装。

(7)系统提示时，键入 Administrator 的密码。

(8)在系统提示处，键入“恢复控制台”命令，键入 help 可获得一系列命令的帮助信息，或者键入 help command name 获得特定命令的帮助信息。

(9)要退出“恢复控制台”并重新启动计算机，请键入 exit。

15.3.2 从运行 Windows 2000 的计算机上使用“恢复控制台”

从运行 Windows 2000 的计算机上使用“恢复控制台”的方法如下：

(1)将 Windows 2000 光盘插入到光盘驱动器中。

(2)单击“开始”，然后单击“运行”。

(3)在“打开”框中，键入命令 d:\i386\winnt32/cmdcons(d 是指派给 CD-ROM 驱动器的驱动器号)。

(4)重新启动计算机并从可用操作系统列表中选择故障恢复控制台选项。

(5)系统提示时，键入 Administrator 的密码。

(6)在系统提示处，键入“恢复控制台”命令，键入 help 可获得一系列命令的帮助信息，或者键入 help command name 获得特定命令的帮助信息。

(7)要退出“恢复控制台”并重新启动计算机，请键入 exit。

15.4 紧急修复磁盘

创建紧急修复磁盘的过程如下：

(1)准备一张空白的、已格式化的 1.44 MB 的软盘。

(2)点击“开始”→“程序”→“附件”→“系统工具”→“备份”，打开“备份”，如图 15-2 所示。

(3)在“欢迎”选项卡上，单击“紧急修复磁盘”。

(4)根据屏幕上显示的说明进行后面的操作。

当完成安装之后，将原始系统设置的信息保存在系统分区的 systemroot\Repair 文件夹中。如果使用“紧急修复磁盘”来修复用户的系统，那么可以访问该文件夹中的信息。一定不要更改或删除该文件夹。

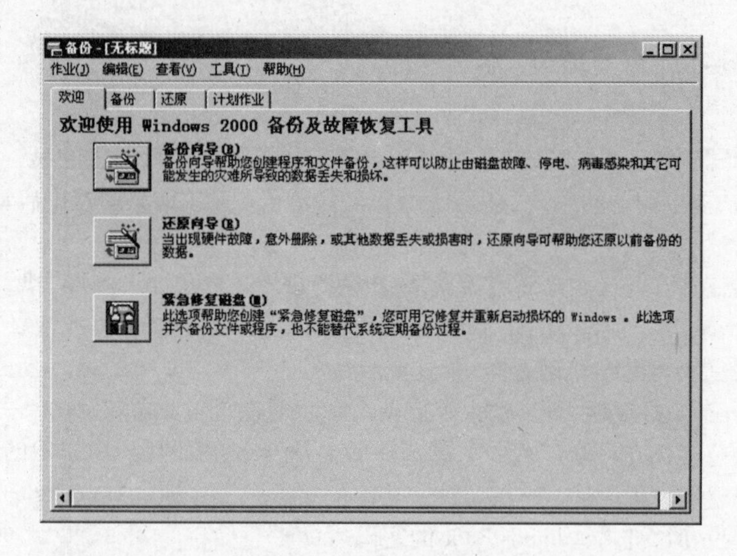

图 15－2 “备份”窗口

15.5 性能监视器

单击“开始”→“程序”→“管理工具”→“性能”，打开如图 15－3 所示的“性能”控制台，使用“系统监视器”，可以衡量自己计算机或网络中其他计算机的性能。

(1)收集并查看本地计算机或多台远程计算机上的实时性能数据；

(2)查看计数器日志中当前或以前搜集的数据；

(3)在可打印的图形、直方图或报表视图中表示数据；

(4)利用自动操作将“系统监视器”的功能并入 Microsoft Word 或 Microsoft Office 套件中的其他应用程序；

(5)在性能视图下创建 HTML 页；

(6)创建 Microsoft 管理控制台在其他计算机上安装的可重新使用的监视配置，使用“系统监视器”可以收集和查看大量有关管理的计算机中硬件资源的使用和系统服务活动的数据。

可以通过下列方式定义要求图形搜集的数据：

(1)数据类型

要选择搜集的数据，请指定性能对象、性能计数器和对象实例。一些对象提供有关系统资源(例如内存)的数据，而其他对象则提供有关应用程序运行的数据(例如计算机中正在运行的系统服务或 Microsoft BackOffice 应用程序)。

(2)数据源

“系统监视器”可以从本地计算机或网络上用户拥有权限的其他计算机中搜集数据(默认情况下，应该拥有管理权限)。此外，还可以包含实时数据和以前使用计数器日志搜集的数据。

(3)采样参数

系统监视器支持根据需要手动采样或根据指定的时间间隔自动采样。查看记录的数据时，还可以选择开始和停止时间，以便查看跨越特定时间范围的数据。

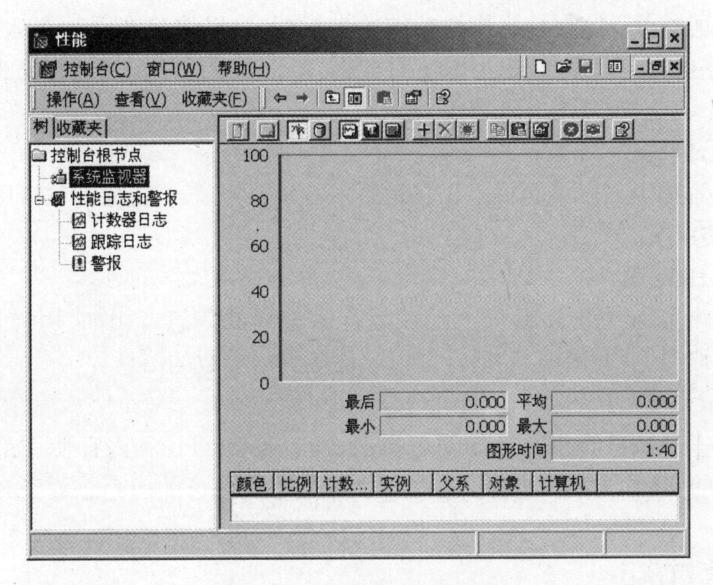

图 15－3 性能控制台窗口

15.6 任务管理器

要打开“Windows 任务管理器”，用右键单击任务栏上的空白处，然后单击“任务管理器”。“Windows 任务管理器”如图 15－4 所示，提供了有关计算机性能、计算机上运行的程序和进程的信息。任务管理器将提供正在用户的计算机上运行的程序和进程的相关信息，也将显示最常用的度量进程性能的单位。

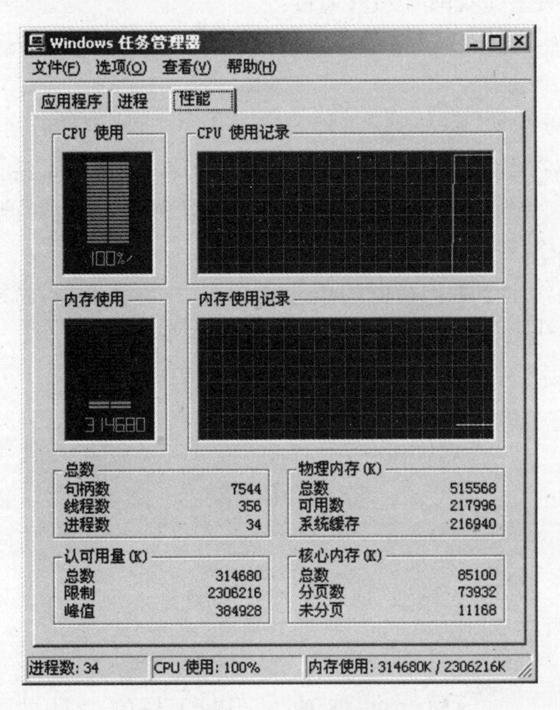

图 15－4 任务管理器

使用任务管理器可以监视计算机性能的关键指标，可以快速查看正在运行的程序的状态，或者终止已停止响应的程序，也可以使用多达15个参数评估正在运行的进程的活动，以及查看CPU和内存使用情况的图形和数据。

(1)正在运行的程序

“应用程序”选项卡显示计算机上正在运行的程序的状态。在此选项卡中，用户能够结束、切换或者启动程序。

(2)正在运行的进程

“进程”选项卡显示关于计算机上正在运行的进程的信息。例如，用户可以显示关于CPU和内存使用情况、页面错误、句柄计数以及许多其他参数的信息。

(3)性能度量单位

“性能”选项卡显示计算机性能的动态概述，其中包括CPU和内存使用情况的图表、计算机上正在运行的句柄、线程和进程的总数、物理、核心和认可的内存总数(KB)。

15.7 任务计划

使用任务计划程序，用户可以安排任何脚本、程序或文档在最方便的时候运行。每次启动Windows 2000时，任务计划程序也会启动，并在后台运行。

使用任务计划程序可以完成以下任务：

(1)计划让任务在每天、每星期、每月或某些时刻(如系统启动时)运行；

(2)更改任务的计划；

(3)停止计划的任务；

(4)自定义任务如何在计划的时间内运行。

Windows 2000自动安装任务计划程序。要使用计划服务，请在“控制面板”中双击“任务计划”文件夹。

通过双击“添加任务计划”启动“任务计划向导”，可以计划新任务。通过将脚本、程序或文档从Windows资源管理器或桌面拖到“任务计划”窗口中可以进行任务添加，也可以使用任务计划程序来修改、删除、禁用或停止已经计划的任务，查看已计划任务的日志，或者查看在远程计算机上计划的任务。

网络管理员可以创建用于维护目的的任务文件，并在需要时将其添加到用户的计算机。也可以在电子邮件中发送和接收任务文件，并且可以共享计算机上的“任务计划”文件夹以便通过“网上邻居”远程访问它。

习题十五

一、填空题

1. Windows 2000有__________、__________和__________三种日志方式记录事件。

2. 通过使用__________，用户可以收集有关硬件、软件、系统问题的信息并监视Windows 2000安全事件。

3. 在发生故障后想要恢复计算机使用，使用 ____________功能使用户能够登录并访问系统资源。

4. ____________模式允许用最少的设备驱动程序和服务设置启动系统。

5. 如要 使用“恢复控制台”功能，只有用户是____________时才能够使用该方法。

6. 如果想要衡量自己计算机或网络中其他计算机的性能，可以使用________。

7. ____________提供了有关计算机性能、计算机上运行的程序和进程的信息。

8. 使用____________程序，用户可以安排任何脚本、程序或文档在最方便的时候运行。

二、简答题

1. 事件查看器可显示事件的五种类型是什么？
2. 使用“系统监视器”可以通过哪几种方式定义要求图形搜集的数据？
3. 任务管理器主要可以监视的计算机性能指标有什么？
4. 使用任务计划程序可以完成的主要任务有什么？

三、上机操作题

1. 启动“恢复控制台”并模拟进行操作。
2. 使用“性能监视器”查看 CPU 的运行状况。

参考答案

习题一

一、选择题

1. 活动目录
2. 商业和个人
3. 工作组
4. 企业
5. 数据仓库
6. Windows NT

二、简答题

1. 四个版本,分别是:①Windows 2000 Professional 即专业版,用于工作站及笔记本电脑,针对商业和个人用户;②Windows 2000 Server 即服务器版,面向小型企业的服务器领域,针对工作组级的服务器用户;③Windows 2000 Advanced Server 即高级服务器版,主要面向大中型企业的服务器领域,针对企业级的高级服务器用户;④Windows 2000 Datacenter Server 即数据中心服务器版,它是专门为数据服务器优化的,针对大型数据仓库的数据中心服务器用户。

2. Active Directory、异步传输模式、证书服务、磁盘配额支持、带有 DNS 和 Active Directory的 DHCP、图形化磁盘管理、组策略、IntelliMirror、Internet 信息服务、网络地址转换、Internet 验证服务等。

3. 网络操作系统就是在原来的各自计算机上,按照网络体系结构的各个协议标准进行开发,使之包括网络管理、通信、资源共享、系统安全和多种网络应用服务的操作系统。

4. Unix 操作系统、Linux 操作系统、Novell Netware 操作系统、Windows 操作系统。

习题二

一、填空题

1. 4
2. Administrator
3. NTFS
4. Double space
5. 即插即用,非即插即用
6. Active Directory
7. Windows 98,Windows 2000 Server
8. 每客户,每服务器
9. 127
10. 4 GB

二、简答题

1. FAT,FAT32,NTFS。

2. 磁盘分区是一种划分物理磁盘的方式,以便每个部分都能够作为一个单独的单元使用。FAT 即文件分配表,是一些操作系统维护的表格或列表,用来跟踪存储文件的磁盘空间各段的状态。FAT32是文件分配表文件系统的派生文件系统，与FAT相比，它支持更小的簇，使得FAT32驱动器的空间分配更有效率。NTFS是专用于Windows 2000操作系统的高级文件系统，它支持文件系统故障恢复，尤其是大存储媒体、长文件名和POSIX子系统的各种功能，能够通过将所有的文件看做具有用户定义属性的对象，来支持面向对象的应用程序。

3. 网络组件类型包括客户、服务和协议三种。

4. 应获取下列信息：①计算机名称；②工作组或域的名称；③如果网络中没有动态主机配置协议(DHCP)服务器，就要知道TCP/IP地址。

5. 为了具有最高的系统安全性，密码至少要7个字符，并应采用大写字母、小写字母和数字以及其他字符(例如*，? 或$)的混合形式。

6. 要执行备份文件、将驱动器解压缩、禁用磁盘镜像并切断不间断电源(UPS)设备等基本步骤。

三、上机操作题

略

习题三

一、填空题

1. 标题栏
2. Ctrl + X
3. 在当前情况下无效
4. 纯文本文件
5. TIFF
6. 单击“批注”菜单上的“显示批注”
7. 多媒体
8. 层叠窗口，横向平铺窗口，纵向平铺窗口

二、简答题

1. 单击“编辑”菜单，选择“查找”，在“查找内容”中输入“电脑”，单击“替换”，在“替换为”中输入“计算机”，单击“全部替换”按钮。

2. 单击“查看”菜单，然后鼠标左键单击选定工具栏名称，这样可以显示或隐藏“写字板”中的工具栏、格式工具栏、标尺和状态栏。如果在命令旁出现复选标记，则表示工具栏可见。

3. (1)保存图片；(2)在“文件”菜单下，单击“设置为墙纸(平铺)”或“设置为墙纸(居中)”命令。

4. 打开CD唱机的过程是：单击“开始→程序→附件→娱乐”，然后单击相应的图标就可以在屏幕上看到一个类似于CD唱机的操作控制面板，此时将音乐光盘放入CD-ROM驱动器并关闭驱动器，会自动播放CD。

三、上机操作题

略

习题四

一、填空题

1. 10
2. 管理单元

3. 用户模式,作者模式
4. 刷新速度
5. 拨号网络,虚拟专用网络
6. 控制台面板
7. 磁盘碎片整理
8. 添加/删除程序
9. 独立管理单元

二、简答题

1. 在桌面上右击“我的电脑”,单击“属性”→“高级”→“启动和故障恢复”,在“默认操作系统”中选择欲设置启动的默认操作系统,然后确定即可。

2. 首先单击“开始”→“运行”,然后在“运行”对话框中键入 mmc,再单击“确定”。

3. 在桌面上右击鼠标,单击“属性”→“背景”,点击“浏览”按钮,找到提供图片所在的位置,选中该图片即可。

4. (1)监视系统事件,如登录时间和应用程序错误;(2)创建和管理共享;(3)查看连接到本地或远程计算机的用户列表;(4)启动和停止系统服务,如任务计划程序和后台处理程序;(5)设置存储设备的属性;(6)查看设备配置和添加新的设备驱动程序;(7)管理服务器应用程序和服务,如域名系统(DNS)服务或动态主机配置协议(DHCP)服务。

三、上机操作题

略

习题五

一、填空题

1. Active Directory
2. 域控制器
3. 信任,受信任
4. 最小作用域
5. 来宾账户
6. NTFS
7. dcpromo
8. DNS
9. 工作组,域

二、简答题

1. 目录是存储有关网络上对象信息的层次结构。活动目录是用于 Windows 2000 Server 的目录服务,也是 Windows 2000 Server 分布式网络的基础,它存储着网络上各种对象的有关信息,并使该信息易于管理员和用户查找及使用。

2. 域控制器是使用 Active Directory 安装向导配置的运行 Windows 2000 Server 的计算机。

3. 域控制器存储着目录数据并管理用户域的交互,其中包括用户登录过程、身份验证和目录搜索。

4. Active Directory 的优点是:信息安全性、基于策略的管理、可扩展性、可伸缩性、信息的复制、与 DNS 集成、与其他目录服务的互操作性、灵活的查询。

5. 单向、双向、可传递、不可传递、外部信任、快捷信任。

6. 管理员账户和来宾账户。管理员账户有最广泛的权力和权限,来宾账户有受限制的权利和权限。

7. (1)一台 Windows 2000 Server 或 Windows 2000 Advanced Server 独立或成员服务器。(2)其上必须有一个 NTFS 5.0 分区。(3)网络上必须有可用的 DNS 服务器。

三、上机操作题

略

习题六

一、填空题

1. DFS
2. FAT16,FAT32,NTFS,FAT16
3. EFS
4. NTFS

二、简答题

1. (1)独立的DFS根目录,其特性为:①不使用Active Directory;②没有根目录级的DFS共享文件夹;③层次结构有限,标准的DFS根目录只能有一级DFS链接。(2)基于域的DFS根目录,其特性为:①宿主必须在域成员服务器上;②其DFS拓扑可以自动发布到Active Directory;③可以有根目录级的DFS共享文件夹;④层次结构不受限制,基于域的DFS根目录可以有多级DFS链接。

2. (1)活动目录。使网络管理者和网络用户可以方便灵活地查看和控制网络资源,只有在NTFS文件系统中用户才可以使用诸如“活动目录”和基于域的安全策略等重要特性。(2)域。它是活动目录的一部分,帮助网络管理者兼顾管理的简单性和网络的安全性。例如,只有在NTFS文件系统中用户才能设置单个文件的许可权限而不仅仅是目录的许可权限。(3)文件加密。在Windows 2000中包含的NTFS版本中实现文件与目录级的加密可增强NTFS卷中的安全性。Windows 2000使用加密文件系统(Encrypting File System, EFS)将数据存储在加密表当中,当存储介质从使用Windows 2000的系统中移走时它能提供安全机制,能够大大提高信息的安全性。(4)稀疏文件支持。应用程序生成的一种特殊文件,它的文件尺寸非常大,但实际上只需要少部分的磁盘空间。就是说,NTFS只需要给这种文件实际写入的数据分配磁盘存储空间。

3. Windows文件系统支持NTFS,FAT16,FAT32三种格式。

三、上机操作题

略

习题七

一、填空题

1. 公共交换电话网
2. 传输控制协议
3. 网际协议
4. 动态,静态
5. Ping
6. TCP/IP
7. Ping 127.0.0.1
8. 网络地址,主机地址
9. 广播信道通信子网,点对点线路通信子网

二、简答题

1. 总线型、星形、环形、树形与网状拓扑。

2. 在使用调制解调器进行工作时,调制解调器首先将发送端的二进制数字转化成模拟信息,然后送入电话线传输到接收端,再将模拟信息转化成二进制数字。

3. 自动获得 IP 地址(或动态 IP)和指定 IP 地址(或静态 IP)。

4. 广播地址(直接广播地址、有限广播地址),"0"地址,回送地址。

5. ISDN 是综合业务数字网,它是一种特殊的拨号连接网络,它比普通的拨号连接网络速度快。

三、上机操作题

略

习题八

一、填空题

1. DHCP
2. 域名服务系统
3. IP 地址
4. 名字,地址,路径
5. 主机域名
6. 主机名,组名
7. 根域
8. TCP/IP
9. 指针
10. 网络名称

二、简答题

1. DNS 是域名解析系统,它可以将域名解析成 IP 地址。

2. WINS 服务器是计算机名称解析系统,它可以将计算机名称解析成 IP 地址。

3. 包括. com,. edu,. org,. gov,. mil,国家代码[. au(澳大利亚),. uk(英国)和. fi(芬兰)]。

4. 第一种是固定的 IP 地址,每一台计算机都有各自固定的 IP 地址,这个地址是固定不变的,适合区域网络当中每一台工作站的地址,除非网络架构改变,否则这些地址通常可以一直使用下去。第二种是动态分配,每当计算机需要存取网络资源时,DHCP 服务器才给予一个 IP 地址,但是当计算机离开网络时,这个 IP 地址便被释放,可供其他工作站使用。第三种是由网络管理者以手动的方式来指定。

三、上机操作题

略

习题九

一、填空题

1. Internet 信息服务
2. 文件下载
3. SMTP
4. NNTP
5. Default. htm
6. Web 网站
7. Internet 验证服务
8. Web 网页
9. Http,TCP80
10. RADIUS(远程身份验证拨入用户服务)

二、简答题

1. 创建 WEB 网络站点、FTP 文件传输站点、SMTP 电子邮件、NNTP 新闻组。

2. Inetpub/Wwwroot。

3. TCP/IP 协议、IP 地址、子网掩码、默认网关。

4. 键入 http://localhost/iisHelp/,并按 Enter 键即可。

5. 点击“开始”→“程序”→“管理工具”→“Windows Media 管理器”。

6. 在 Windows 2000 中使用 Windows Media 服务,用户就可以创建、管理和通过 Intranet 或 Internet 发布 Windows 媒体内容。

三、上机操作题

略

习题十

一、填空题

1. 系统管理员
2. 数据包转发
3. 网络地址转换
4. 单播路由
5. 多播
6. 公用地址
7. 路由选择表
8. IP 的 RIP 路由环境
9. OSPF 路由环境
10. 远程访问功能

二、简答题

1. (1)带有合格网络驱动器接口规范(NDIS)驱动程序的 LAN 或 WAN 适配器;
(2)一个或多个兼容的调制解调器和一个可用的 COM 端口;
(3)带有多远程连接的可接受性能的多端口适配器;
(4)X.25 智能卡(如果使用 X.25 网络);
(5)ISDN 适配器(如果使用 ISDN 线路)。

2. 一种是硬件路由器,是专门设计用于路由的设备,该设备不能运行应用程序;另外一种是软件路由器,又称多宿主计算机(或多宿主路由器),它可以看成是带有两个以上网卡(或有两个以上 IP 地址)的服务器。

3. (1)子网掩码为 255.0.0.0 的 10.0.0.0;
(2)子网掩码为 255.240.0.0 的 172.16.0.0;
(3)子网掩码为 255.255.0.0 的 192.168.0.0。

4. 网络地址转换通过将专用内部地址转换成公共外部地址,对外隐藏了内部管理的 IP 地址,降低了内部网络受到攻击的风险,也减少了 IP 地址注册的费用。

5. 静态路由器由管理员建立路由,而且只能由管理员进行更改;动态路由器通过路由协议来动态地更新路由。

三、上机操作题

略

习题十一

一、填空题

1. 卷
2. 初始化磁盘
3. NTFS
4. 动态

5．磁盘配额限度和磁盘配额警告级别
6．信息按用户安全标识(SID)
7．镜像，RAID-5
8．远程存储
9．Microsoft 管理控制台管理单元
10．计算机管理

二、简答题

1．在 Windows 2000 中磁盘配额跟踪以及控制磁盘空间的使用，令系统管理员可将 Windows 配置为：用户超过所指定的磁盘空间限额时，阻止进一步使用磁盘空间和记录事件；当用户超过指定的磁盘空间警告级别时记录事件。

2．远程存储使用户可以轻松使用远程数据存储区，扩展服务器计算机上的磁盘空间。

3．媒体池是应用相同管理属性的磁带或磁盘/光盘(可移动媒体)的集合。

4．(1)创建媒体池并设置媒体池属性；(2)插入和弹出自动库中的媒体；(3)装入和卸除媒体；(4)查看媒体和库的运作状态；(5)执行库的列出清单操作；(6)为用户设置安全权限。

三、上机操作题

略

习题十二

一、填空题

1．用户配置，计算机配置
2．软件设置，Windows 设置，管理模板
3．Active Directory，组策略，脱机文件，同步管理器，磁盘配额，漫游用户配置文件

二、简答题

1．(1)组策略中的“用户配置”节点设置适用于用户的策略，不管用户登录哪一台计算机。“用户配置”通常包含软件设置、Windows 设置和管理模板三个子节点，但由于组策略可向它添加或删除管理单元扩展组件，因此子节点的确切数目可能不同。(2)无论谁登录到计算机，管理员都使用组策略中的“计算机配置”节点设置应用于计算机的策略。典型的计算机配置包括三个子节点：软件设置、Windows 设置和管理模板。但是，由于组策略可以从中添加或删除扩展名，因此子节点的准确设置可能不同。

2．智能镜像是一组用于改变和配置管理的功能总称，其功能大，可以同时发挥服务器与客户机的作用，综合了中央计算与分布计算的特点。其目的是可以使了个用户的数据和设置跟随用户，以后可以在任何地方登录后使用自己的桌面。

3．(1)通过终端服务远程管理；(2)通过管理工具远程管理；(3)远程安装服务；(4)通过 Microsoft Management Console 组织和委派任务；(5)使用 Windows 脚本宿主编写脚本。

三、上机操作题

略

习题十三

一、填空题

1．用户身份验证
2．访问控制

3．权限

4．代理服务器

5．安全模板管理单元

二、简答题

1．(1)Kerberos V5 身份验证,对交互式登录使用密码或智能卡,这也是为系统服务提供的默认网络身份验证方法;(2)安全套接字层（SSL）和传输层安全性（TLS）的身份验证,在用户试图访问安全的 Web 服务器时使用;(3)NTLM 身份验证,在客户端或服务器使用旧版本的 Windows 时使用。

2．可确认试图访问计算环境的个人的身份,将保护环境中的特定资源免受用户的不正当访问,为设置和维护工作环境中的安全性提供了一种简单而有效的方法。

3．交互式登录向域账户或本地计算机确定用户的身份,网络身份验证对该用户试图访问的任何网络服务确定用户身份。

4．(1)限制进入局域网站的连接;(2)限制出局域网站的连接;(3)局域网客户机可以初始化到 Internet 服务器的连接,但 Internet 客户机无法初始化到局域网服务器的连接。

三、上机操作题

略

习题十四

一、填空题

1．逻辑打印机

2．本地,网络

3．打印

二、简答题

1．(1)应用程序内指定逻辑打印机;(2)应用程序调用图形设备界面(GDI)确定文档为某种打印格式;(3)打印作业被发送到客户端池,然后发送到打印服务器池;(4)服务器传递打印作业到逻辑打印机,并通过把打印作业写到磁盘而将打印作业写入打印队列中;(5)逻辑打印机获得打印设备的打印进程,打印作业被送到打印设备中;(6)打印作业被从池中取出并出现在打印监视器中;(7)打印作业从端口监视器传送到打印机,在那里打印编码被创建并同数据流一道发送到物理打印机。

2．“开始”→“设置”→“打印机”,右键单击要设置权限的打印机,单击“属性”,然后单击“安全”选项卡选择用户和设置使用权限。

3．“开始”→“程序”→“管理工具”→“配置服务器”,选择“打印服务器”后按提示即可。

三、上机操作题

略

习题十五

一、填空题

1．应用程序日志、安全日志、系统日志

2．事件查看器

3．故障恢复

4．安全

5．高级用户或管理员

6．系统监视器

7. 任务管理器　　8. 任务计划

二、简答题

1. 错误、警告、信息、成功审核、失败审核。

2. 数据类型、数据源、采样参数。

3. 正在运行的程序、正在运行的进程、性能度量单位。

4. (1)计划让任务在每天、每星期、每月或某些时刻(如系统启动时)运行;(2)更改任务的计划;(3)停止计划的任务;(4)自定义任务如何在计划的时间内运行。

三、上机操作题

略